预期动态的PID控制

李东海 史耕金 王维杰 刘韶杰 著

清華大學出版社
北京

内容简介

本书源自作者多年来在控制理论与控制工程领域的独立研究成果。本书介绍了一种基于预期动态方程的PID控制器整定方法，旨在改良PID控制器动态性能和解决参数整定问题。该方法以预期动态响应为基准进行PID控制器参数整定，显著提升了控制系统动态性能，并简化了控制器整定流程。书中详细论述了预期动态整定方法的原理和操作流程，给出了许多标准动态仿真算例，并通过小型实验和大型工业试验验证了其有效性。此外，书中还介绍了针对单变量、多变量和分数阶系统的PID参数整定，并提出了预期动态和模型预测的复合控制方法。

本书对于从事PID控制器设计和整定的研究人员和工程师具有重要的理论意义和实用价值，特别适用于大型工业系统控制的应用场景。

图书在版编目(CIP)数据

预期动态的PID控制/李东海等著. --北京：清华大学出版社，2024.6. --ISBN 978-7-302-66456-7

Ⅰ. TP273

中国国家版本馆CIP数据核字第2024PV5851号

责任编辑：薛　杨
封面设计：常雪影
责任校对：韩天竹
责任印制：宋　林

出版发行：清华大学出版社
网　　址：https://www.tup.com.cn，https://www.wqxuetang.com
地　　址：北京清华大学学研大厦A座　　**邮　　编**：100084
社 总 机：010-83470000　　**邮　　购**：010-62786544
投稿与读者服务：010-62776969，c-service@tup.tsinghua.edu.cn
质量反馈：010-62772015，zhiliang@tup.tsinghua.edu.cn
课件下载：https://www.tup.com.cn，010-83470236
印 装 者：三河市龙大印装有限公司
经　　销：全国新华书店
开　　本：185mm×260mm　　**印　　张**：16.5　　**字　　数**：415千字
版　　次：2024年6月第1版　　**印　　次**：2024年6月第1次印刷
定　　价：118.00元

产品编号：098523-01

前 言

20多年前，控制理论专家吴麒先生思考控制科学与工程实践，总结学术前辈的观点后指出："控制科学是一门技术科学，设计性能优良的控制系统，从来都是控制科学的核心内容和终极归宿。世世代代的科学家和工程师们创建的博大精深的控制理论体系，最终都要落实到优良的控制系统设计方法上。"

然而，令人困惑不解的是，工业上普遍使用的PID控制器在很多场合并未整定出应有的动态性能。PID控制器固然存在局限，这是研究自抗扰控制及其他控制方法的动机，在此不展开论述。探究PID控制器的性能极限，并设计一种简便快捷的整定方法以逼近这个极限，则是写作本书的动机。

比例-积分-微分(Proportional Integral Derivative, PID)控制器在工业自动化中一直占据主导地位。目前，针对不同条件下的PID整定方法至少有几十种，PID整定公式至少有1000个。这一方面说明了PID在工业控制中的重要性，另一方面也给控制工程师带来了方法选择上的困难。这些整定方法在思路上都未脱离PID结构的直观意义，即比例、积分和微分三种作用的组合。然而在绝大多数情况下，比例系数、积分系数和微分系数与实际系统并无简单的物理意义关联。这不仅使参数整定变得烦琐，也无法充分发挥PID的性能极限。

通过多年以来对控制理论和工业过程的研究，作者从预期动态的角度给出PID整定问题的全新阐述，也给出了PID整定的新方法。这个方法不再局限于比例系数、积分系数和微分系数的整定，而是整定与物理系统动态性能直接相关的参数(例如预期的调节时间、预期的系统带宽等)。如此不仅使整定过程变得有据可依，直观形象，还可以将PID的性能发挥到极致。由于这个方法在整定过程中最大的特点是基于一个预期动态方程(Desired Dynamic Equation, DDE)，因此其设计出的PID控制器称为基于预期动态方程的PID(Desired Dynamic Equation Proportional Integral Derivative, DDE-PID)，此PID控制器的工程整定方法称为DDE法。

本书第一作者从1997年开始指导研究生进行相关内容研究，包括基本原理阐述、理论分析、工业基准算例仿真、实验验证和工业试验。王维杰提出DDE-PID方法的基本原理，并在大量不同类型的工业基准问题中进行了仿真检验。张敏针对非最小相位系统和不稳定系统核实了整定方法，并在大量不同类型的工业基准算例仿真中检验了控制性能。胡轶超提出了基于开环阶跃响应曲线整定控制器参数，并在黎开管实验系统中进行了验证。李明大针对分数阶系统进行DDE-PID参数整定研究。史耕金针对大型火电机组的不同控制回路进行了DDE-PID参数整定的改进，并在现场进行了试验。

然而，对于 PID 的设计和参数整定，本书的工作仅仅奠定了一个研究方向的基础。这项研究在理论上有着特别的意义，在工程实践中也具有重要的实用价值。然而，还有很多工作需要继续进行，可能已超出了我们当前研究的范围。作者真诚地希望有志于此的同行继续开展相关研究，为控制科学的进步服务。这也是本书作者撰写本书的目的所在。

本书主要针对大型复杂热力系统，介绍一种简单实用、效果良好的 PID 控制器整定方法——DDE 法。通过数值仿真模拟、小型实验台实验以及大型火电机组的现场试验，本书展现了 DDE-PID 在大型热力系统上良好的应用前景，为工程师提供一种简便的 PID 控制器参数整定方法。本书主要内容如下。

第 1 章详细阐述热力系统控制研究的时代背景和研究现状，总结了 PID 整定的研究进展，并基于蒙德福瑞（Model-free）的控制思想，提出 DDE-PID 控制器整定方法。

第 2 章针对单变量控制系统进行 DDE-PID 参数整定研究，分析参数稳定域与鲁棒性，通过数值计算在典型热力系统过程模型上进行仿真验证。

第 3 章针对多变量控制系统进行分散式 DDE-PID 参数整定研究，分析多变量系统的控制器设计与预期动态选取方法，在典型的 2×2、3×3、4×4、10×10 多变量系统传递函数、ALSTOM 气化炉模型、四容水箱模型上进行仿真验证，在双容水箱实验台上进行验证。

第 4 章针对分数阶控制系统进行 DDE-PID 参数整定研究，在典型分数阶系统与分布参数系统上进行仿真验证，旨在解决分数阶系统与分布参数系统的控制问题。

第 5 章不基于标称模型，仅利用过程响应曲线中动态时间、飞升时间、增益等信息，提出一种 DDE-PID 控制器的预期动态特性选择方法。该方法能够使得控制器在受到执行器约束时，在保证闭环系统输出跟踪预期响应曲线的前提下获得最快的响应速度，并在动态仿真、实验台及燃煤机组上进行验证。

第 6 章利用 DDE-PID 的预期动态特性，提出一种基于前馈补偿的预期动态控制方法。该方法能够不基于被控过程精确数学模型，完全分离跟踪性能与抗扰性能的调试，并在动态仿真、实验台及燃煤机组上进行验证。

第 7 章在被控对象数学模型难以建立的情况下，为使得模型预测控制应用于热力系统中，提出一种基于预期动态的模型预测复合控制方法。该方法既能够利用基础控制层中的预期动态特性，为优化控制层中模型预测控制提供设计模型，并在动态仿真、实验台及燃煤机组上进行验证。

第 8 章针对一类高阶无自衡系统提出一种广义控制器的预期动态设计方法。该方法不仅能够保证高阶无自衡系统的闭环稳定性和平稳快速的响应，而且整定快捷，结构简单，适用于工程应用，并在动态仿真与实验台上进行验证。

第 9 章对全书的工作进行总结，并对需要进一步开展的工作进行展望。

本书第一作者深受导师吴麒先生治学观念的影响，在博士毕业后从多变量频率域控制理论领域进入电力系统和能源动力系统领域，以控制工程需求为驱动开始研究控制系统设计方法。1996 年在参与大型火电机组仿真机研发过程中，向姜学智老师学习了 PID 控制器整定，由此激发了研究 PID 控制器的兴趣。1997 年研读韩京清先生的自抗扰控制讲稿后，逐渐醒悟到应当从预期特性角度重新审视 PID 控制器整定。在漫长的 PID 控制器整定研究过程中，本书第一作者与李春文老师、高志强老师、郭宝珠老师、陈阳泉老师、罗贵明老师、谭文老师、张维存老师、老大中老师、王培红老师、王京老师进行了不计其数的交流和请教，从他们的见识中受益匪浅，特此致谢。

李东海

2024 年 5 月于清华园

目录

第 1 章　绪　论

1.1 热力系统控制研究现状

大型热力系统，如燃煤机组或燃气轮机，它们的控制设计普遍基于分散控制系统(Distributed Control System，DCS)、可编程逻辑控制器(Programmable Logic Controller，PLC)、现场总线控制系统(Fieldbus Control System，FCS)等平台，由于这些平台仅能实现一些基本运算，使得复杂先进控制算法难以在工业控制平台上实现。比例-积分-微分控制器(Proportional Integral Derivative，PID)具有算法简单、易于整定等优势，在工业系统控制中得到了广泛应用[1]。它的比例环节、积分环节与微分环节分别具有"专注现在""总结过去"与"预测未来"的特点，即比例环节着眼于当下误差，积分环节累计过去所有误差，微分环节预测下一时刻误差[2,3]。在广东某燃煤机组近170个反馈控制回路中，应用比例-积分(Proportional Integral，PI)/PID控制算法的回路占98.1%[4]。除此之外，在燃气轮机[5]、风力发电机[6]、水轮机[7]等清洁能源发电设备中，PI/PID控制也是常用的控制算法。但由于大型热力系统在日常运行中工况频繁变化，产生了强非线性、强耦合与多扰动等问题，常规的PI/PID控制器克服系统不确定性的能力较弱，已无法满足系统运行的需求。因此，目前国内外学者对于热力系统控制方面主要聚焦在以下几类先进控制策略：基于PID的改进控制、预测控制与智能控制。

在传统PID控制算法基础上，结合Smith预估、自适应控制、模糊控制及优化算法等先进控制策略，能够改善PID的控制品质。Oliveira等提出一种基于线性矩阵不等式(Linear Matrix Inequality，LMI)的Smith预估改进PID控制策略，将被控过程的时滞通过闭环观测器进行估计，提升了系统响应速度与克服不确定性的能力[8]。吴振龙等针对用于近似传热燃烧特性的高阶对象，提出了一种类Smith预估的改进PID控制算法，该方法能够有效减弱大惯性大迟延对系统响应速度的影响，并解决传统Smith预估方法在模型失配情况下发生输出振荡的问题[9]。焦健结合Smith预估与径向基函数(Radial Basis Function，RBF)网络，提出一种PID控制器自整定方案，并应用于过热汽温串级控制系统中[10]。自适应控制常与模糊控制结合，对PID的参数进行实时优化和调整，从而实现减小超调量、加快系统响应速度的控制目标[11,12]。Nayak等采用自适应优化的乌鸦搜寻算法设计模糊PID，并通过仿真验证了此方案能够提升再热机组电网自动发电控制(Automatic Generation Control，AGC)指令的能力[13]。Xu等提出一种自适应预测的模糊PID控制策略，将自适应、模型预测与模糊控制三者结合，使得抽水蓄能机组在启动过程中快速达到稳定工况[14]。Zhang等与Mahmoodabadi等将滑模控制的思想融入自适应模糊PID控制中，充分利用滑模控制对被控对象模型误差、参数变化及外部干扰极佳的不敏感性，增强闭环系统克服不确定性的能力[15,16]。利用遗传算法[17]、粒子群算法[18]、概率鲁棒算法[19]等算法优化PID控制器参数也是改进PID控制性能的方法之一，这类改进方法将控制性能评价指标作为优化目标，通过启发式搜寻获得全局最优的控制器参数。Li等利用免疫遗传算法与BP神经网络结构优化PID控制参数，并用于主蒸汽温度控制中，仿真结果表明，在机组37%～100%工况范围内均能获得较为平稳的控制效果[20]。Zeng等通过粒子群算法优化内模PID控制参数，应用于核电站的熔盐增殖反应堆控制系统中，仿真结果表明了该方法能够几乎无偏差跟随反应堆功率指令[21]。王传峰等以时间和绝对误差积分(Integral of Time and Absolute Error，ITAE)

为优化控制指标，设计概率鲁棒算法，整定过热汽温串级控制系统的外环PID控制器参数，并通过仿真说明了该方法能够兼顾不同工况点的控制性能，以最大概率满足控制指标要求，改善PID控制器克服系统不确定性能力[22]。

预测控制是20世纪70年代由Richalet等[23]提出的能够有效解决复杂工业系统中多变量与约束问题的先进控制策略[24]。由于其具有启发式的特性，因此人们最初称之为模型预测启发控制(Model Predictive Heuristic Control，MPHC)[25]。模型预测控制(Model Predictive Control，MPC)的设计主要根据三个要素：模型预测、滚动优化、反馈控制[26]。自20世纪末，MPC的设计方法开始逐渐应用于工业过程控制中，例如模型算法控制(Model Algorithm Control，MAC)[25]、动态矩阵控制(Dynamic Matrix Control，DMC)[27]、二次型DMC(Quadratic DMC，QDMC)[28]、壳型多变量优化控制(Shell Multivariable Optimizing Control，SMOC)[29]、鲁棒MPC(Robust MPC，RMPC)[30,31]等预测控制设计方法在实际工业系统上得到了验证。以上设计MPC的算法较为复杂，消耗算力大，为减少计算量，Clarke等提出一种广义预测控制(Generalized Predictive Control，GPC)[32,33]，以减轻工业控制系统的计算负担。十余年来，随着外接控制器的发展，使得MPC能够在燃煤机组的重要回路上得以应用，如选择性催化还原控制[34]、协调控制[35]、过热汽温控制[36]、炉膛燃烧控制[37,38]等，展现了预测控制在机组标称工况运行条件下良好的控制品质。

智能控制是人工智能与控制科学结合产生的交叉学科，也是近年来先进控制研究的热门方向[39]。随着计算机科学与人工智能技术的飞速发展，人们也在逐渐将基于神经网络[40]、强化学习[41]与深度学习[42]等智能算法的控制策略也应用于热力系统中。Nuerlan等提出一种基于神经网络的逆系统控制策略，旨在解决核电站多个反应器与透平之间的强耦合问题，仿真结果表明该方法能够大幅减弱功率控制中产生的耦合扰动，并增强系统的鲁棒性，提升跟踪响应速度[43]。李滨等设计了一种基于长短期记忆(Long-short Term Memory，LSTM)循环神经网络数据驱动的AGC控制方法，主要利用LSTM循环网络为神经元的神经网络系统构建AGC控制策略，能够有效应对新能源并网对负荷的冲击[44]。Dong等利用神经网络设计风电厂的外环控制器，实现了每台风力机最大转差率的自适应变化，并能够动态扩展高有功功率区域的无功容量[45]。Yin等提出一种基于量子过程、深度置信网络和强化学习的双馈风力发电机在线控制算法，该方法能够在线更新控制策略，并预测下一时刻的系统状态[46]。Li等设计一种大规模深度强化学习算法整定分数阶PID控制器参数，充分利用深度强化学习算法良好的适应性与无模型特性，提高了质子交换膜燃料电池的运行效率和控制性能[47]。Li等针对多区域电力系统AGC控制器间的协调问题，结合深度学习的方法设计一种智能自动发电控制框架，仿真结果表明该框架能够改善AGC动态控制性能，节约运营商在各区域的经济成本[48]。这些在热力系统中的应用，体现了智能控制算法具有自适应性、自学习性、不需要被控对象精确数学模型的优点。

以上几类先进控制策略在热力系统控制设计中均有非常深入的研究，获得了较高的控制品质。然而，先进控制方法在复杂热力系统的实际应用仍有限制或不足[48]：Smith预估控制易引起控制信号的振荡；自适应控制对延迟与阶次的不确定性较为敏感；模糊控制规则设计依赖工程师经验；模型预测控制设计基于被控过程精确数学模型，且在线计算量较大；智能控制算法复杂，且其稳定性与收敛性证明难度较大。

综上所述，目前PID依旧是最广泛应用于热力控制系统的控制器，先进控制策略仍处在仿真研究阶段,无法广泛应用于大型热力系统的控制设计中。

1.2 PID 控制器的整定问题

对于 PID 控制器的整定方法而言,人们经常会认为 Ziegler 与 Nichols 于 1942 年的开创性研究——Z-N 整定法[50]是实用且通用的整定方法。然而实际上,PID 的整定问题引起了研究人员不断的理论和实践研究兴趣。在稳定性与准确性能够保证的前提下,对于许多领域的工程应用来说,整定好 PID 控制器参数使得闭环系统实现最佳性能,依旧是一个悬而未决的问题[51]。无法解决这个问题的重要原因之一是缺乏模型能够完美描述真实世界中本质上含有不确定因素的实际系统[52-54]。因此,PID 控制器最佳参数的系统选择成为了一项非确定性多项式(Non-deterministic Polynomial, NP)难题[55],这意味着 PID 的最佳参数没有唯一解。同样这也表明,即使是对于一般常见的工业应用,在保证系统稳定性与输出跟踪精确性时的 PID 整定是一项复杂的工作[56,57]。

事实上,根据 Vilanova 的综述可知,对于单输入单输出(Single-input-single-output, SISO)系统以及多输入多输出(Multiple-input-multiple-output, MIMO)系统的 PID 整定与设计方法众多且广泛[58]。这些方法利用一个或者多个经典控制理论或最优、鲁棒与自适应控制理论,它们都是非线性控制理论下的子集[59,60]。Koivo 等[61]、Aström 等[62]以及 Cominos 等[63]与 Aström 等[64]分别关于早期与近期的 PID 控制器参数工程整定方法及自适应整定方法进行了综述,对于这些 PID 参数设计方法的综述表明控制系统设计的先决条件是特定形式的模型[65-67]。这也被称为系统辨识[68-70],即通过物理定律的第一性原理或从动态系统的开环响应曲线显式或隐式地获得设计模型,在机器学习领域中称为数据训练[71,72]。因为为了控制设计而辨识的模型可用于数值仿真研究,因此系统辨识结果决定了控制器的设计方式,进而实现某些闭环性能指标。

由此可知,被控对象的模型对于 PID 控制器参数的整定起到至关重要的作用。本节根据 Somefun 等[73]综述中的建议,基于对被控对象模型(Plant-model, PM)的需求,将 PID 控制器参数整定方法分为三类:基于 PM 的整定方法、无 PM 的整定方法以及将前两种方式结合的复合整定方法,如图 1.1 所示。顾名思义,基于 PM 的整定方法通过所辨识的 PM 的参数与结构计算 PID 控制器参数,这些方法既可能是数据驱动的也可能不是数据驱动的;无 PM 的整定方法是纯数据驱动的整定方法,可以对控制器参数进行优化;复合整定方法是将 PM 的先验知识以及数据驱动相结合对控制器参数进行整定。

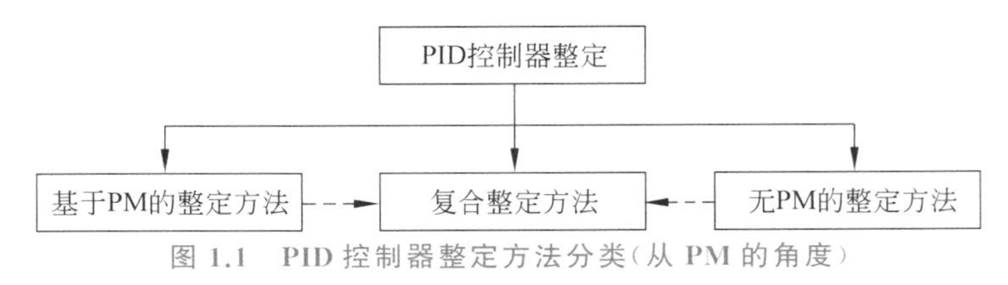

图 1.1 PID 控制器整定方法分类(从 PM 的角度)

1.2.1 基于 PM 的 PID 控制器整定方法

由 O'Dwyer[74]的专著中归纳的众多 PID 整定方法可知,很多 PID 控制器的工程整定方法高度依赖根据机理推导出或利用系统辨识出的特定 PM 形式。对于这类整定方法而言，首先通过被控过程的飞升曲线，通过切线法、两点法[75]等传统的系统近似方法或系统辨识算法，将被控过程近似为一阶惯性纯迟延、二阶惯性纯迟延、高阶惯性等传递函数[76]，然后再根据近似的传递函数模型通过确定的显式表达式计算出 PID 控制器参数。比较典型的基于 PM 的 PID 控制器参数整定方法有 Skogestad 提出的内模控制法（Skogestad Internal Model Control，SIMC）[77]、Aström 提出的近似最大灵敏度积分约束优化（Approximated M-constrained Integral Gain Optimization，AMIGO）[61]法以及 Shinskey 提出的最小积分绝对误差（Integral Absolute Error，IAE）[78]等，它们都是基于辨识得到的特定形式 PM 中蕴含的增益、时间常数、迟延时间等信息，根据各个方法所提出的解析表达式，计算得到 PID 控制器的参数。

然而，大部分的实际工业过程都是复杂的、时变的且含有不确定性的系统。从线性动态系统的角度而言，将 PM 辨识为如一阶惯性纯迟延传递函数在某些情况下是可行的。尽管如此，这些模型无法完全描述一个实际的工业过程，由于不确定性与非线性的存在，它们与实际过程的动态特性存在较大差别。因此，基于 PM 的 PID 整定方法无法使得 PID 控制器的性能最优。Koelsch[79]的调查显示，基于 PM 的整定方法虽然可行，但其可靠性无法保证。另外，虽然系统辨识对于获取 PM 十分有效，但辨识的过程耗时且价格昂贵[80]。

综上，基于 PM 的 PID 整定方法存在的不足之处总结如下：

(1) 辨识的 PM 与实际模型差别较大，无法获得预期的 PID 控制器性能；

(2) 系统辨识过程耗时且价格昂贵；

(3) 控制器参数计算方法固定，无法发挥 PID 控制器的最大能力。

1.2.2　无 PM 的 PID 控制器整定方法

由 1.2.1 节可知，对于大型的工业系统而言，建模是耗时、昂贵、复杂的，并且所建立或辨识的模型无法准确描述被控过程的特性。因此，这激发了研究人员对于无 PM 的 PID 整定方法的研究兴趣。相较于基于 PM 的整定方法，无 PM 的整定方法在本质上可归类为纯数据驱动的 PID 设计方法。

无 PM 的情况指缺乏能够用于控制器参数整定的被控对象数学模型，并且假设无法通过系统识别获取被控对象模型的结构与参数。这类 PID 控制器参数整定方法通常基于闭环系统输入输出数据的参考模型以及一些目标函数或性能指标的最小化。无 PM 整定方法的一个显著特点是，它们真实地假设被控对象在本质上是非线性的与不确定的。

在众多无 PM 的整定方法中，继电反馈测试（Relay Feedback Test，RFT）自整定法是一种常用的 PID 整定方法[81]。继电反馈自整定法是利用继电器取代调节器，使得系统强制振荡，然后根据振荡的频率与幅值，基于改进的 Z-N 法计算 PID 控制器参数。尽管 RFT 法近期的变体涉及了多目标优化，但它仍然涉及某种形式的系统辨识并且有时需要利用 PM 的信息。这种方法主要依赖非线性系统的描述函数法分析，因此频率极限环是经常发生的。如何准确地识别振荡临界频率点，是研究人员致力于研究的课题之一[82,83]。

在无 PM 的整定类别中，特别值得注意的是基于梯度的设计方法。例如在 Killingsworth 等[57]的论文中总结的非伪化方法、迭代反馈整定（Iterative Feedback Tuning，IFT）方法[84]、迭代学习控制（Iterative Learning Control，ILC）方法[85]以及极值搜索

(Extremum Seeking, ES)法等,它们实时地对目标函数或性能指标进行最小化优化。在 Roux-Oliveira 等[86]与 Paz 等[87]的论文中基于 ES 法对功能性神经肌肉电刺激中的 PID 控制器进行自适应整定,特别是控制和协调中风患者手臂-肘部关节的位置。这种情况下假设神经肌肉骨骼系统输入状态稳定(Input-to-state Stable, ISS)。这说明对于任何有界输入,状态变量和输出变量也是有界的。另外,对于 IFT 整定方法,通常需要进行多次离线闭环实验来估计目标函数的梯度[88]。ILC 整定方法适用于被控对象在有限区间上重复作业的控制系统,但通常为了获得完美的跟踪性能,它需要被控对象在每次迭代时满足相同的初始条件,这是一项非常严格的条件[89]。为了获取更优的 PID 控制器参数,研究人员将各种方法相结合对 PID 进行整定,例如 Wang 等[90]提出了对于线性时不变(Linear Time-Invariant, LTI)的 MIMO 系统的利用 ES 和 IFT 的无模型学习(优化)的结构,该结构还涉及迭代闭环实验。即使是利用以上这些无 PM 的 PID 整定方法,仍然无法保证控制器的参数是最优的[73]。

综上,无 PM 的 PID 整定方法存在的不足之处总结如下:

(1) DCS、PLC、FCS 等工控平台仅能实现简单的基本运算,因此难以应用于实际的大型工业系统;

(2) 计算成本高,且可靠性低,有时会出现错误的最小化优化;

(3) 为保证数据质量,需要进行长时间的数据驱动实验;

(4) 目标函数的表达式较为复杂;

(5) 由于不利用 PM,需要对控制器参数反复进行试错以获得满意的性能;

(6) 在设计工况处的控制性能较好,但数据无法包含所有的实际运行工况,使得非设计工况下的性能较差。

1.2.3 复合 PID 控制器整定方法

复合整定方法是基于全部或部分的 PM 信息,并利用数据驱动的方法对 PID 控制器参数进行整定。本节根据整定方法对于如最优控制、自适应控制、极点配置、智能控制等控制技术的使用方式,将它们分类为同时使用基于 PM 与无 PM 整定方法的 PID 整定方法以及使用二者之一的 PID 整定方法。另外,还有一些方法尽管没有明显地使用 PM,但是观测到的数据中蕴含着模型特性信息,这些信息可用于 PID 控制器参数整定。

大部分复合 PID 控制器整定方法采用最优控制技术,并倾向于以多种鲁棒设计目标(例如增益裕度与相位裕度)为优化目标,采用约束优化和多目标优化对 PID 控制器参数进行整定。特别地,在考虑测量噪声与时延衰减的情况下,Larsson 等[91]、Mercader 等[92]、Sekara 等[93]以及 Veronesi 等[94]开展了相关研究。在这一类方法中,同样值得关注的方法是闭环系统主导特征值的配置,也称为极点配置。Datta 等[95]、Diaz-Rodriguesz 等[96]、Han 等[97]、Keel 等[98]、Srivastava 等[99]、Wang 等[100]以及 Zítek 等[101]利用极点配置法对 PID 控制器参数进行整定,它们大部分都是基于 PM 的。对于极点配置法而言,其最引人注意的特点是通过稳定性能指标或动态性能指标确定极点的位置,结合多目标优化方法整定 PID 控制器参数使得闭环系统极点配置在期望的位置。另外,对于多目标优化方法,Almabrok 等[102]、Ekinci 等[103]、Hekimoğlu 等[104]、Mandava 等[105]、Izci 等[106]以及 Ekinci 等[107]的研究表明,结合例如遗传算法、粒子群算法以及蚁群算法等元启发式优化算法整定 PID 控制器参数正在成为一种趋势。尽管这些方法被认为是无PM的PID整定方法，但出于控制设计的目的，它们仍然需要在数值仿真设计的过程中利用PM。虽然结合优化算法设计PID控制器具有很宽广的前景，但它们无法广泛应用于实际大型工业系统过程控制中。一是因为它们算法复杂，无法在工控系统上实现；二是因为倘若仿真设计过程中利用的PM不准确，会使得系统不稳定，并且在某些情况下收敛解不够理想[53,108]。此外，一些基于优化算法的PID控制器参数整定方法为获取良好的初始参数集，往往需要结合除本身以外的另一种算法进行设计，例如基于概率鲁棒的PID控制器参数整定方法需要利用遗传算法生成初始参数集[19,22]。

对于基于模型跟随自适应的PID控制器整定方法，显式参考模型的使用非常广泛，例如直接(或间接)模型参考自适应方法和现有的自整定方法[109,110]。大多数基于这些方法整定的PID控制器往往具有较差的瞬态性能，并且涉及耗时且昂贵的在线参数优化与估计。另外，结合人工智能理论(如模糊逻辑、人工神经网络、强化学习等)对PID控制器参数进行整定在近些年来兴起[111-113]，应用这些方法时，常常假设被控系统本质上是非线性的。然而，模糊逻辑PID控制技术虽然可使系统误差状态模糊化，但设定参数优化规则时耗时较长。另外，基于神经网络和强化学习方法的PID控制器参数整定在实际工业系统中无法在线优化参数，并且离线优化得到的控制器参数往往效果无法令人满意[73]。

综上，复合整定方法存在的不足之处总结如下：

(1) 需要利用不同的启发式优化算法，难以在工控系统上实时优化参数；

(2) 继承了基于PM整定方法与无PM整定方法二者的共同问题；

(3) 实时瞬态性能较差；

(4) 优化参数过程耗时，并且在实际系统中难以获得良好的控制效果。

1.2.4 小结

由1.2.1节、1.2.2节及1.2.3节关于PID整定方法的论述可知：基于PM的整定方法会使PID控制器在被控对象模型失配时难以获得预期的效果；无PM的整定方法计算成本高、可靠性低，并且算法复杂使其难以在工控系统上实现；复合整定方法会使PID控制器的瞬态性能较差，并且需要利用不同的优化算法进行控制器参数整定。以上这些整定方法的不足之处使得PID控制器在大型热力系统上无法充分发挥其作用，因此，本书将提出一种易于掌握、瞬态性能较好、不依赖PM、普适性强的整定方法，并将其应用于热力系统PID控制器参数整定中，对于热力系统控制设计具有重大意义。

1.3 蒙德福瑞控制思想

对于实际的工业过程而言，其精确的数学模型难以建立[114]，这是因为过程模型的参数是不确定的[115,116]，或者其内部可能存在错误的结构[117,118]。另外，结合基础控制器进行闭环系统辨识，基于辨识模型设计控制器可避免对被控过程进行精确建模。但是，闭环辨识耗时长且算法复杂，精度难以保证[73]。

在国际学术界，针对工业过程中对被控对象的建模不准、模型失配等问题，众多学者提出了各种各样的Model-free控制方法[119-123]，最值得关注的是法国学者Fliess的Model-free

控制策略[124]。Fliess 的方案将被控对象转换到一个微分方程描述的标准框架下，并用微分代数的方法估计方程各项参数[125]，但该方法比较复杂，较难为工程师所掌握。

国内学者在相关领域也做了很多研究工作，如无模型自适应控制[126]、学习控制[127,128]等，都具有 Model-free 的性质。但如果把 Model-free 译为“无模型”却又不够准确，体现不出其准确含义。这里受周克敏教授将 H_∞ 音译为“爱趣无穷”的启发，将 Model-free 音译为“蒙德福瑞”。下面将给出本书所述蒙德福瑞的定义。

考虑如下传递函数描述的单入单出线性分数阶系统：

$$\frac{Y(s)}{U(s)}=G_p(s)=\frac{\alpha_0+\alpha_1 s+\cdots+\alpha_{m-n-1}s^{m-n-1}+\alpha_{m-n}s^{m-n}}{\beta_0+\beta_1 s+\cdots+\beta_{m-1}s^{m-1}+\beta_m s^m}\mathrm{e}^{-\tau s} \tag{1-1}$$

其中，$G_p(s)$表示被控对象的传递函数模型，m、n 分别表示系统传递函数的分母最高阶次、相对阶次，且有 $m>n$。另外，$\alpha_i(i=0,1,\cdots,m-n)$与 $\beta_i(i=0,1,\cdots,m)$分别是系统传递函数分子与分母各项的系数，且 $\alpha_i(i=0,1,\cdots,m-n)$，$\beta_i(i=0,1,\cdots,m)\in\mathbb{Q}$。$U(s)$与 $Y(s)$分别为系统输入 $u(t)$与输出 $y(t)$的拉氏变换。

在控制器的作用下，期望被控系统的单位阶跃响应，也即系统的预期动态或预期响应，与如下的无超调典型一阶、二阶纯迟延系统相同：

$$H_1(s)=\frac{1}{Ts+1}\mathrm{e}^{-\tau s} \tag{1-2}$$

$$H_2(s)=\frac{1}{(Ts+1)^2}\mathrm{e}^{-\tau s} \tag{1-3}$$

令预期动态或预期响应的输出为 $y_d(t)$，则可利用 $y(t)$与 $y_d(t)$之差求出 IAE 指标为

$$J_{\mathrm{IAE}}=\int_0^\infty |y(t)-y_d(t)|\,\mathrm{d}t \tag{1-4}$$

可以用此 IAE 指标衡量系统输出与预期动态或预期响应的接近程度。

定义 1.1（蒙德福瑞） 针对形如式(1-1)描述的被控对象，采用蒙德福瑞控制思想设计与整定控制器时，对被控对象的要求如下：

(1) 被控对象的输入 $u(t)$与输出 $y(t)$实时可测；

(2) 被控对象的相对阶 n 小于 3；

(3) 被控对象的静态增益 α_0/β_0 的符号已知；

(4) 被控对象的高频增益 α_{m-n}/β_m 的符号已知。

同时要求控制器具有如下特点：

(1) 控制器参数整定过程可简化为单参数整定；

(2) 令需要整定的参数为 P，则存在参数整定区间$[P_{\min},P_{\max}]$，在此区间内 J_{IAE}与 P 单调相关。

另外，要求在控制器的作用下系统具有如下性能：

设$\varsigma_i=i(i=0,1,\cdots,m-n)$与 $\eta_j=j(j=0,1,\cdots,m)$分别为式(1-1)分子分母的阶次，令被控对象的系数、阶次都发生大范围摄动，摄动范围分别为 $\Delta\alpha_i(i=0,1,\cdots,m-n)$，$\Delta\beta_i(i=0,1,\cdots,m)$，$\Delta\varsigma_i(i=0,1,\cdots,m-n)$，$\Delta\eta_j=(j=0,1,\cdots,m)$，则在不改变控制器参数的情况下，存在足够小的常数 A_i，B_j，C_i，D_j，同时满足

$$\begin{cases}\dfrac{|\Delta J_{\mathrm{IAE}}|}{||\Delta\alpha_i|} < A_i & (i=0,1,\cdots,m-n)\\ \dfrac{||\Delta J_{\mathrm{IAE}}|}{||\Delta\beta_j|} < B_j & (j=0,1,\cdots,m)\\ \dfrac{||\Delta J_{\mathrm{IAE}}|}{||\Delta\varsigma_i|} < C_i & (i=0,1,\cdots,m-n)\\ \dfrac{||\Delta J_{\mathrm{IAE}}|}{||\Delta\eta_j|} < D_j & (j=0,1,\cdots,m)\end{cases} \tag{1-5}$$

其中，$|\Delta J_{\mathrm{IAE}}$为被控对象的系数、阶次摄动时式(1-4)描述的IAE指标变化量最大值。

根据定义1.1，通过大量仿真算例发现，基于预期动态方程(Desired Dynamic Equation，DDE)的PID整定方法具有蒙德福瑞的性质[129]。

1.4 预期动态PID控制

根据王维杰等[130]的论文中的描述，预期动态指在设定值变化时闭环系统输出的期望动态响应。与预期动态相类似的概念为模型参考[131]，二者都是通过设计或整定控制器使得闭环系统输出跟踪上期望的动态响应，但它们之间存在一定的差异。基于预期动态的控制器是通过整定控制器参数使得闭环系统输出跟踪上期望动态响应，预期动态方程并不存在于控制器的结构之中；而模型参考控制是将参考模型作为控制器的一部分设计进而使得闭环系统输出跟踪上参考模型的响应[132]。

DDE-PID控制方法可通过调试控制器参数，使得闭环系统输出响应与预期动态响应几乎一致。DDE-PID是一种“前馈＋反馈”型二自由度PID控制方法，其理论形成基于意大利学者Tornambè等于20世纪90年代提出的一种非线性鲁棒控制器——Tornambè控制器(Tornambè Controller，TC)[133]。TC是基于状态反馈扰动补偿的非线性控制器，具有超调小、鲁棒性强、不依赖被控对象精确数学模型、适用范围广的优势。但是，TC控制器的设计需要被控量的各阶导数可测[133]，且其非线性结构难以在DCS等工控平台上实现，限制了其在燃煤机组与燃气轮机等大型热力系统上的应用。基于自抗扰控制(Active Disturbance Rejection Control，ADRC)[134,135]的思想，王维杰等[130]于2008年首先对TC进行了结构分析，通过线性化推导得到了设定值前馈型二自由度PID的等价形式，并参考TC控制器参数意义提出一种二自由度PID的工程整定方法——DDE法[130]。

1.4.1 基本原理

将式(1-1)所示的广义系统的传递函数转换为

$$G_p(s)=H\frac{a_0+a_1s+\cdots+a_{m-n-1}s^{m-n-1}+s^{m-n}}{b_0+b_1s+\cdots+b_{m-1}s^{m-1}+s^m}\mathrm{e}^{-\tau s} \tag{1-6}$$

其中，H表示系统高频增益。另外，$a_i(i=0,1,\cdots,m-n-1)$与$b_i(i=0,1,\cdots,m-1)$分别是系统传递函数分子与分母各项的系数。$a_i(i=0,1,\cdots,m-n-1)$、$b_i(i=0,1,\cdots,m-1)$与H通常是未知的。对式(1-6)所示系统提出如下假设[133]：

(1) 相对阶n已知；

(2) 系统是最小相位的;

(3) 高频增益 H 的符号已知;

(4) 分子分母相对互质,且不可测与不可控模态是渐近稳定的。

式(1-6)所示的传递函数可通过以下状态空间表达式进行描述:

$$\begin{cases}\dot{x}_i = x_{i+1}, & i=1,\cdots,n-1 \\ \dot{x}_n = -\sum\limits_{i=0}^{n-1}\lambda_i x_{i+1} - \sum\limits_{i=0}^{m-n-1}\zeta_i w_{i+1} + Hu \\ \dot{w}_i = w_{i+1}, & i=1,\cdots,m-n-1 \\ \dot{w}_{m-n} = -\sum\limits_{i=0}^{m-n-1} a_i w_{i+1} + z_1 \\ y = x_1\end{cases} \tag{1-7}$$

其中,$\lambda_i(i=0,1,\cdots,n-1)$与$\zeta_i(i=0,1,\cdots,m-n-1)$均为未知参数,$x_i(i=1,2,\cdots,n-1)$,$w_i(i=1,2,\cdots,m-n-1)$,$u$ 与 y 分别表示系统的状态变量、不确定性、输入与输出。定义扩张状态总扰动 f 为

$$f(x,w,u) = -\sum_{i=0}^{n-1}\lambda_i x_{i+1} - \sum_{i=0}^{m-n-1}\zeta_i w_{i+1} + (H-l)u \tag{1-8}$$

其中,l 是 H 的估计系数。因此,式(1-7)中的 $\dot{x}_n$ 的表达式可改写为

$$\dot{x}_n = f + lu \tag{1-9}$$

当 $n=2$ 时,被控过程假设为广义二阶对象,则被控对象状态空间表达式为

$$\begin{cases}\dot{x}_1 = x_2 \\ \dot{x}_2 = f + lu \\ y = x_1\end{cases} \tag{1-10}$$

相应地,闭环系统的预期特性方程为如下的二阶形式:

$$\ddot{y} + h_1\dot{y} + h_0 y = h_0 r \tag{1-11}$$

其中,h_0 与 h_1 为预期特性方程的系数,r 表示设定值。由于 $\ddot{y}=\dot{x}_2=f+lu$,$\dot{y}=x_2$ 且 $y=x_1$,代入式(1-11)可得

$$f + lu + h_1 x_2 + h_0 x_1 = h_0 r \tag{1-12}$$

相应地,控制律应设计为

$$u = \frac{h_0(r-x_1) - h_1 x_2 - f}{l} \tag{1-13}$$

在实际的热力系统中,总扰动 f 是不可测的,需要通过设计观测器估计得到。因此,控制律应改写为

$$u = \frac{h_0(r-x_1) - h_1 x_2 - \hat{f}}{l} \tag{1-14}$$

其中,$\hat{f}$ 表示 f 的估计,可由如下观测器算法估计获得:

$$\begin{cases}\dot{\xi} = -k\xi - k^2 x_2 - klu \\ \hat{f} = \xi + kx_2\end{cases} \tag{1-15}$$

算法中，k 与 ξ 分别表示观测器的增益与中间状态变量。因此，式(1-14)可改写为

$$u=-\frac{\xi+kx_2}{l}-\frac{h_0(x_1-r)+h_1x_2}{l} \tag{1-16}$$

由式(1-15)与式(1-16)可得中间状态变量的导数为

$$\dot{\xi}=k[h_0(x_1-r)+h_1x_2] \tag{1-17}$$

对两边同时求积分，可得

$$\xi=k\left[h_0\int(x_1-r)\mathrm{d}t+h_1x_1\right] \tag{1-18}$$

结合式(1-16)，控制律可进一步改写为

$$\begin{aligned} u&=-\frac{k\left[h_0\int(x_1-r)\mathrm{d}t+h_1x_1\right]+kx_2}{l}-\frac{h_0(x_1-r)+h_1x_2}{l}\\ &=\frac{h_0+kh_1}{l}(r-x_1)+\frac{kh_0}{l}\int(r-x_1)\mathrm{d}t-\frac{h_1+k}{l}x_2-\frac{kh_1}{l}r \end{aligned} \tag{1-19}$$

由于在实际系统中，设定值常为阶跃信号，因此设定值的微分有界并可认为是 0[136]。定义系统跟踪误差 $e=r-x_1$，则 $\dot{e}=\dot{r}-\dot{x}_1=-x_2$。因此，式(1-19)可改写为

$$\begin{aligned} u&=\frac{h_0+kh_1}{l}e+\frac{kh_0}{l}\int e\,\mathrm{d}t+\frac{h_1+k}{l}\dot{e}-\frac{kh_1}{l}r\\ &=k_pe+k_i\int e\,\mathrm{d}t+k_d\dot{e}-br \end{aligned} \tag{1-20}$$

其中，k_p，k_i，k_d 与 b 分别表示 DDE-PID 的比例增益、积分增益、微分增益与设定值前馈系数。由式(1-20)可知，DDE-PID 是一种典型的设定值前馈型二自由度 PID 控制器，其结构图如图 1.2 所示。根据式(1-20)，可总结 DDE-PID 控制器参数的计算表达式为

$$\begin{cases} k_p=\dfrac{h_0+kh_1}{l}\\ k_i=\dfrac{kh_0}{l}\\ k_d=\dfrac{h_1+k}{l}\\ b=\dfrac{kh_1}{l} \end{cases} \tag{1-21}$$

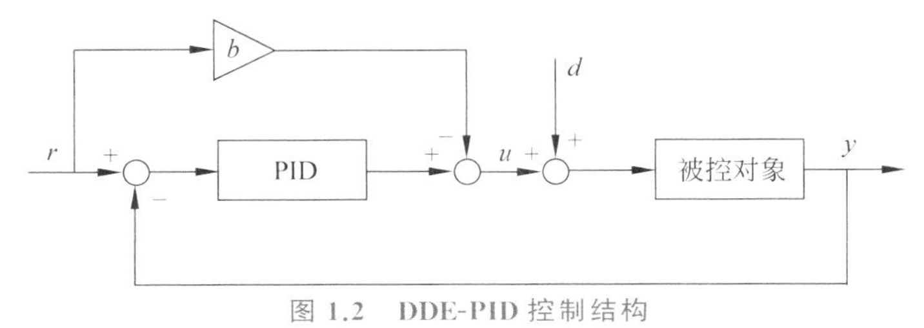

图 1.2 DDE-PID 控制结构

同理，当 $n=1$ 时，即被控过程假设为广义一阶对象，预期动态方程应为

$$\dot{y}+h_0 y=r \tag{1-22}$$

类似式(1-7)～式(1-20)的推导，可获得 DDE-PI 的控制律为

$$\begin{aligned} u &= \frac{h_0+k}{l}e+\frac{kh_0}{l}\int e\mathrm{d}t-\frac{k}{l}r \\ &= k_p e+k_i\int e\mathrm{d}t-br \end{aligned} \tag{1-23}$$

由式(1-23)，可总结 DDE-PID 控制器参数的计算表达式为

$$\begin{cases} k_p=\dfrac{h_0+k}{l} \\ k_i=\dfrac{kh_0}{l} \\ b=\dfrac{k}{l} \end{cases} \tag{1-24}$$

根据式(1-11)与式(1-22)可知，DDE-PI/PID 控制器的预期动态方程形式简单，为典型的一阶/二阶系统。如果控制器参数整定合适，可使得闭环系统输出跟踪上典型一阶/二阶系统的响应，该响应即为预期动态响应。

1.4.2 研究现状

为使清洁能源系统在未来承担更多的发电量，燃煤机组目前在电力系统中主要起到调峰的作用。然而，由于清洁能源系统发电存在间歇性与随机性，可靠性远低于传统的燃煤机组，这使得燃煤机组相比于原来更加频繁地响应更大范围内的电网自动发电控制(Automatic Generation Control，AGC)指令。传统的 PID 控制器由于结构简单，往往难以应对大型复杂热力系统中普遍存在的大范围变工况、强非线性、多源扰动与耦合。因此，近年来，ADRC 开始逐渐在燃煤机组上进行现场试验[137-146]，旨在应对机组的深度调峰。现场试验结果表明 ADRC 能够有效克服燃煤机组中存在的多种扰动及应对机组负荷的大范围变化，展现了 ADRC 在克服系统不确定性方面的优越性。

虽然 ADRC 在燃煤机组上的试验取得了一系列成功，但是 ADRC 在大型复杂热力系统上的应用正处于推广阶段。因此，将现有的 PID 控制器整定好仍然具有重大工程价值。DDE-PID 由于其自身的预期动态特性，在热力系统控制设计中的应用具有良好前景。目前，针对 DDE-PID 的研究主要分为以下两方面：控制系统设计与参数整定研究。

在 DDE-PID 控制系统设计方面，王维杰等[147]针对双入双出系统、三入三出系统及四入四出系统设计了分散式 DDE-PID 控制系统，并根据多变量系统的特性进一步设计各回路的预期动态方程，通过仿真说明了分散式 DDE-PID 控制策略能够在不需要解耦器的情况下使得各回路获得满意的控制效果，克服回路间的耦合作用；李明大等[129,148]针对分数阶系统设计 DDE-PID 控制策略，提出以预期调节时间选择预期动态方程的系数，仿真结果表明利用 DDE 法整定二自由度 PID 控制器可使分数阶系统闭环输出满足预期动态响应；张敏等[149]针对高阶对象、非最小相位对象、积分对象等热力过程存在的几种典型对象，设计了 DDE-PID 控制策略，说明了 DDE 法不基于被控对象特定的数学模型，具有普适性的优势；薛亚丽

等[150]、胡增嵘等[151,152]、马克西姆等[153]以及王鑫鑫[154]分别针对气化炉温度回路、四容水箱系统、燃烧振荡系统及热连轧机系统设计了DDE-PID控制策略，仿真与实验结果表明基于DDE法整定的二自由度PID控制器能够保证系统输出超调较小，跟踪性能平稳无明显振荡，且具有良好的扰动抑制性能。

DDE-PID参数整定方面，胡增嵘等[155]基于静态解耦的方法整定DDE-PID，并在多变量时滞系统中验证，相比于分散式DDE-PID控制设计，能够提升控制器抑制外回路耦合扰动的能力；刘京宫等[156,157]首先分析了DDE-PID的频域稳定域，并以参数稳定域为寻优空间且ITAE为优化目标，利用遗传算法对DDE-PID控制器参数进行了优化设计；罗嘉等[158]针对一类不稳定对象，借助系统辨识的思想，改进了DDE法的整定流程，此整定方法过程简单易懂，仅利用被控对象的开环特性曲线即可计算得到DDE-PID的控制参数；王鑫鑫等[159]提出一种基于广义频率法的DDE-PID控制器整定方法，该方法不仅能够使得闭环输出满足预期动态响应，同时也能保证系统的稳定裕度；史耕金等[160]将概率鲁棒算法与DDE-PID控制策略相结合，并将超调量与调节时间作为鲁棒性评价指标，使得DDE-PID在当被控过程特性发生摄动时，能够最大概率满足超调量与调节时间的要求。

由上述可知，DDE-PID控制策略在数值仿真层面获得了良好的控制品质，并展现了其参数易于整定、超调较小、不依赖被控对象精确数学模型、普适性强等优势。然而，DDE-PID控制器在早期提出之时未被应用于如燃煤机组、燃气轮机等复杂热力系统中，理论的实用性并没有得到现场试验的检验。另外，在仿真研究的过程中，DDE-PID自身的预期动态特性并未被充分利用。近年来，DDE整定方法首先在实验室的小型实验台上进行检验，并开始在尝试应用于燃煤机组PID控制器的整定中[161]。另外，为解决特定的控制问题，DDE-PID的控制结构也进行了改进研究。史耕金等[162]提出了一种针对DDE-PID控制器的预期动态特性选择方法，旨在基于被控过程的输入输出响应并考虑多种约束的情况下选取最佳的预期动态，充分发挥PID控制器的作用，并在实际的燃煤机组上进行了现场试验。史耕金等[163]针对目前应用于燃煤机组的控制器无法完全分离调试跟踪性能与抗扰性能的问题，提出了一种基于前馈补偿的改进DDE-PID控制策略，仿真与现场试验结果表明改进后的DDE-PID控制器能够在无PM的前提下实现跟踪性能与抗扰性能的分离调试。史耕金等[164]利用DDE-PID的预期动态特性，结合MPC进行设计提出一种基于预期动态的MPC复合控制方法，仿真与现场实验结果说明所提出的复合控制策略能够实现MPC在无PM情况下的设计，且效果与鲁棒性良好。史耕金等[165]针对具有多个积分环节、右半平面(Right-half-plane, RHP)极点以及共轭纯虚极点的高阶无自平衡对象，基于DDE-PID的基本原理提出了广义二自由度PID控制器的预期动态整定法，仿真与实验台实验结果表明所提出的广义DDE-PID能够使得难控的高阶无自平衡对象容易镇定，也同时为先进控制策略在高阶无自平衡系统上的应用提供了设计基础。

综上所述，无论在仿真中还是在实际应用中，DDE-PID控制器均体现了其结构简单、整定简便、动态性能良好、不基于模型设计等优点，为大型热力系统中的PID控制器参数整定提供了一个全新的思路。

1.5 本书主要内容结构

本书主要针对大型复杂的热力系统，介绍一种简单、实用、效果良好的PID控制器整定方法——DDE法。通过数值仿真模拟、实验台实验以及燃煤机组的现场试验方法，旨在展现DDE-PID在大型热力系统上良好的应用前景，为控制工程师提供一种更为简便的PID控制器参数与结构设计方法。本书主要内容如下。

第1章对目前针对热力系统控制研究以及PID控制器整定研究进展进行了综述，并基于蒙德福瑞的控制思想，提出基于预期动态方程的PID控制器整定方法。

全书其余内容分为两部分，第一部分为控制系统整定与设计研究，主要包括以下几章内容。

第2章针对单变量控制系统进行了DDE-PID参数整定研究，分析了参数稳定域与鲁棒性，通过数值计算在典型热力系统过程模型上进行了仿真验证。

第3章针对多变量系统进行了分散式DDE-PID参数整定研究，分析了多变量系统的控制器设计与预期动态仿真选取方法，通过数值计算在典型的2×2、3×3、4×4、10×10多变量系统传递函数、ALSTOM气化炉模型、四容水箱模型上进行了仿真验证，在双容水箱实验台上进行了实验验证。

第4章针对分数阶系统进行DDE-PID参数整定研究，通过数值计算在典型分数阶系统与分布参数系统上进行了仿真验证，旨在解决分数阶系统与分布参数系统的控制问题。

第二部分为应用与结构改进研究，主要包括以下几章内容。

第5章在不基于PM的情况下，仅利用过程响应曲线中平衡时间、飞升时间、增益等信息，提出了一种DDE-PID控制器的预期动态特性选择的方法。该方法能够使得控制器在受到执行器与反馈机制局限的约束时，保证闭环系统输出跟踪预期响应曲线的精度前提下获得最快的响应速度，并在数值仿真、实验台及燃煤机组上进行了验证。

第6章充分利用DDE-PID的预期动态特性，提出一种基于前馈补偿的预期动态控制方法。该方法能够在不基于被控过程精确数学模型的设计的情况下，完全分离跟踪性能与抗扰性能的调试，并在数值仿真、实验台及燃煤机组上进行了验证。

第7章在PM难以建立的情况下，为使得MPC获得设计模型进而应用于热力系统中，提出一种基于预期动态的模型预测复合控制方法。该方法既能够利用基础控制层中预期动态控制方法的预期动态特性为优化控制层中MPC提供设计模型，并在数值仿真、实验台及燃煤机组上进行了验证。

第8章针对一类高阶无自衡系统，提出一种广义控制器的预期动态设计方法。该方法不仅能够保证高阶无自衡系统的闭环稳定性与平稳且快速的响应速度，而且整定与结构简单易懂，适用于工程应用，并在数值仿真与实验台上进行了验证。

第9章对全书的工作进行总结，并对需要进一步开展的工作进行了展望。

本书主要内容结构如图1.3所示。

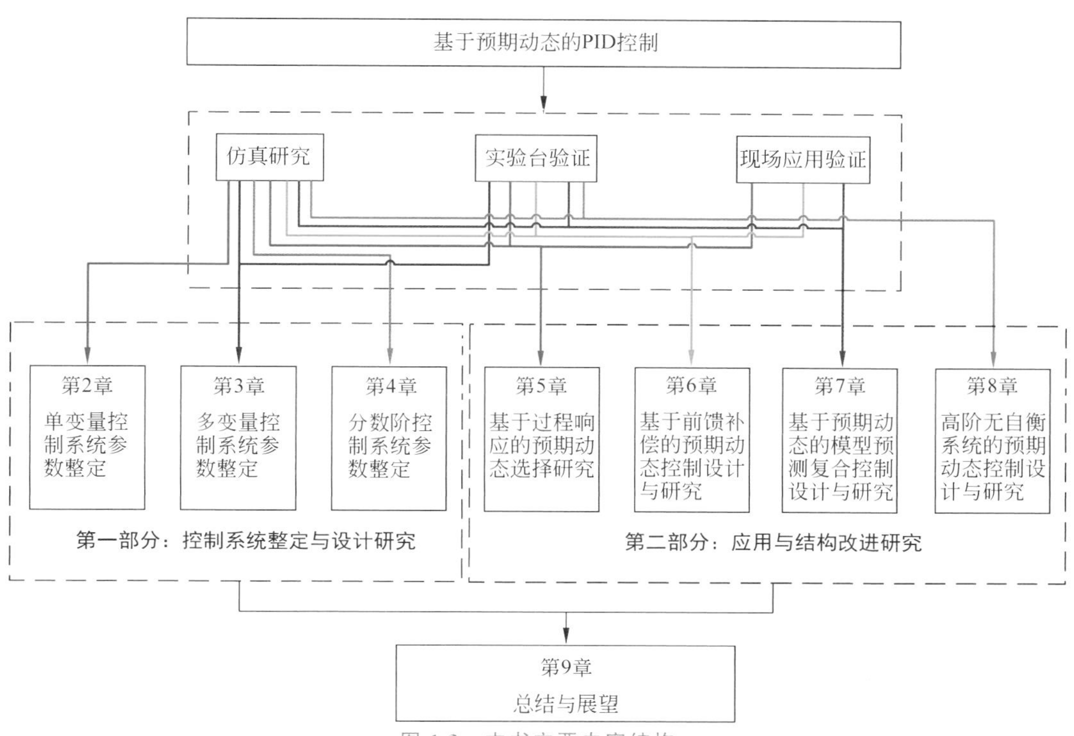

图 1.3 本书主要内容结构

参考文献

[1] Åström K J, Hägglund T. The future of PID control[J]. Control Engineering Practice, 2001, 9(11): 1163-1175.

[2] Minorsky N. Directional stability of automatically steered bodies[J]. Journal of the American Society for Naval Engineers, 1922, 34(2): 280-309.

[3] Zhao C, Guo L. PID controller design for second order nonlinear uncertain systems[J]. Science China Information Sciences, 2017, 60: 022201.

[4] Sun L, Li D, Lee K Y. Optimal disturbance rejection for PI controller with constraints on relative delay margin[J]. ISA Transactions, 2016, 63: 103-111.

[5] Yang R, Liu Y, Yu Y, et al. Hybrid improved swarm optimization-cuckoo search optimized fuzzy PID controller for micro gas turbine[J]. Energy Reports, 2021, 7: 5446-5454.

[6] Chen F, Yang J. Fuzzy PID controller used in yaw system of wind turbine[C]//International Conference on Power Electronics Systems and Applications. IEEE, 2009: 1-4.

[7] Yu X, Yang X, Chao Y, et al. Direct approach to optimize PID controller parameters of hydropower plants[J]. Renewable Energy, 2021, 173: 342-350.

[8] Oliveira F S S, Souza F O, Palhares R M. PID tuning for time-varying delay systems based on modified smith predictor[J]. IFAC-PapersOnline, 2017, 50(1): 1269-1274.

[9] Wu Z, Yuan J, Li D, et al. The proportional-integral controller design based on a Smith-like predictor for a class of high-order systems[J]. Transactions of the Institute of Measurement and Control, 2021,

43(4)：875-890.

[10] 焦健. 基于史密斯预估补偿及自整定 PID 的过热汽温控制方案[J]. 山西电力，2020(2)：41-44.

[11] Fan Z, Yu X, Yan M, et al. Oxygen excess ratio control of PEM fuel cell based on self-adaptive fuzzy PID[J]. IFAC-PapersOnLine, 2018, 51(31): 15-20.

[12] Ji W, Li Q, Xu B, et al. Adaptive fuzzy PID composite control with hysteresis-band switching for line of sight stabilization servo system[J]. Aerospace Science and Technology, 2011, 15: 25-32.

[13] Nayak J R, Shaw B, Sahu B K, et al. Application of optimized adaptive crow search algorithm based two degree of freedom optimal fuzzy PID controller for AGC system[J]. Engineering Science and Technology, an International Journal, 2021: 1-14.

[14] Xu Y, Zheng Y, Du Y, et al. Adaptive condition predictive-fuzzy PID optimal control of start-up process for pumped storage unit at low head area[J]. Energy Conversion and Management, 2018, 177: 592-604.

[15] Zhang W, Cao B, Nan N, et al. An adaptive PID-type sliding mode learning compensation of torque ripple in PMSM position servo systems towards energy efficiency[J]. ISA Transactions, 2021, 110: 258-270.

[16] Mahmoodabadi M J, Maafi A R, Taherkhorsandi M. An optimal adaptive robust PID controller subject to fuzzy rules and sliding modes for MIMO uncertain chaotic systems[J]. Applied Soft Computing, 2017, 52: 1191-1199.

[17] Krohling R A, Rey J P. Design of optimal disturbance rejection PID controllers using genetic algorithm[J]. IEEE Transactions on Evolutionary Computation, 2001, 5(1): 78-82.

[18] Ghoshal S P. Optimization of PID gains by particle swarm optimizations in fuzzy based automatic generation control[J]. Electric Power Systems Research, 2004, 72(3): 203-212.

[19] 王传峰，李东海，姜学智，等. 一种基于概率鲁棒的分散 PID 控制器设计[J]. 清华大学学报(自然科学版)，2008，48(5)：852-855.

[20] Li H, Zhang Z. The application of immune genetic algorithm in main steam temperature of PID control of BP network[J]. Physics Procedia, 2012, 24: 80-86.

[21] Zeng W, Zhu W, Hui T, et al. An IMC-PID controller with particle swarm optimization algorithm for MSBR core power control[J]. Nuclear Engineering and Design, 2020, 360: 110513.

[22] 王传峰，李东海，姜学智，等. 基于概率鲁棒性的锅炉过热汽温串级 PID 控制器[J]. 清华大学学报(自然科学版)，2009，49(2)：249-252.

[23] Richalet J, Rault A, Testud J, Papon J. Algorithmic control of industrial processes[C]//4th IFAC Symposium on Identification and System Parameter Estimation. 1976: 1119-1167.

[24] Dughman S S, Rossiter J A. Systematic and effective embedding of feedforward of target information into MPC[J]. International Journal of Control, 2020, 93(1): 98-112.

[25] Richalet J, Rault A, Testud J, et al. Model predictive heuristic control: applications to industrial processes[J]. Automatica, 1978; 14: 413-428.

[26] 陈虹. 模型预测控制[M]. 北京：科学出版社，2013.

[27] Cutler C R, Ramaker B L. Dynamic matrix control—a computer control algorithm[C]//Joint Automatic Control Conference. 1980.

[28] García C E, Morshedi A M. Quadratic programming solution of dynamic matrix control (QDMC)[J]. Chemical Engineering Communication, 1986, 46: 73-87.

[29] Marquis P, Broustail J P. SMOC, a bridge between state space and model predictive controllers: Application to the automation of a hydrotreating unit[C]//1988 IFAC Workshop on Model based

Process Control. 1998: 37-43.

[30] Campo P J, Morari M. Robust model predictive control[C]//American Control Conference. 1987: 1021-1026.

[31] Kothare M V, Balakrishnan V, Morari M. Robust constrained model predictive control using linear matrix inequalities[J]. Automatica, 1996, 32(10): 1361-1379.

[32] Clarke D W, Mohatadi C, Tuffs P S. Generalized predictive control—Part I: The basic algorithm[J]. Automatica, 1987, 23(2): 137-148.

[33] Clarke D W, Mohatadi C, Tuffs P S. Generalized predictive control—Part II: Extensions and Interpretations[J]. Automatica, 1987, 23(2): 149-160.

[34] Zhang K, Zhao J, Zhu Y. MPC case study on a selective catalytic reduction in a power plant[J]. Journal of Process Control, 2018, 62: 1-10.

[35] Ji G, Huang J, Zhang K, et al. Identification and predictive control for a circulation fluidized bed boiler[J]. Knowledge-Based Systems, 2013, 45: 62-75.

[36] Wang Q, Pan L, Lee K Y. Improving superheated steam temperature control using united long short-term memory and MPC[J]. IFAC-PapersOnLine, 2020, 53(2): 13345-13350.

[37] 吴昊. 燃煤锅炉燃烧系统辨识建模与预测控制研究[D]. 上海: 上海交通大学, 2010.

[38] Zhang T, Feng G, Lu J, et al. Robust constrained fuzzy affine model predictive control with application to a fluidized bed combustion plant [J]. IEEE Transactions on Control Systems Technology, 2008, 16(5): 1047-1056.

[39] Fu K. Learning control systems and intelligent control systems: An intersection of artificial intelligence and automatic control[J]. IEEE Transactions on Automatic Control, 1971, 16(1): 70-72.

[40] Chen W, Liang Y, Luo X, et al. Artificial neural network grey-box model for design and optimization of 50MWe-scale combined supercritical CO_2 Brayton cycle-ORC coal-fired power plant[J]. Energy Conversion and Management, 2021, 249: 114821.

[41] 梁煜东, 陈峦, 张国洲, 等. 基于深度强化学习的多能互补发电系统负荷频率控制策略[J]. 电工技术学报, 2021: 1-13.

[42] Zhang Y, Shi X, Zhang H, et al. Review on deep learning applications in frequency analysis and control of modern power system[J]. International Journal of Electrical Power & Energy Systems, 2022, 136: 107744.

[43] Nuerlan A, Wang P, Rizwan-uddin, et al. A neural network based inverse system control strategy to decouple turbine power in multi-reactor and multi-turbine nuclear power plant[J]. Progress in Nuclear Energy, 2020, 129: 103500.

[44] 李滨, 王靖德, 梁水莹, 等. 基于长短期记忆循环神经网络的 AGC 实时控制策略[J]. 电力自动化设备, 2021: 1-7.

[45] Dong Z, Li Z, Liang Z, et al. Distributed neural network enhanced power generation strategy of large-scale wind power plant for power[J]. Applied Energy, 2021, 303: 117622.

[46] Yin L, Chen L, Liu D, et al. Quantum deep reinforcement learning for rotor side converter control of double-fed induction generator-based wind turbines [J]. Engineering Applications of Artificial Intelligence, 2021, 106: 104451.

[47] Li J, Geng J, Yu T. Multi-objective optimal control for proton exchange membrane fuel cell via large-scale deep reinforcement learning[J]. Energy Reports, 2021, 7: 6422-6437.

[48] Li J, Yu T, Zhang X. Coordinated automatic generation control of interconnected power system with imitation guided exploration multi-agent deep reinforcement learning[J]. International Journal of

Electrical Power and Energy Systems, 2022, 136: 107471.

[49] 孙立. 基于不确定性补偿的火电机组二自由度控制[D]. 北京: 清华大学,2016.

[50] Ziegler J G, Nichols N B. Optimum settings for automatic controllers[J]. Journal of Dynamic Systems, Measurement and Control, 1993, 115(2B): 220-222.

[51] Guo L. Feedback and uncertainty: Some basic problems and results[J]. Annual Review in Control, 2020, 49: 27-36.

[52] Ang K H, Chong G, Li Y. PID control system analysis, design, and technology[J]. IEEE Transactions on Control Systems Technology, 2005, 13: 559-576.

[53] Dastjerdi A A, Saikumar N, HosseinNia S H. Tuning guidelines for fractional order PID controllers: Rules of thumb. Mechatronics, 2018, 56: 26-36.

[54] Sung S W, Lee J, Lee I B. Process identification and PID control[M]. New York: John Wiley & Sons, 2009.

[55] Koszaka L, Rudek R, Pozniak-Koszalka I. An idea of using reinforcement learning in adaptive control systems[C]//International Conference on Networking, International Conference on Systems and International Conference on Mobile Communications and Learning Technologies. IEEE, 2006: 190.

[56] Grimholt C, Skogestad S. Optimal PI and PID control of first-order plus delay processes and evaluation of the original and improved SIMC rules[J]. Journal of Process Control, 2018, 70: 36-46.

[57] Killingsworth N J, Krstic M. PID tuning using extremum seeking: Online, model-free performance optimization[J]. IEEE Control Systems Magazine, 2006, 26: 70-79.

[58] Vilanova R, Visioli A. PID control in the third millennium: Lessons learned and new approaches[M]. London: Springer, 2012.

[59] Slotine J J E, Li W. Applied nonlinear control volume 199[M]. New Jersey: Prentice Hall, 1991.

[60] Silva G J. Datta A, Bhattacharyya S P. PID controllers for time-delay systems[M]. Boston: Birkhäuser Boston, 2005.

[61] Koivo H N, Tanttu J T. Tuning of PID conrollers: Survey of SISO and MIMO techniques[J]. IFAC Proceedings Volumes, 1991, 24: 75-80.

[62] Aström K J, Hägglund T, Hang C C, Ho W K. Automatic tuning and adaptation for PID controllers-a survey[J]. Control Engineering Practice, 1993, 1: 699-714.

[63] Cominos P, Munro N. PID controllers: Recent tuning methods and design to specification. IEE Proceedings D (Control Theory and Applications), 2002, 149: 46-53.

[64] Åström K J, Hägglund T. Advanced PID Control[M]. Research Triangle Park, NC: The Instrumentation, Systems, and Automation Society Press, 2006.

[65] Van Den Hof P M, Schrama R J. Identification and control—closed-loop issues[J]. Automatica, 1995, 31: 1751-1770.

[66] Gevers M. Identification for control[J]. Annual Reviews in Control, 1996, 20: 95-106.

[67] Canpestrini L, Eckhard D, Bazanella A S, et al. Data-driven model reference control design by prediction error identification[J]. Journal of the Franklin Institute, 2017, 354: 2628-2647.

[68] Aström K J, Wittenmark B. Problems of identification and control[J]. Journal of Mathematical Analysis and Applications, 1971, 34: 90-113.

[69] Gevers M. Identification for control: From the early achievements to the revival of experiment design [J]. European Journal of Control, 2005, 11: 335-352.

[70] Ljung L, Vicino A. Guest editorial: Special issue on system identification[J]. IEEE Transactions on Automatic Control, 2005, 50: 1473.

[71] Pillonetto G. System identification using kernel-based regularization: New insights on stability and consistency issues[J]. Automatica, 2018, 93: 321-332.

[72] Ljung L, Chen T, Mu B. A shift in paradigm for system identification[J]. International Journal of Control, 2020, 93: 173-180.

[73] Somefun O A, Akingbade K, Dahunsi F. The dilemma of PID tuning[J]. Annual Review on Control, 2021, 52: 65-74.

[74] O'Dwyer A. Handbook of PI and PID controller tuning rules[M]. London: Imperial College Press, 2009.

[75] 金以慧. 过程控制[M]. 北京：清华大学出版社，1993.

[76] 杨献勇. 热工过程自动控制[M]. 北京：清华大学出版社，2008.

[77] Skogestad S. Simple analytic rules for model reduction and PID controller tuning[J]. Journal of Process Control, 2003, 13(4): 291-309.

[78] Shinskey F G. Process control systems: Application, design, and adjustment[M]. New York: McGraw-Hill Book Company, 1988.

[79] Koelsch J R. Tuning tools maintain harmony in PID loops[J]. Automation World, 2014, 12(2): 42-44.

[80] Jantzen J, Jakobsen C. Turning PID controller tuning into a simple consideration of settling time [C]//2016 European control conference, 2016: 370-375.

[81] Boiko I. Advanced in industrial control, Non-parametric tuning of PID controllers: A modified relay-feedback-test approach[M]. London: Springer-Verlag, 2013.

[82] Hornsey S. A review of relay auto-tuning methods for the tuning of PID-type controllers. Revention: an International Journal of Undergraduate Research, 2012, 5(2).

[83] Zeng D, Zheng Y, Luo Wei, et al. Research on improved auto-tuning of a PID controller based on phase angle margin[J]. Energies, 2019, 12(9): 1704.

[84] Ho W K, Hong Y, Hansson A, et al. Relay auto-tuning of PID controllers using iterative feedback tuning[J]. Automatica, 2003, 39: 149-157.

[85] Moore K L, Xu J X. Editorial: Special issue on iterative learning control[J]. International Journal of Control, 2000, 73: 819-823.

[86] Roux-Oliveira T, Costa L R, Pino A V, et al. Extremum seeking-based adaptive PID control applied to neuromuscular electrical stimulation[J]. Annals of the Brazilian Academy of Sciences, 2019, 91 (Suppl. 1): 1-20.

[87] Paz P, Oliveira T R, Pino A V, et al. Model-free neuromuscular electrical stimulation by stochastic extremum seeking[J]. IEEE Transactions on Control Systems Technology, 2020, 28: 238-253.

[88] Lequin O. Optimal closed-loop PID tuning in the process industry with the "iterative feedback tuning" scheme[C]//1997 European Control Conference, 1997: 3931-3936.

[89] Guan W, Zhu Q, Wang X D, et al. Iterative learning control design and application for linear continuous systems with variable initial states based on 2-D system theory[J]. Mathematical Problems in Engineering, 2014: 970841.

[90] Wang W S W, Davison D E, Davison E J. Controller design for multivariable linear time-invariant unknown systems[J]. IEEE Transactions on Automatic Control, 2013, 58: 2292-2306.

[91] Larsson P O, Hägglund T. Control signal constraints and filter order selection for PI and PID controllers[C]//2011 American Control Conference, 2011: 4994-4999.

[92] Mercader P, Åström K J, Baños A, et al. Robust PID design based on QFT and convex-concave

optimization[J]. IEEE Transactions on Control Systems Technology, 2017, 25: 441-452.

[93] Sekara T B, Matausek M R. Optimization of PID controller based on maximization of the proportional gain under constraints on robustness and sensitivity to measurement noise[J]. IEEE Transactions on Automatic Control, 2009, 54: 184-189.

[94] Veronesi M, Visioli A. Optimized retuning of PID controllers for TITO processes[J]. IFAC-PapersOnLine, 2018, 51: 268-273.

[95] Datta A, Ho M T, Bhattacharyya S P. Structure and synthesis of PID controllers[M]. London: Springer, 2013.

[96] Diaz-Rodriguesz I D, Han S, Bhattacharyya S P. Analytical design of PID controllers[M]. London: Springer, 2019.

[97] Han S, Bhattacharyya S P. PID controller synthesis using a σ-Hurwitz stability criterion[J]. IEEE Control Systems Letters, 2018, 2: 525-530.

[98] Keel L, Bhattacharyya S P. Robustness and fragility of high order controllers: A tutorial[C]//2016 IEEE Conference on Control Applications, 2016: 191-202.

[99] Srivastava S, Pandit V S. A PI/PID controller for time delay systems with desired closed loop time response and guaranteed gain and phase margins[J]. Journal of Process Control, 2016, 37: 70-77.

[100] Wang H, Han Q L, Liu J, et al. Discrete-time filter proportional-integral-derivative controller design for linear time-invariant systems[J]. Automatica, 2020, 116: 108918.

[101] Zítek P, Fišer J, Vyhlídal T. Dimensional analysis approach to dominant three-pole placement in delayed PID control loops[J]. Journal of Process Control, 2013, 23: 1063-1074.

[102] Almabrok A, Psarakis M, Dounis A. Fast tuning of the PID controller in an HVAC system using the big bang-big crunch algorithm and FPGA technology[J]. Algorithm, 2018, 11: 146.

[103] Ekinci S, Hekımoğlu B. Improved kidney-inspired algorithm approach for tuning of PID controller in AVR system[J]. IEEE Access, 2019, 7: 39935-39947.

[104] Hekimoğlu B. Optimal tuning of fractional order PID controller for DC motor speed control via chaotic atom search optimization algorithm[J]. IEEE Access, 2019, 7: 38100-38114.

[105] Mandava R K, Vundavilli P R. An optimal PID controller for a biped robot walking on flat terrain using MCIWO algorithms[J]. Evolutionary Intelligence, 2019, 12: 33-48.

[106] Izci D, Ekinci S. Comparative performance analysis of slime mould algorithm for efficient design of proportional-integral-derivative controller[J]. Electrica, 2021, 21: 151-159.

[107] Ekinci S, Hekımoğlu B, Izci D. Opposition based henry gas solubility optimization as a novel algorithm for PID control of DC motor[J]. Engineering Science and Technology, an International Journal, 2021, 24(2): 331-342.

[108] Li L, Zheng N, Wang F. On the crossroad of artificial intelligence: A revisit to Alan Turing and Norbert Wiener[J]. IEEE Transactions on Cybernetics, 2019, 49: 3618-3626.

[109] Bobál V, Böhm J, Fessl J. Advanced textbooks in control and signal processing, Digital self-tuning controllers: Algorithms, implementation and applications[M]. London: Springer-Verlag, 2005.

[110] Aggarwal V, O'Reilly, U. A self-tuning analog proportional-integral-derivative (PID) controller [C]//First NASA/ESA Conference on Adaptive Hardware and Systems, 2006: 12-19.

[111] Malekabadi M, Haghparast M, Nasiri F. Air condition's PID controller fine-tuning using artificial neural networks and genetic algorithms[J]. Computers, 2018, 7(2): 32.

[112] Kofinas P, Dounis A I. Online tuning of a PID controller with a fuzzy reinforcement learning mas for flow rate control of a desalination unit[J]. Electronics, 2019, 8(2): 231.

[113] Srivastava S P G A, Gupta M, Prasannakumar N, et al. A comparative study of PID and neuro-fuzzy based control schemes for a 6-DoF robotic arm[J]. Journal of Intelligent & Fuzzy Systems, 2018, 35: 5317-5327.

[114] Kähm W. Thermal stability criteria embedded in advanced control systems for batch process intensification[D]. Cambridge: University of Cambridge, 2019.

[115] Kalmuk A, Tyushev K, Granichin O, et al. Online parameter estimation for MPC model uncertainties based on LSCR approach[C]//1st Annual IEEE Conference on Control Technology and Applications. IEEE, 2017: 1256-1261.

[116] Sirohi A, Choi K Y. Online parameter estimation in a continuous polymerization process[J]. Industrial and Engineering Chemistry Research, 1996, 35: 1332-1343.

[117] Badwe A S, Patwadhan R S, Shah S L, et al. Quantifying the impact of model-plant mismatch on controller performance[J]. Journal of Process Control, 2010, 20(4): 408-425.

[118] Wang H, Xie L, Song Z. A review for model plant mismatch measures in process monitoring[J]. Chinese Journal of Chemical Engineering, 2012, 20(6): 1039-1046.

[119] Gédouin P A, Delaleaua E, Bourgeota J M, et al. Experimental comparison of classical PID and model-free control: Position control of a shape memory alloy active spring[J]. Control Engineering Practice, 2011, 19(5): 433-441.

[120] Han S I, Lee J M. Friction and uncertainty compensation of robot manipulator using optimal recurrent cerebellar model articulation controller and elasto-plastic friction observer[J]. IET Control Theory and Applications, 2011, 5(18): 2120-2141.

[121] Boubakir A, Labiod S, Boudjema F. A stable self-tuning proportional-integral-derivative controller for a class of multi-input-multi-output nonlinear systems[J]. Journal of Vibration and Control, 2012, 18(2): 228-239.

[122] Li S, Li Y, Liu B, et al. Model-free control of Lorenz chaos using an approximate optimal control strategy[J]. Communications in Nonlinear Science and Numerical Simulation, 2012, 17(12): 4891-4900.

[123] Marden J R, Ruben S D, Pao L Y. A Model-Free Approach to Wind Farm Control Using Game Theoretic Methods[J]. IEEE Transactions on Control Systems Technology, 2013, 21(4): 1207-1214.

[124] Fliess M, Join C. Model-free control[J]. International Journal of Control, 2013, 86(12): 2228-2252.

[125] Fliess M, Join C, Sira-Ramirez H. Nonlinear estimation is easy[J]. International Journal of Modelling Identification Control, 2008, 4(1): 12-27.

[126] 侯忠生. 无模型自适应控制的现状与展望[J]. 控制理论与应用, 2006, 23(4): 586-592.

[127] Arimoto S, Kawamura S, Miyazaki F. Bettering operation of robots by learning[J]. Journal of Robotic Systems, 1984, 1(2): 123-140.

[128] Inoue T, Nakano M, Iwai S. High accuracy control of a proton synchrotron magnet power supply [C]//8th IFAC World Congress, Tokyo, Japan, 24-28 August 1981: 216-221.

[129] 李明大. 分数阶系统的整数阶控制器研究[D]. 北京: 北京科技大学, 2014.

[130] 王维杰, 李东海, 高琪瑞, 等. 一种二自由度 PID 控制器参数整定方法[J]. 清华大学学报(自然科学版), 2008, 48(11): 1962-1966.

[131] 王志强. 基于模型参考控制的有限时间状态跟踪研究[D]. 长春: 东北电力大学, 2018.

[132] 杨林, 赵玉壮, 陈思忠, 等. 半主动油气悬架的神经网络模型参考控制[J]. 北京理工大学学报, 2011,

31(1): 24-28.

[133] Tornambè A, Valigi P. A decentralized controller for the robust stabilization of a class of MIMO dynamical systems[J]. Journal of Dynamic Systems, Measurement, and Control. 1994, 116: 293-304.

[134] Han J. From PID to active disturbance rejection control[J]. IEEE Transactions on Industrial Electronics, 2009, 56: 900-906.

[135] Gao Z. Scaling and bandwidth-parameterization based controller tuning[C]//American Control Conference. 2003: 4989-4996.

[136] Wu Z, Shi G, Li D, et al. Active disturbance rejection control design for high-order integral systems[J]. ISA Transactions, 2021, 125: 560-570.

[137] Wu Z, Gao Z, Li D, et al. On transitioning from PID to ADRC in thermal power plants[J]. Control Theory and Technology, 2021, 19: 3-18.

[138] 张玉琼. 大型火电机组热力过程低阶自抗扰控制[D]. 北京：清华大学，2016.

[139] Wu Z, Li D, Liu Y, et al. Performance analysis of improved ADRCs for a class of high-order processes with verification on main steam pressure[J]. IEEE Transactions on Industrial Electronics, 2022: 1-10.

[140] Wu Z, He T, Sun L, et al. The facilitation of a sustainable power system: A practice from data-driven enhanced boiler control[J]. Sustainability, 2018, 10(4): 1112.

[141] Wu Z, He T, Liu Y, et al. Physics-informed energy-balanced modeling and active disturbance rejection control for circulating fluidized bed units[J]. Control Engineering Practice, 2021, 116: 104934.

[142] Sun L, Li D, Hu K, et al. On tuning and practical implementation of active disturbance rejection controller: A case study from a regenerative heater in a 1000 MW power plant[J]. Industrial & Engineering Chemistry Research, 2016, 55(23): 6686-6695.

[143] He T, Wu Z, Li D, et al. A tuning method of active disturbance rejection control for a class of high-order processes[J]. IEEE Transactions on Industrial Electronics, 2019, 67(4): 3191-3201.

[144] He T, Wu Z, Shi R, et al. Maximum sensitivity-constrained data-driven active disturbance rejection control with application to airflow control in power plant[J]. Energies, 2019, 12(2): 231.

[145] 何婷. 自抗扰控制设计及其在热能系统在的应用[D]. 北京：清华大学，2019.

[146] 吴振龙. 热力系统鲁棒性自抗扰控制研究与设计[D]. 北京：清华大学，2020.

[147] Wang W, Li D, Xue Y. Decentralized two degree of freedom PID tuning method for MIMO processes[C]//2009 IEEE International Symposium on Industrial Electronics. IEEE, 2009: 143-148.

[148] 李明大，王京，李东海. 分数阶系统的二自由度 PID 预期动态整定法[J]. 武汉科技大学学报，2014, 37(1): 63-69.

[149] Zhang M, Wang J, Li D. Simulation analysis of PID control system based on desired dynamic equation[C]//8th World Congress on Intelligent Control and Automation. 2010: 3638-3644.

[150] Xue Y, Li D, Liu J. DDE-based PI controller and its application to gasifier temperature control[C]//2010 International Conference on Control, Automation and Systems. IEEE, 2010: 2194-2197.

[151] 胡增嵘，王京，李东海，等. 预期动态法在四水箱液位控制中的应用[J]. 太原科技大学学报，2011, 32(3): 212-219.

[152] Hu Z, Li D, Wang J, et al. Application of desired dynamic equation method in simulation of four-

tank system[C]//2012 International Conference on Systems and Informatics. IEEE, 2012: 366-370.

[153] Makeximu, Li D, Zhu M, et al. Desired dynamic equation based PID control for combustion vibration[J]. Journal of Low Frequency Noise, Vibration and Active Control, 2015, 34(2): 107-117.

[154] 王鑫鑫. 基于热连轧机耦合振动的主动抑振控制研究[D]. 北京：北京科技大学，2019.

[155] Hu Z, Li D, Jiang X, et al. Desired-dynamics-based design of control strategy for multivariable system with time delays[C]//2010 International Conference on Computer Application and System Modeling. IEEE, 2010: 191-196.

[156] Liu J, Xue Y, Li D. Calculation of PI controller stable region based on D-Partition method[C]// 2010 International Conference on Control, Automation and Systems. IEEE, 2010: 2185-2189.

[157] 刘京宫. 二自由度控制器的稳定域分析及其在热工过程中的应用[D]. 北京：清华大学，2011.

[158] 罗嘉，张曦，李东海，等. 一类不稳定系统的PID控制器整定[J]. 西安理工大学学报，2015，31(4): 475-481.

[159] Wang X, Yan X, Li D, et al. An approach for setting parameters for two-degree-of-freedom PID controllers[J]. Algorithm, 11(48): a11040048.

[160] Shi G, Li D, Ding Y, et al. Desired dynamic equational proportional-integral-derivative controller design based on probabilistic robustness[J]. International Journal of Robust and Nonlinear Control, 2022, 32(18): 9556-9592.

[161] 史耕金. 基于预期动态的热力系统控制[D]. 北京：清华大学，2023.

[162] Shi G, Wu Z, Liu S, et al. Research on the desired dynamic selection of a reference model-based PID controller: A case study on a high-pressure heater in a 600 MW power plant[J]. Processes, 2022, 10: 1059.

[163] Shi G, Liu S, Li D, et al. A controller synthesis method to achieve independent reference tracking performance and disturbance rejection performance[J]. ACS Omega, 2022, 7(18): 16164-16186.

[164] Shi G, Ma M, Li D, et al. A process-model-free method for model predictive control via a reference model-based proportional-integral-derivative controller with application to a thermal power plant[J]. Frontier in Control Engineering, 2023, 4: 1185502.

[165] Shi G, Gao Z, Chen Y, et al. A controller design method for high-order unstable linear time-invariant systems[J]. ISA Transactions, 2022, 130: 500-515.

第 2 章　单变量控制系统参数整定

2.1 引言

PID 控制是最早发展起来的控制策略之一。由于其结构简单，易于实现，并且具有一定的鲁棒性，PID 控制也是迄今为止在电力、化工、石油、冶金、机械等工业过程控制中应用最广泛的控制方法。1942 年，John G. Ziegler 和 Nathaniel B. Nichols 提出了著名的 Z-N 整定公式，为 PID 参数整定提供了明确的规则。

半个多世纪以来，PID 控制器参数整定方法得到了不断的丰富和发展，尤其对单变量 PID 参数整定方法的研究已经有了很多成果，如公式法、Cohen-Coon 法、IAE/ITAE 等指标最优设计法、IMC 法等。然而，传统 PID 控制器只能设定一套 PID 参数，即所谓一自由度 PID 控制。这种控制存在局限性：只能针对设定值跟踪和扰动抑制两种情况之一进行设计[1,2]。在实际系统设计中，常采用折中的方法来整定 PID 参数，因此很难获得最佳的控制效果。

为解决上述问题，Horowitz 在 1963 年将二自由度（2-DOF）概念引入 PID 控制系统。二自由度 PID 算法是在一个传统 PID 控制器的基础上通过增加相应的补偿环节，另外增加一些调整系数，使得该控制器的结构能够按照外扰抑制特性最佳和目标值跟踪特性最佳分别整定，从而使两种特性同时达到最优，控制品质得到改善。经历了 60 多年的发展，2-DOF PID 控制器的设计与实际应用方面都产生了丰富的研究成果[1-6]。

近年来，有很多学者关注 2-DOF PID 控制器参数整定问题。Åström 和 Panagopoulos 等[7]提出通过设计闭环系统最大灵敏度整定 2-DOF PI/PID；Taguchi 等[8]给出了基于频域响应指标最小的方法整定 2-DOF PID；Gorez[1]提出一种结合 IMC 法的整定规则；薛亚丽[9]利用遗传算法对 2-DOF PID 参数进行优化；Han-Qin Zhou、Qing-Guo Wang 等[11]对用传统 PID 和 2-DOF PID 控制不稳定时滞对象的主要整定方法进行了对比研究。

本章主要针对单变量系统的 DDE-PI/PID 整定进行了研究，其中 2.2 节对二自由度控制器进行了描述，2.3 节推导了 DDE-PI 及 DDE-PID 的参数稳定域并进行了数值仿真计算，2.4 节介绍了性能鲁棒性检验方法，2.5 节说明了 DDE-PI/PID 的整定流程，2.6 节针对典型的传递函数进行了一系列仿真研究，最后 2.7 节对本章内容进行小结。

2.2 问题描述

Horowitz[10]提出了 8 种二自由度控制构成方法，其中有 4 种便于工业实现，分别是设定值滤波器型、设定值前馈型、反馈补偿型以及回路补偿型[6]，具体结构见图 2.1。这 4 种结构主要以补偿环节相对于主控制器的位置进行区分，实际上它们是等价的，可以进行等价变换。

图 2.1(b)中，从设定值到输出和从外扰到输出的传递函数分别为

$$G_{yr}(s)=\frac{G_f(s)G_p(s)}{1+G_c(s)G_p(s)} \tag{2-1}$$

$$G_{yd}(s)=\frac{G_p(s)}{1+G_c(s)} \tag{2-2}$$

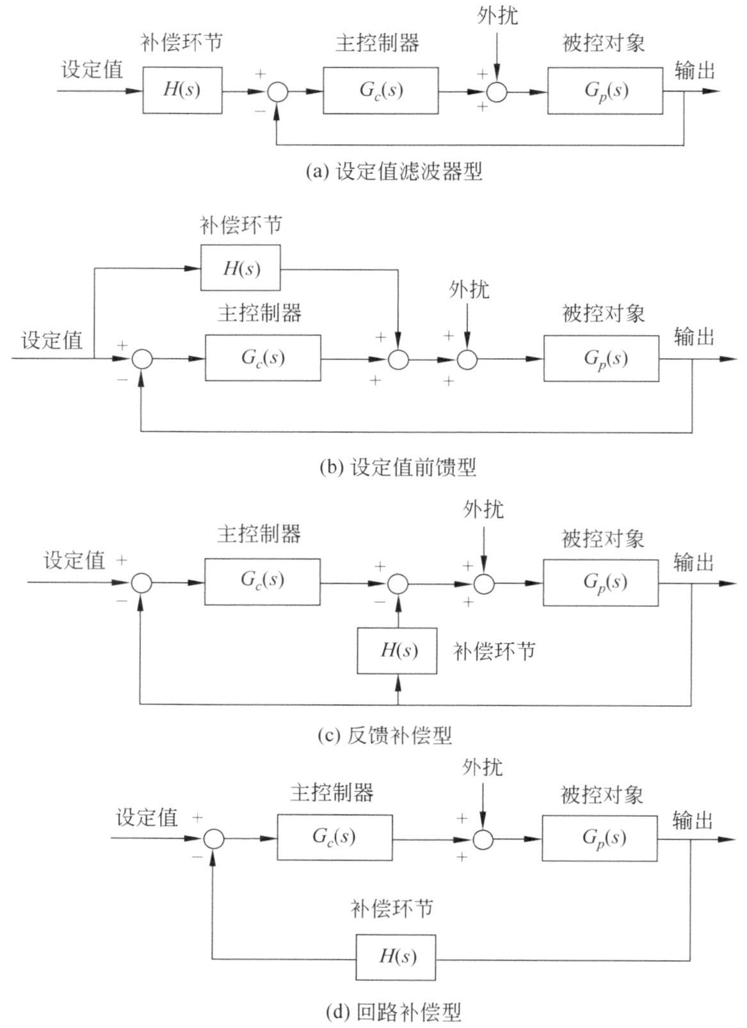

图 2.1　四种等价二自由度控制结构图

可以看出，上述系统中如果 G_{yd} 固定，G_{yr} 仍然是自由的。因为 G_{yd} 仅与主控制器 G_c 有关，而 G_{yr} 不仅与 G_c 有关，还与前馈控制器 G_f 有关。也就是说，上述两个表征系统跟踪特性和抗扰特性的传递函数彼此独立，也即在此系统中，设定值跟踪特性和抗干扰特性可以独立的进行调整。

常用的二自由度控制结构为设定值滤波型，因此本章基于设定值滤波型对 DDE-PI/PID 进行分析与推导。考虑如图 2.2 所示的闭环反馈控制系统：

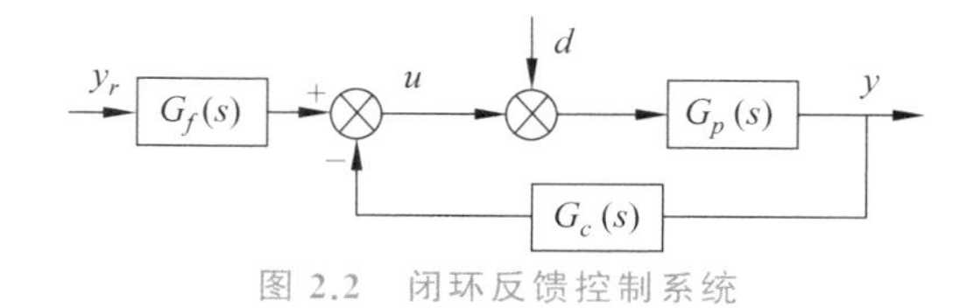

图 2.2　闭环反馈控制系统

其中，y_r 为设定值输入，y 为系统输出，u 为控制信号，d 为扰动信号。$G_p(s)$ 为被控对象模型，本书主要以式(1-1)传递函数描述的单变量系统为研究对象。$G_c(s)$为 PID 控制器：$G_c(s)=k_p+k_i/s+k_d s$，$G_f(s)$为前馈控制器：$G_f(s)=(k_p-b)+k_i/s$。

控制作用 u 可表示为

$$u(s)=-by_r(s)+(k_p+k_i/s+k_d s)[y_r(s)-y(s)] \tag{2-3}$$

当 $b\neq0$ 时，式(2-3)为 2-DOF PID 控制器。

2.3 参数稳定域

本书第 1 章中已对 DDE-PID 的基本原理进行了推导与论述，本章不再赘述。本节主要对于 DDE-PI 控制器以及 DDE-PID 控制器的参数稳定域进行推导与分析。

2.3.1 开环 D-分割法

D-分割(D-Partition，DP)法是计算控制器参数稳定域的一种常见方法，最早由数学家 Neimark[12] 于 1947 年提出。D-分割法起初用于对多项式的零点进行区域划分，之后拓展到对控制系统特征多项式根的分布情况进行分析。该方法通过将极坐标虚轴映射成为控制器参数空间的稳定边界，建立起复平面渐近稳定区域和控制器参数稳定域之间的关系。之后，Shafiei 和 Shenton[13] 将 D-分割法与 Nyquist 稳定性判据相结合，于 1994 年提出了一种基于系统开环频率响应特性的控制器稳定域计算方法，即开环 D-分割(Open Loop DP，OLDP)法。作为一种频域计算方法，开环 D-分割法仅需要已知系统的开环频率响应特性，而无须对系统闭环特征多项式的形式进行讨论，因此可以方便地描述那些闭环特征方程难以获得的系统的控制器稳定域，尤其适用于带有纯延迟环节的线性对象的稳定域求解。另外，通过与其他反映系统稳定裕度及性能特性的指标相结合，开环 D-分割法还可进一步计算控制器参数的相对稳定域。

根据开环 D-分割法的思想，控制器参数空间的 D-分割可以通过复变量 s 在复平面虚轴上(即 $s=j\omega$)由 $-\infty$ 运动到 $+\infty$ 时极坐标上的点$(-1,j0)$从控制器参数空间中的映射得到。

假设图 2.1 中系统的开环频率响应特性满足如下等式：

$$L(j\omega)=G_c(j\omega)G_p(j\omega)=-1 \tag{2-4}$$

则控制器参数空间的 D -分割可由如下 5 种曲面构成(其中 l 表示控制器参数的个数)。

(1) ∂D_0 曲面：对应于式(2-4)中 $\omega=0$ 时的情况，即 $L(j0)=-1$。进一步，若方程中仅含有实部，则∂D_0 为一个 $l-1$ 维曲面；若方程中既含有实部又含有虚部，则∂D_0 为一个 $l-2$ 维曲面。

(2) ∂D_∞ 曲面：对应于式(2-4)中 $\omega=\pm\infty$时的情况，即 $L(\pm j\infty)=-1$。进一步，若方程中仅含有实部，则∂D_∞ 为一个 $l-1$ 维曲面；若方程中既含有实部又含有虚部，则∂D_∞ 为一个 $l-2$ 维曲面。

(3) $\partial D_{-\omega}$ 曲面：对应于式(2-4)中 $\omega\in(-\infty,\ 0)$时的情况，此时$\partial D_{-\omega}$ 为一个 $l-1$ 维曲面，由式 $L(j\omega)=-1$ 所表示的 $l-2$ 维曲面随 ω 变化而形成。

(4) ∂D_ω 曲面：对应于式(2-4)中 $\omega\in(0,\ +\infty)$时的情况，此时∂D_ω 为一个 $l-1$ 维曲面，由方程 $L(j\omega)=-1$ 所表示的 $l-2$ 维曲面随 ω 变化而形成。(注意：若开环传递函数 $L(s)$的各次项系数均为实数，则曲面$\partial D_{-\omega}$与∂D_ω 重合，因为此时方程 $L(s)=-1$ 的根均为

共轭复根;否则,$\partial D_{-\omega}$和∂D_{ω}为两个不同的曲面。)

(5) ∂D_{s}曲面:对于某些情况,曲面$\partial D_{-\omega}$和∂D_{ω}可能并不存在,因为在某些ω值下,由式(2-3)的实部与虚部所构成的方程组可能彼此并不独立,从而使得式(2-4)对应无穷多组解。由这有限多个ω的值所构成的表面即为∂D_{s}曲面。

其中,曲面∂D_{0},∂D_{∞}以及∂D_{s}称为奇异边界,曲面$\partial D_{-\omega}$和∂D_{ω}称为非奇异边界,它们共同构成了控制器参数空间中的一组 D-分割,同时也构成了控制器参数可能的稳定域边界。

2.3.2 DDE-PI 的参数稳定域计算原理

对于含有前馈环节 b 的 DDE-PI 控制器,为了计算其参数稳定域,首先有如下命题。

命题 2.1 对于如 2.2 节中所描述的闭环系统,前馈环节 b 不影响系统的闭环稳定性。

证明 为证明该命题,首先引入 2-DOF 控制器结构的等效开环传递函数及闭环特征多项式。假设 2.2 节中所描述的控制系统具有如图 2.2 所示的等效闭环形式,其中,$G_{o}(s)$为 2-DOF PI 结构的等效开环传递函数。

根据图 2.2 所示的系统方框图,易得

$$\begin{cases} u(s)=G_{c}(s)[r(s)-y(s)]-br(s) \\ y(s)=G_{p}(s)u(s) \end{cases} \tag{2-5}$$

从而有

$$y(s)=\{G_{c}(s)[r(s)-y(s)]-br(s)\}G_{p}(s) \tag{2-6}$$

故图 2.3 所示的 2-DOF 控制器结构的闭环传递函数为

$$G(s)=\frac{y(s)}{r(s)}=\frac{G_{c}(s)-b}{1+G_{c}(s)G_{p}(s)}G_{p}(s) \tag{2-7}$$

同时,根据图 2.3 所示的等效闭环系统,2-DOF 结构的闭环传递函数为

$$G(s)=\frac{G_{o}(s)}{1+G_{o}(s)} \tag{2-8}$$

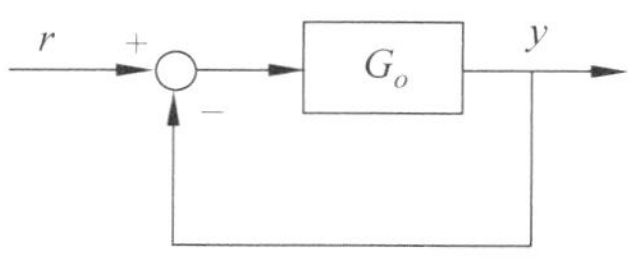

图 2.3 2-DOF 控制器结构的等效闭环形式

令式(2-7)与式(2-8)相等,可求得 2-DOF 结构的等效开环传递函数如下:

$$G_{o}(s)=\frac{[G_{c}(s)-b]G_{p}(s)}{1+bG_{p}(s)} \tag{2-9}$$

进一步,通过计算 $1+G_{o}(s)$,即可求得 2-DOF 结构的等效闭环特征方程为

$$1+G_{o}(s)=\frac{1+G_{c}(s)G_{p}(s)}{1+bG_{p}(s)}=0 \tag{2-10}$$

注意到,特征方程 $1+G_{c}(s)G_{p}(s)=0$ 中并不包含前馈环节 b,又因为系统的闭环稳定性仅取决于特征方程根在极坐标中的分布情况,因此可以判断出,如图 2.2 所示的含 2-DOF 结构的控制系统的闭环稳定性不受前馈环节 b 的影响,命题得证。 □

根据命题 2.1 中的结论,即可将 DDE-PI 控制器的参数稳定域计算问题简化为一个求解 PI 控制器参数稳定域的问题,按照 OLDP 计算方法进行求解。

根据 2.3.1 节中描述的 OLDP 法,控制器的参数稳定域边界由以下 4 种 D-分割构成:

$$\begin{cases}\partial D_0: & L(j0)=-1 \\ \partial D_\infty: & L(\pm j\infty)=-1 \\ \partial D_\omega: & L(\pm j\omega)=-1 \\ \partial D_s: & \text{使 } L(j\omega)=-1 \text{ 的解不存在的 } \omega \text{ 值}\end{cases} \tag{2-11}$$

其中，$L(j\omega)$表示系统的开环频率响应特性。

对于 DDE-PI 控制器，PI 控制器的传递函数形式变为

$$G_c(s)=\frac{k+h_0}{l}+\frac{kh_0}{sl} \tag{2-12}$$

为表述简便，进一步假设对象的频率响应特性为

$$G_p(j\omega)=a(\omega)+jb(\omega) \tag{2-13}$$

于是，系统的开环频率响应特性变为

$$\begin{aligned}G_o(j\omega)&=G_c(j\omega)G_p(j\omega)=\left(\frac{k+h_0}{l}+\frac{kh_0}{j\omega l}\right)[a(\omega)+jb(\omega)] \\ &=\left[\frac{k+h_0}{l}a(\omega)+\frac{kh_0}{\omega l}b(\omega)\right]+j\left[\frac{k+h_0}{l}b(\omega)-\frac{kh_0}{\omega l}a(\omega)\right]\end{aligned} \tag{2-14}$$

从而，DDE-PI 的稳定域边界为

$$\begin{cases}\partial D_0: & h_0k/l=0 \\ \partial D_\omega: & \begin{cases}\dfrac{k+h_0}{l}a(\omega)+\dfrac{kh_0}{\omega l}b(\omega)=-1 \\ \dfrac{k+h_0}{l}b(\omega)-\dfrac{kh_0}{\omega l}a(\omega)=0\end{cases}\end{cases} \tag{2-15}$$

式(2-15)仅给出了 DDE-PI 控制器稳定域的边界，但并没有指出边界的哪一侧才是真正的稳定域范围。为了进一步确定稳定域范围，首先引入如下命题。

命题 2.2　对于由 DDE-PI 控制器与被控对象所组成的闭环系统，系统闭环稳定的必要条件为

$$\begin{cases}k/l>0, & \text{当 } G_p(j0)>0 \\ k/l<0, & \text{当 } G_p(j0)<0\end{cases} \tag{2-16}$$

其中，$G_p(j0)$为对象的静态增益。

证明　首先，由于延迟环节会造成系统不稳定，因此只需要讨论被控对象不带延迟环节的情况，因为只有当系统在没有延迟的情况下稳定，才可能在有延迟的情况下稳定。

考虑被控对象在没有纯延迟环节下的情况：

$$G_p(s)=\frac{N_p(s)}{D_p(s)}=\frac{\alpha_0+\alpha_1 s+\cdots+\alpha_{m-n-1}s^{m-n-1}+\alpha_{m-n}s^{m-n}}{\beta_0+\beta_1 s+\cdots+\beta_{m-1}s^{m-1}+\beta_m s^m} \tag{2-17}$$

则此时由 DDE-PI 控制器与被控对象所组成的闭环系统的特征多项式变为

$$\begin{aligned}\delta(s)&=s(\beta_0+\beta_1 s+\cdots+\beta_{m-1}s^{m-1}+\beta_m s^m)+(sk_p+k_i)(\alpha_0+\alpha_1 s+\cdots+ \\ &\quad\ \alpha_{m-n-1}s^{m-n-1}+\alpha_{m-n}s^{m-n}) \\ &=\beta_m s^{m+1}+\cdots+k_i\alpha_0\end{aligned} \tag{2-18}$$

根据经典控制理论，系统稳定的一个必要条件是其特征多项式的所有系数均同号，故为了保证系统的稳定性，β_m 与 $k_i\alpha_0$ 应同号，从而可以得知

$$\begin{cases} k_i > 0, & \text{当 } \alpha_0/\beta_m > 0 \\ k_i < 0, & \text{当 } \alpha_0/\beta_m < 0 \end{cases} \tag{2-19}$$

又因为对于被控对象 G_p，其分母多项式系数均应同号，故式(2-19)进一步变为

$$\begin{cases} k_i > 0, & \text{当 } \alpha_0/\beta_0 > 0 \\ k_i < 0, & \text{当 } \alpha_0/\beta_0 < 0 \end{cases} \tag{2-20}$$

注意到被控对象的静态增益为 $G_p(j_0)=\alpha_0/\beta_0$，而根据 DDE-PI 控制器的整定方法，$k_i=kh_0/l$ 且 $h_0>0$，从而命题 2.2 得证。 □

另外，根据 Nyquist 判据可知，对于被控对象为自稳定对象的闭环系统，系统闭环稳定的充要条件是 Nyquist 曲线不包围$(-1, j_0)$点，从而可得到如下约束条件：

$$\begin{cases} \dfrac{k+h_0}{l}a(\omega)+\dfrac{kh_0}{\omega l}b(\omega) > -1 \\ \dfrac{k+h_0}{l}b(\omega)-\dfrac{kh_0}{\omega l}a(\omega) = 0 \end{cases} \tag{2-21}$$

式(2-16)与式(2-21)共同构成了 DDE-PI 控制器的稳定域约束条件，可以用于计算 DDE-PI 控制器的稳定域范围。以上即为 DDE-PI 控制器参数稳定域的计算原理。

2.3.3 DDE-PID 的参数稳定域计算原理

根据命题 2.1 中的结论，对于 DDE-PID 结构，仅讨论其闭环稳定性即可，无须考虑前馈环节 b 的影响。因此，根据 OLDP 法，可对 DDE-PID 控制器的参数稳定域进行如下讨论。

首先，根据 2.3.1 节中所描述的 OLDP 法，控制器的参数稳定域边界由式(2-11)构成。对于 DDE-PID 控制器，由控制器的参数关系可知，其频率响应特性为

$$G_c(j_\omega)=k_p+\frac{k_i}{j\omega}+k_d j\omega=\frac{h_0+kh_1}{l}+\frac{kh_0}{j\omega l}+\frac{h_1+k}{l}j\omega \tag{2-22}$$

为表述简便，进一步假设对象的频率响应特性为式(2-11)。于是，系统的开环频率响应特性变为

$$\begin{aligned} G_o(j\omega) &= G_c(j\omega)G_p(j\omega)=\left(\frac{h_0+kh_1}{l}+\frac{kh_0}{j\omega l}+\frac{h_1+k}{l}j\omega\right)[a(\omega)+jb(\omega)] \\ &= \left[a(\omega)\frac{h_0+kh_1}{l}+b(\omega)\left(\frac{kh_0}{\omega l}-\frac{h_1+k}{l}\omega\right)\right]+ \\ &\quad j\left[b(\omega)\frac{h_0+kh_1}{l}-a(\omega)\left(\frac{kh_0}{\omega l}-\frac{h_1+k}{l}\omega\right)\right] \end{aligned} \tag{2-23}$$

故 DDE-PID 的各 D-分割边界分别变为

$$\partial D_0:\ k=0 \tag{2-24}$$

$$\partial D_\infty:\ \beta_m=0 \tag{2-25}$$

$$\partial D_\omega:\ \begin{cases} a(\omega)\dfrac{h_0+kh_1}{l}+b(\omega)\left(\dfrac{kh_0}{\omega l}-\dfrac{h_1+k}{l}\omega\right)=-1 \\ b(\omega)\dfrac{h_0+kh_1}{l}-a(\omega)\left(\dfrac{kh_0}{\omega l}-\dfrac{h_1+k}{l}\omega\right)=0 \end{cases} \tag{2-26}$$

∂D_s：使式(2-24)的解不存在的 ω 值 (2-27)

显然，∂D_∞ 不含 DDE-PID 控制器的参数，故不构成 DDE-PID 控制器参数的稳定域边

界。为使得 DDE-PID 的预期动态方程无衰减振荡，设置 $h_0=h_1^2/4$。根据 $h_1>0, h_0=h_1^2/4$ 的条件易知：

$$h_0=0,\quad h_1=0 \tag{2-28}$$

这个条件亦为 DDE-PID 控制器参数的稳定域边界。从而，式(2-24)，式(2-26)，式(2-27)，式(2-28)共同构成了 DDE-PID 控制器的稳定域边界。

然而，以上各式仅给出了 DDE-PID 控制器稳定域的边界，并没有指出边界的哪一侧才是真正的稳定域范围。为了进一步确定稳定域范围，首先引入如下命题。

命题 2.3　对于由 DDE-PID 控制器与式(1-1)中描述的相对阶不小于 2 的被控对象所组成的闭环系统，系统闭环稳定的必要条件为

$$\begin{cases} k/l>0, & \text{当 } G_p(j0)>0 \\ k/l<0, & \text{当 } G_p(j0)<0 \end{cases} \tag{2-29}$$

其中，$G_p(j_0)$为对象的静态增益。

证明　首先，由 PID 控制器和被控对象所组成的闭环系统，其闭环传递函数为

$$G(s)=\frac{G_c(s)G_p(s)}{1+G_c(s)G_p(s)}=\frac{(k_i+k_ps+k_ds^2)N_p(s)\mathrm{e}^{-\tau s}}{sD_p(s)+(k_i+k_ps+k_ds^2)N_p(s)\mathrm{e}^{-\tau s}} \tag{2-30}$$

由于纯延迟环节的加入会使得系统趋于不稳定，故若使加入纯延迟环节的系统保持稳定，则首先应使不含纯延迟环节的系统保持稳定。于是，只需要讨论不含纯延迟环节的情况。对于不含纯延迟环节的情况，系统的闭环特征多项式相应变为

$$\delta(s)=sD_p(s)+(k_i+k_ps+k_ds^2)N_p(s) \tag{2-31}$$

为便于表述，令

$$N_p(s)=\alpha_0+\alpha_1s+\cdots+\alpha_{m-n-1}s^{m-n-1}+\alpha_{m-n}s^{m-n} \tag{2-32}$$

其中，$\alpha_{m-n},\cdots,\alpha_m=0$，从而式(2-31)可展开为

$$\begin{aligned}\delta(s)=&\ s(\beta_0+\beta_1s+\cdots+\beta_{m-1}s^{m-1}+\beta_ms^m)+(k_i+k_ps+k_ds^2)(\alpha_0+\alpha_1s+\cdots+\alpha_{n-1}s^{n-1}+\alpha_ns^n)\\ =&\ k_d\alpha_ms^{m+2}+(\beta_m+k_d\alpha_{n-1}+k_p\alpha_n)s^{m+1}+\\ &(\beta_{m-1}+k_d\alpha_{m-2}+k_p\alpha_{m-1}+k_i\alpha_m)s^m+\cdots+\\ &(\beta_i+k_d\alpha_{i-1}+k_p\alpha_i+k_i\alpha_{i+1})s^{i+1}+\cdots+\\ &(\beta_1+k_d\alpha_0+k_p\alpha_1+k_i\alpha_2)s^2+(\beta_0+k_p\alpha_0+k_i\alpha_1)s+k_i\alpha_0\end{aligned} \tag{2-33}$$

式中，$i=1,2,\cdots,m$。由于对于相对阶不小于 2 的对象，有 $m-n<m-1$，故 $\alpha_m=\alpha_{m-1}=0$，于是进一步有

$$\delta(s)=\beta_ms^{m+1}+\cdots+k_i\alpha_0 \tag{2-34}$$

根据闭环系统稳定的必要条件，闭环特征多项式的各项系数均应同号，故若要保证系统闭环稳定，则 β_m 与 $k_i\alpha_0$ 必须同号，从而有

$$\begin{cases} k_i>0, & \text{当 } \alpha_0/\beta_m>0 \\ k_i<0, & \text{当 } \alpha_0/\beta_m<0 \end{cases} \tag{2-35}$$

另外，对于被控函数式(1-1)，可知其特征多项式系数 $\beta_0,\beta_1,\cdots,\beta_m$ 必然同号，且其静态增益为 $G_p(j_0)=\alpha_0/\beta_0$，故有

$$\begin{cases} \alpha_0/\beta_m>0, & \text{当 } G_p(j0)>0 \\ \alpha_0/\beta_m<0, & \text{当 } G_p(j0)<0 \end{cases} \tag{2-36}$$

结合式(2-36)，于是有

$$\begin{cases} k_i > 0, & \text{当 } G_p(j0) > 0 \\ k_i < 0, & \text{当 } G_p(j0) < 0 \end{cases} \tag{2-37}$$

又根据 DDE-PID 控制器参数关系式，$k_i = kh_0/l$，且 $h_0 = h_1^2/4$，故

$$\begin{cases} k/l > 0, & \text{当 } G_p(j0) > 0 \\ k/l < 0, & \text{当 } G_p(j0) < 0 \end{cases}$$

命题得证。 □

另外，根据 Nyquist 判据可知，对于被控对象为自稳定对象的闭环系统，系统闭环稳定的充要条件是 Nyquist 曲线不包围$(-1,\ j0)$点，从而可得到如下约束条件：

$$\begin{cases} a(\omega)\dfrac{h_0 + kh_1}{l} + b(\omega)\left(\dfrac{kh_0}{\omega l} - \dfrac{h_1 + k}{l}\omega\right) > -1 \\ b(\omega)\dfrac{h_0 + kh_1}{l} - a(\omega)\left(\dfrac{kh_0}{\omega l} - \dfrac{h_1 + k}{l}\omega\right) = 0 \end{cases} \tag{2-38}$$

将式(2-29)与式(2-38)与 DDE-PID 控制器自身的约束条件 $h_0, h_1 > 0$ 结合，共同构成了 DDE-PID 控制器的稳定域约束条件，可以用于计算 DDE-PID 控制器的稳定域范围。以上即为 DDE-PID 控制器参数稳定域的计算原理。

2.3.4 参数稳定域计算仿真算例

根据 2.3.2 节与 2.3.3 节关于 DDE-PI 及 DDE-PID 控制器参数稳定域计算原理，可通过数值仿真的方法分别对 DDE-PI 及 DDE-PID 的 k-h_0-l 参数稳定域及 k-h_1-l 稳定域进行计算。需要说明的是，由于 $h_0 = h_1^2/4$，因此 DDE-PID 的 k-h_1-l 稳定域也相当于 k-h_0-l 参数稳定域。

本节针对一简单的二阶惯性纯迟延系统，计算 DDE-PI 及 DDE-PID 控制器参数稳定域。考虑一简单的一阶惯性纯迟延对象，其传递函数表达式为

$$G_p(s) = \frac{1}{10s + 1}\mathrm{e}^{-s} \tag{2-39}$$

首先根据式(2-16)与式(2-21)，计算针对式(2-39)的 DDE-PI 的 k-h_0-l 参数稳定域，如图 2.4 所示，设定 l 的变化范围为[1,10]。

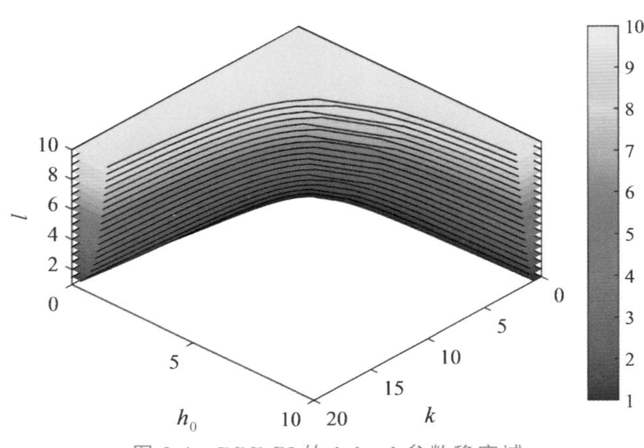

图 2.4 DDE-PI 的 k-h_0-l 参数稳定域

首先根据式(2-29)与式(2-38)，计算针对式(2-39)的 DDE-PID 的 k-h_1-l 参数稳定域，如图 2.5 所示，设定 l 的变化范围为[1，10]。

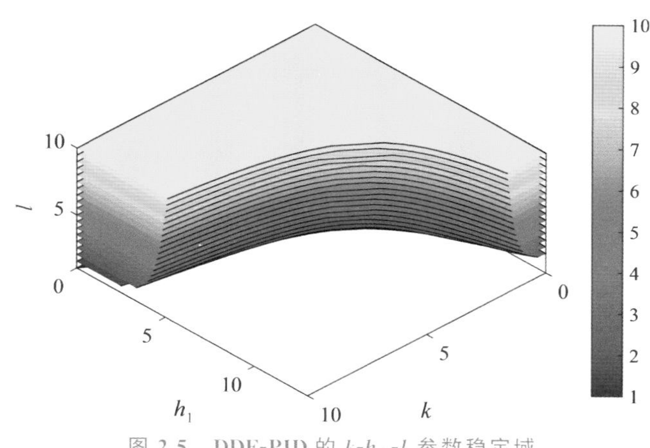

图 2.5　DDE-PID 的 k-h_1-l 参数稳定域

由图 2.4 与图 2.5 可知，随着 l 的增大，DDE-PI 及 DDE-PID 的控制器参数稳定域逐渐变大，这说明越大的 l 越意味着系统更强的稳定性。因此，在整定 DDE-PI 及 DDE-PID 时，首选一较大的 l 可避免系统的立即发散。

2.4 性能鲁棒性评价

性能鲁棒性指控制系统在结构或参数发生一定摄动时仍维持某些性能的特性，它是评价控制系统性能优劣的重要指标之一。蒙特卡洛(Monte Carlo，MC)随机实验[14]是检验控制器鲁棒性的有效方法，它能直观地反映出控制器动态性能的快慢与鲁棒性的强弱。本书采用 MC 原理检验和评价控制系统的性能鲁棒性，其步骤如下。

(1) 确定研究对象的参数变化区间，构成随机抽样模型。

(2) 将随机抽样模型与为标称模型设计的控制器组成闭环反馈控制系统，确定实验次数 N，考察的性能指标为调节时间、超调量和积分时间绝对误差(Integral Time Absolute Error，ITAE)指标。

(3) 重复进行仿真实验 N 次，得到 N 组性能指标值构成的性能指标集合，通过图形将此集合表示出来。

分析性能指标集合，范围越小说明控制系统的性能鲁棒性越强。

2.5 参数整定步骤

综上，应用预期动态法整定 PID 控制器参数可按照如下步骤进行。

(1) 根据控制要求确定预期动态方程的系数。设控制要求调节时间 $t_s \leqslant t_{sd}$，超调量尽量小。则根据经典控制理论对二阶系统的分析，$h_1 \geqslant 8/t_{sd}$，$h_0 = h_1^2/4$ 即可满足要求。考虑到实际动态性能与预期动态存在偏差，需要保证足够的性能裕量，故取

$$h_1=(8\sim 25)/t_{sd} \tag{2-40}$$

$$h_0=h_1^2/4 \tag{2-41}$$

同理，对 PI 控制器：

$$h_0=(4\sim 12)/t_{sd} \tag{2-42}$$

(2) 确定参数 k 和 l。令 $k=10$，由 2.3 节稳定域求取方法得到 l，使得 k 的稳定边界 $k_{\max}\approx 20$。

(3) 确定 PID/PI 控制器参数。

(4) 验证系统性能鲁棒性。按 2.4 节步骤进行 MC 实验，检验控制器在被控对象存在不确定性情况下的性能鲁棒性。

2.6 仿真研究

2.6.1 典型过程控制对象

为验证 DDE 法的有效性，将其应用于过程控制中具有代表性的 6 类典型对象[15]：含纯积分环节的对象(G_1)、非最小相位对象(G_2)、高阶对象(G_3 和 G_4)、大时滞对象(G_5)和不稳定对象(G_6)。各对象及其参数如下：

$$G_1(s)=1/s\,(s+p)^n,\ p=1,n=3 \tag{2-43}$$

$$G_2(s)=(1-qs)/(s+p)^n,\ p=1,q=2,n=3 \tag{2-44}$$

$$G_3(s)=1/(p_1s+1)(1+p_2s)(1+p_3s)(1+p_4s) \tag{2-45}$$

$$p_1=1,p_2=0.2,p_3=0.04,p_4=0.008 \tag{2-46}$$

$$G_4(s)=1/(s+p)^n,\ p=1,n=7 \tag{2-47}$$

$$G_5(s)=\mathrm{e}^{-\tau s}/(s+p)^n,\ p=1,\tau=15,n=3 \tag{2-48}$$

$$G_6(s)=q/(s-p_1)(s+p_2),\ p_1=1,p_2=4,q=4 \tag{2-49}$$

对上述对象进行仿真实验。

1. 动态性能实验

在 $t=0$s 开始单位设定值输入，在仿真时间的 1/2 处加入负荷阶跃扰动。动态响应结果如图 2.6 所示。控制器参数和部分性能指标见表 2.1。

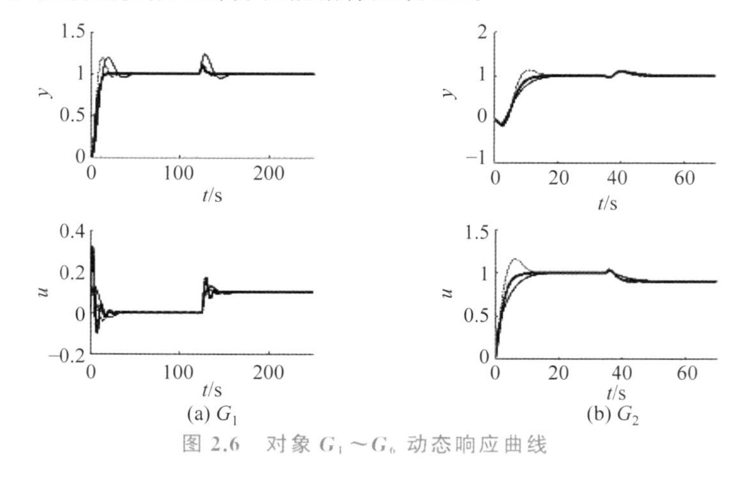

图 2.6 对象 $G_1\sim G_6$ 动态响应曲线

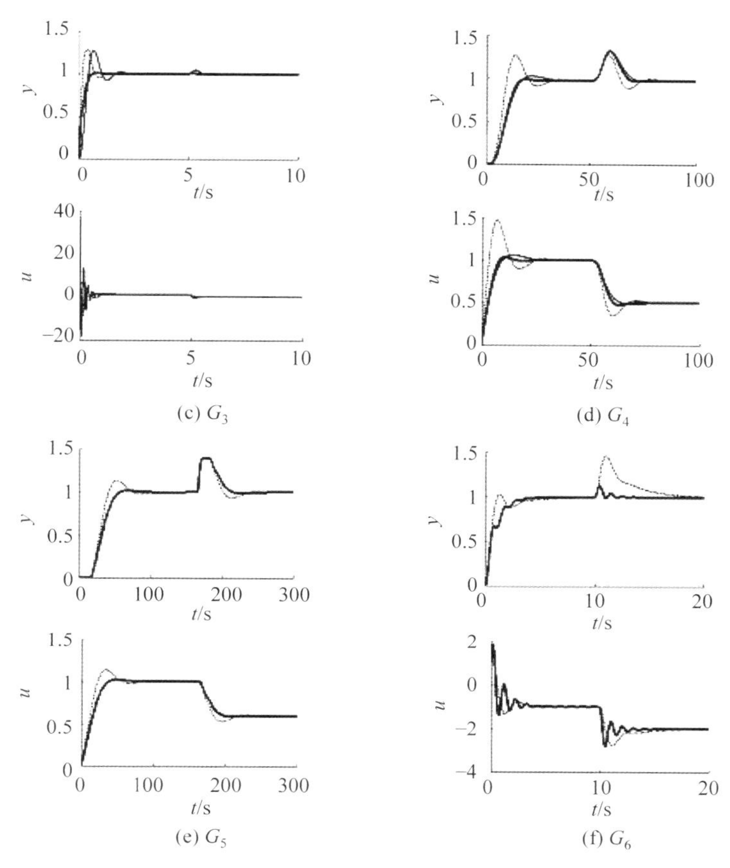

— 预期动态法，—AMIGO[15](M_s=1.4)，—AMIGO[15] (M_s=2.0)(对应G_5，G_6为文献 [7])

图 2.6 （续）

表 2.1 控制器参数和部分性能指标

对象	方　法	控制器参数{k_p，k_i，k_d，b}	t_{sd}/s	t_s/s	σ%
G_1	AMIGO[15](M_s=1.4)	{0.32,0.05,0.76,0.32}	—	42.92	19.82
	AMIGO[15](M_s=2.0)	{0.68,0.15,0.54,0.68}	—	28.72	18.96
	预期动态法	{1.02,0.15,1.77,1.00} (h_0=0.09,h_1=0.6,k=10,l=6)	40	14.42	0.73
G_2	AMIGO[15](M_s=1.4)	{0.31,0.14,0.25,0.13}	—	18.52	0
	AMIGO[15](M_s=2.0)	{0.54,0.26,0.43,0.54}	—	15.83	12.3
	预期动态法	{0.54,0.21,0.37,0.52} (h_0=0.64,h_1=1.6,k=10,l=31)	15	13.91	0
G_3	AMIGO[15](M_s=1.4)	{15.96,75.28,2.39,15.96}	—	1.97	27.67
	AMIGO[15](M_s=2.0)	{43.13,228.20,5.61,8.20}	—	1.15	28.75
	预期动态法	{100,333.33,10,66.67} (h_0=100，h_1=20，k=10,l=3)	1.25	0.54	0.92

续表

对象	方法	控制器参数$\{k_p, k_i, k_d, b\}$	t_{sd}/s	t_s/s	σ%
G_4	AMIGO[15]($M_s=1.4$)	{0.55,0.16,0.93,0.55}	—	29.84	4.96
	AMIGO[15]($M_s=2.0$)	{0.98,0.31,1.70,0.98}	—	30.21	29.79
	预期动态法	{0.68,0.17,0.73,0.67} ($h_0=0.25, h_1=1, k=10, l=15$)	25	16.42	1.27
G_5	AMIGO[7]($M_s=2.0$)	{0.27,0.05,0,0.27}	—	91.37	13.21
	预期动态法	{0.06,0.03,0,0.06} ($h_0=0.2, k=10, l=54$)	60	52.45	1.95
G_6	AMIGO[7]($M_s=2.0$)	{3.31,0.82,0,1.66}	—	5.92	2.82
	预期动态法	{11,10,0,10} ($h_0=1, k=10, l=1$)	6	3.57	0

2. 模型参数摄动实验

假设对象实际参数在标称参数附近发生±10%的摄动(阶次不变),服从均匀分布。进行 500 次蒙特卡洛随机试验并记录所获指标,性能分布结果如图 2.7 所示。

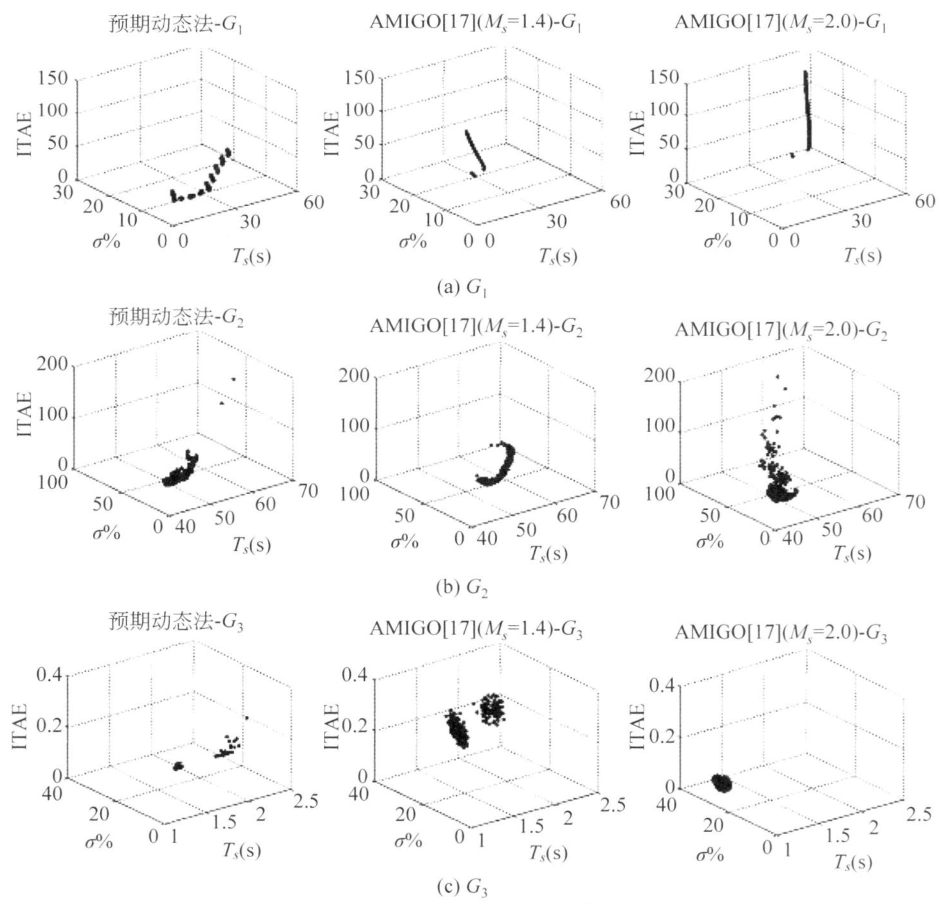

图 2.7 对象 $G_1 \sim G_6$ 性能鲁棒性比较

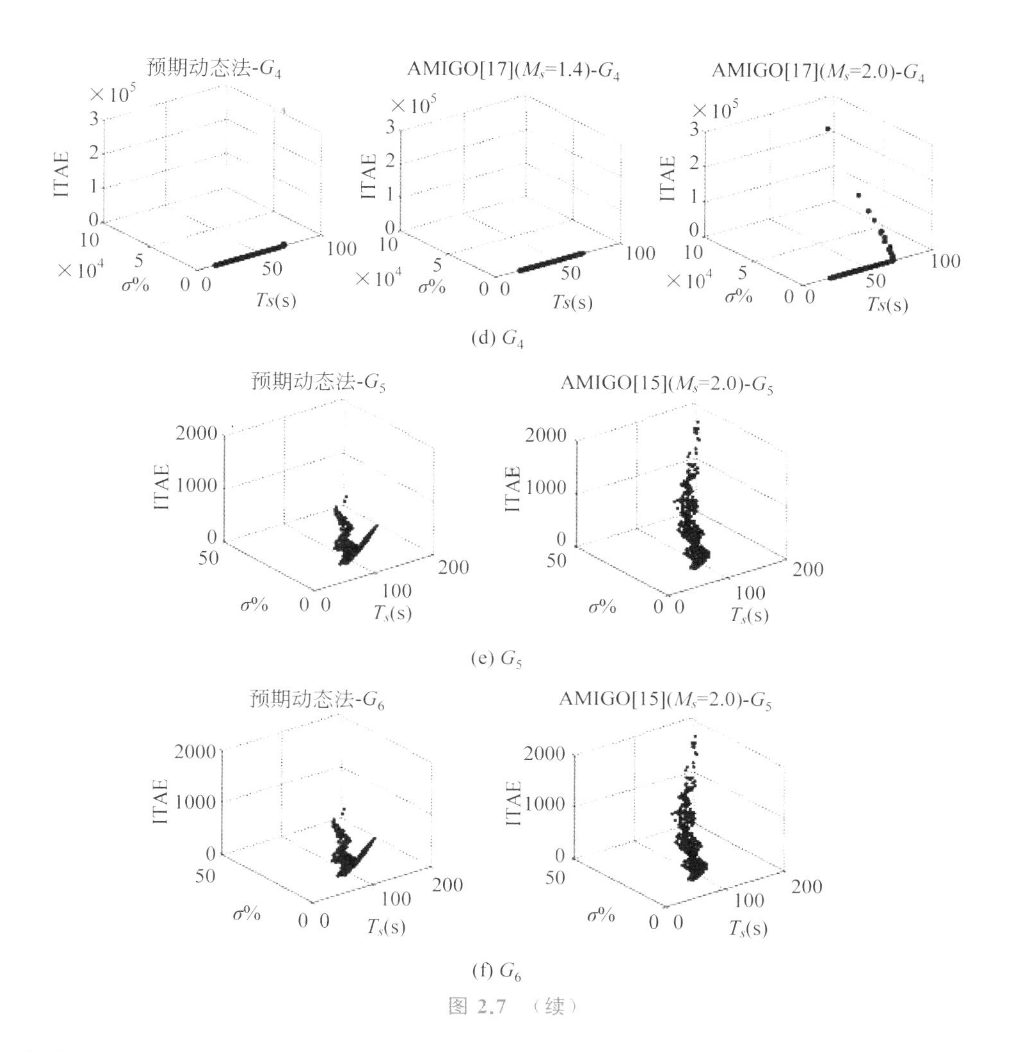

(d) G_4

(e) G_5

(f) G_6

图 2.7 (续)

仿真实验结果表明，预期动态法对含纯积分环节的对象、非最小相位对象、大时滞对象、高阶对象、不稳定对象等都能满足控制要求，具有良好的控制效果。与 AMIGO[7,15] 方法相比，预期动态法所得动态响应超调量更小，调节时间更短；性能鲁棒性方面，预期动态法比 AMIGO[7,15] 方法($M_s=2.0$)鲁棒性更强(除 G_3 外)。

2.6.2 线性传热系统温度控制

考虑如下线性传热系统[36]。

一维绝热杆，将其总长作为 1 单位长度，在 0.3 单位长度处加一热源来控制 0.7 单位长度处的温度。其传递函数可表示为

$$G_7(s)=\frac{1}{s}+\sum_{n=1}^{\infty}\frac{a_n}{[s+(n\pi)^2]} \tag{2-50}$$

$$a_n=\frac{2\cos(n\pi x_0)\sin(n\pi\varepsilon)\cos(n\pi x_1)\sin(n\pi\gamma)}{\varepsilon\gamma(n\pi)^2} \tag{2-51}$$

其中，$\varepsilon=\gamma=0.1$；$x_0=0.3$；$x_1=0.7$。

这是一个无穷维系统,需要采用截断的方法对其进行仿真研究。参数 a_n 随 n 的变化曲线如图 2.8 所示。可以看到 $n>10$ 时,$a_n\approx0$;观察 $n=10$ 和 $n=50$ 截断模型的阶跃响应(图 2.9)可知,响应曲线已经基本重合。综上,$n=10$ 的截断模型已经可以足够精确地表示该系统。下面将把 $n=10$ 的截断模型作为仿真实验的基础模型。

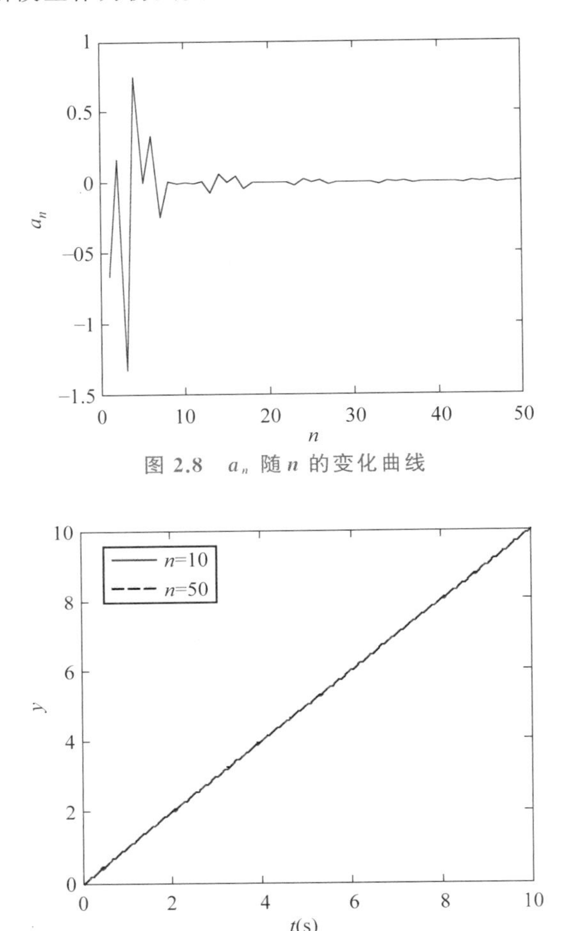

图 2.8　a_n 随 n 的变化曲线

图 2.9　G_7 的截断模型($n=10$,$n=50$)阶跃响应曲线比较

设预期调节时间 $t_{sd}\leqslant 1\text{s}$,依据二自由度 PID 预期动态整定方法,设定参数如下:$h_1=20$,$h_0=100$,$k=10$,$l=8$,得到的控制器参数见表 2.2。

为与现有整定方法比较,将对象拟合为近似模型

$$\hat{G}_7(s)=\frac{1}{s}\mathrm{e}^{-\tau s} \tag{2-52}$$

其中,$\tau=0.073$。近似模型与原模型阶跃响应对比如图 2.10 所示。选择对该类对象控制效果较好的几种方法:Åström 等[17]、Sree 等[18]提出的整定公式法以及陈鹏[16]运用遗传算法优化得到的 PID 控制器进行控制效果对比。在 $t=0\text{s}$ 加入设定值单位阶跃扰动,在仿真时间的 1/2 处加入控制量单位阶跃扰动,仿真结果如图 2.11 所示。各控制器参数及性能指标见表 2.2。

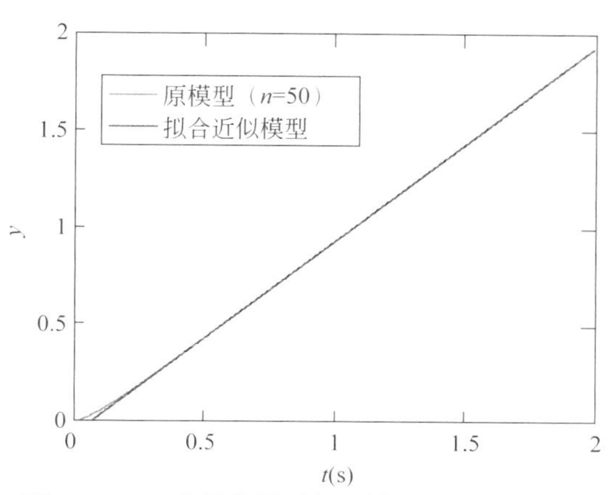

图 2.10 G_7 的近似模型与原模型阶跃响应对比

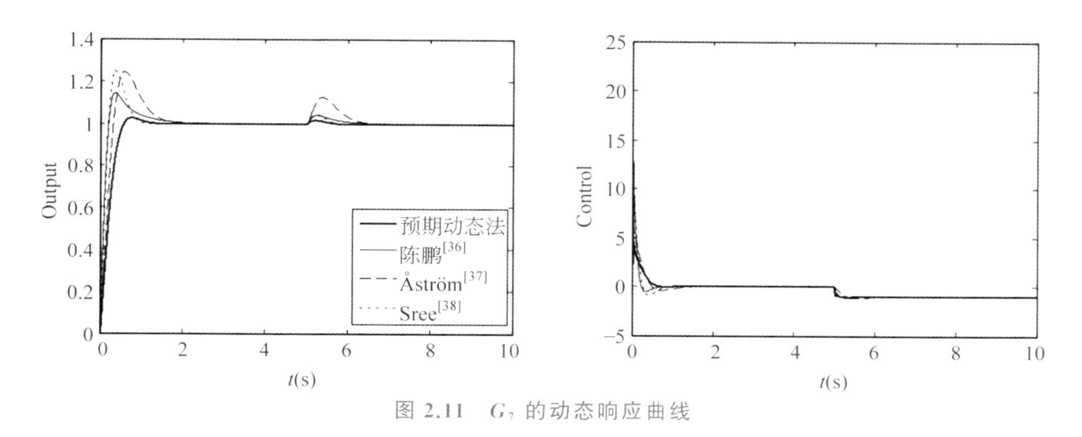

图 2.11 G_7 的动态响应曲线

表 2.2 控制器参数比较

方法	k_p	k_i	k_d	b	T_s/s	σ%	ITAE
预期动态法	37.5	125	3.75	25	0.94	2.8	0.043
陈鹏[16]	20.0	34.14	1.0	—	1.37	14.4	0.075
Åström[17]	6.30	10.99	0.18	—	1.49	24.33	0.12
Sree[18]	16.91	51.48	0.56	—	0.88	24.8	0.05

假设模型参数 $\varepsilon, \gamma, x_0, x_1$ 在标称值附近发生 ±10% 摄动，服从均匀分布。进行 500 次蒙特卡洛随机实验，性能分布结果如图 2.12 所示。

从仿真结果可以看出预期动态法所设计的控制系统调节时间比 Sree[18] 提出的方法略大，但小于其他参比方法；超调量和 ITAE 指标明显小于参比方法，具有满意的动态性能，抗扰能力和性能鲁棒性均明显优于其他方法。

2.6.3 循环流化床锅炉的床温控制

循环流化床锅炉的床温具有大惯性和大滞后的特性。在某工况下[19]，燃料量的变化对床温的传递函数可以表示为

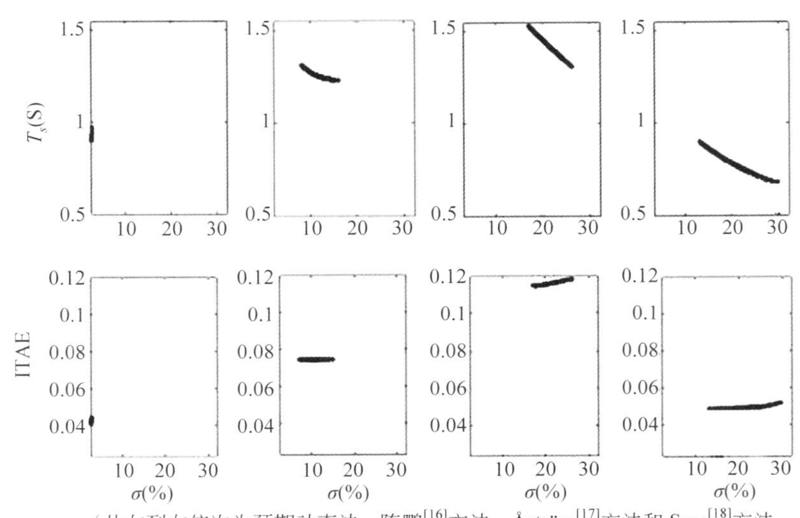

(从左到右依次为预期动态法、陈鹏[16]方法、Åström[17]方法和Sree[18]方法

图 2.12 G_7 性能鲁棒性比较

$$G_8(s)=\frac{6.839\times 10^{-4}s+1.358\times 10^{-4}}{s^3+0.596s^2+1.27\times 10^{-3}s+6.363\times 10^{-7}} \tag{2-53}$$

设预期调节时间 $t_{sd}\leqslant 5500$s，依据二自由度 PI 控制器预期动态整定方法，设定参数如下：$h_0=7\times 10^{-4}$，$k=0.1$，$l=14$。对应的 PI 控制器参数见表 2.3。

为便于与现有方法进行比较，将模型 G_8 近似为一阶惯性加纯延时对象。得到的模型参数分别为 $K=213.6$，$T=1456$s，$\tau=537.2$s，其中 $\tau/T=0.369$。选择在该参数范围内控制效果较好的幅值相位裕量(GPM)方法[20]、极点配置方法[21]、内模控制方法[22]、遗传算法优化PI(OPI)方法[9]和预期动态法进行仿真比较，温度设定值的阶跃响应和燃料量扰动曲线如图 2.13 所示。由图中可以看出，在标称参数下，除内模控制方法外，其他几种方法的响应过程比较接近，但预期动态法超调量明显小于其他方法。

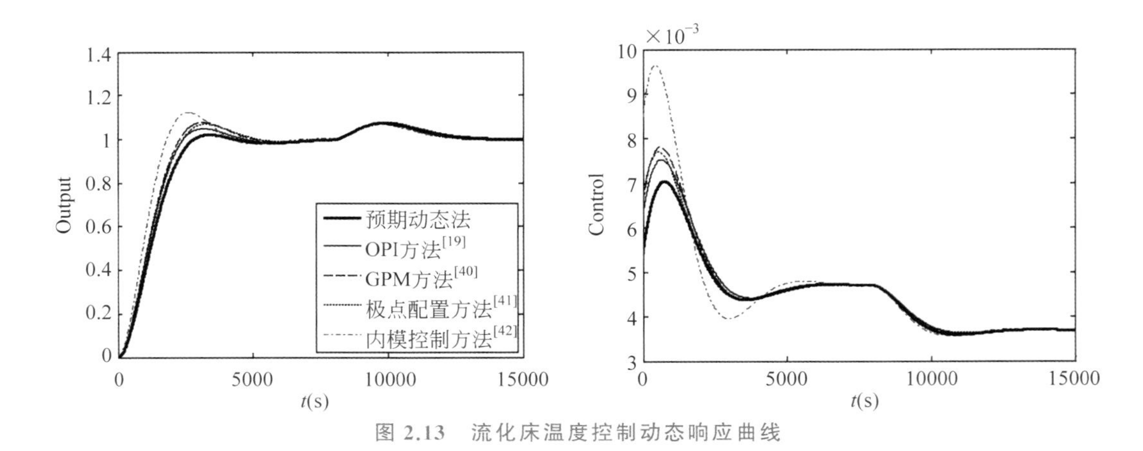

图 2.13 流化床温度控制动态响应曲线

图 2.13 中，Control 与 Output 分别表示控制和输出。横轴 t 表示时间。假设 G_8 的实际参数在标称参数附近发生±10%的摄动，服从均匀分布。进行 500 次蒙特卡洛随机试验，检验系统的性能鲁棒性。ITAE 指标、调节时间 t_s 和超调量 σ%的分布如图 2.14 所示。结

果表明，上述方法在给定的参数摄动范围内均保持稳定。设可接受的性能指标为：调节时间在5500s以内，超调量不超过5%，ITAE指标不超过1.8×10^6。表2.3列出了上述各方法的性能变化范围、均值、方差以及性能可接受的概率P'_a。

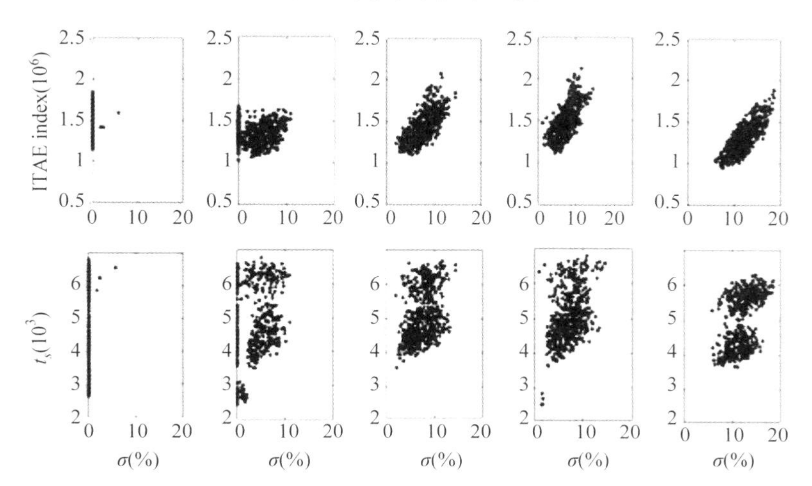

（从左到右依次为预期动态法、OPI方法、GPM方法、极点配置方法、内模控制方法）

图2.14　性能鲁棒性比较

表2.3　控制器参数及标称参数变化时(±10%)的性能指标

方　法		预期动态法	OPI方法	GPM方法	极点配置方法	内模控制方法
$[k_p(10^{-2}),k_i(10^{-6})]$		[0.72,5.0]	[0.67,4.21]	[0.66,4.56]	[0.63,4.36]	[0.85,5.81]
b		0.0024	—	—	—	—
ITAE指标(10^6)	min～max	1.14～1.86	1.03～1.67	1.10～2.08	1.11～2.13	0.96～1.89
	$\bar{J}$	1.43	1.34	1.44	1.48	1.32
	$S(10^4)$	1.75	1.63	3.40	3.80	3.24
	P'_a	0.99	1	0.96	0.93	0.99
调节时间/$\times10^3$s	min～max	2.64～6.77	2.43～6.76	3.56～6.68	2.52～6.79	3.65～6.28
	$\bar{J}$	4.87	4.93	5.11	5.07	5.06
	$S(10^3s^2)$	1.71	1.14	0.57	0.57	0.56
	P'_a	0.60	0.65	0.68	0.73	0.57
超调量/%	min～max	0～7.10	0～10.9	2.10～14.65	1.18～14.49	5.98～19.83
	$\bar{J}$	2.39	5.2	7.8	7.21	12.4
	S	3.4	5.6	6.0	5.8	6.8
	P'_a	0.89	0.48	0.14	0.21	0
P'_a		0.53	0.31	0.09	0.14	0

从ITAE指标来看，OPI方法的ITAE指标性能鲁棒性最好，性能可接受的概率为100%，内模方法和预期动态法其次，极点配置法最差；从调节时间来看，GPM方法和极点配

置方法对应系统的调节时间鲁棒性最好，OPI 方法和预期动态法次之，内模法最差。从超调量来看，预期动态法对应系统的超调量鲁棒性最好，OPI 方法次之，GPM 方法最差；总体来说，在给定的参数摄动范围内，各方法同时满足所有性能要求的可能性从高到低依次为：预期动态法、OPI 方法、极点配置方法、GPM 方法和内模法。可见经预期动态法整定的循环流化床锅炉床温控制系统保持了良好的鲁棒稳定性和性能鲁棒性。

2.7 本章小结

本章首先对 DDE-PI/PID 的参数稳定域进行了分析，并基于推导的参数稳定域给出了 DDE-PI/PID 的整定流程。然后针对典型的传递函数算例，进行了一系列单变量控制仿真研究。仿真结果表明，对于单变量控制系统而言，本书提出的基于预期动态设计的整定规则方法较为简单，具有很好的通用性，既适用于含纯积分环节的对象、非最小相位对象、高阶对象、不稳定对象等典型过程控制对象，也适用于大时滞大惯性对象、无限维系统等。

参考文献

[1] Gorez R. New design relations for 2-DOF PID-like control systems[J]. Automatica, 2003, 39: 901-908.

[2] 周以琳，戚淑芬，王东雪. 二自由度 PID 锅炉燃烧控制系统的实现[J]. 自动化与仪表，1997, 12(1): 33-35.

[3] KimD W. Intelligent 2-DOF PID control for thermal power plant using immue based multiobjective [C]//IASTED International Conference on Neural Networks and Computational Intelligence, 2003: 215-220.

[4] Ou L, Zhang Q, Zhang W. Analytical two-degree-of-freedom design method for linear processes with time delay[C]//The 2006 American Control Conference, 2006: 5674-5679.

[5] 邱公伟，林瑞全. 参数自整定 2 自由度 PID 全神经元实现的仿真研究[J]. 系统仿真学报，2002, 14(10): 1293-1295.

[6] 闫高伟. 300MW 火电单元机组协调控制系统研究[D]. 太原：太原理工大学，2003.

[7] Åström K J, Panagopoulos H, Hägglund T. Design of PI controllers based on non-convex optimization [J]. Automatica, 1998, 34(5): 585-601.

[8] Taguchi H, Araki M. Two-degree-of-freedom PID controllers, their functions and optimal tuning[C]// Preprints PID'00 IFAC workshop on digital control. Past, present and future of PID control. Terrassa, Spain, 2000: 95-100.

[9] 薛亚丽. 热力过程多变量系统的优化设计[D]. 北京：清华大学，2005.

[10] Horowitz I M. Synthesis of Feedback Systems[M]. New York: Academic Press, 1963.

[11] Zhou H, Wang Q G. PID control of unstable processes with time delay: A comparative study[J]. Journal of Chemical Engineering of Japan, 2007, 40(2): 145-163.

[12] Lanzkron R W, Higgins T J. D-decomposition analysis of automatic control systems[J]. IRE-Transactions on Automatic Control, 1959, AC-4 (3): 150-171.

[13] Shafiei Z, Shenton A T. Tuning of PID-type controllers for stable and unstable systems with time delay[J]. Automatica, 1994, 30 (10): 1609-1615.

[14] Ray L R, Stengel R F. A Monte Carlo approach to the analysis of control system robustness[J]. Automatica, 1993, 29(1): 229-236.

[15] Panagopoulos H, Åström K J, Hägglund T. Design of PID controllers based on constrained optimization[J]. IEE Proc. Control Theory Appl. 2002, 149(1): 32-40.

[16] 陈鹏. 一类热工对象无穷维模型的 PID 控制器设计[D]. 北京：清华大学，2007.

[17] Åström K J, Hägglund T. Revisiting the Ziegler-Nichols step response method for PID control[J]. Journal of Process Control, 2004, 14: 635-650.

[18] Sree R P, Chidambaram M. A simple and robust method of tuning PID controllers for integrator/dead time processes[J]. Journal of Chemical Engineering of Japan, 2005, 38(2): 113-119.

[19] Ikonen E, Najim K. Advanced Process Identification and Control[M]. New York: Marcel Dekker Inc, 2002.

[20] Ho W K, Gan O P, Tay E B, et al. Performance and gain and phase margins of well-known PID tuning formulas[J]. IEEE Transactions on Control System Technology, 1996, 4(4): 473-477.

[21] Wang Q G, Lee T H, Fung H W, et al. PID tuning for improved performance[J]. IEEE Transactions on Control System Technology, 1999, 7(4): 457-465.

[22] 薛定宇. 反馈控制系统设计与分析[M]. 北京：清华大学出版社，2000.

第 3 章　多变量控制系统参数整定

3.1 引言

大部分的工业过程系统如热力过程、化工过程等都是多变量系统，具有相互作用的多个输入变量和多个输出变量。这些变量之间往往相互耦合，使得多变量系统的控制难度比单输入单输出系统大得多。对多变量系统进行适当的变量配对和必要的解耦后采用分散的多回路控制，具有硬件实现简单、部分回路故障时易于处理等优点。因此分散的多回路控制，特别是基于 PI/PID 线性控制算法的多个 SISO 反馈控制回路组成的分散控制结构，在工业过程控制中广泛应用。

多回路 PID 的设计与整定方法一直是学者们关注与研究的问题。常见策略之一是在为各回路设计控制器的同时考虑耦合作用。如 Blas 等[1] 与 Loh 等[2] 提出的序列闭环法、Hovd 等[3] 中的反复试验方法等。此类设计方法简单，然而性能在很大程度上依赖回路闭合的顺序。另一种通用的方法是独立设计方法，将回路间耦合的影响归结为特定性能指标或稳定性约束，在这些约束下独立设计各单变量 PID 控制器，代表方法为 Luyben 等[4,5] 提出的最大对数模整定方法，先采用 Z-N 方法整定多回路控制系统中的控制器，然后利用解调因子调整控制器参数。类似的还有 Chien 等[6] 提出的先为被控对象对角元素设计 PID 控制器，然后根据相对增益矩阵调整参数的方法。近年来，一些学者提出通过预先处理回路间耦合然后直接将 SISO 系统的 PID 整定方法应用于分散多回路控制的策略。Xiong 等[7] 与 Huang 等[8] 提出一类有效传递函数方法，该类方法通过等效开环过程来处理由耦合带来的设计困难，从而把设计多回路控制器的任务分解为设计等价的单回路控制器。类似地，He 等[9] 根据动态相对耦合分析估算多模型因子，用时间延迟函数对其进行近似，并构建各回路等效传递函数，继而应用单变量 PID 整定方法设计各回路。此类方法对低维的多变量系统非常有效；但对于高维系统，计算量和模型简化误差随系统维数增加很快，设计时必须更加保守。随着计算机技术的发展，基于参数优化的设计方法受到关注。He 等[10] 提出基于完整性分析的多回路控制系统优化算法，利用遗传算法和完整性理论对多回路控制系统的参数进行同时优化，以获得整体最优的控制效果。

二自由度 PID 是对传统 PID 控制器的扩展，能兼顾目标值跟踪和扰动抑制两方面性能。对分散控制系统来说，回路间耦合可视为模型的不确定性，采用二自由度 PID 有望实现控制性能的改善。本章针对耦合较弱或近似解耦的多变量系统，设计分散 DDE-PI/PID 控制器，将单变量 DDE-PID 改进并推广到具有对角优势的多变量系统。

本章主要针对多变量系统的 DDE-PI/PID 整定进行了研究，其中 3.2 节对分散式多变量控制系统进行描述，3.3 节说明了分散式 DDE-PID 控制系统设计方法，3.4 节针对典型的 2×2、3×3、4×4、10×10 传递函数模型进行了一系列仿真研究，3.5 节、3.6 节分别针对 ALSTOM 气化炉模型与四容水箱模型进行了仿真研究，3.7 节针对双容水箱水位控制系统进行了实验研究，3.8 节对本章内容进行小结。

3.2 问题描述

假设多变量控制系统的输入量和输出量均已适当配对，且系统具有对角优势，可对其设计分散 PI/PID 控制器。如果系统不具有对角优势，应重新进行配对分析或设计解耦器进行补偿，使其具有对角优势。

考虑具有对角优势的 n 维稳定的被控对象，其传递函数矩阵 $\boldsymbol{G}(s)$ 为

$$\boldsymbol{G}(s)=\begin{bmatrix} g_{11}(s) & g_{12}(s) & \cdots & g_{1n}(s) \\ g_{21}(s) & g_{22}(s) & \cdots & g_{2n}(s) \\ \vdots & \vdots & \ddots & \vdots \\ g_{n1}(s) & g_{n2}(s) & \cdots & g_{nn}(s) \end{bmatrix} \tag{3-1}$$

其中，$g_{ij}(s),i,j=1,\cdots,n$ 表示第 j 个输入 u_j 至第 i 个输出 y_i 的传递函数。本章在为该多变量耦合对象设计控制器时，仅针对对角元的传递函数 $g_{ii}(s),i=1,\cdots,n$，设计 n 个分散的 PI/PID 控制器 $C_j(s)$，而将各个子系统间的耦合关系 $g_{ij}(s),i\neq j$ 视为模型的不确定性，来实现闭环系统的总体设计要求。以两输入-两输出对象为例，分散控制系统示意图见图 3.1。

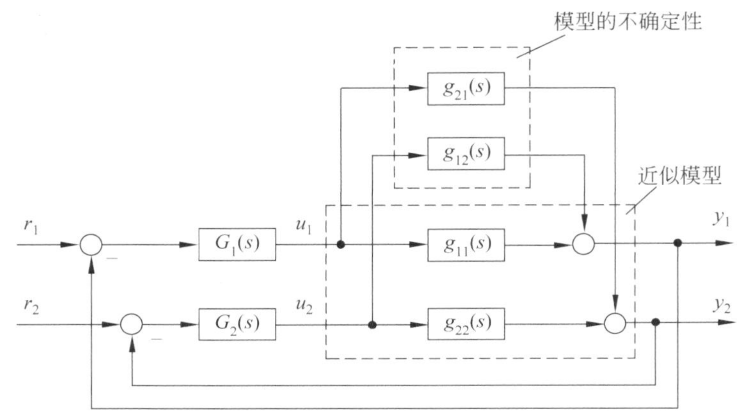

图 3.1 分散控制系统示意图

对角型 PI/PID 控制器 $\boldsymbol{C}(s)$ 表示如下：

$$\boldsymbol{C}(s)=\begin{bmatrix} C_1(s) & 0 & \cdots & 0 \\ 0 & C_2(s) & \cdots & 0 \\ \vdots & \vdots & \ddots & \vdots \\ 0 & 0 & \cdots & C_n(s) \end{bmatrix} \tag{3-2}$$

其中，

$$C_j(s)=k_{pj}+\frac{k_{ij}}{s}-br_j,\quad j=1,2,\cdots,n \text{ 或}$$

$$C_j(s)=k_{pj}+\frac{k_{ij}}{s}+k_{dj}s-br_j,\quad j=1,2,\cdots,n \tag{3-3}$$

当 $b\neq0$ 时，控制器为二自由度 PI/PID。

因此，多回路的分散 PI/PID 控制系统具有如下形式：

$$\begin{cases} Y(s)=G(s)U(s) \\ U(s)=C(s)[R(s)-Y(s)] \end{cases} \tag{3-4}$$

其中，输出量 $Y(s)=[y_1(s),y_2(s),\cdots,y_n(s)]^{\mathrm{T}}$，控制量 $U(s)=[u_1(s),u_2(s),\cdots,u_n(s)]^{\mathrm{T}}$。设定值 $R(s)=[r_1(s),r_2(s),\cdots,r_n(s)]^{\mathrm{T}}$。完整的多变量分散控制系统框图如图 3.2 所示。

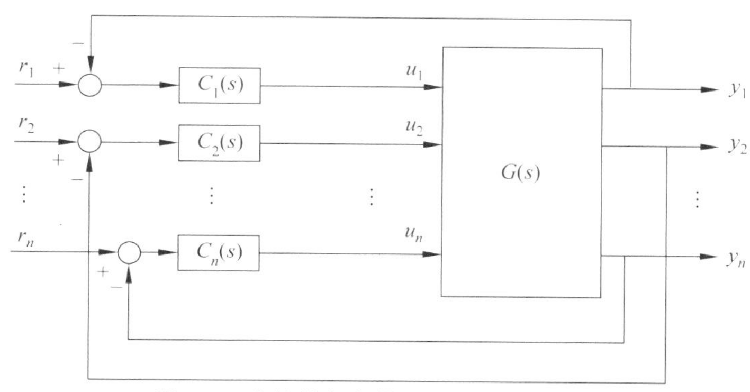

图 3.2 完整的多变量分散控制系统框图

3.3 控制器设计方法

3.3.1 预期特性方程选取

假设对典型 PID 控制器仍采用 DDE 公式进行参数整定，则有

$$u=\left[(h_0+kh_1)+\frac{kh_0}{s}+(k+h_1)s\right](y_r-y)/l \tag{3-5}$$

注意到当设定值 r 输入为常值时，$sy_r=0$。故式(3-5)可化为

$$u=\left\{\left[(h_0+kh_1)+\frac{kh_0}{s}\right](y_r-y)-(k+h_1)sy\right\}/l \tag{3-6}$$

将上式两边同乘 sl，得到

$$\begin{aligned}slu&=[(h_0+kh_1)s+kh_0](y_r-y)-(k+h_1)s^2y\\&=-(h_0s+kh_0)(y-y_r)-(h_1s^2+kh_1s)y+kh_1sy_r-ks^2y\\&=-h_0(s+k)(y-y_r)-h_1(s+k)sy+kh_1sy_r-ks^2y\end{aligned} \tag{3-7}$$

将上式两边同加 klu，得到

$$(s+k)lu=-h_0(s+k)(y-y_r)-h_1(s+k)sy+kh_1sy_r-k(s^2y-lu) \tag{3-8}$$

将上式两边同时除以$(s+k)l$，得到

$$u=\left[-h_0(y-y_r)-h_1sy+\frac{kh_1s}{s+k}y_r-\frac{k}{s+k}(s^2y-lu)\right]/l \tag{3-9}$$

上述推导中，h_0、h_1 均为预期动力学方程系数，k 为观测扩张状态的观测器参数，有

$$f=s^2y-lu \tag{3-10}$$

观测器形式仍然采用

$$\hat{f}=\frac{k}{s+k}f \tag{3-11}$$

假设观测器能够精确观测扩张状态 f，即 $\hat{f}\to f$，将式(3-9)、式(3-10)代入式(3-11)，可以得到

$$s^2y=-h_0(y-y_r)-h_1sy+\frac{kh_1s}{s+k}y_r$$

$$= -h_0 y - h_1 s y + \left(h_0 + \frac{k h_1 s}{s+k}\right) y_r \tag{3-12}$$

即

$$h_0 y + h_1 s y + s^2 y = (h_0 + h_1 s + s^2) y = \left(h_0 + \frac{k h_1 s}{s+k}\right) y_r \tag{3-13}$$

即预期动力学特性方程为

$$\frac{y}{y_r} = \frac{h_0}{s^2 + h_1 s + h_0}\left[1 + \frac{(k h_1 / h_0) s}{s+k}\right] \tag{3-14}$$

由此，可以用下述方程统一表达典型 PID 和二自由度 PID 的预期动态特性：

$$\frac{y}{y_r} = \frac{h_0}{s^2 + h_1 s + h_0}\left[1 + \frac{(\alpha k h_1 / h_0) s}{s+k}\right] \tag{3-15}$$

其中，α 为一调节系数。在预期特性方程为(3-15)的条件下反推回去，还可得到典型 PID 和二自由度 PID 控制器的统一表达形式：

$$u = \left\{\left[(h_0 + k h_1) + \frac{k h_0}{s} + (k + h_1) s\right](y_r - y) - (1-\alpha) k h_1 y_r\right\} / l \tag{3-16}$$

易知，当 $\alpha = 1$ 时，控制器为典型 PID；当 $\alpha \neq 1$ 时，控制器为二自由度 PID。当 α 取不同值时，预期动态特性曲线变化如图 3.3 所示（以 $h_0 = 1, h_1 = 2, k = 10$ 为例）。

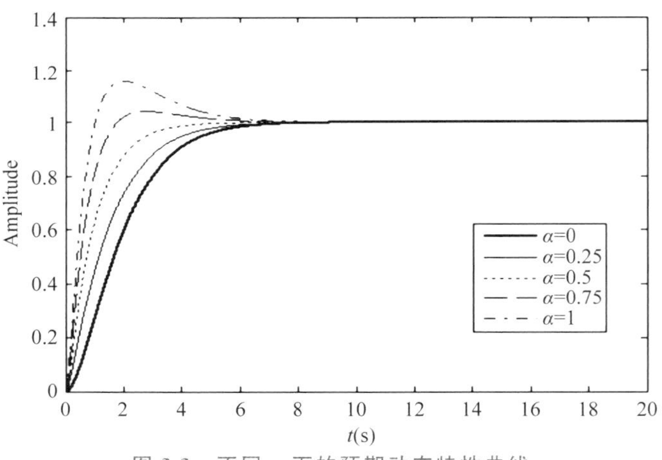

图 3.3 不同 α 下的预期动态特性曲线

图 3.3 中，Amplitude 表示幅值。从图 3.3 中可以看出，同样条件下，典型 PID 控制器（$\alpha = 1$）的调节速度快，但是超调量较大；而对二自由度 PID 控制器（$0 \leqslant \alpha < 1$），随着 α 的减小，超调量减小，但同时调节速度变慢。在不同 h_0 取值下分析预期动态特性方程阶跃响应的 IAE 指标与 α 的关系，结果如图 3.4 所示。表 3.1 列出了不同 h_0 取值下令预期动态特性方程阶跃响应的 IAE 指标最小的 α 取值。

表 3.1 IAE 指标最小的预期动态特性方程参数 α

h_0	0.01	0.04	0.09	0.16	0.25	0.36	0.49	0.64	0.81	1
α	0.79	0.79	0.78	0.78	0.77	0.77	0.76	0.76	0.75	0.75

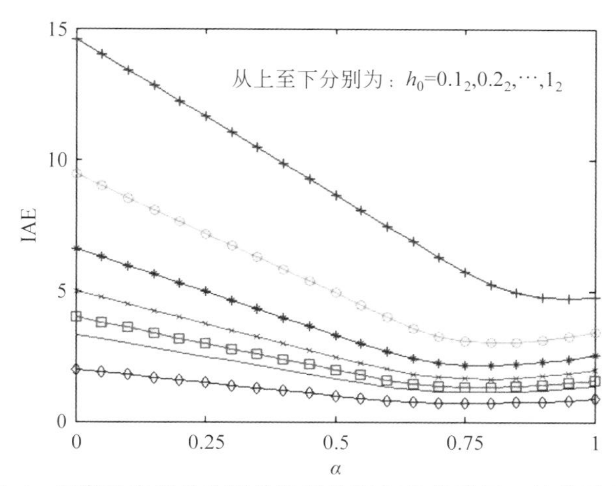

图 3.4　预期动态特性方程阶跃扰动下 IAE 指标与 α 的关系曲线

3.3.2　分散 DDE-PID 控制器参数整定步骤

本章为具有对角优势的多变量系统(3-1)设计控制器时，仅针对对角元传递函数 $g_{ii}(s)$，$i=1,\cdots,n$，设计 n 个分散 PI/PID 控制器，控制器参数整定方法与单变量控制系统整定方法相似。具体步骤如下。

(1) 设计系统预期动力学特性，按照下述方式选择参数 h_1 和 h_0：

$$h_1=(8\sim 25)/t_{sd} \tag{3-17}$$

$$h_0=h_1^2/4 \tag{3-18}$$

(2) 根据表 3.1，选择调节系数 α 使得 IAE 指标尽量小(本章中均取 $\alpha=0.75$)。

(3) 确定参数 k 和 l。对于一般系统，取经验值 $k=10\mathrm{sign}(H)$(H 为系统的高频增益)，在保持系统稳定的前提下，调节 l。

(4) 按式(3-19)确定 PID 控制器参数：

$$\begin{aligned}&k_p=(h_0+kh_1)/l,\ k_i=kh_0/l\\&k_d=(k+h_1)/l,\ b=(1-\alpha)kh_1/l\end{aligned} \tag{3-19}$$

(5) 进行仿真试验，验证控制效果。如果系统性能满足要求，整定结束；否则返回步骤(1)。

3.4　典型多变量系统仿真研究

本节首先将 6 个典型的化工过程对象[4,11-13]：4 个二输入-二输出多变量系统，1 个三输入-三输出多变量系统和 1 个四输入-四输出多变量系统，作为仿真实例进行研究，按照本书提出的 DDE 法整定分散 PID 控制器参数，并与有效开环过程(Effective Open-loop Process，EOP)控制器[14]、优化 PID 控制器[10](Optimized PID，OPID)的结果进行了比较，这几种控制方法同样具有分散的形式。随后，本节对于一个较为复杂的十输入-十输出多变量系统设计了多变量分散式 DDE-PID 控制系统。

3.4.1 2×2 模型

例 3.1 Wood 和 Berry 针对分离甲醇-水混合物的二元蒸馏塔控制系统，提出如式(3-20)所示经典的经验模型[70](WB)：

$$\begin{bmatrix} y_1(s) \\ y_2(s) \end{bmatrix} = \begin{bmatrix} \dfrac{12.8e^{-s}}{16.7s+1} & \dfrac{-18.9e^{-3s}}{21s+1} \\ \dfrac{6.6e^{-7s}}{10.9s+1} & \dfrac{-19.4e^{-3s}}{14.4s+1} \end{bmatrix} \begin{bmatrix} u_1(s) \\ u_2(s) \end{bmatrix} + \begin{bmatrix} \dfrac{3.8e^{-8.1s}}{14.9s+1} \\ \dfrac{4.9e^{-3.4s}}{13.2s+1} \end{bmatrix} F(s) \tag{3-20}$$

其中，$y_1(s)$为蒸馏塔顶部甲醇的摩尔分数；$y_2(s)$为蒸馏塔底部甲醇的摩尔分数；$u_1(s)$为逆流流速；$u_2(s)$为通往再沸器的蒸汽流速；$F(s)$为进料物流流速；可视作扰动变量。

易知，该对象在低频率段下具有对角优势，可直接设计分散控制器。按照 3.3.2 节介绍的方法，可取回路 1：$h_{01}=0.25$，$h_{11}=1$，$k_1=10$，$l_1=15$；回路 2：$h_{02}=0.09$，$h_{12}=0.6$，$k_2=-10$，$l_2=30$。设进料物流扰动为 0，对各回路分别进行设定值扰动实验，并与 EOP 和 OPID 效果进行对比，系统的动态响应曲线如图 3.5 所示。表 3.3 列出了分别根据 DDE、EOP、OPID 方法整定得到的分散 PID 控制器参数。

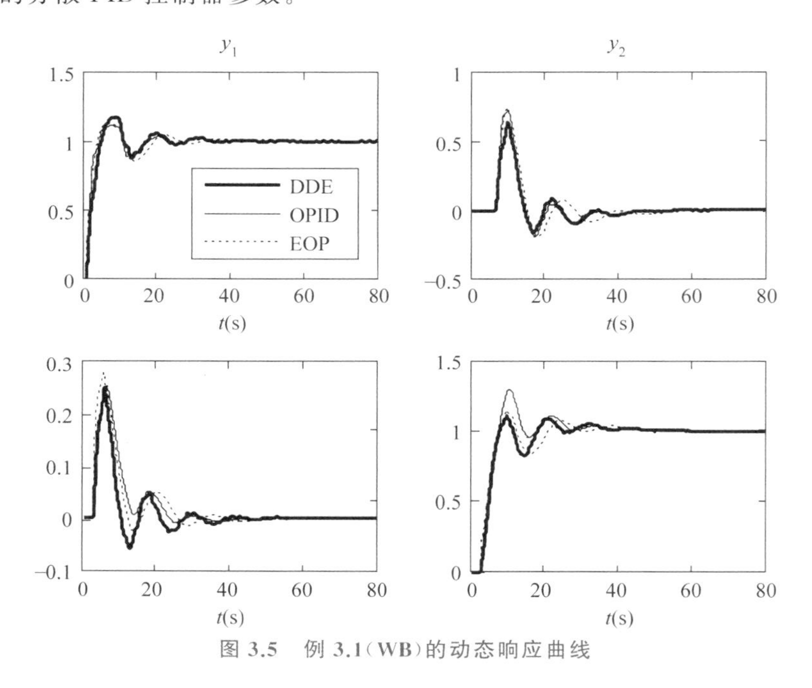

图 3.5 例 3.1(WB)的动态响应曲线

例 3.2 Vinante-Luyben 模型(VL)可表示为

$$G_2(s) = \begin{bmatrix} \dfrac{-2.2e^{-s}}{7s+1} & \dfrac{1.3e^{-0.3s}}{7s+1} \\ \dfrac{-2.8e^{-1.8s}}{9.5s+1} & \dfrac{4.3e^{-0.35s}}{9.2s+1} \end{bmatrix} \tag{3-21}$$

例 3.3 Wardle-Wood 模型(WW)可表示为

$$G_3(s)=\begin{bmatrix}\dfrac{0.126\mathrm{e}^{-6s}}{60s+1} & \dfrac{-0.101\mathrm{e}^{-12s}}{(45s+1)(48s+1)}\\ \dfrac{0.094\mathrm{e}^{-8s}}{(38s+1)} & \dfrac{-0.12\mathrm{e}^{-8s}}{35s+1}\end{bmatrix} \tag{3-22}$$

例 3.4　Ogunnaike-Ray 模型(OR2)可表示为

$$G_4(s)=\begin{bmatrix}\dfrac{22.89\mathrm{e}^{-0.2s}}{4.572s+1} & \dfrac{-11.64\mathrm{e}^{-0.4s}}{1.807s+1}\\ \dfrac{4.689\mathrm{e}^{-0.2s}}{2.174s+1} & \dfrac{5.8\mathrm{e}^{-0.4s}}{1.801s+1}\end{bmatrix} \tag{3-23}$$

例 3.2～例 3.4 均为典型化工过程对象模型，根据 DDE 法设计分散控制器参数见表 3.2。对各回路进行设定值扰动，动态响应曲线比较分别如图 3.6～图 3.8 所示。分别根据 DDE 法和 EOP、OPID 方法整定得到的分散 PID 控制器参数见表 3.3。表 3.4 中给出了例 3.1～例 3.4 各回路的绝对误差积分(Integral Absolute Error，IAE)指标的比较结果。

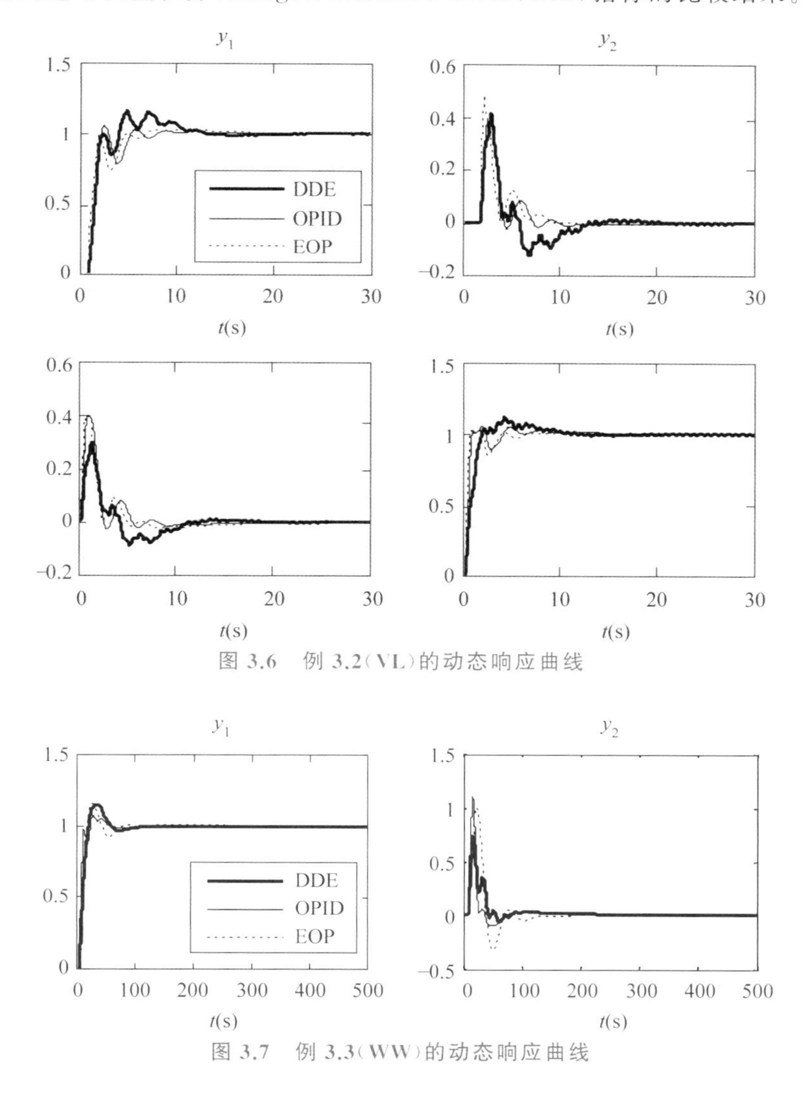

图 3.6　例 3.2(VL)的动态响应曲线

图 3.7　例 3.3(WW)的动态响应曲线

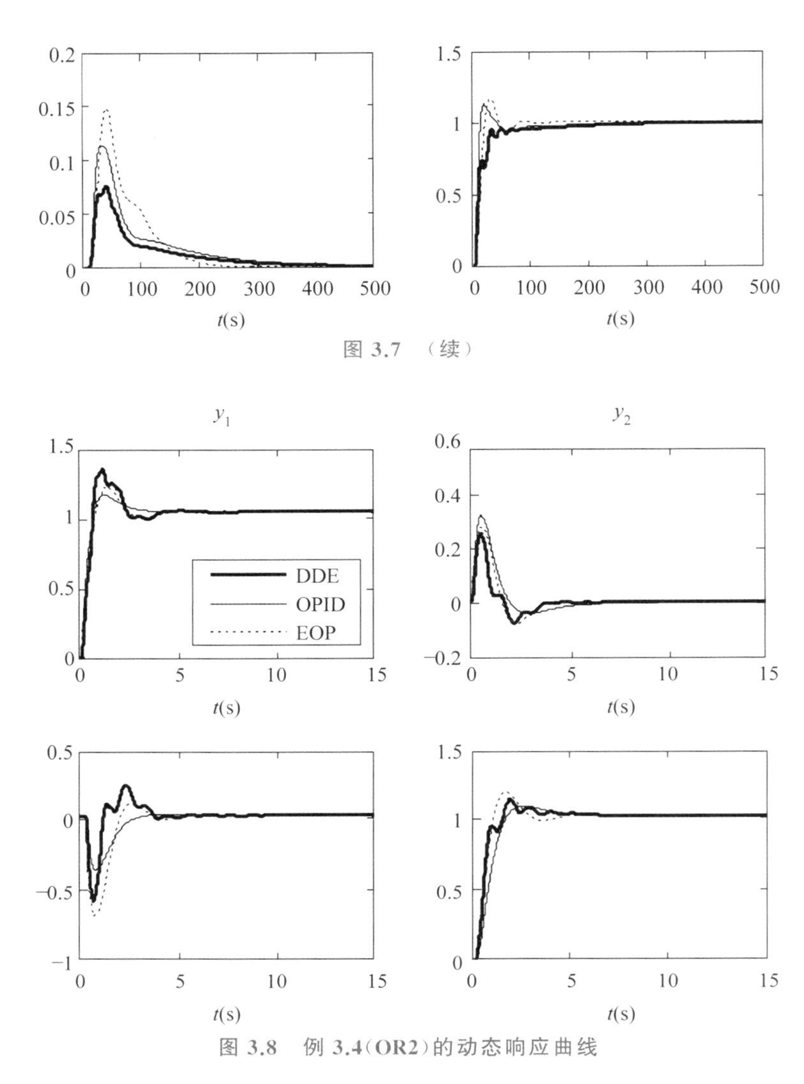

图 3.7 （续）

图 3.8 例 3.4(OR2)的动态响应曲线

表 3.2 例 3.1～例 3.4 分散 DDE-PID 控制器参数

模型	h_{01}	h_{11}	k_1	l_1	h_{02}	h_{12}	k_2	l_2
WB	0.25	1	10	15	0.09	0.6	−10	30
VL	0.64	1.6	−10	5	1.69	2.6	10	9
WW	0.0156	0.25	10	0.055	0.0049	0.14	−10	0.045
OR2	9	6	10	150	2.44	3.125	10	77

表 3.3 例 3.1～例 3.4 控制器参数比较

模型	方法	k_{p1}	k_{i1}	k_{d1}	b_1	k_{p2}	k_{i2}	k_{d2}	b_2
WB	OPID	0.811	0.093	0.630	—	−0.151	−0.028	−0.277	—
	DDE	0.683	0.167	0.733	0.167	−0.197	−0.030	−0.313	−0.050

续表

模型	方法	k_{p1}	k_{i1}	k_{d1}	b_1	k_{p2}	k_{i2}	k_{d2}	b_2
VL	OPID	−2.719	−0.412	−0.591	—	4.478	0.792	0.820	—
	DDE	−3.072	−1.280	−1.680	−0.800	3.077	1.878	1.400	0.722
WW	OPID	41.279	1.978	261.260	—	−26.559	−1.408	−112.110	—
	DDE	45.738	2.836	186.364	11.364	−31.002	−1.089	−219.111	−7.778
OR2	OPID	0.552	0.136	0.072	—	0.195	0.126	0.044	—
	DDE	0.460	0.600	0.107	0.100	0.438	0.317	0.171	0.102

表 3.4　2×2 对象 IAE 指标比较

模型	方法	IAE_{11}	IAE_{12}	IAE_{21}	IAE_{22}	总和
WB	DDE	4.1958	4.3261	1.5697	7.0051	17.0967
	OPID	2.8008	4.7403	1.7483	6.1792	15.469
	EOP	3.8546	5.6978	1.9944	7.0595	18.6063
VL	DDE	2.4772	1.0288	0.8416	1.4174	5.765
	OPID	2.1517	0.7548	0.808	1.0277	4.3728
	EOP	2.1036	0.7852	0.8414	0.8078	4.538
WW	DDE	18.5076	16.8788	6.1953	27.7072	69.2889
	OPID	13.111	16.575	8.9723	19.52	58.178
	EOP	16.407	26.476	9.4968	20.078	72.458
OR2	DDE	0.8722	0.2642	0.5737	0.9291	2.6392
	OPID	0.648	0.4285	0.4728	1.1945	2.3657
	EOP	0.7011	0.3803	0.8415	1.0184	2.9413

比较表 3.4 中的 IAE 指标和图 3.5～图 3.8 的动态响应曲线可以发现，采用预期动态法(DDE)设计的分散二自由度 PID 控制系统比遗传算法优化的分散 PID(OPID)控制系统的 IAE 指标稍逊，但除例 3.2 外均优于 EOP 方法的结果。应当注意，EOP 方法中采用了带滤波的 PID 控制器，有 4 个参数需要调节；OPID 方法则需要根据定义的 IAE 目标函数进行长时间的参数寻优，无法满足实时性要求；本节的 PID 控制器经过参数整定后，尽管 IAE 指标总和比 OPID 方法略大，但是它的动态响应与 EOP 方法、OPID 方法均具有可比性，且参数有明确的物理意义作为指导，控制器设计过程大大简化，同时动态性能没有明显差异，因此具有更强的实用意义。

3.4.2　3×3 模型

例 3.5　Ogunnaike-Ray 模型(OR3)可表示为

$$G_5(s)=\begin{bmatrix}\dfrac{0.66e^{-2.6s}}{6.7s+1} & \dfrac{-0.61e^{-3.5s}}{8.64s+1} & \dfrac{-0.0049e^{-s}}{9.06s+1}\\ \dfrac{1.11e^{-6.5s}}{3.25s+1} & \dfrac{-2.36e^{-3s}}{5s+1} & \dfrac{-0.01e^{-1.2s}}{7.09s+1}\\ \dfrac{-34.68e^{-9.2s}}{8.15s+1} & \dfrac{46.2e^{-9.4s}}{10.9s+1} & \dfrac{0.87(11.61s+1)e^{-s}}{(3.89s+1)(18.8s+1)}\end{bmatrix} \tag{3-24}$$

控制器设计步骤与前面类似，控制器参数如表 3.5 所示。预期动态法及文献方法得到的分散 PID 控制器参数见表 3.6。对各回路分别进行设定值扰动实验，动态响应曲线及与 EOP 方法、OPID 方法的比较如图 3.9 所示。表 3.7 中给出了例 3.5 各回路的绝对误差积分(IAE)指标的比较结果。

表 3.5 例 3.5(OR3)分散 DDE-PID 控制器参数

模型	h_{01}	h_{11}	k_1	l_1	h_{02}	h_{12}	k_2	l_2	h_{03}	h_{13}	k_3	l_3
OR3	0.09	0.6	10	3.6	0.25	1	−10	25	0.7	1.7	10	2.5

表 3.6 例 3.5(OR3)控制器参数比较

方法	k_{p1}	k_{i1}	k_{d1}	k_{p2}	k_{i2}	k_{d2}	k_{p3}	k_{i3}	k_{d3}
OPID	0.408	0.256	0.671	−0.565	−0.167	−0.818	9.082	5.505	4.192
DDE	2.025	0.250	4.200	−0.251	−0.058	−0.260	7.080	2.800	4.680
	$b_1=0.500$			$b_2=-0.064$			$b_3=1.700$		

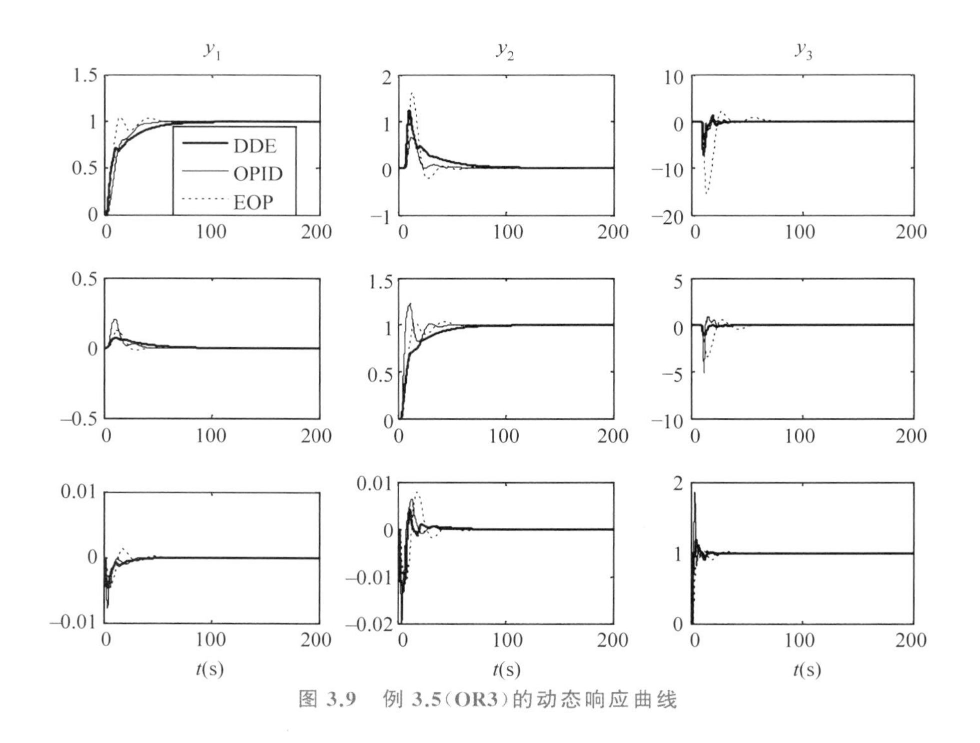

图 3.9 例 3.5(OR3)的动态响应曲线

表 3.7　例 3.5(OR3)的 IAE 指标值比较

方法	IAE_{11}	IAE_{12}	IAE_{13}	IAE_{21}	IAE_{22}	IAE_{23}	IAE_{31}	IAE_{32}	IAE_{33}	总和
DDE	17.1	11.74	25.04	2.26	10.83	8.01	0.04	0.02	2.62	77.76
OPID	12.09	7.15	16.76	2.28	6.89	13.22	0.05	0.11	2.82	61.36
EOP	7.98	16.98	154.54	1.64	8.85	36.35	0.05	0.17	3.85	230.41

从表 3.7 和图 3.9 中可以看出，DDE 整定的二自由度 PID 控制系统的 IAE 指标和比遗传算法优化的 OPID 控制系统的指标值稍大，但明显优于 EOP 方法的指标值，动态响应则各有优劣。

3.4.3　4×4 模型

例 3.6　Alatiqi case1(A1)模型可表示为

$$G_6(s)=\begin{bmatrix} \dfrac{2.22e^{-2.5s}}{(36s+1)(25s+1)} & \dfrac{-2.94(7.9s+1)e^{-0.05s}}{(23.7s+1)^2} & \dfrac{0.017e^{-0.2s}}{(31.6s+1)(7s+1)} & \dfrac{-0.64e^{-20s}}{(29s+1)^2} \\ \dfrac{-2.33e^{-5s}}{(35s+1)^2} & \dfrac{3.46e^{-1.01s}}{32s+1} & \dfrac{-0.51e^{-7.5s}}{(32s+1)^2} & \dfrac{1.68e^{-2s}}{(28s+1)^2} \\ \dfrac{-1.06e^{-22s}}{(17s+1)^2} & \dfrac{3.511e^{-13s}}{(12s+1)^2} & \dfrac{4.41e^{-1.01s}}{16.2s+1} & \dfrac{-5.38e^{-0.5s}}{17s+1} \\ \dfrac{-5.73e^{-2.5s}}{(8s+1)(50s+1)} & \dfrac{4.32(25s+1)e^{-0.01s}}{(50s+1)(5s+1)} & \dfrac{-1.25e^{-2.8s}}{(43.6s+1)(9s+1)} & \dfrac{4.78e^{-1.15s}}{(48s+1)(5s+1)} \end{bmatrix} \tag{3-25}$$

控制器设计步骤与前面类似，控制器参数如表 3.8 所示。预期动态法及文献方法得到的分散 PID 控制器参数见表 3.9。对各回路分别进行设定值扰动实验，动态响应曲线及与文献方法效果的比较如图 3.10 所示。表 3.10 中给出了例 3.6 各回路的 IAE 指标的比较结果。从表 3.10 和图 3.10 中可以看出，DDE 整定的二自由度 PID 控制系统的 IAE 指标比遗传算法优化的 OPID 控制系统的指标值略小，明显优于 EOP 方法的指标值，动态响应则各有优劣。

表 3.8　例 3.6(A1)的 DDE-PID 控制器参数

模型	h_{01}	h_{11}	k_1	l_1	h_{02}	h_{12}	k_2	l_2
A1	0.004	0.125	10	0.1	0.4	1.25	10	2.2
	h_{03}	h_{13}	k_3	l_3	h_{04}	h_{14}	k_4	l_4
	0.69	1.67	10	8	0.016	0.25	10	1.5

表 3.9　例 3.6(A1)的分散 PI/PID 的控制器参数

方法	k_{p1}	k_{i1}	k_{d1}	k_{p2}	k_{i2}	k_{d2}
OPID	1.315	0.074	21.662	9.112	2.893	3.472
DDE	12.540	0.400	101.250	5.864	1.818	5.114
	$b_1=3.125$			$b_2=1.421$		

续表

方法	k_{p3}	k_{i3}	k_{d3}	k_{p4}	k_{i4}	k_{d4}
OPID	2.802	1.001	1.137	3.549	0.213	9.567
DDE	2.174	0.863	1.459	1.677	0.107	6.833
	$b_3=0.522$			$b_4=0.417$		

表 3.10　例 3.6 的 IAE 指标值比较

方法	IAE_{11}	IAE_{12}	IAE_{13}	IAE_{14}	IAE_{21}	IAE_{22}	IAE_{23}	IAE_{24}
DDE	14.818	1.189	11.410	44.236	8.402	3.886	40.285	62.963
OPID	22.612	0.363	8.410	15.553	28.276	2.517	62.684	44.887
EOP	12.510	1.729	71.958	28.462	13.235	3.630	125.305	37.165
方法	IAE_{31}	IAE_{32}	IAE_{33}	IAE_{34}	IAE_{41}	IAE_{42}	IAE_{43}	IAE_{44}
DDE	0.289	0.035	3.539	2.182	1.610	0.392	5.078	20.947
OPID	1.570	0.021	2.618	1.126	8.906	0.258	12.600	15.215
EOP	0.526	0.086	2.660	1.864	3.505	0.694	28.926	9.700

IAE 指标和分别为 221.26(DDE),227.62(OPID),341.96(EOP)。

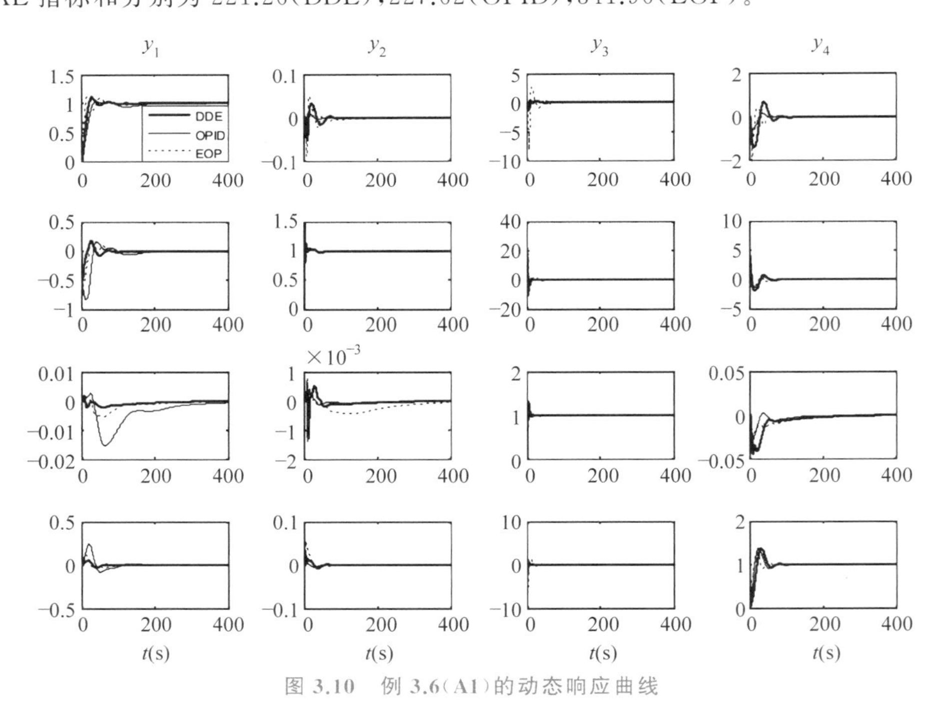

图 3.10　例 3.6(A1)的动态响应曲线

通过以上仿真实例及结果比较,可以发现 DDE 整定的二自由度 PID 控制器能够以比遗传算法优化 OPID 小得多的计算代价获得良好的控制效果;与 EOP 方法中带滤波的 PID 控制器相比，分散 DDE-PID 控制系统也获得了与文献结果相当或更优的性能指标。并且，随着系统维数的提高(2×2，3×3，4×4)，本方法优势逐渐明显，性能指标明显优于 EOP 方法。

3.4.4　10×10 模型

为检验方法的扩展性，考虑下列 10×10 多变量模型：

$$G_7(s)=\begin{bmatrix}
\frac{e^{-s}}{s+1} & \frac{-0.002e^{-0.9s}}{17.63s+1} & \frac{-0.11e^{-0.9s}}{13.36s+1} & \frac{0.06e^{-0.8s}}{4.82s+1} & \frac{0.001e^{-0.7s}}{4.52s+1} & \frac{0.012e^{-0.1s}}{17.64s+1} & \frac{0.147e^{-0.5s}}{8.51s+1} & \frac{0.078e^{-0.4s}}{9.64s+1} & \frac{-0.037e^{-0.2s}}{12.12s+1} & \frac{-0.005e^{-0.5s}}{9.92s+1} \\
\frac{-0.02e^{-0.72s}}{17.31s+1} & \frac{e^{-s}}{s} & \frac{0.04e^{-0.43s}}{4.78s+1} & \frac{-0.06e^{-0.72s}}{1.1s+1} & \frac{0.15e^{-0.83s}}{4.45s+1} & \frac{-0.06e^{-0.2s}}{5.75s+1} & \frac{-0.05e^{-0.35s}}{16.14s+1} & \frac{-0.07e^{-0.04s}}{17.37s+1} & \frac{-0.04e^{-0.8s}}{8.91s+1} & \frac{0.17e^{-0.3s}}{18.8s+1} \\
\frac{-0.04e^{-0.97s}}{7.72s+1} & \frac{-0.09e^{-0.91s}}{5.35s+1} & \frac{e^{-1.5s}}{s+1} & \frac{0.06e^{-0.18s}}{10.58s+1} & \frac{0.09e^{-0.14s}}{15.65s+1} & \frac{0.02e^{-0.24s}}{13.19s+1} & \frac{-0.0005e^{-0.76s}}{11.94s+1} & \frac{-0.12e^{-0.5s}}{7.58s+1} & \frac{0.002e^{-0.54s}}{5.67s+1} & \frac{0.02e^{-0.86s}}{13.67s+1} \\
\frac{0.05e^{-0.26s}}{8.77s+1} & \frac{-0.02e^{-0.69s}}{17.88s+1} & \frac{-0.03e^{-0.004s}}{16.04s+1} & \frac{e^{-0.02s}}{(s+1)^2} & \frac{-0.002e^{-0.5s}}{7.66s+1} & \frac{-0.004e^{-0.13s}}{15.44s+1} & \frac{-0.06e^{-0.37s}}{8.04s+1} & \frac{0.12e^{-0.78s}}{9.51s+1} & \frac{0.0007e^{-0.35s}}{18.92s+1} & \frac{0.26e^{-0.32s}}{11.27s+1} \\
\frac{0.03e^{-0.0003s}}{6.42s+1} & \frac{-0.04e^{-0.57s}}{9.14s+1} & \frac{0.05e^{-0.73s}}{19.06s+1} & \frac{0.004e^{-0.36s}}{15.68s+1} & \frac{e^{-s}}{s^2+1.2s+1} & \frac{-0.01e^{-0.37s}}{5.12s+1} & \frac{-0.005e^{-0.67s}}{8.48s+1} & \frac{0.05e^{-0.5s}}{9.15s+1} & \frac{0.04e^{-0.62s}}{6.6s+1} & \frac{-0.09e^{-0.71s}}{9.12s+1} \\
\frac{0.03e^{-0.4s}}{1.29s+1} & \frac{0.09e^{-0.55s}}{10.47s+1} & \frac{-0.02e^{-0.6s}}{1.63s+1} & \frac{-0.002e^{-0.5s}}{2.48s+1} & \frac{0.1e^{-0.35s}}{7.75s+1} & \frac{e^{-s}}{(s+1)(0.02s+1)} & \frac{0.12e^{-0.85s}}{9.09s+1} & \frac{-0.06e^{-0.5s}}{13.57s+1} & \frac{-0.01e^{-0.9s}}{9.11s+1} & \frac{-0.11e^{-0.96s}}{18.87s+1} \\
\frac{0.05e^{-0.55s}}{14.64s+1} & \frac{-0.1e^{-0.75s}}{15.45s+1} & \frac{0.02e^{-0.62s}}{18.69s+1} & \frac{0.08e^{-0.33s}}{12.08s+1} & \frac{0.07e^{-0.3s}}{13.45s+1} & \frac{-0.05e^{-s}}{19.75s+1} & \frac{e^{-s}}{(25s+1)(s+1)^2} & \frac{0.07e^{-0.49s}}{9.07s+1} & \frac{-0.06e^{-0.17s}}{4.73s+1} & \frac{-0.11e^{-0.16s}}{18.16s+1} \\
\frac{0.11e^{-0.31s}}{3.11s+1} & \frac{0.1e^{-0.95s}}{11.34s+1} & \frac{0.2e^{-0.07s}}{1.48s+1} & \frac{-0.06e^{-0.5s}}{7.42s+1} & \frac{-0.003e^{-0.82s}}{8.56s+1} & \frac{0.05e^{-0.36s}}{3.31s+1} & \frac{0.1e^{-0.7s}}{12.84s+1} & \frac{e^{-0.2s}}{(s+1)(s-1)} & \frac{-0.05e^{-0.13s}}{17.65s+1} & \frac{0.07e^{-0.16s}}{7.79s+1} \\
\frac{-0.08e^{-0.26s}}{16.25s+1} & \frac{0.04e^{-0.45s}}{14.3s+1} & \frac{-0.007e^{-0.83s}}{7.44s+1} & \frac{-0.04e^{-0.32s}}{3.26s+1} & \frac{-0.07e^{-0.73s}}{3.46s+1} & \frac{-0.08e^{-0.25s}}{17.9s+1} & \frac{0.007e^{-0.85s}}{7.71s+1} & \frac{-0.04e^{-0.94s}}{11s+1} & \frac{2e^{-0.3s}}{(3s-1)(s-1)} & \frac{-0.19e^{-0.8s}}{11.9s+1} \\
\frac{-0.0006e^{-0.27s}}{10.77s+1} & \frac{-0.03e^{-0.32s}}{3.85s+1} & \frac{0.16e^{-0.52s}}{5.92s+1} & \frac{0.1e^{-0.26s}}{19.14s+1} & \frac{0.05e^{-0.69s}}{10.69s+1} & \frac{0.07e^{-0.63s}}{7.9s+1} & \frac{-0.01e^{-0.29s}}{14.68s+1} & \frac{-0.13e^{-0.16s}}{15.66s+1} & \frac{-0.008e^{-0.94s}}{13.47s+1} & \frac{3(-8s+1)e^{-2s}}{(10s+1)(5s+1)}
\end{bmatrix} \tag{3-26}$$

10×10 多变量对象 G_7 各对角元为具有不同特性的典型过程控制环节。对象严格对角占优，可设计分散控制器。控制器设计步骤与前面类似，控制器参数如表 3.11 所示。本 DDE 及综合单回路整定公式方法[15](Compositive Formula Method，CFM)选择各回路对角元类型对象控制效果较好的整定公式，见表 3.12。得到的各回路 IAE 指标值见表 3.13。对各回路分别进行设定值单位阶跃扰动，动态响应曲线如图 3.11 所示。

表 3.11　例 3.7 的分散 DDE-PID 控制器参数

$\{k_{p1},k_{i1},k_{d1},b_1\}$	$\{k_{p2},k_{i2},k_{d2},b_2\}$	$\{k_{p3},k_{i3},k_{d3},b_3\}$	$\{k_{p4},k_{i4},k_{d4},b_4\}$	$\{k_{p5},k_{i5},k_{d5},b_5\}$
$\{h_{01},h_{11},k_1,l_1\}$	$\{h_{02},h_{12},k_2,l_2\}$	$\{h_{03},h_{13},k_3,l_3\}$	$\{h_{04},h_{14},k_4,l_4\}$	$\{h_{05},h_{15},k_5,l_5\}$
{1.02,0.58,0.5,0.24}	{1.17,0.56,0.67,0.28}	{0.34,0.05,0.59,0.08}	{1.28,0.49,0.89,0.31}	{0.74,0.37,0.4,0.18}
{1.44,2.4,10,25}	{1,2,10,18}	{0.09,0.6,10,18}	{0.64,1.6,10,13}	{1.10,2.1,10,30}
$\{k_{p6},k_{i6},k_{d6},b_6\}$	$\{k_{p7},k_{i7},k_{d7},b_7\}$	$\{k_{p8},k_{i8},k_{d8},b_8\}$	$\{k_{p9},k_{i9},k_{d9},b_9\}$	$\{k_{p10},k_{i10},k_{d10},b_{10}\}$
$\{h_{06},h_{16},k_6,l_6\}$	$\{h_{07},h_{17},k_7,l_7\}$	$\{h_{08},h_{18},k_8,l_8\}$	$\{h_{09},h_{19},k_9,l_9\}$	$\{h_{010},h_{110},k_{10},l_{10}\}$
{1.02,0.58,0.5,0.24}	{19.1,3.52,26.88,4.69}	{5.25,2.5,3,1.25}	{1.29,0.1,4.13,0.32}	{0.36,0.02,1.43,0.09}
{1.44,2.4,10,25}	{0.14,0.7510,0.4}	{1,2,10,4}	{0.03,0.32,10,2.5}	{0.017,0.26,10,7.2}

表 3.12 分散 PI/PID 的控制器参数整定公式选择

回路	对角元特性	本节方法	CFM
1	一阶惯性加延迟	DDE	Åström & Hägglund (2004)[16]
2	纯积分加延迟		Leonard,F (1994)[17]
3	大时滞		Sadeghi &Tych (2003)[18]
4	二阶加延迟(重极点)		Gorez & Klàn (2000)[19]
5	二阶加延迟(欠阻尼)		Vítečková et al (2000)[20]
6	二阶加延迟(极点差异大)		Vítečková et al (2000)[20]
7	三阶加延迟		Polonyi (1989)[21]
8	有不稳定极点(1 个)加延迟		Wang & Jin (2004)[22]
9	有不稳定极点(2 个)加延迟		Wang & Jin (2004)[22]
10	非最小相位加延迟		Wang et al(1995)[23]

表 3.13 各回路 IAE 指标值比较

方法	IAE_{11}	IAE_{12}	IAE_{13}	IAE_{14}	IAE_{15}	IAE_{16}	IAE_{17}	IAE_{18}	IAE_{19}	IAE_{110}
DDE	2.168	0.007	1.197	0.140	0.087	0.050	0.028	0.059	0.360	0.234
CFM	2.091	0.031	1.132	0.206	0.087	0.081	0.059	0.227	0.104	0.346
方法	IAE_{21}	IAE_{22}	IAE_{23}	IAE_{24}	IAE_{25}	IAE_{26}	IAE_{27}	IAE_{28}	IAE_{29}	IAE_{210}
DDE	0.020	2.727	0.187	0.012	0.019	0.036	0.041	0.012	0.013	0.095
CFM	0.013	3.343	0.224	0.010	0.022	0.051	0.043	0.038	0.014	0.074
方法	IAE_{31}	IAE_{32}	IAE_{33}	IAE_{34}	IAE_{35}	IAE_{36}	IAE_{37}	IAE_{38}	IAE_{39}	IAE_{310}
DDE	0.170	0.010	22.494	0.016	0.163	0.060	0.006	0.113	0.035	1.979
CFM	0.175	0.058	23.264	0.027	0.164	0.108	0.030	0.505	0.012	3.441
方法	IAE_{41}	IAE_{42}	IAE_{43}	IAE_{44}	IAE_{45}	IAE_{46}	IAE_{47}	IAE_{48}	IAE_{49}	IAE_{410}
DDE	0.080	0.126	1.446	2.685	0.013	0.036	0.083	0.040	0.207	1.443
CFM	0.082	0.154	1.330	3.090	0.010	0.060	0.166	0.164	0.097	2.137
方法	IAE_{51}	IAE_{52}	IAE_{53}	IAE_{54}	IAE_{55}	IAE_{56}	IAE_{57}	IAE_{58}	IAE_{59}	IAE_{510}
DDE	0.036	0.083	1.768	0.015	3.181	0.147	0.052	0.012	0.315	0.521
CFM	0.039	0.252	1.586	0.022	3.006	0.231	0.129	0.053	0.127	0.761
方法	IAE_{61}	IAE_{62}	IAE_{63}	IAE_{64}	IAE_{65}	IAE_{66}	IAE_{67}	IAE_{68}	IAE_{69}	IAE_{610}
DDE	0.040	0.031	0.366	0.016	0.210	2.149	0.023	0.029	0.364	0.992

续表

方法	IAE_{61}	IAE_{62}	IAE_{63}	IAE_{64}	IAE_{65}	IAE_{66}	IAE_{67}	IAE_{68}	IAE_{69}	IAE_{610}
CFM	0.040	0.087	0.329	0.023	0.210	2.727	0.060	0.109	0.100	1.473
方法	IAE_{71}	IAE_{72}	IAE_{73}	IAE_{74}	IAE_{75}	IAE_{76}	IAE_{77}	IAE_{78}	IAE_{79}	IAE_{710}
DDE	0.889	0.015	0.044	0.436	0.088	0.660	5.865	0.117	0.125	0.277
CFM	1.501	0.052	0.070	0.931	0.172	1.551	6.932	0.598	0.075	0.424
方法	IAE_{81}	IAE_{82}	IAE_{83}	IAE_{84}	IAE_{85}	IAE_{86}	IAE_{87}	IAE_{88}	IAE_{89}	IAE_{810}
DDE	0.144	0.021	2.655	0.248	0.029	0.120	0.089	1.609	0.162	1.805
CFM	0.151	0.069	2.566	0.364	0.029	0.186	0.178	2.127	0.060	2.680
方法	IAE_{91}	IAE_{92}	IAE_{93}	IAE_{94}	IAE_{95}	IAE_{96}	IAE_{97}	IAE_{98}	IAE_{99}	IAE_{910}
DDE	0.087	0.037	0.035	0.036	0.077	0.056	0.138	0.035	1.758	0.054
CFM	0.055	0.042	0.032	0.028	0.080	0.049	0.179	0.052	1.644	0.075
方法	IAE_{101}	IAE_{102}	IAE_{103}	IAE_{104}	IAE_{105}	IAE_{106}	IAE_{107}	IAE_{108}	IAE_{109}	IAE_{1010}
DDE	0.024	0.019	0.068	0.206	0.107	0.044	0.050	0.020	0.331	19.929
CFM	0.016	0.054	0.067	0.282	0.095	0.068	0.088	0.069	0.093	24.164

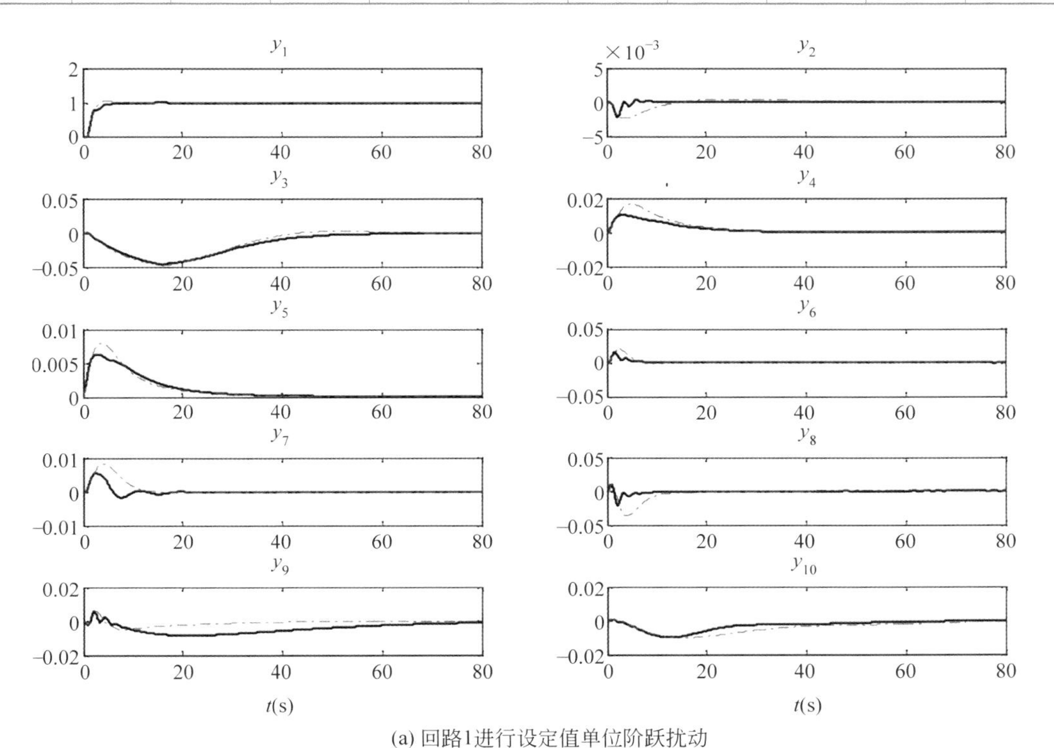

(a) 回路1进行设定值单位阶跃扰动

图 3.11　例 3.7 的动态响应曲线（—DDE -·-·-综合公式法 CFM）

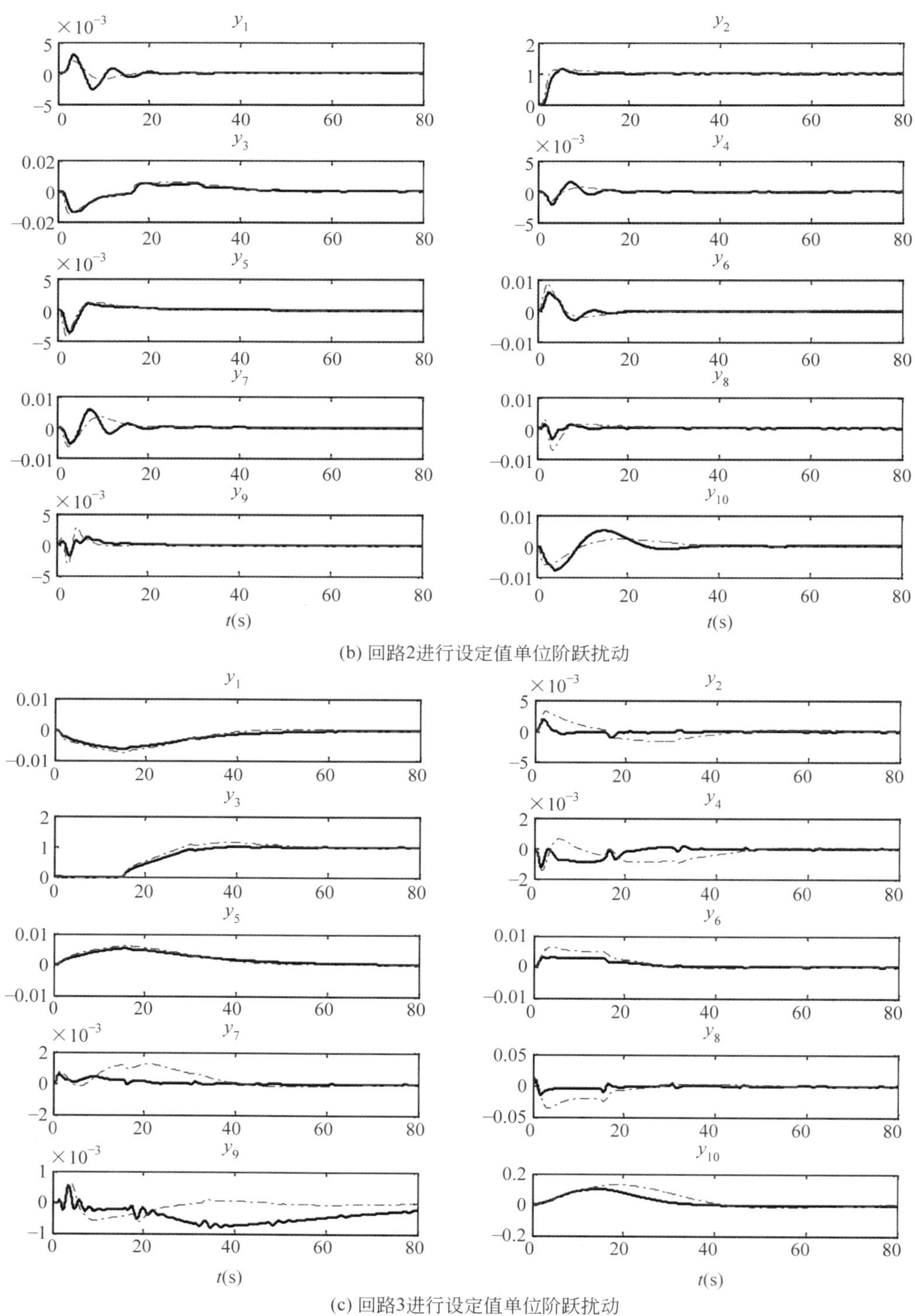

(b) 回路2进行设定值单位阶跃扰动

(c) 回路3进行设定值单位阶跃扰动

图 3.11 （续）

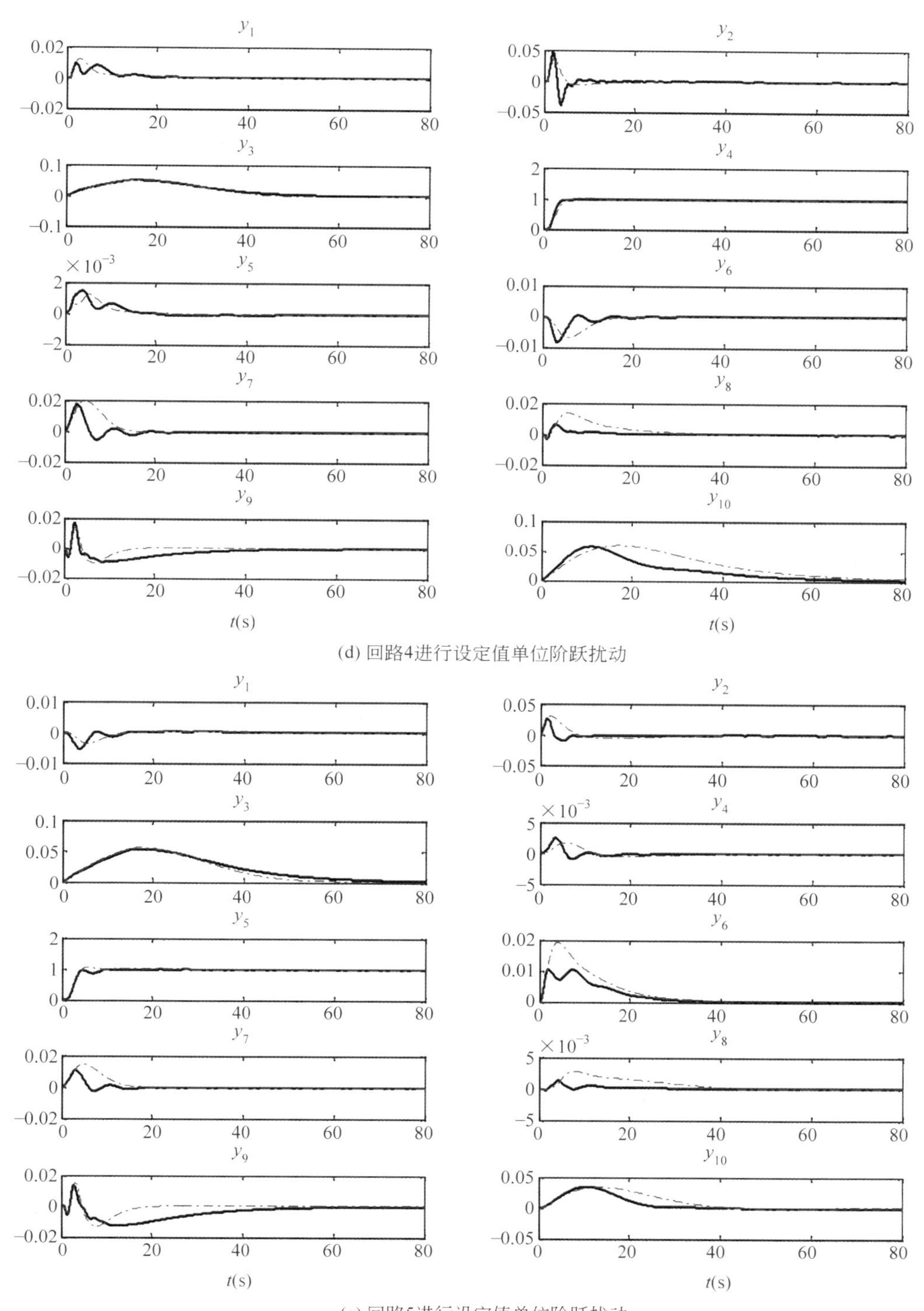

(d) 回路4进行设定值单位阶跃扰动

(e) 回路5进行设定值单位阶跃扰动

图 3.11 （续）

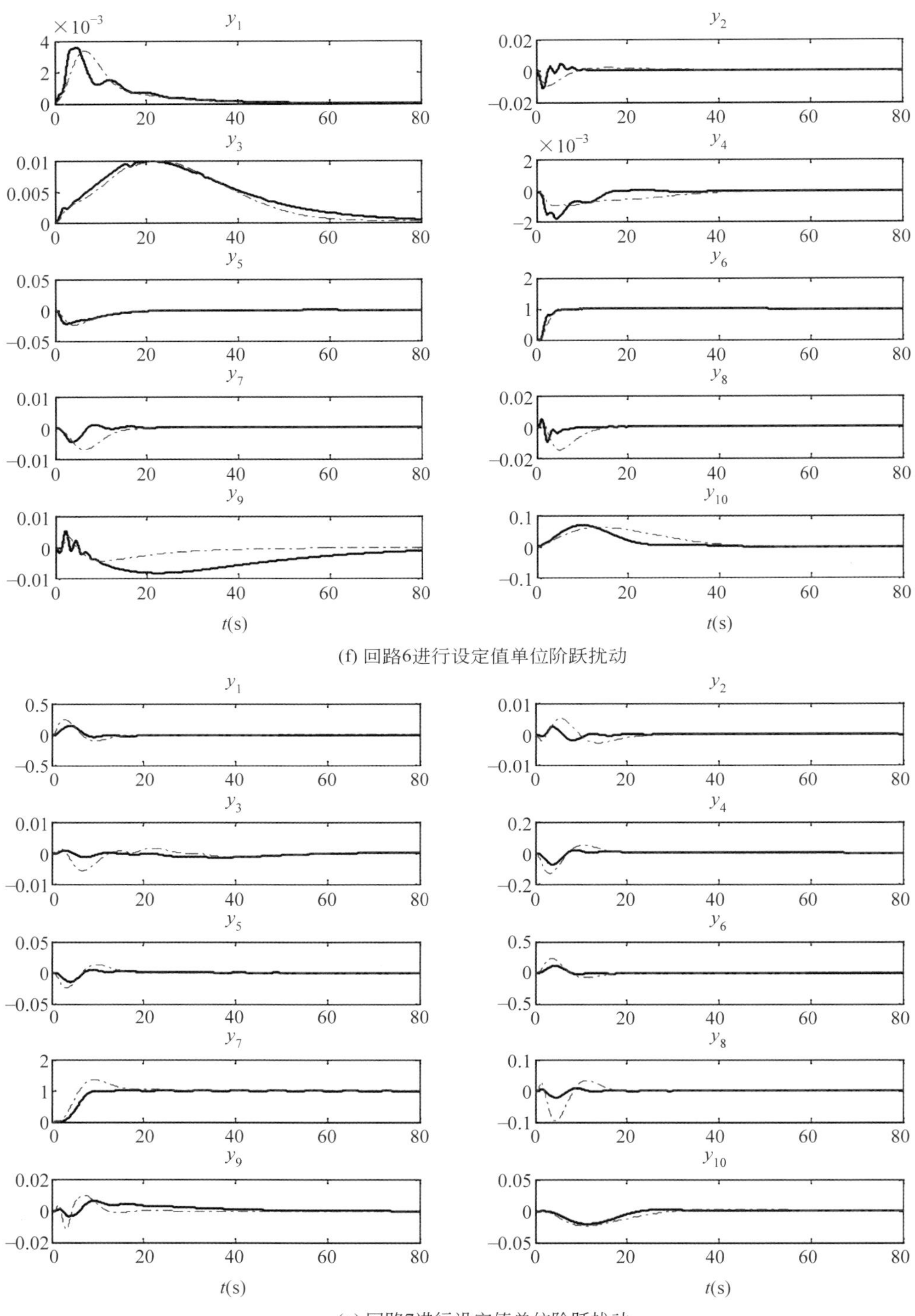

(f) 回路6进行设定值单位阶跃扰动

(g) 回路7进行设定值单位阶跃扰动

图 3.11 （续）

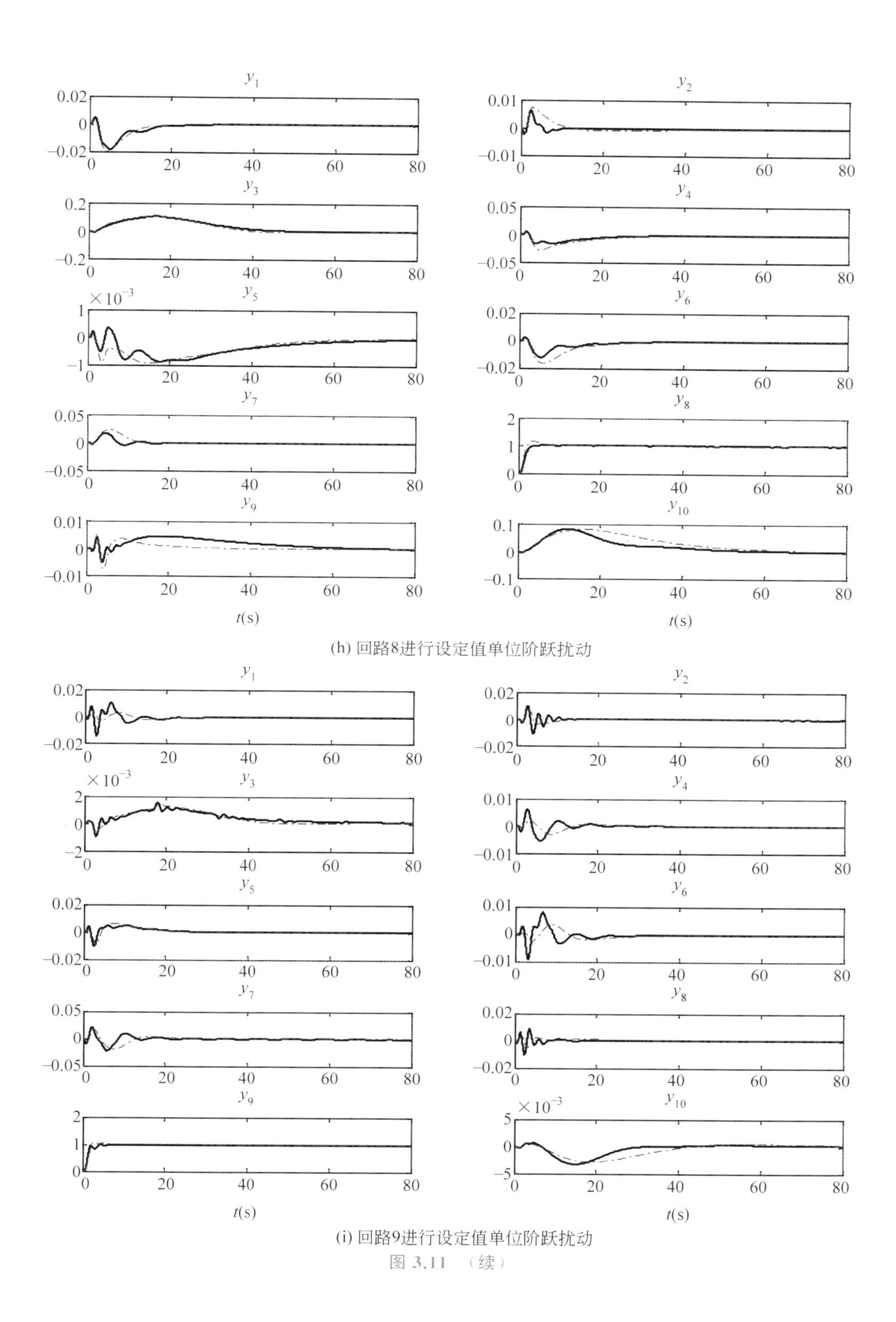

(h) 回路8进行设定值单位阶跃扰动

(i) 回路9进行设定值单位阶跃扰动

图 3.11　(续)

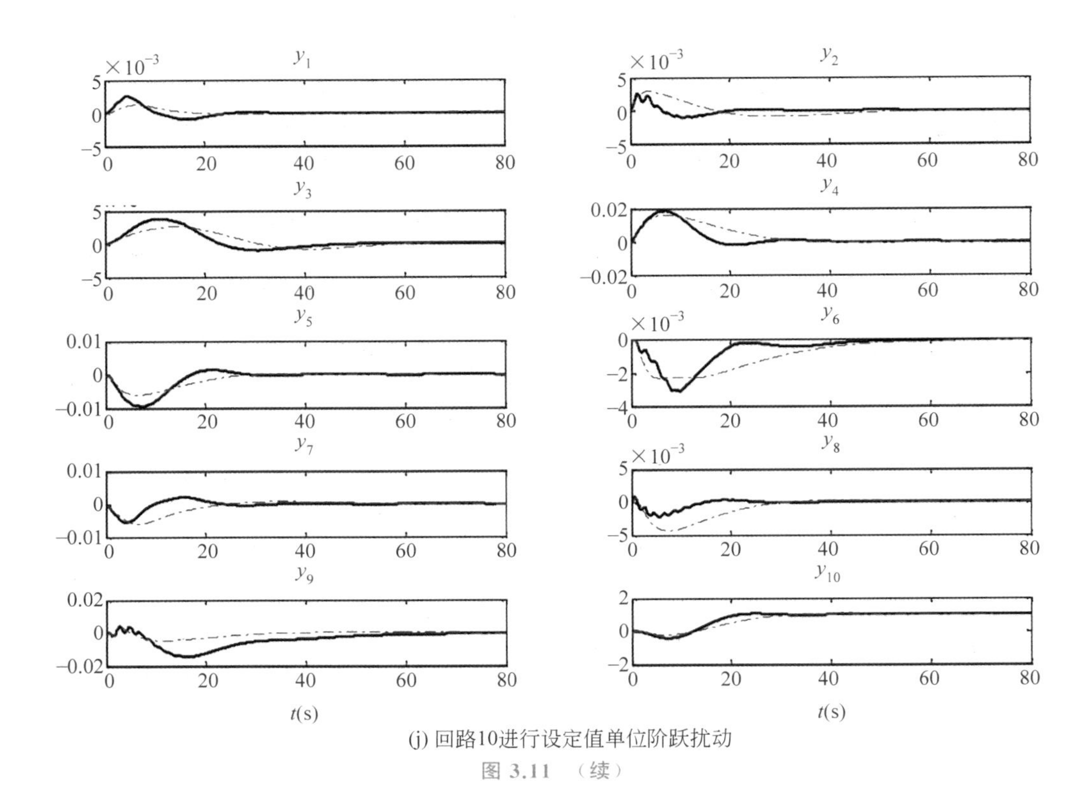

(j) 回路10进行设定值单位阶跃扰动

图 3.11 （续）

表 3.13 中，IAE 指标和分别为：87.55(DDE)，102.58(CFM)。

从仿真实验结果可以看出，采用 DDE 整定的分散二自由度 PID 控制器对高维多变量系统仍然适用。与文献方法相比，DDE 法具有良好的通用性，对对角元上的各种典型过程对象可采用同样的整定方法；动态性能方面，采用 DDE 整定参数，各回路具有更强的抗扰动能力，总体而言 IAE 指标更优。

3.5 ALSTOM 气化炉分散控制系统参数整定

整体煤气化联合循环（Integrated Gasification Combined Cycle，IGCC）作为一种高效的清洁能源生产方式日益受到重视，成为国内外的研究热点之一。在整个系统中，燃气轮机及蒸汽动力系统已得到广泛应用，其控制系统已比较完善。而对于气化炉系统，由于涉及许多复杂的化学反应过程，其过程是一个大滞后非线性系统，对各种扰动非常敏感，其相关控制理论和应用还不成熟，致使其投资费用和发电成本都较高，可利用率不理想[24]。ALSTOM 能源技术中心对 IGCC 进行了多年的研究，并为英国洁净煤发电集团提出的空气气化混合式联合循环示范电站建立了整个 IGCC 系统的对象模型。其中，该中心所提供的气化炉模型与现场的实测数据基本一致，具有很高的准确度。针对此模型，ALSTOM 公司在世界范围内发布了气化炉控制标准问题[25,26]，并提出了一系列基准测试项目和对应的约束条件。这些标准和条件成为对各种先进控制方法进行测试和比较的一个公共平台，引起学术界的广泛关注。

对ALSTOM气化炉标准控制问题的研究可分为两个阶段。

(1) 第一阶段开始于1997年,ALSTOM能源技术中心向英国控制界发布了气化炉控制的标准问题[25],并提供了3个工况下(100%负荷、50%负荷和0%负荷)的线性化模型。1998年7月24日,英国考文垂大学召开了第一次气化炉控制的专题讨论会[26],多种先进的控制方法相继得到应用[89-96]并取得了一定程度的成功。但是在规定的一系列性能测试中,没有一种方法具有明显的优势,其中复杂的先进控制技术也没有获得明显的控制效果的改进[26]。存在的主要问题是,输入输出越限情况难以克服,所有基于线性模型的控制策略,无法很好地同时解决气化炉的强非线性和强耦合问题,很难满足系统鲁棒性要求。

(2) 第二阶段开始于2002年6月,ALSTOM能源技术中心将原来状态空间描述的线性模型扩展为MATLAB/Simulink下的非线性模型,并在原来的扰动测试要求和控制量限幅限速要求基础上增加了两项鲁棒性测试要求:负荷变化测试和煤质扰动测试。该中心向世界范围征集控制方案,并于2004年9月在巴斯大学召开了第二次专题讨论会[27]。

本节在详细分析ALSTOM气化炉控制特性的基础上,采用简单的分散PI控制结构,根据DDE整定控制器参数,以期满足控制要求。具体内容安排是:首先介绍ALSTOM气化炉线性模型和非线性模型,并给出气化炉系统的控制要求和模型分析;其次针对ALSTOM气化炉线性模型,设计分散PI控制器,给出控制结构、参数整定和动态测试效果,并获得了目前越限次数最少的控制结果;最后,将基于ALSTOM气化炉线性模型设计的分散PI控制方案直接推广到气化炉非线性模型中,结果证明系统能够满足100%、50%和0%负荷点下的全部约束要求,当负荷由50%升至100%时,能迅速跟踪负荷变化,且对于煤质的变化具有一定的适应性,是目前唯一能将对线性模型的控制方案直接应用于非线性模型并且效果良好的方案。

3.5.1 问题描述

ALSTOM公司提出的气化炉标准控制问题的对象是该公司87MW空气鼓风气化循环(Air Blown Gasification Cycle,ABGC)整体示范电厂的气化炉,该气化炉采用喷动流化床气化概念设计,煤粉和吸附剂(石灰)由增压空气和蒸汽运送,喷入气化炉内。在气化炉里,空气和蒸汽对固体进行流化,同时与煤中的碳和挥发分发生化学反应,产生低热值燃气(约为4.5MJ/kg,相当于天然气热值的12%),经净化后进入燃气轮机,余下的灰分、石灰和未完全反应的碳从气化炉的底部或顶部排出。

ALSTOM气化炉控制标准问题的示意框图如图3.12所示。这是一个具有强非线性和强耦合的多变量系统,具有5个控制输入量和4个输出量。控制输入量包括排出煤焦量Wchar、进口空气流量Wair、进口蒸汽流量Wstm、煤粉流量Wcoal和吸附剂流量Wls,输出量为燃气热值Cvgas、料床质量Mass、燃气压力Pgas和燃气温度Tgas。另外下游燃气透平进气阀门的调节,会对气化炉的压力产生扰动,带来扰动输入量Psink。控制输入量中,吸附剂的作用是吸附煤中的硫份,因此应当与煤量保持固定的比例,一般取Wls∶Wcoal为1∶10,这就使得设计中有效控制为4个自由度,气化炉系统简化为4输入4输出系统。

1. 气化炉线性模型及控制要求

1997年,ALSTOM能源技术中心提供了气化炉在3个典型运行工况下(100%负荷、50%负荷和0%负荷)的线性模型。采用LTI状态空间形式描述如下:

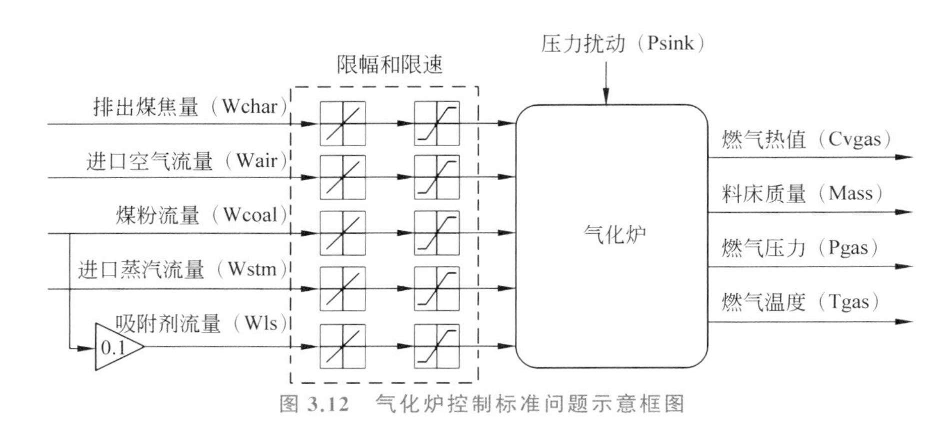

图 3.12　气化炉控制标准问题示意框图

$$\begin{cases}\dot{x}(t)=Ax(t)+Bu(t)\\ y(t)=Cx(t)+Du(t)\end{cases} \tag{3-27}$$

其中，$u=[\mathrm{Wchar},\mathrm{Wair},\mathrm{Wcoal},\mathrm{Wstm},\mathrm{Wls},\mathrm{Psink}]^{\mathrm{T}}$，$y=[\mathrm{Cvgas},\mathrm{Mass},\mathrm{Pgas},\mathrm{Tgas}]^{\mathrm{T}}$，$x\in R^{25}$，$A\in R^{25\times 25}$，$B\in R^{25\times 6}$，$C\in R^{4\times 25}$，$D\in R^{4\times 6}$。控制输入量和输出量在三种负荷下的稳态值见表 3.14。

表 3.14　气化炉系统在不同负荷下的稳态值

输入与输出量		100%负荷	50%负荷	0%负荷
输入量	排焦量 Wchar(kg/s)	0.90	0.89	0.50
	空气流量 Wair(kg/s)	17.42	10.89	4.34
	煤粉流量 Wcoal(kg/s)	8.55	5.34	2.136
	蒸汽流量 Wstm(kg/s)	2.70	1.69	0.676
	吸附剂流量 Wls(kg/s)	0.85	0.53	0.21
	压力扰动 Psink(N/m^2)	18.5×10^5	14.8×10^5	11.1×10^5
输出量	燃气热值 Cvgas(J/kg)	4.36×10^6	4.49×10^6	4.71×10^6
	床料质量 Mass(kg)	10000.0	10000.0	10000.0
	燃气压力 Pgas(N/m^2)	$2.0\mathrm{e}\times10^6$	1.55×10^6	1.12×10^6
	燃气温度 Tgas(K)	1223.2	1181.1	1115.1

ALSTOM 能源技术中心提出基准测试要求在 100%负荷下设计控制系统，然后进行下述性能测试。

(1) 从 30 秒开始 Psink 发生－0.2bar 的阶跃扰动(对应于发电负荷变化时燃气透平阀门位置调整引起的阶跃变化)，仿真 5min(300s)。

(2) 从 30 秒开始 Psink 发生幅值为 0.2bar，频率为 0.04Hz 的正弦波扰动(对应于电网频率变化引起的燃气透平阀门的低频动作)，仿真 5min(300s)。

(3) 同样的测试用于 50%负荷和 0%负荷，以检验系统的鲁棒性能。

上述性能测试要求输入量满足限幅和限速要求，输出量波动在允许范围内，见表 3.15 和表 3.16。

表 3.15　控制输入量的限幅和限速

输　入　量	MAX(kg/s)	MIN(kg/s)	RATE(kg/s^2)
排焦量 Wchar (kg/s)	3.5	0	0.2
空气流量 Wair (kg/s)	20	0	1.0
煤粉流量 Wcoal (kg/s)	10	0	0.2
吸附剂量 Wls(kg/s)	1	0	0.02
蒸汽流量 Wstm(kg/s)	6.0	0	1.0

表 3.16　输出量的允许范围

输　出　量	允许波动范围
燃气热值 Cvgas(MJ/kg)	±0.01
床料质量 Mass(ton)	±0.5
燃气压力 Pgas(bar)	±0.1
燃气温度 Tgas(K)	±1

2. 气化炉非线性模型及控制要求

ALSTOM 能源技术中心在 2002 年 6 月发布了气化炉的非线性模型，以 C 语言编写描述气化炉特性的系统函数，嵌入 MATLAB/Simulink 环境下的模块中。控制输入量和输出量与线性模型相同，压力扰动 Psink 和煤质变化为扰动量，各工况下的设定值由负荷确定。气化炉非线性模型系统框图如图 3.13 所示。

图 3.13 中，Setpoints、Load、Ramp、Coal Quality、Disturbance、Measured、Bedmass、Pressure、Temperature、Boundary、Actuator、Constraints、Condition、Input 以及 Output 分别表示设定值、负荷、斜坡、煤质、扰动、测量的、床体、压力、温度、边界的、执行器、约束、调节、输入与输出的意思。除了在线性模型中提出的测试要求之外，还增加了负荷跟踪测试和模型误差测试。

(1) 负荷跟踪测试——从 50%负荷稳态开始，以每分钟 5%的速率将负荷增至 100%(600s)，要求实际输出的负荷尽可能接近要求，在升负荷结束时超调最小，且控制输入在约束的范围内。

(2) 模型误差测试——煤的品质发生变化(在±18%的范围内)，记录所有的性能变化(比如跟踪性能、稳定性等)。

3.5.2　基于 ALSTOM 气化炉线性模型的分散控制

1. 气化炉非线性模型及控制要求

在 100%负荷，50%负荷，0%负荷三种典型工况下，对式(3-27)表示的气化炉线性模型分别加入各输入量 Wchar、Wair、Wcoal、Wstm、Psink 阶跃扰动(一个输入量发生阶跃扰动时，其他输入量保持不变)，系统动态响应如图 3.14～图 3.18 所示。

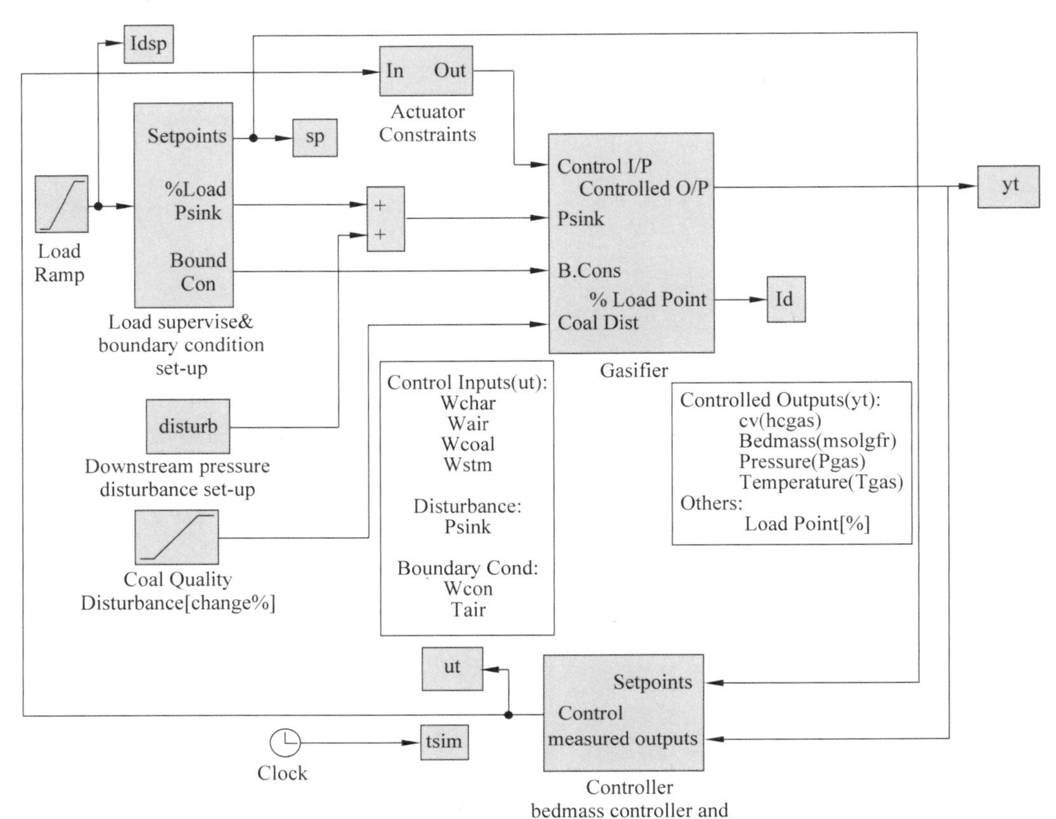

图 3.13 气化炉非线性模型框图

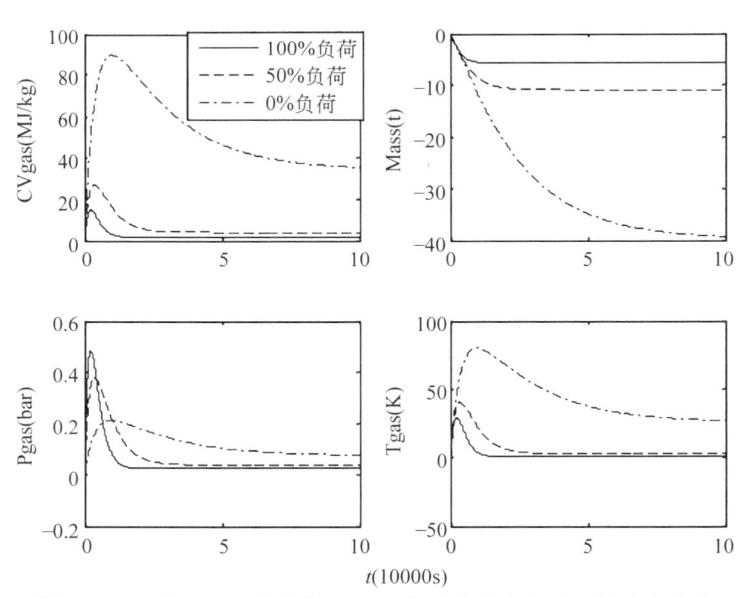

图 3.14 三种工况下煤焦量 Wchar 发生阶跃变化时系统动态响应

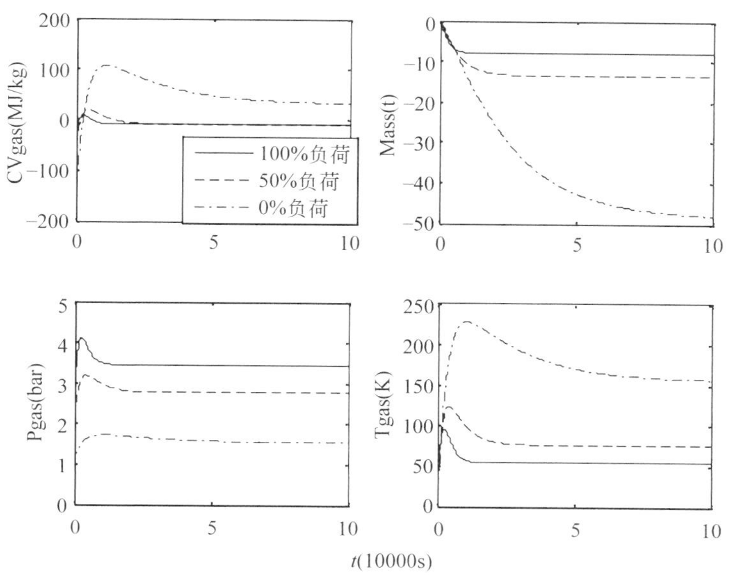

图 3.15　三种工况下进口空气流量 Wair 发生阶跃变化时系统动态响应

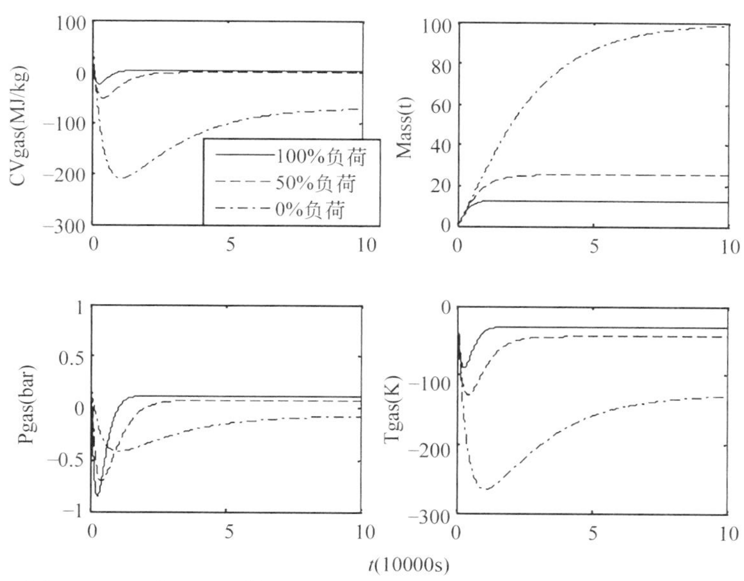

图 3.16　三种工况下煤粉流量 Wcoal 发生阶跃变化时系统动态响应

从上述阶跃响应图(图 3.14～图 3.18)可以看出,0%负荷工况下系统的响应幅度最大,响应时间最长,静态增益也最大。100%负荷和 50%负荷工况下系统响应比较接近,均与 0%负荷工况模型的阶跃响应有明显差别。以 100%负荷工况模型为基准模型,计算系统相对非线性测度[28],结果为:50%处非线性测度为 119.56,0%工况非线性测度为 448.76。

可以发现,以 100%负荷模型为基准,0%负荷模型的相对非线性测度明显大于 50%负荷模型,表明它与基准模型的开环特性相差较大,系统具有强非线性。这与前面对三种工况下系统开环阶跃响应的分析是一致的,同时也是目前所有针对 100%模型设计的控制器无法

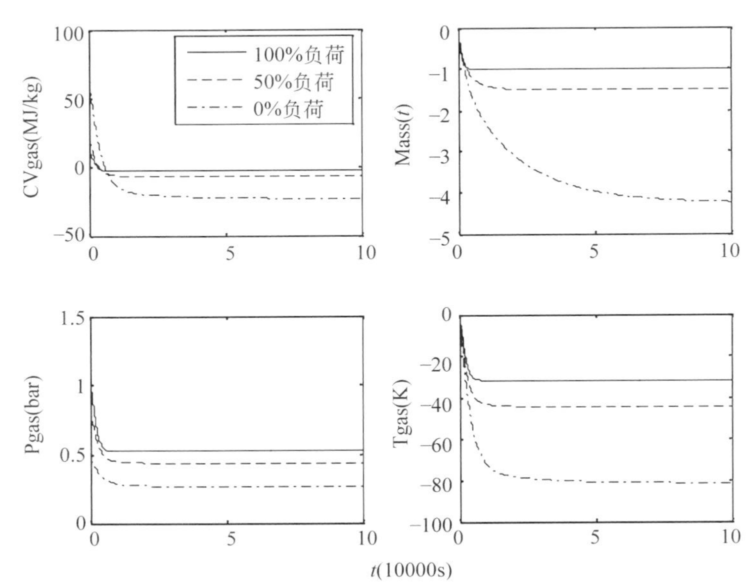

图 3.17 三种工况下进口蒸汽流量 Wstm 发生阶跃变化时系统动态响应

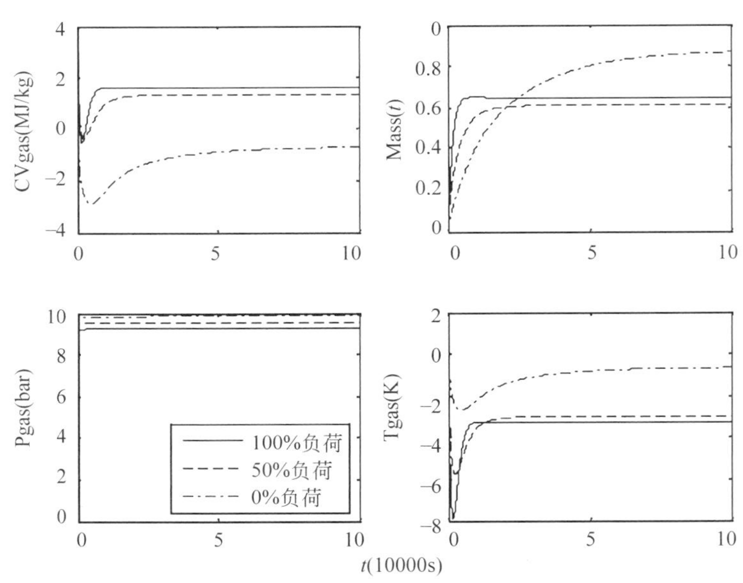

图 3.18 三种工况下压力扰动量 Psink 发生阶跃变化时系统动态响应

满足 0%工况设计要求的重要原因。

从上述阶跃响应图中可以看出，床料质量 Mass 对各个输入量的响应时间相对其他输出变量慢很多，而燃气压力 Pgas 的时间常数相对其他输出变量快很多，回路间的时间常数相差较大。另外，下游燃气透平进气阀门的调节带来的压力扰动 Psink 对燃气压力 Pgas 的影响很大，应该注意加以抑制。

在三个工况下的稳态工作点数据与控制量输入限幅的对比如图 3.19 所示。100%负荷工况下，煤粉流量 Wcoal 和进口空气流量 Wair 比较接近它们的上限。50%负荷工况下各控制量稳态值基本上都在限幅界限的中点附近。0%负荷工况下排出煤焦量 Wchar 和进口蒸汽流量 Wstm 分别在限幅界限的 14%和 11%左右,因此可能出现向下调节受限的问题。

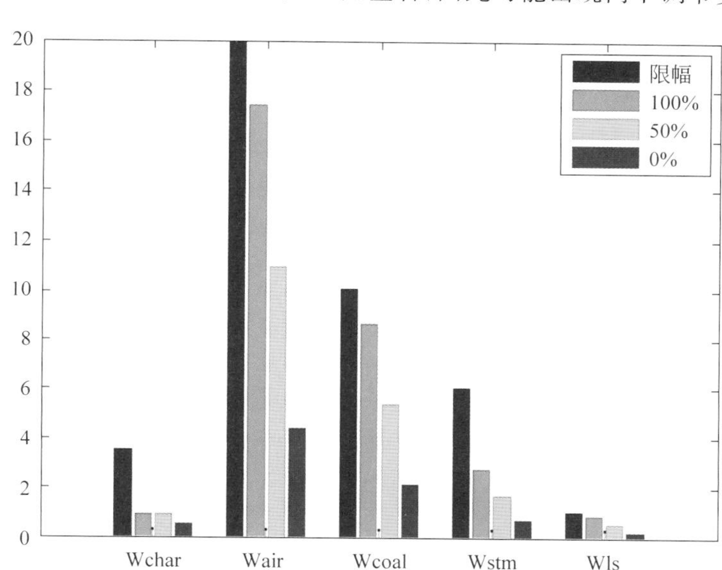

图 3.19　三个工况下各控制量稳态值与其限幅的对比(仅比较数值)

综合以上分析,气化炉系统具有以下特点:

(1) 三个工况间的强非线性;

(2) 回路之间的强耦合性;

(3) 快慢回路并存,Mass 回路相对较慢,Pgas 响应较快;

(4) 输入输出的限幅限速要求严格。

2. 控制系统结构

Asmar 等[29]通过数值仿真和结果分析,比较了 4 种可行方案后指出:排焦(Wchar)-燃气温度(Tgas);空气(Wair)-燃气热值(Cvgas);煤(Wcoal)-床料质量(Mass);蒸汽(Wstm)-燃气压力(Pgas)的配对方式能够获得较好的性能。本节以这种配对方式设计分散 PI 控制器,其结构见图 3.20。

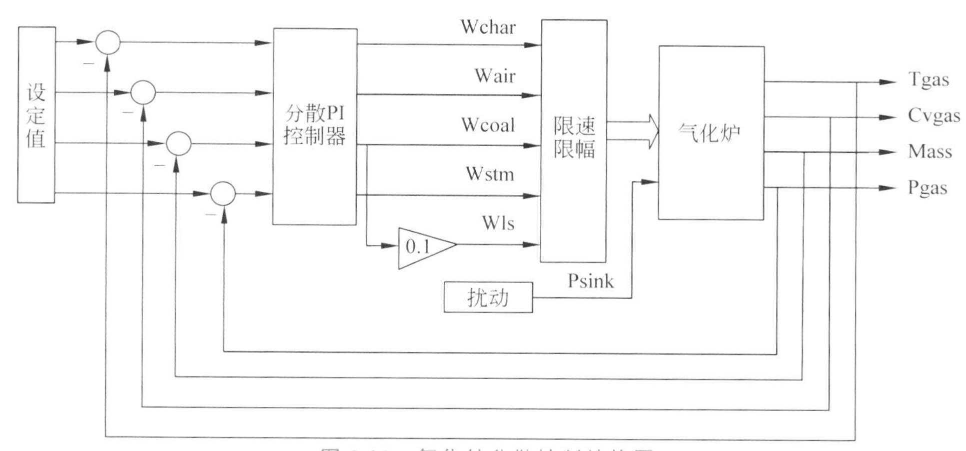

图 3.20　气化炉分散控制结构图

分散 PI 控制器 $\boldsymbol{C}(s)$ 表示如下：

$$\boldsymbol{C}(s)=\begin{bmatrix} C_1(s) & 0 & 0 & 0 \\ 0 & C_2(s) & 0 & 0 \\ 0 & 0 & C_3(s) & 0 \\ 0 & 0 & 0 & C_4(s) \end{bmatrix} \tag{3-28}$$

其中，

$$C_j(s)=k_{pj}+\frac{k_{ij}}{s}-br_j, j=1,2,3,4 \tag{3-29}$$

$$k_{pj}=(h_{0j}+k_j)/l_j, k_{ij}=k_j h_{0j}/l_j, b_j=(1-\alpha_j)k_j/l_j \tag{3-30}$$

其中，h_{01}，h_{02}，h_{03}，h_{04}，α_1，α_2，α_3，α_4 分别是 Cvgas，Mass，Pgas，Tgas 四个输出量的预期动力学特性参数，k_1，k_2，k_3，k_4 是系统的稳定性参数，几组参数可以分离整定，物理意义明确。

3. 参数整定

通过前文对模型的分析可以发现，煤(Wcoal)-床料质量(Mass)回路响应速度相对较慢；蒸汽(Wstm)-燃气压力(Pgas)回路响应速度相对较快。如果快慢回路间调节速度不匹配，会引起系统内能量失衡，输出发生波动。因此，应该采取相应措施令煤(Wcoal)-床料质量(Mass)回路调节速度加快，同时在满足控制要求的前提下，令蒸汽(Wstm)-燃气压力(Pgas)回路调节速度相对放慢，使得快慢回路调节速度匹配。综合上述分析选定控制器参数，具体步骤如下：

(1) 设计预期动态特性方程，选择参数 h_{01}，h_{02}，h_{03}，h_{04}；

(2) 取 $k=1$，$l=1$，$\alpha=0$，然后通过对 100%负荷模型仿真实验调节参数 k 和 α；

(3) 按式(3-30)确定控制器参数；

(4) 按照基准测试要求在 100%负荷、50%负荷、0%负荷三种工况下进行仿真试验，验证控制效果，如果系统性能满足要求，整定结束；否则返回步骤(1)。

由于参数 h_{01}，h_{02}，h_{03}，h_{04} 和 k_1，k_2，k_3，k_4 物理意义明确，可以分离整定，上述调整步骤循环次数很少，简化了整定工作。结果见表 3.17。

表 3.17　分散控制器参数

回　　路	h_0	k	l	α
Wchar-Tgas	0.0001	2	1	1
Wair-Cvgas	0.0001	−2	1	1
Wcoal-Mass	0.015	0.045	1	1
Wstm-Pgas	0.0003	0.00001	1	1

4. 动态测试结果

分别在 100%、50%和 0%负荷下，采用上述控制参数进行动态响应测试，扰动信号按照本节开头的要求选取。测试结果如图 3.21～图 3.26 所示。图中的虚线表示输入输出的限幅。在控制系统仿真时，已经加入了控制量的限幅和限速。从图中看出，对于三种扰动下的所有测试，预期动态法整定的分散 PI 控制器能同时满足 100%负荷和 50%负荷 2 个工况下的约束要求，取得满意的效果；在 0%负荷下，除压力回路出现越限外，其他回路均满足约束要求。

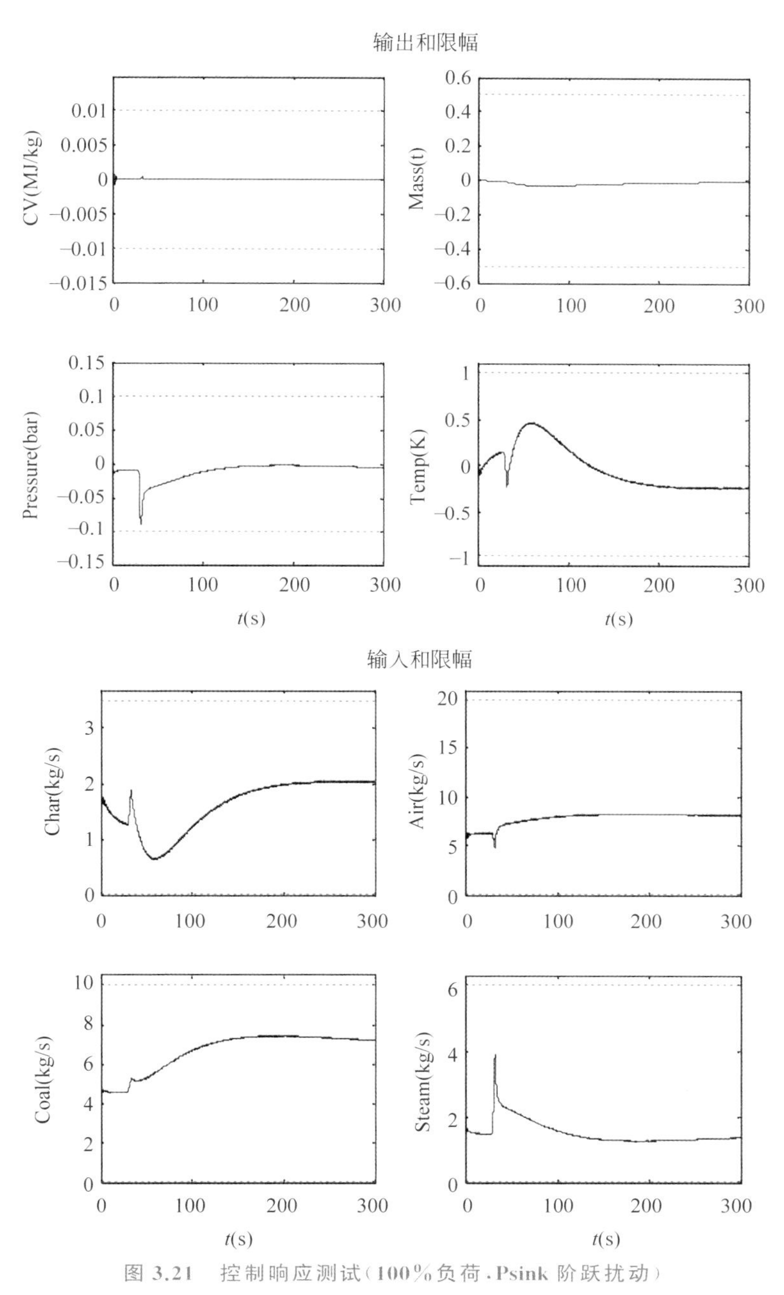

图 3.21　控制响应测试（100%负荷，Psink 阶跃扰动）

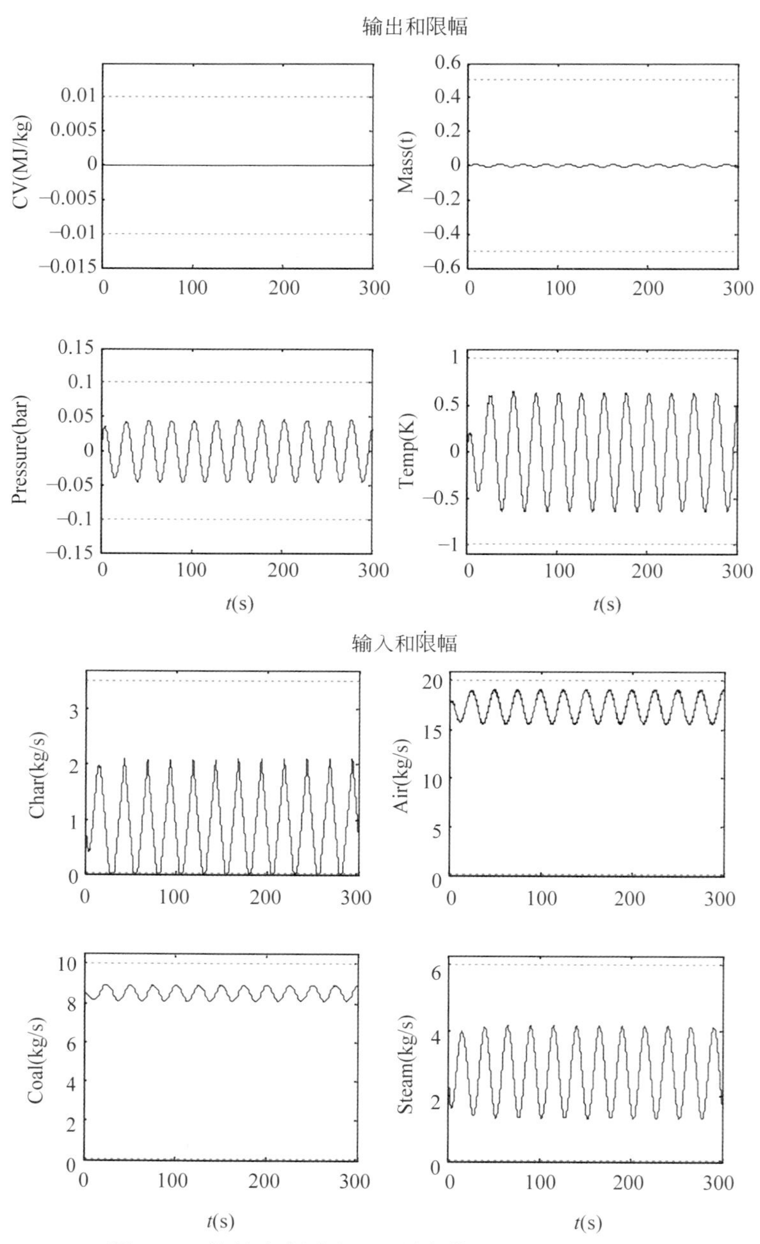

图 3.22 控制响应测试(100%负荷,Psink 正弦扰动)

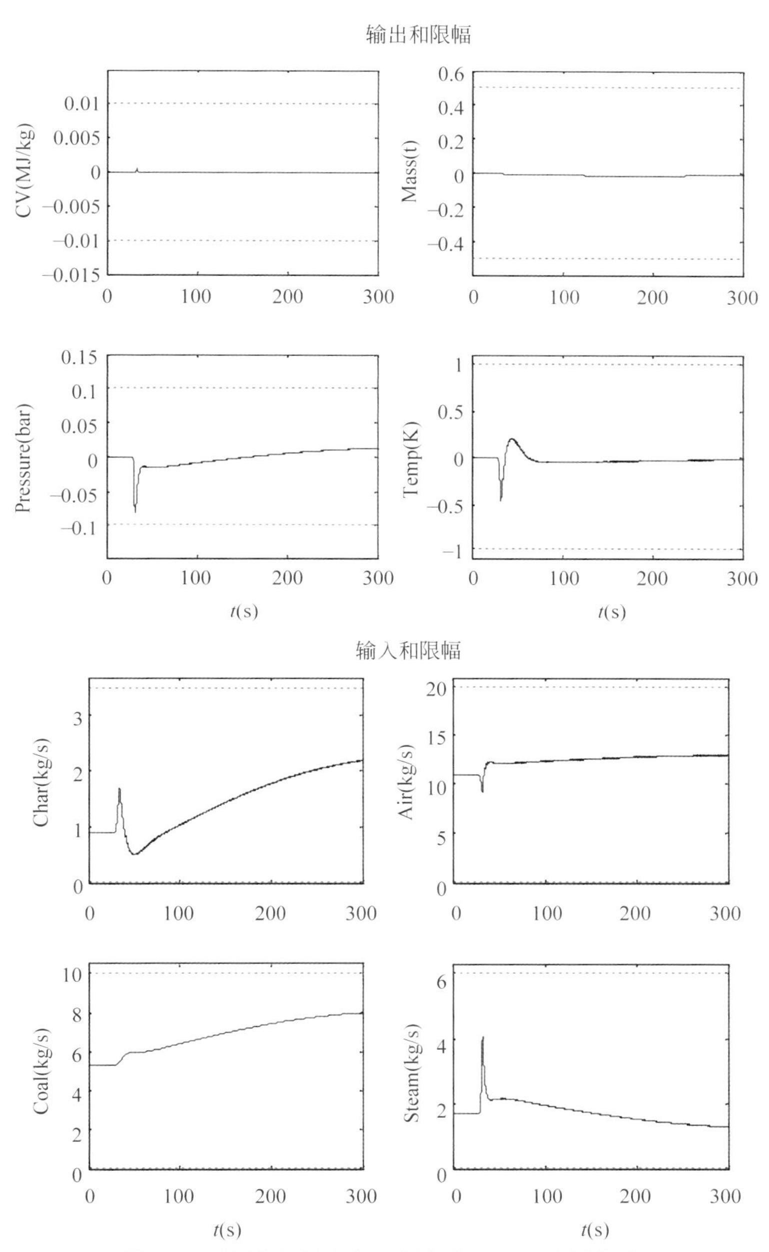

图 3.23　控制响应测试(50%负荷，Psink 阶跃扰动)

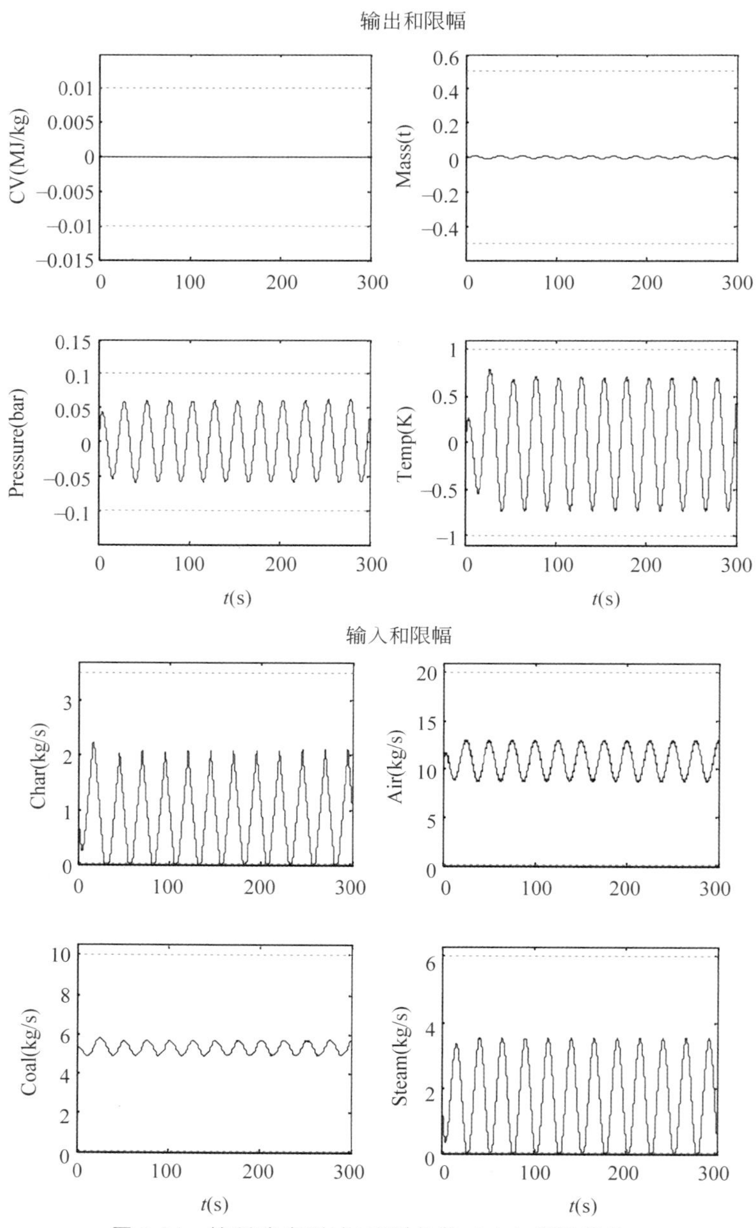

图 3.24 控制响应测试(50%负荷,Psink 正弦扰动)

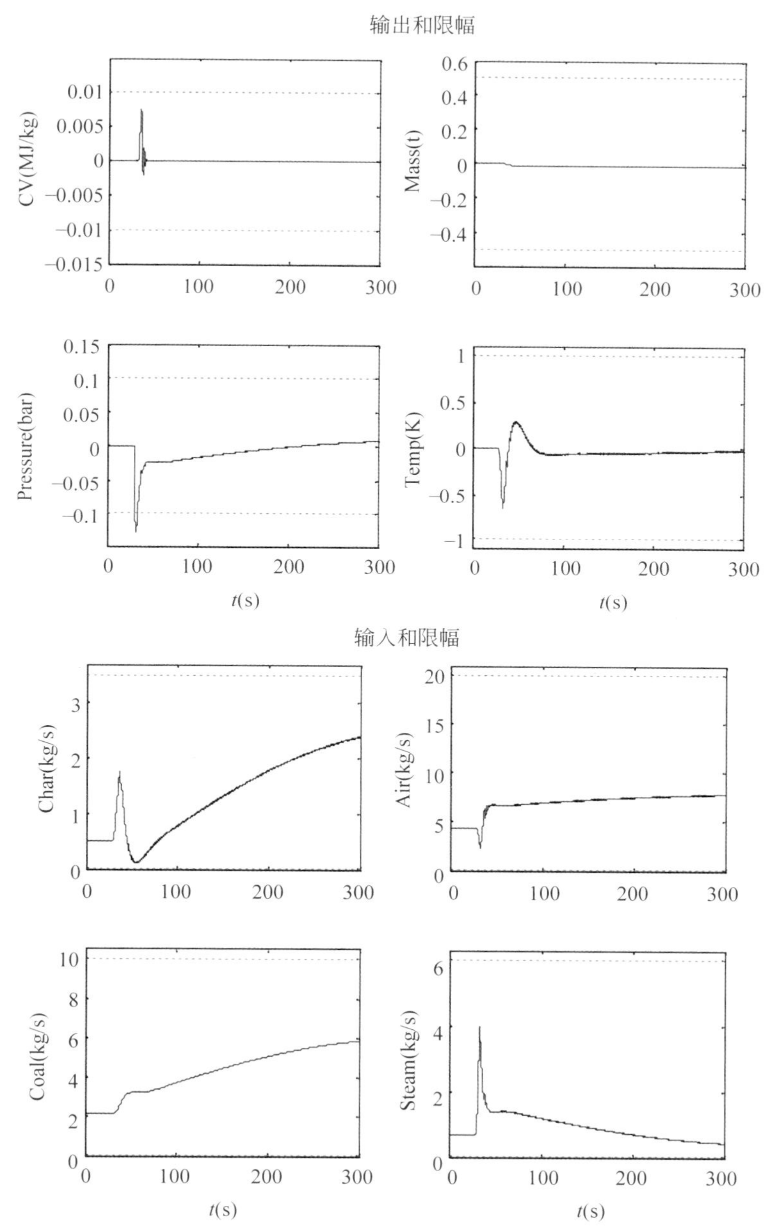

图 3.25　控制响应测试(0%负荷，Psink 阶跃扰动)

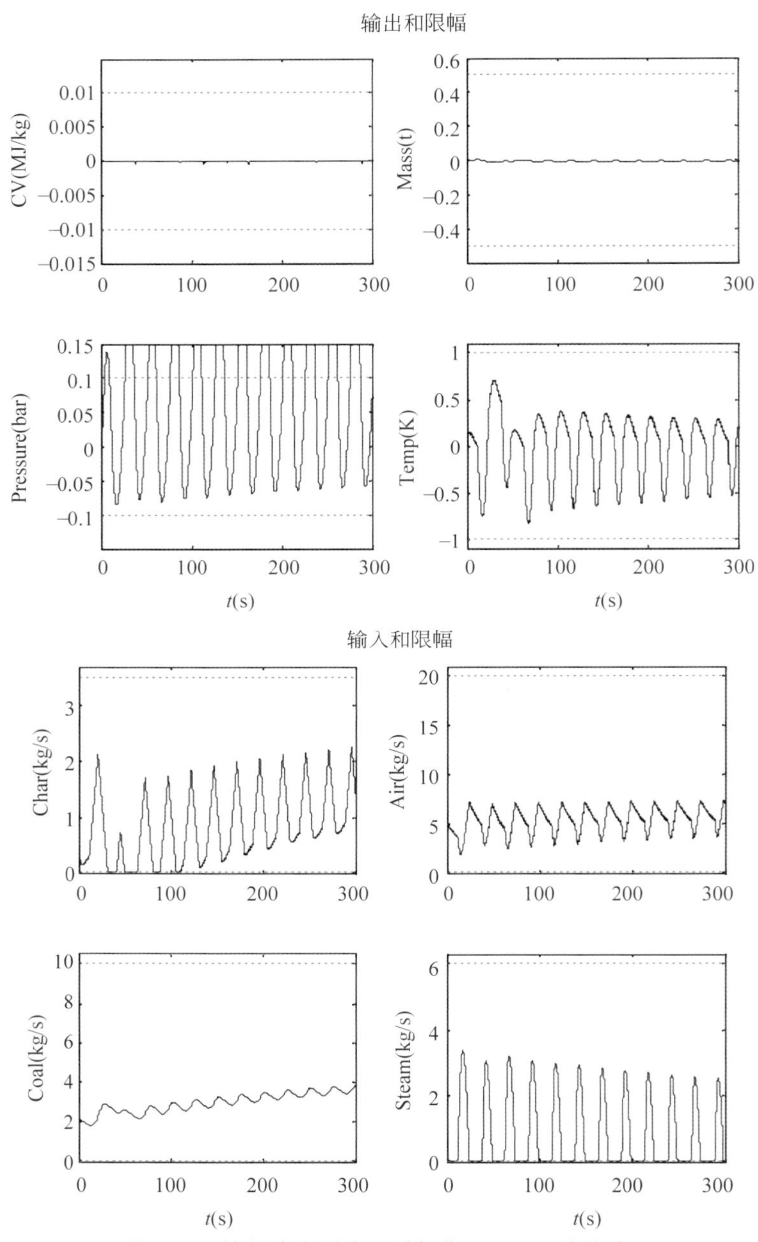

图 3.26 控制响应测试(0%负荷,Psink 正弦扰动)

5. 结果分析和控制方法的比较

基于 ALSTOM 气化炉线性模型标准问题的控制方法见表 3.18。基于线性模型的控制器设计均依据 100%负荷下的模型，然后不加修改地应用到 50%和 0%负荷，因此各种方法均出现不同程度的输入输出越限的情况。这也说明，对于具有强非线性的气化炉系统，按照单个工况设计的控制器，很难确保满足其他工况的控制要求。采用预期动态原理整定的分散 PI 控制，发挥了 PI 控制器的鲁棒性和适应性，满足气化炉系统的控制要求，仅在 0%负荷下出现 Pgas 输出越限。

表 3.18　基于线性模型的气化炉控制方法比较

方　法	描　述	输出超限次数
PI 控制	采用预期动态法设计整定	2
ANLC 控制	综合考虑三种工况，利用适应性非线性控制鲁棒性、抗扰性强及分立设计、参数整定简单等优点[28]	2
PI 控制	比较不同方案的结果，结合机理分析最终确定较优的配对方式[29]	4
	多目标优化，用 MATLAB 优化工具箱求解[30]	5
	高频解耦后顺序整定[31]	6
H_∞ 控制	用迭代和顺序整定的方式选择 5 个加权函数，然后进行混合灵敏度 H_∞ 设计[32]	3
	多目标优化，用遗传算法求解 W_1，W_2，再进行 H_∞ 设计[33]	6
H_2 控制	对模型预处理后用 H_2 方法进行设计[34]	3
PIP 控制	PI+基于模型的预测控制作用[35]	3
预测控制	先用简单的控制率使系统稳定，然后将预测控制作为外环控制器处理约束[36]	5

3.5.3　基于 ALSTOM 气化炉非线性模型的分散控制

1. 控制系统结构

本节将 3.5.2 节中基于 ALSTOM 气化炉线性模型设计的分散 PI 控制方案直接推广到气化炉非线性模型中，仿真实验结果证明控制效果良好，满足 3.5.1 节中气化炉非线性模型控制基准问题的全部控制要求。

2. 动态测试结果

分别在 100%、50%和 0%负荷下对系统进行动态响应测试，扰动信号按照 3.5.1 节的要求选取。测试结果如图 3.27～图 3.33 所示。图中的虚线表示输入输出的限幅。在控制系统仿真时，已经加入了控制量的限幅和限速。从图中可以看出，对于三种扰动下的所有测试，分散设计的 PI 控制能同时满足三种工况下的约束要求，取得满意的效果。负荷由 50%升至 100%的响应如图 3.33 所示。

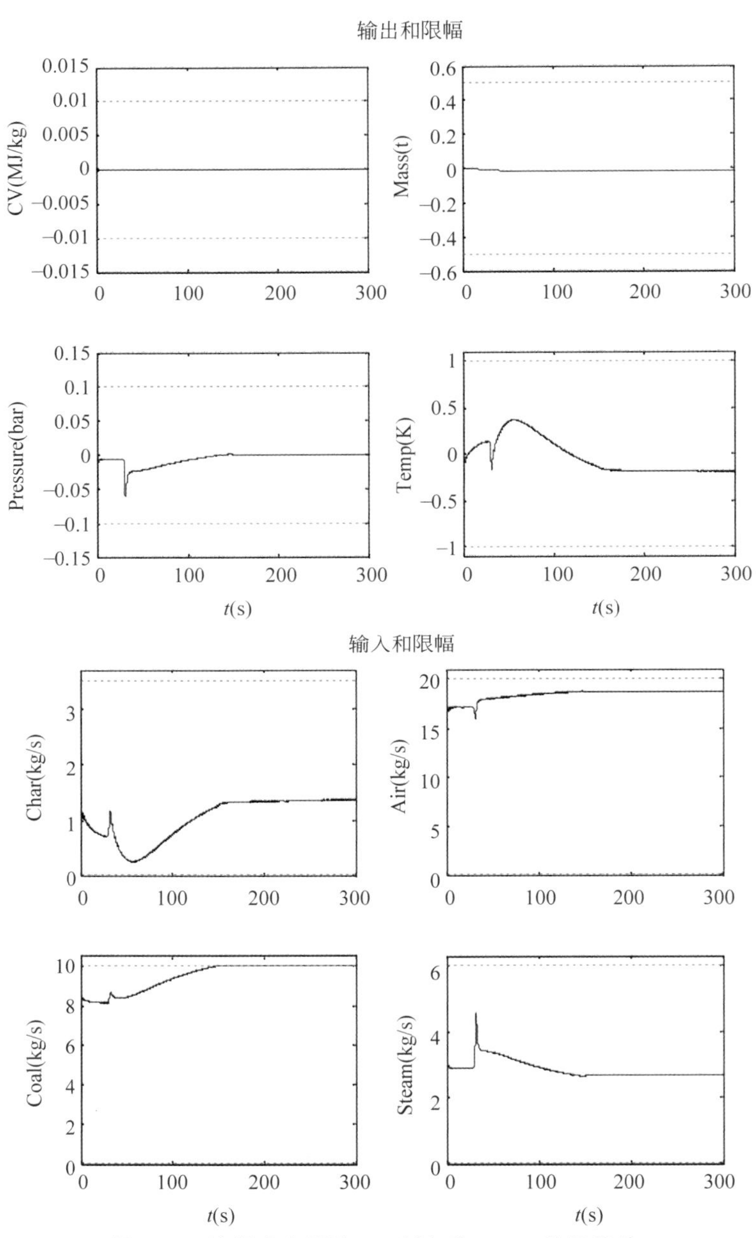

图 3.27 控制响应测试(100%负荷, Psink 阶跃扰动)

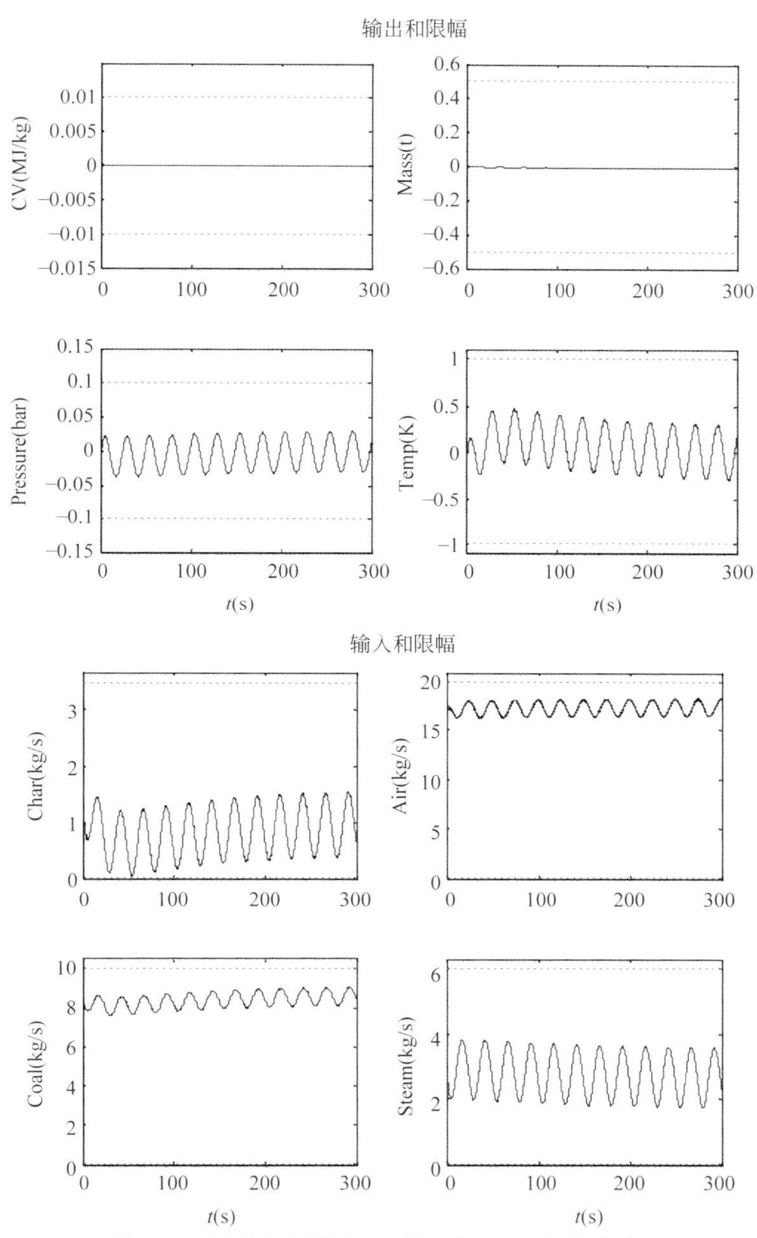

图 3.28　控制响应测试(100%负荷，Psink 正弦扰动)

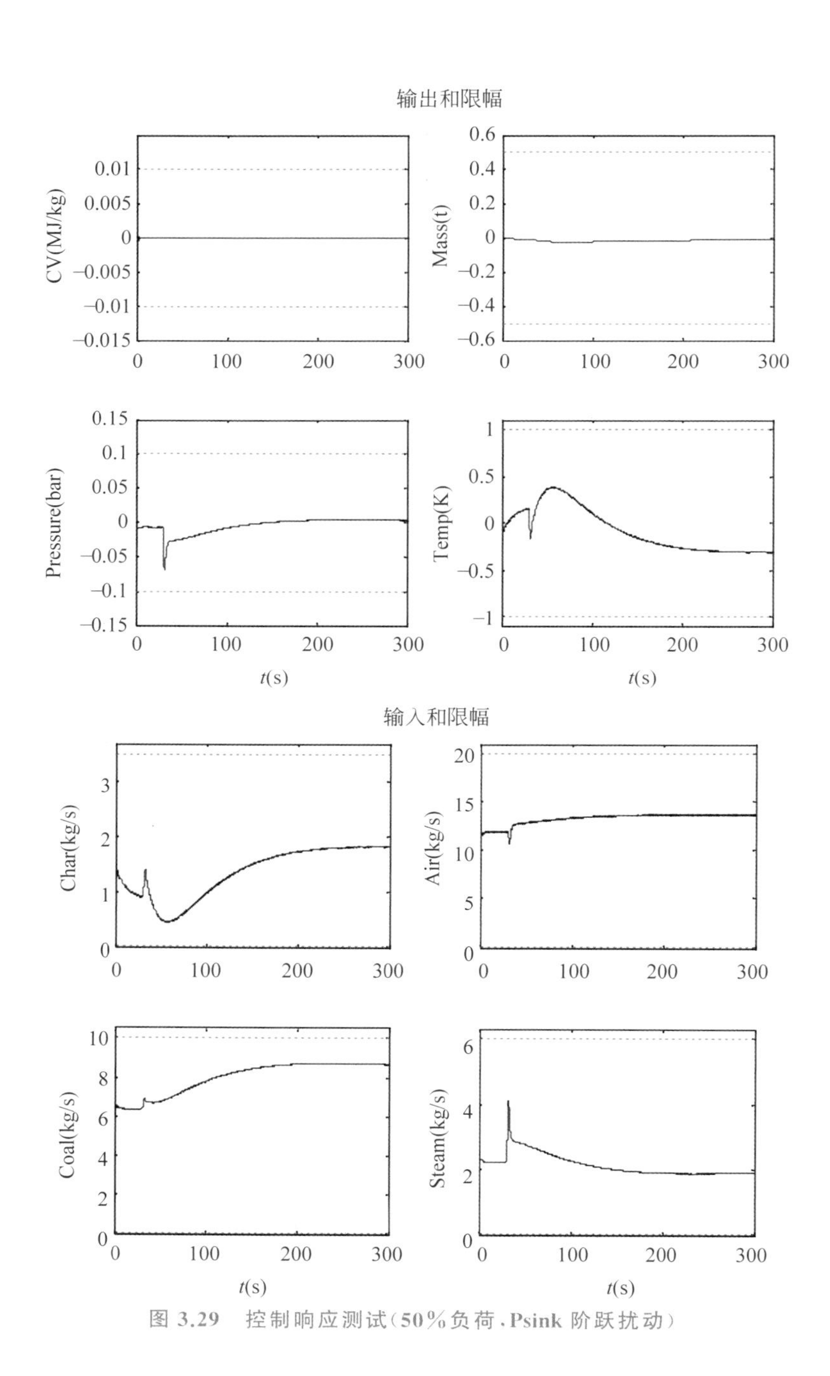

图 3.29 控制响应测试(50%负荷,Psink 阶跃扰动)

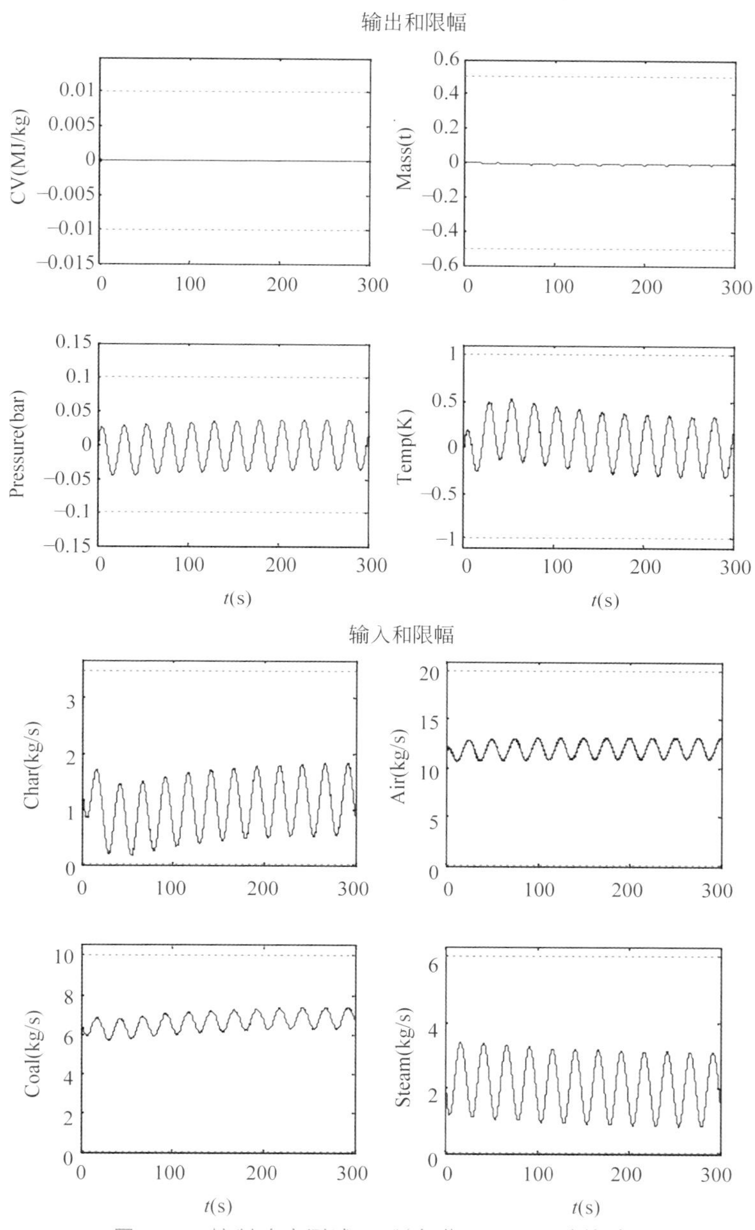

图 3.30　控制响应测试(50%负荷,Psink 正弦扰动)

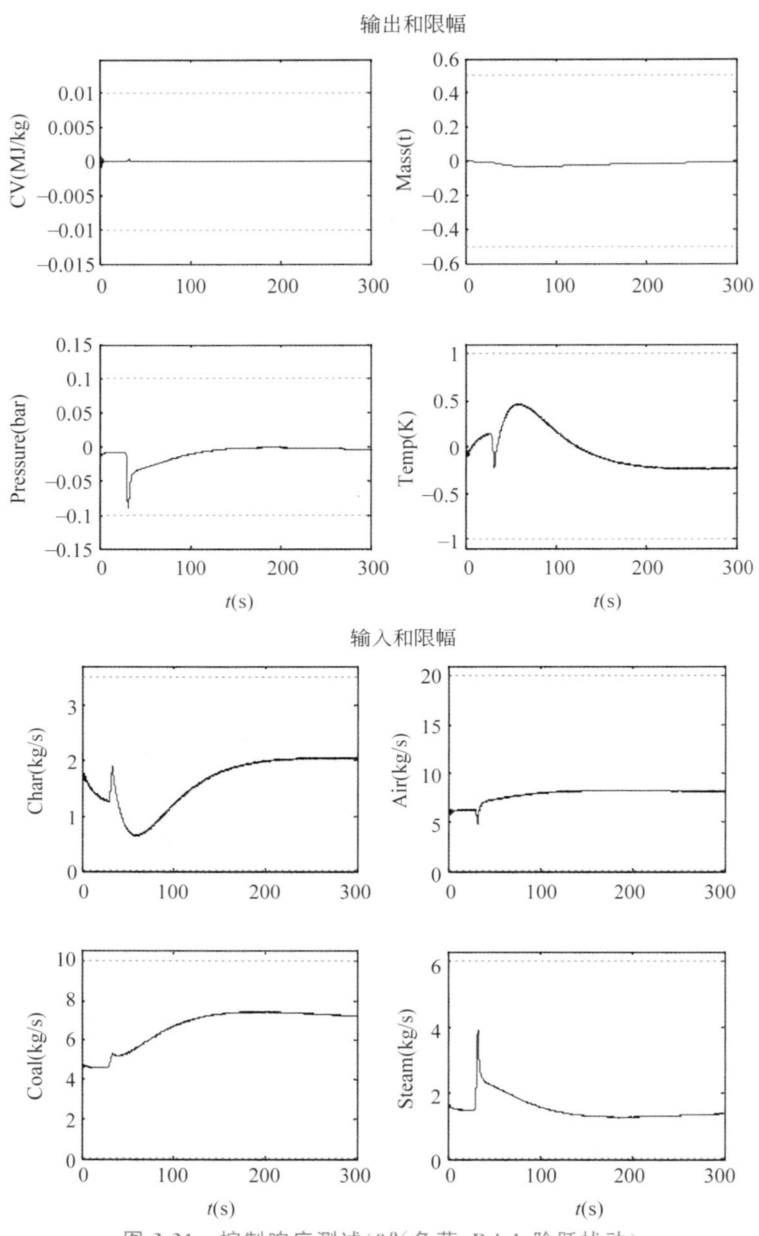

图 3.31　控制响应测试(0%负荷,Psink 阶跃扰动)

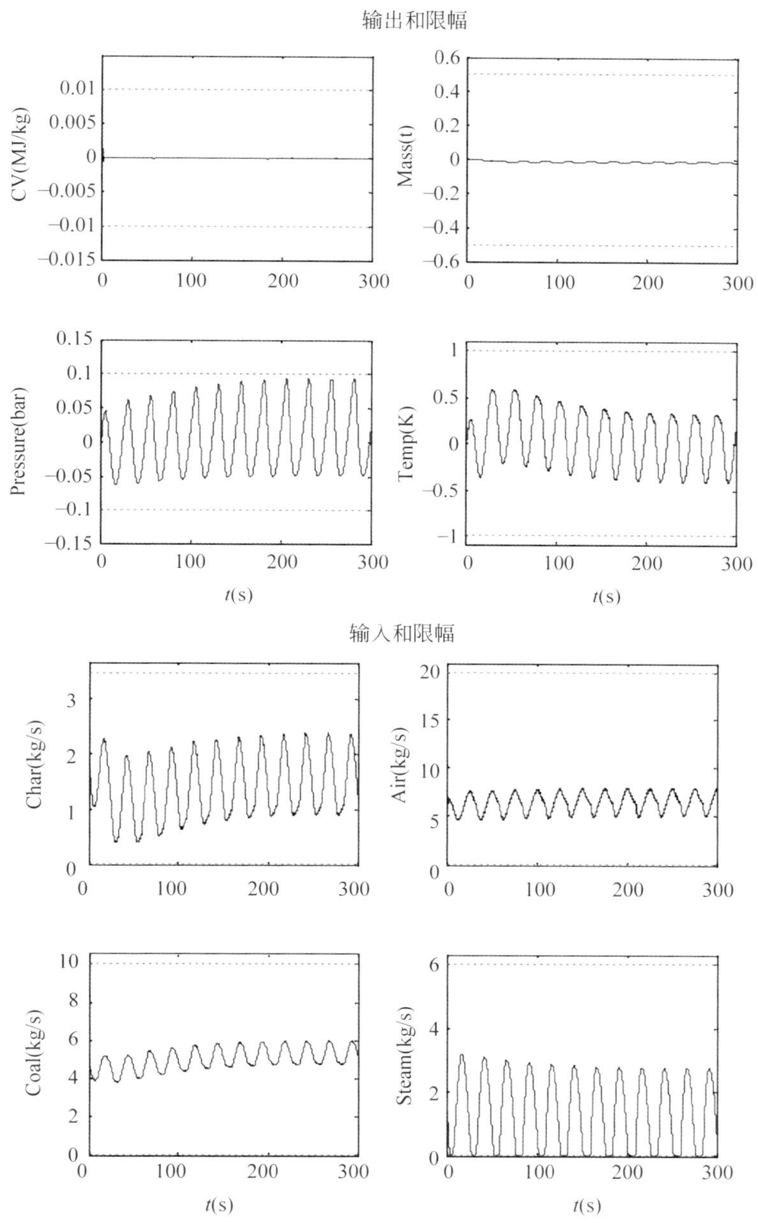

图 3.32　控制响应测试（0%负荷，Psink 正弦扰动）

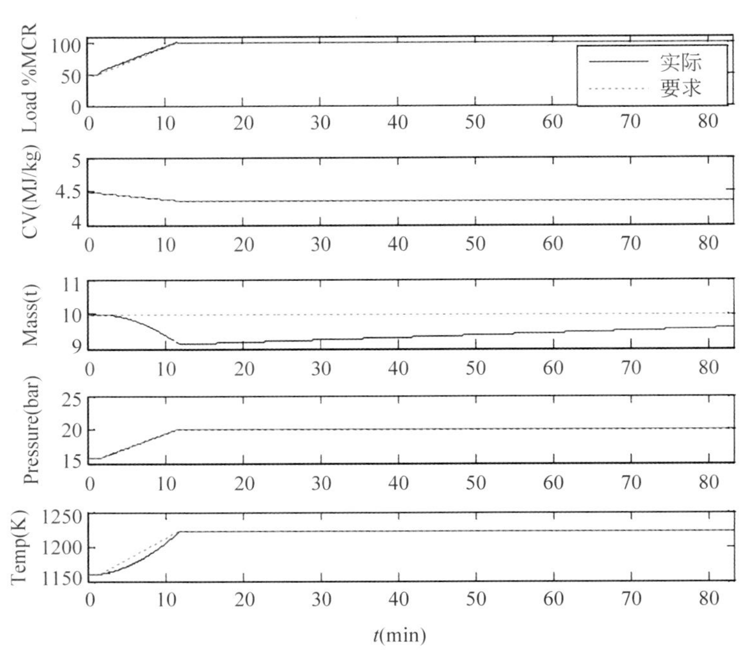

图 3.33 负荷跟踪响应测试(50%负荷升至 100%负荷)

从图中可以看出,对于三种扰动下的所有测试,预期动态法整定的分散 PI 控制器均能满足要求的输入输出约束。负荷由 50%升至 100%过程中,实际负荷能很好地跟踪要求的负荷,质量回路的响应较慢,但最终会回到要求的设定值。当保证输出不越限时,允许煤质的变化范围见表 3.19。

表 3.19 输出不超限时允许煤质变化的范围

工　况	下限(%)	上限(%)
100%	负荷 18	15
50%	负荷 18	18
0%	负荷 18	18

3. 结果分析和控制方法的比较

基于非线性气化炉标准问题的控制方法比较见表 3.20。表 3.20 中基于非线性模型的控制方案均考虑了三种负荷下的系统特性,因此有能力设计出满足所有负荷下控制要求的系统。从表 3.20 中可以发现,仅有个别回路出现输出越限。但是目前的众多控制方案都需要对非线性模型重新进行设计,本书采用预期动态原理设计的分散 PI 控制方案是唯一能将对线性模型的控制方案直接应用于非线性模型且效果良好的方案。

表 3.20 基于非线性模型的气化炉控制方法

方　法	描　述	输出超限次数
PI 控制	采用预期动态原理设计	0
	遗传算法优化多回路 PI 和多变量 PI[19]	0

续表

方 法	描 述	输出超限次数
PI 控制	采用遗传算法实现多目标优化[98]	0
	MATLAB 中的优化工具箱求解多目标优化[97]	1
ANLC 控制	分散设计、分立整定和遗传算法优化[104]	0
H_∞ 控制	H_∞ 回路成型控制器和 18 阶 H_∞ 抗饱和补偿[101]	2
PIP 控制	控制结构类似 PI，含基于模型的预测控制[102]	0
状态反馈	Kalman 滤波结合前馈/反馈补偿[103]	1
预测控制	利用 0%工况线性化模型作为性能预测模型[105]	0

3.6 四水箱液位分散控制系统参数整定

多水箱液位控制问题是典型的工业过程多变量控制问题，同时也是多变量控制概念以及方法进行验证研究时常用的典型问题。K.H.Johansson 等于 2000 年设计了由四个水箱和一个水槽构成的多输入多输出液位控制实验装置，并分别给出了线性和非线性模型，目前该模型已成为研究和检验多变量控制概念与方法的标准模型之一。

近年来，很多学者对 K.H.Johansson 提出的四水箱液位控制标准问题进行了研究，采用该模型验证多变量控制策略和设计方法。K.H.Johansson[37-39] 针对四水箱液位控制标准模型，采用易于实现的分散 PI 控制器进行控制，效果良好。Åström[40] 提出一种针对二输入二输出对象的改良分散 PI 控制器结合静态解耦器的控制系统，在 K.H.Johansson 标准模型上进行仿真实验，结果表明该方法可对各回路水位达到有效控制。Alavi 等[41] 采用定量反馈理论设计了一种鲁棒控制器，在 K.H.Johansson 标准水箱模型上验证了该方法对线性模型设计的控制系统在非线性模型上的适用性。Munoz de la Pena 等[42] 提出一种基于二次价值函数的反馈最小-最大模型预估控制方法，并在 K.H.Johansson 标准水箱模型上进行了仿真实验，验证了算法的有效性。为了检验分散 DDE-PI/PID 控制器，本节对 K.H.Johansson 四水箱液位控制标准问题进行了仿真研究，首先采用 DDE 法为 K.H.Johansson 线性水箱模型设计整定了分散 PI 控制系统，然后直接应用于非线性模型并进行仿真实验。仿真结果证明 DDE 法简单易于操作，控制效果满意，具有实用性和有效性。

3.6.1 K.H.Johansson 标准水箱液位控制问题描述

1. 对象的数学模型

Johansson[38] 给出了一个具有可调零点、双输入-双输出的非线性对象，对象的微分方程为

$$\frac{\mathrm{d}h_1(t)}{\mathrm{d}t}=-\frac{\alpha_1}{A_1}\sqrt{2gh_1(t)}+\frac{\alpha_3}{A_1}\sqrt{2gh_3(t)}+\frac{r_1k_1}{A_1}v_1(t)$$

$$\frac{\mathrm{d}h_2(t)}{\mathrm{d}t}=-\frac{\alpha_2}{A_2}\sqrt{2gh_2(t)}+\frac{\alpha_4}{A_2}\sqrt{2gh_4(t)}+\frac{r_2k_2}{A_2}v_2(t)$$

$$\frac{\mathrm{d}h_3(t)}{\mathrm{d}t}=-\frac{\alpha_3}{A_3}\sqrt{2gh_3(t)}+\frac{(1-r_2)k_2}{A_3}v_2(t)$$
$$\frac{\mathrm{d}h_4(t)}{\mathrm{d}t}=-\frac{\alpha_4}{A_4}\sqrt{2gh_4(t)}+\frac{(1-r_1)k_1}{A_4}v_1(t)$$
$$y_1=h_1k_c,y_2=h_2k_c \tag{3-31}$$

其中，h 是水箱水位(cm)，A 是水箱横截面积(cm^2)，α 是水箱的流量系数(cm^2)，v 为水泵的输入电压(V)，k 为水泵输入电压与输出流量的转换系数(cm^3/Vs)，r 为阀门开度，k_c 为输出电压与水位的转换系数(V/cm)，y 为输出电压(V)。各参数的单位和取值如表 3.21 所示。

表 3.21　对象的各参数值

参数（单位）	A_1,A_3 (cm^2)	A_2,A_4 (cm^2)	α_1,α_3 (cm^2)	α_2,α_4 (cm^2)	k_1,k_2 (cm^3/Vs)	k_c (V/cm)
参数值	28	32	0.071	0.057	3.3	0.5

Johansson[38]采用在两个回路上使用 PI 控制器的方法控制该对象，并给出了一个工况点：$y_1=6.2,y_2=6.35$ 下的 PI 控制器的整定结果：$(k_{p1},T_{i1})=(3.0,30)$，$(k_{p2},T_{i2})=(2.7,40)$。所选择的工况点对应下列参数值：

(h_1^0,h_2^0)[cm]	(12.4,12.7)
(h_3^0,h_4^0)[cm]	(1.8,1.4)
(v_1^0,v_2^0)[V]	(3.00,3.00)
(k_1,k_2)[cm^3/Vs]	(3.33,3.35)
(r_1,r_2)	(0.70,0.60)

在该点对模型进行线性化得到的传递函数模型为

$$\boldsymbol{G}(s)=\begin{pmatrix}\dfrac{2.6}{1+62s} & \dfrac{1.5}{(1+23s)(1+62s)}\\ \dfrac{1.4}{(1+30s)(1+90s)} & \dfrac{2.8}{1+90s}\end{pmatrix} \tag{3-32}$$

2. 分散 PID 控制器

本节研究该对象的分散 PI 控制，控制系统结构简图如图 3.34 所示，其中控制量限幅为 [0,5]V。

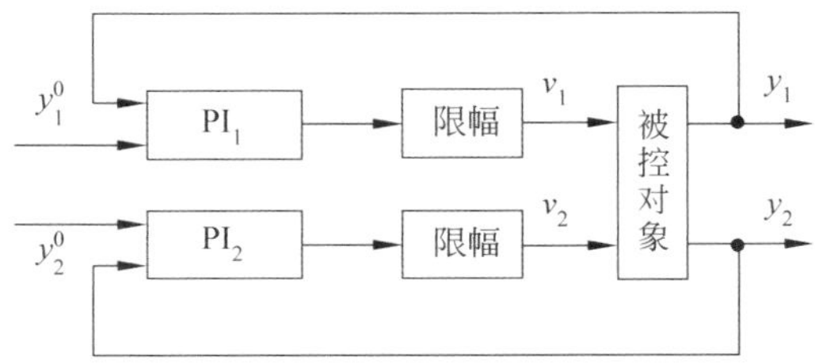

图 3.34　水箱水位控制分散 PID 控制系统简图

3.6.2　K.H.Johansson 水箱的分散控制

1. 设定值扰动的仿真实验

采用 DDE 法整定分散二自由度 PI 各部分的参数，具体步骤如下：

(1) 设计预期动态特性方程，选择参数 h_{01}，h_{02}；

(2) 取 $k_j=10$，$l_j=1$，$\alpha_j=0(j=1,2)$，然后通过对线形模型仿真实验调节参数 l_j 和 α_j $(j=1,2)$；

(3) 按 DDE 法计算公式确定控制器参数；

(4) 将所得控制器应用于非线性模型进行仿真试验，验证控制效果，如果系统性能满足要求，整定结束；否则返回步骤(1)。

选择 $h_{01}=0.15$，$h_{02}=0.05$，$\alpha_1=0.9$，$\alpha_2=1$，$k_1=k_2=10$，$l_1=l_2=1$，得到参数$(k_{p1},k_{i1},b_1)=(10.15,1.5,1)$；$(k_{p2},k_{i2},b_2)=(10.05,0.5,0)$。对线性模型进行仿真实验，并与文献方法得到结果进行对比。在图 3.35 中，实线代表 DDE 法结果，虚线代表 Johansson 设计的分散 PI 控制[38]结果。可以看出，在水位设定值发生阶跃扰动的情况下，DDE 法整定的分散 PI 控制系统调节得更快，超调量也更小，同时对其他回路的影响有抑制作用。

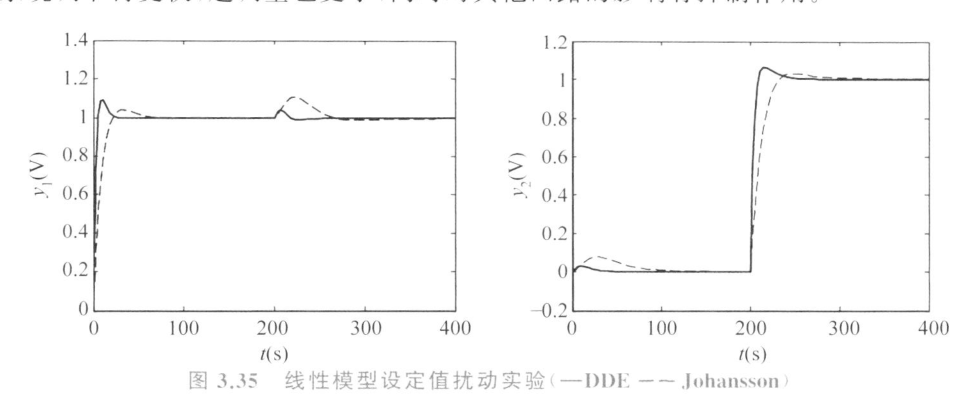

图 3.35　线性模型设定值扰动实验(—DDE －－ Johansson)

下面对非线性模型进行水位设定值扰动实验：y_1 的给定值在 0s 从 6.2V 变为 7.2V，y_2 的给定值在 200s 从 6.35V 变为 7.35V。采用与线性模型实验同样的控制器，各控制系统的响应如图 3.36 所示。可以看出：对于弱耦合的四水箱液位控制问题，可以使用分散二自由度 PI 控制器来进行控制；实验证明无论在调节时间、超调量还是在解耦能力上，DDE 法设计的分散 PI 控制器均优于 Johansson 设计的结果。

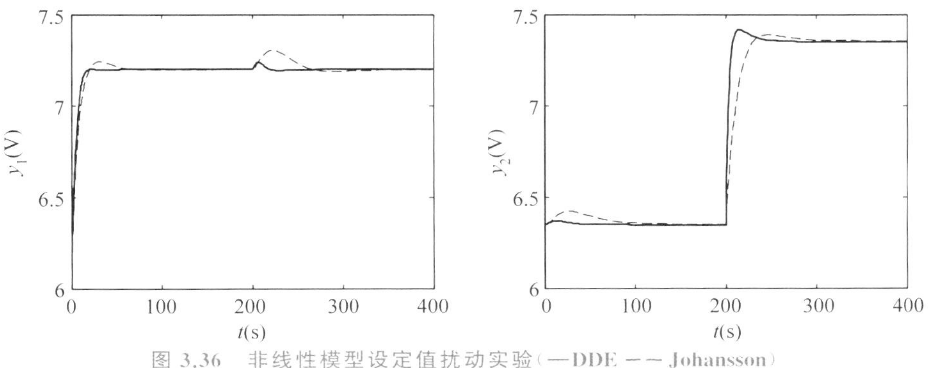

图 3.36　非线性模型设定值扰动实验(—DDE －－ Johansson)

2. 对象模型参数摄动仿真实验

下面将进行当对象的参数发生变化时各物理参数摄动[0.9,1.1](±10%),控制系统给定值扰动的仿真实验。控制系统的各项性能指标如表3.22所示。水箱1和水箱2液位设定值分别加阶跃扰动,进行300次Monte Carlo试验,结果如图3.37所示,性能指标及其分布情况见表3.22～表3.23。

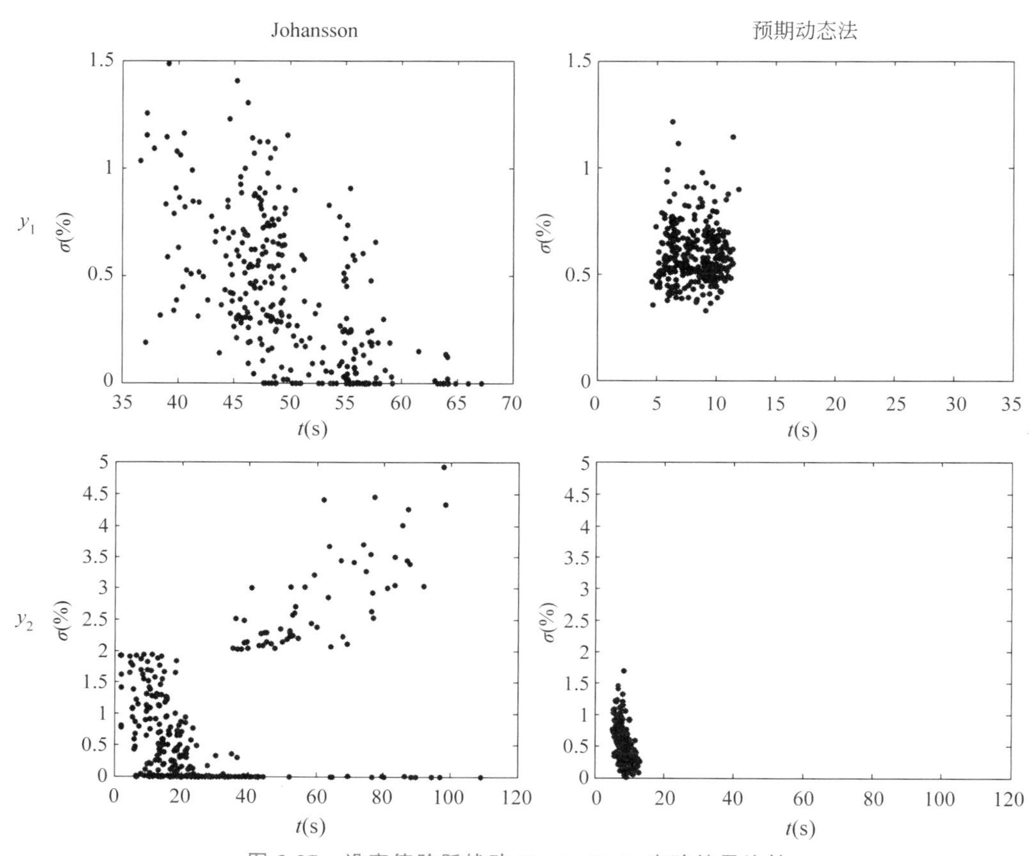

图3.37 设定值阶跃扰动Monte Carlo实验结果比较

表3.22 物理参数摄动±10%时各回路性能指标

方法	y_1 调节时间/s			y_1 超调量/%		
	范围	均值	方差	范围	均值	方差
Johansson	38.0198～65.5688	51.27	34.49	0～1.37	0.36	0.10
预期动态法	4.6712～11.9330	8.24	3.16	0.33～1.22	0.59	0.02
方法	y_2 调节时间/s			y_2 超调量/%		
	范围	均值	方差	范围	均值	方差
Johansson	1.9027～109.1775	28.9669	537.97	0～4.92	0.94	1.23
预期动态法	5.2043～13.0177	8.62	2.76	0～1.69	0.47	0.09

另外，分流系数 r_1 和 r_2 的取值对系统特性影响很大，将 r_1 从 0.7 逐渐减小到 0.5，重复 3.6.1 节中的设定值阶跃扰动实验，结果如图 3.38 所示，其中图 3.38(a)为 Johansson 设计的分散 PI 控制器效果，图 3.38(b)为 DDE 法设计的分散 PI 控制器效果。

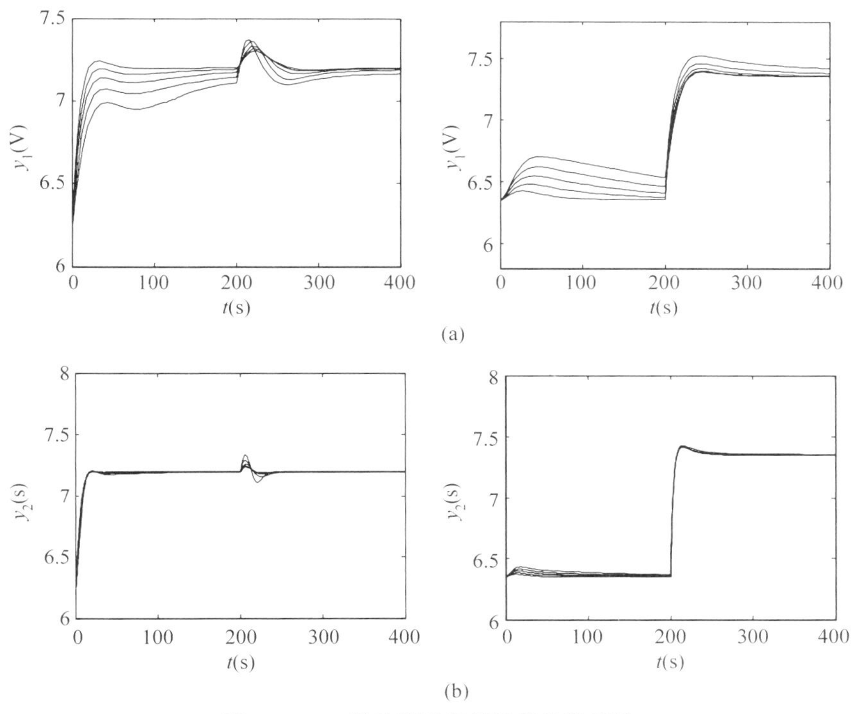

图 3.38　r_1 摄动下设定值阶跃扰动实验

3. 抗阶跃/周期时变扰动仿真实验

在前文所述实验条件下，水泵 1,2 控制电压输入上分别加入单位阶跃扰动(水泵 1,2 的控制电压扰动分别加在 100s 和 300s 时刻)和幅值为 1，频率为 0.25rad/s 的正弦扰动(水泵 1,2 的控制电压扰动分别加在 100s 和 300s 时刻，分别持续 100s)。控制电压加入阶跃扰动和周期时变的正弦扰动的系统动态响应分别如图 3.39 和图 3.40 所示。其中实线表示预期动态法设计的分散 PI 控制器效果，虚线表示 Johansson 设计的分散 PI 控制器效果。

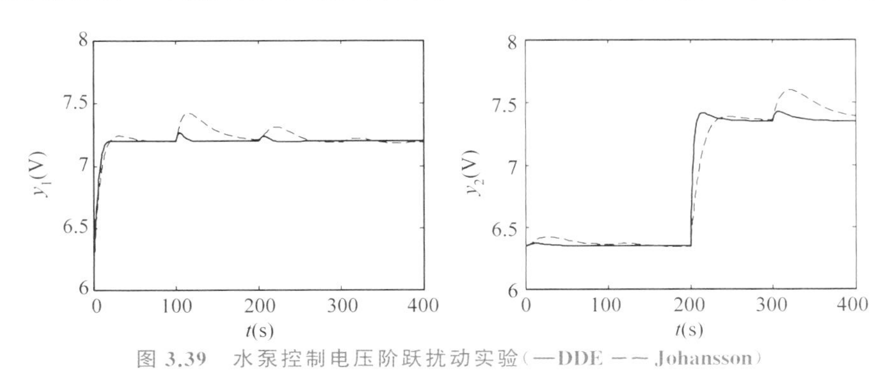

图 3.39　水泵控制电压阶跃扰动实验(—DDE －－Johansson)

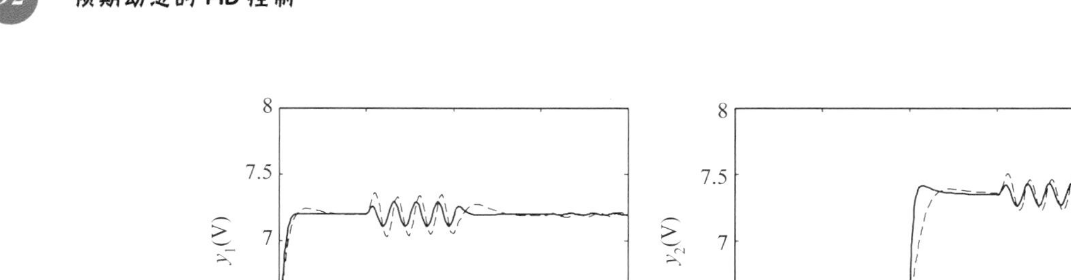

图 3.40　水泵控制电压正弦扰动实验(—DDE – – Johansson)

4. 仿真结果分析

对于上述仿真结果,可以作如下分析与说明。

(1) 对于耦合性较弱的四水箱水位控制,可以使用预期动态法设计分散二自由度 PI 控制来实现近似解耦,图 3.35 和图 3.36 验证了这种方案的有效性。从图中可知,无论在调节时间、超调量还是在解耦能力上,预期动态法整定的 PI 控制器均远优于文献中设计的 PI 控制器。

(2) 当对象的模型参数发生变化,甚至对象受到阶跃或周期时变的外扰影响时,本节设计的分散二自由度 PI 控制系统仍然能获得很强的鲁棒性(表 3.22 与图 3.37~图 3.40)。

3.7 双容水箱液位控制系统设计及实验

液位控制问题是工业生产过程中的一类常见问题,例如在食品加工、化工生产等多种行业的生产加工过程中都需要对液位进行适当的控制。控制实验的主要目的是为抽象的控制理论和真实的应用提供连接的桥梁[43],多水箱液位控制实验是研究典型工业过程多变量控制问题的必要手段,同时多水箱液位控制实验也经常用于验证研究多变量控制理论新概念以及新方法。

近年来,许多学者对一个或多个水位水箱液位控制进行实验研究,目前为止不同研究者采用的实验装置都不尽相同。国内外教学仪器市场上有很多模拟工业贮罐、水箱系统的实验装置,如中控科教仪器公司生产的 AE2000 系列,天煌公司生产的 THJ-2 型过程控制实验装置,KentRidge Instruments Pte 公司生产的 PP-100 双容水箱装置,Feedback Instruments 公司生产的 Coupled Tanks 33-040、33-041 系列等。除此之外,还有一些研究者自行开发的实验装置。张毅成等[44]自主开发了模拟实际工业系统对象的四水箱液位控制实验装置,在系统辨识的基础上对该系统进行了关联分析;Secil Aydm 等[45]针对双直立水箱实验系统设计了一种基于变状态滑动表面的滑模控制器;王志新等[46,47]模拟实际生产过程设计了随机入水的单水箱供液实验系统和双水箱排液实验系统,并研究了模型的能控能观性;Rajagopalan Viknesh 等[48]比较了多种整定方法在四水箱分散 PI 控制系统上的效果;Zhang 等[49]提出了一种基于反步法(backstepping)的分散 PID 设计方法,改善了 MIMO 控制系统的动态性能,并在实际四水箱实验装置上进行了验证,实验结果显示系统调节速度加快,扰动抑制能力增强。本节针对英国 Feedback 公司提供的水箱液位控制实物实验装置,采用

DDE 法设计整定了分散 PI 控制系统并进行了实时液位控制实验，通过对四水箱液位控制装置的实时控制实验，检验了 DDE 方法的有效性和实用性，显示了本方法在实际生产中的应用前景。

3.7.1　Feedback 双容水箱实验装置介绍

采用英国 Feedback Instruments 公司 2007 年开发的过程控制实验装置——Coupled Tanks 33-040s 系统，整个水箱液位控制实验结构示意图如图 3.41 所示。实验台机械部分由 Power Supply Unit and Power Amplifier(PSUPA)模块进行实验装置供电、水位电压信号放大以及相应信号与 UCI 模块和计算机间的传递，然后经由 Universal Control Interface (UCI)模块实现与 PSUPA 部分的连接。另外除了 MATLAB 和 Simulink 环境下的控制器，UCI 模块也可以作为控制器工作。

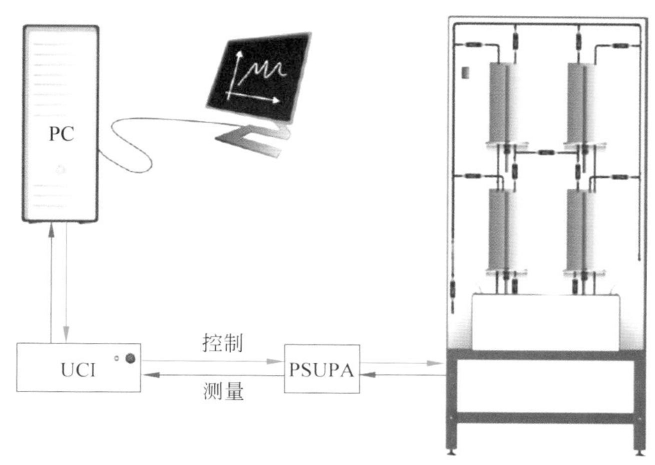

图 3.41　水箱实验控制系统图

Feedback 33-040s Coupled Tanks 水箱实验装置实物图如图 3.42 所示，由 4 个安装在塔台上的水箱以及底部的蓄水池组成。每个水箱都有传感器可以测量相应的水位，蓄水池内

图 3.42　实验装置实物图

有2个没入水中的水泵，通过控制电压可调节水泵的水流量。上面的2个水箱（即水箱1与水箱3）与下面的2个水箱（即水箱2与水箱4），以及下面的2个水箱与蓄水池之间由自由出水口连接，各水箱之间的水流耦合关系可以通过手动调节的阀门进行调整。实验装置物理参数如表3.23所示。

表 3.23 实验装置物理参数表

参数（单位）	参考值	参数（单位）	参考值
$A_i(\mathrm{m}^2)$	0.01389	$\eta(\mathrm{m}^3/\mathrm{Vs})$	2.2×10^{-3}
$a_i(\mathrm{m}^2)$	5.0265×10^{-7}	$g(\mathrm{m/s}^2)$	9.81

其中，h_i 为水箱 i 的水位，a_i 为水箱 i 出水口横截面积，A_i 为水箱 i 的横截面积（$i=1,2,3,4$），g 为重力加速度，η 为控制电压和水泵水流量的比例系数。

3.7.2 双容水箱液位控制实验

本节研究双容水箱液位控制实验系统的PI控制，尝试使用分散二自由度PI控制器实现。水箱实验系统示意图如图3.43所示，将阀门1,2,7打开，其他阀门保持关闭。两水泵控制电压为控制输入量，控制目标为保证水箱2和水箱4的液位迅速跟踪设定值变化，并在水泵电压发生周期时变扰动时仍能保持设定液位水平。

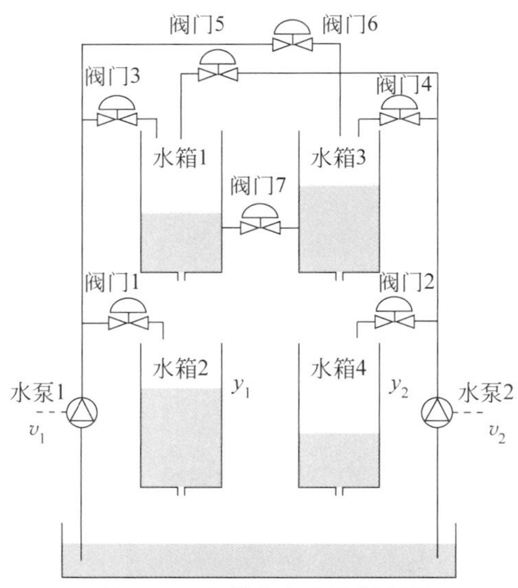

图 3.43 水箱实验系统示意图

其数学模型可表示为

$$\frac{\mathrm{d}h_1(t)}{\mathrm{d}t}=-\frac{\alpha_1}{A}\sqrt{2gh_1(t)}+\eta v_1(t)-\frac{\alpha_{13}}{A}\sqrt{2g\left(h_1(t)-h_3(t)\right)}$$

$$\frac{\mathrm{d}h_2(t)}{\mathrm{d}t}=\frac{\alpha_1}{A}\sqrt{2gh_1(t)}-\frac{\alpha_2}{A}\sqrt{2gh_2(t)}$$

$$\frac{\mathrm{d}h_3(t)}{\mathrm{d}t}=-\frac{\alpha_3}{A}\sqrt{2gh_3(t)}+\eta v_2(t)+\frac{\alpha_{13}}{A}\sqrt{2g(h_1(t)-h_3(t))}$$
$$\frac{\mathrm{d}h_4(t)}{\mathrm{d}t}=-\frac{\alpha_4}{A}\sqrt{2gh_4(t)}+\frac{\alpha_3}{A}\sqrt{2gh_3(t)} \tag{3-33}$$

控制系统结构简图如图3.44所示，其中控制量限幅为[0,5]V。

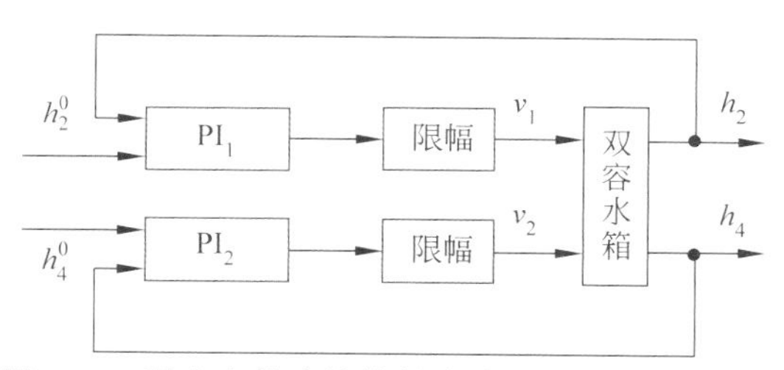

图3.44 双容水箱液位控制分散PID控制系统简图

静态工作特性辨识结果如图3.45所示。图中Tank、Static characteristics、Water level与Applied voltage分别表示水箱、静态特性、水位与应用电压。

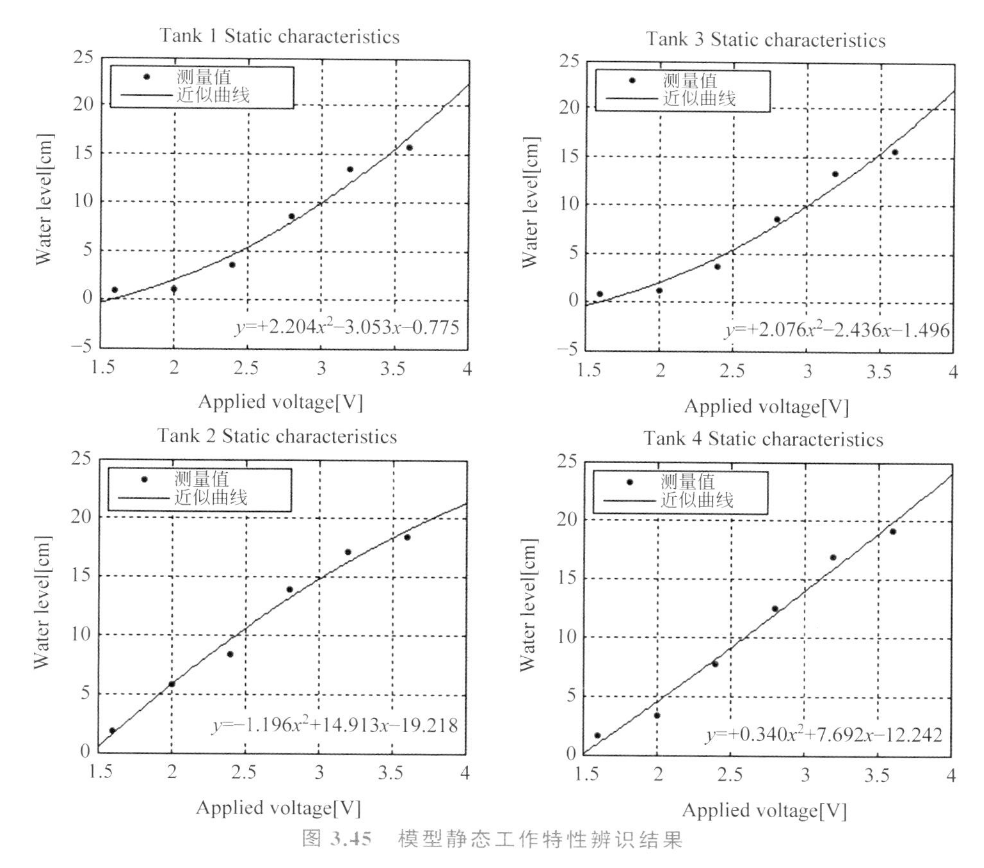

图3.45 模型静态工作特性辨识结果

整定分散二自由度PI各部分的参数，具体步骤如下：

(1) 设计预期动态特性方程，选择参数h_{01}，h_{02}；

(2) 取$k_i=10$，$l_i=1$，$\alpha_i=0(i=1,2)$，然后通过实验调节参数l_i和$\alpha_i(i=1,2)$；

(3) 按 DDE 计算公式确定控制器参数；

(4) 将所得控制器应用于实际模型进行实验，验证控制效果，如果系统性能满足要求，整定结束，否则返回步骤(1)。

设计预期动态，选择 $h_{01}=h_{02}=0.02,\alpha_1=\alpha_2=0.9,k_1=k_2=10,l_1=l_2=35$，得到控制器参数为 $(k_{p1},k_{i1},b_1)=(0.29,0.006,0.029)$，$(k_{p2},k_{i2},b_2)=(0.29,0.006,0.029)$。

1. 设定值跟踪性能实验

下面对四水箱实验系统进行水位设定值扰动实验，选择工作点：

$$(h_1^0,h_2^0)[\text{cm}]\quad(10.5,16.0)$$

$$(h_3^0,h_4^0)[\text{cm}]\quad(14.6,18.0)$$

$$(v_1^0,v_2^0)[\text{V}]\quad(3.21,3.32)$$

水箱 2 的设定值 h_2^0 在 300s 从平衡点 16cm 变为 10cm，保持 350s 后在 650s 时变为 16cm；水箱 4 的设定值 h_4^0 从 18cm 变为 10cm，保持 350s 后在 650s 时变为 18cm。各控制系统的响应如图 3.46 所示。其中图 3.46(a)为水箱 2 液位 h_2；图 3.46(b)为水泵 1 控制电压 v_1；图 3.46(c)为水箱 4 液位 h_4；图 3.46(d)为水泵 2 控制电压 v_2。

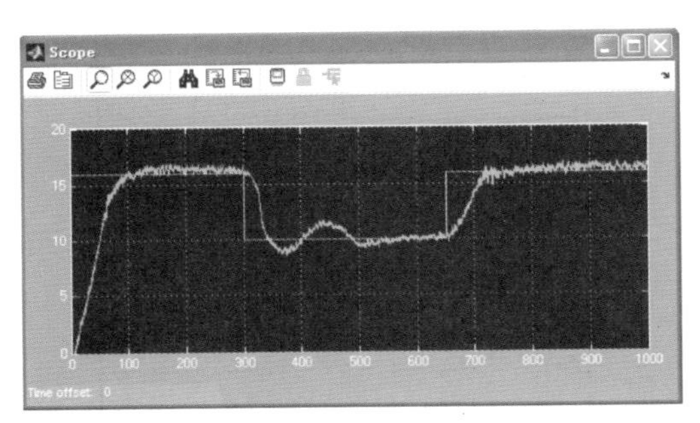

(a) 水箱2液位

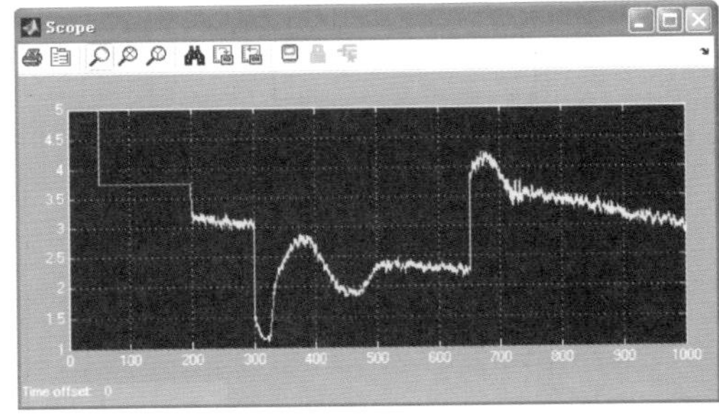

(b) 水泵1控制电压

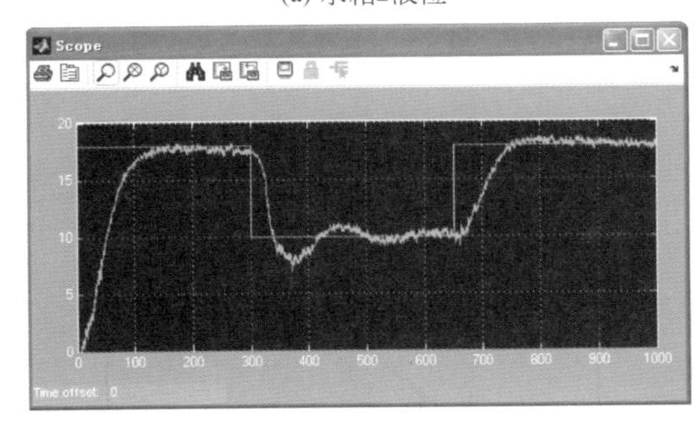

(c) 水箱4液位

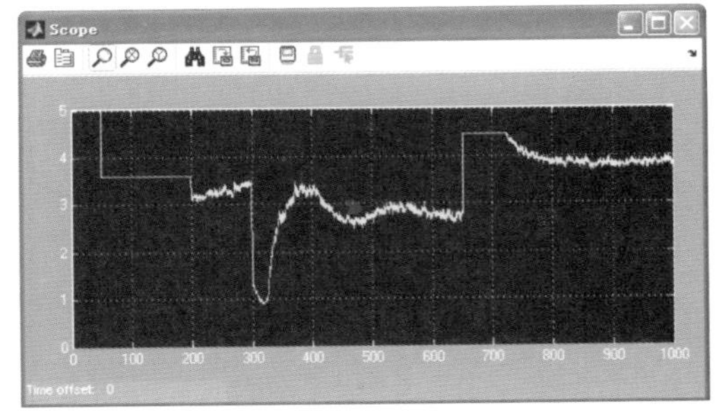

(d) 水泵2控制电压

图 3.46 设定值阶跃变化实验结果

2. 抗周期时变扰动性能实验

在水泵 1,2 的控制电压上分别加上周期时变的扰动。仍然在上面的工作点进行控制量扰动实验。水泵 1 的控制电压在 500s 加入幅值为 1V，周期为 60s 的正弦扰动信号。采用与前文同样的控制器，控制系统的响应如图 3.47 所示，各图所表示的内容如图 3.46 所示。

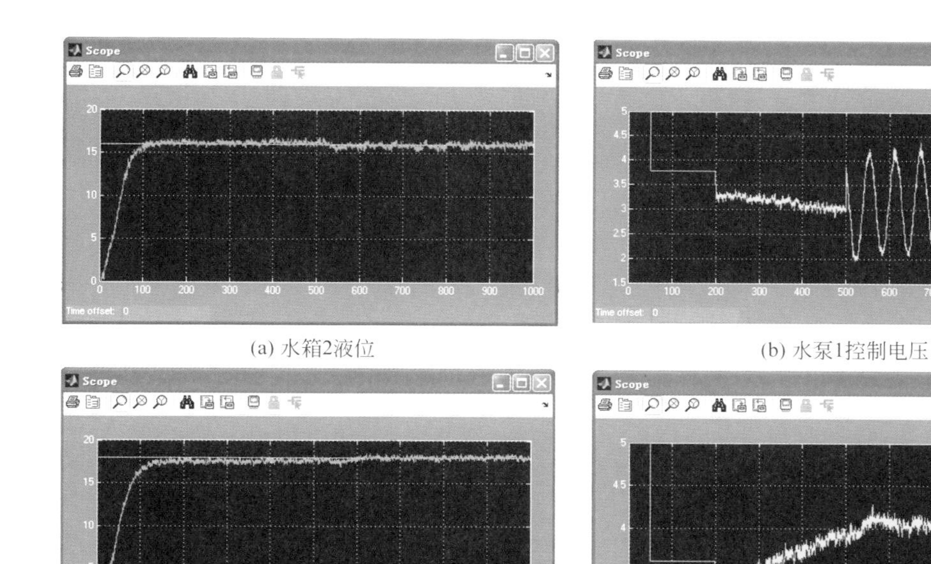

(a) 水箱2液位　　(b) 水泵1控制电压

(c) 水箱4液位　　(d) 水泵2控制电压

图 3.47　周期时变扰动实验结果

3.8　本章小结

本章研究了多变量 PID 控制系统的参数整定问题，通过对传统 PID 与二自由度 PID 控制器结构的对比分析，建立了统一的表达形式，并在此基础上将针对单变量 PID 控制系统的 DDE 法推广到多变量分散 PID 控制系统。具体内容如下。

(1) 对二元蒸馏塔等 6 个化工过程多变量对象(2×2，3×3，4×4)以及 1 个十输入-十输出多变量对象(10×10)进行了仿真实验研究。仿真结果验证了针对多变量分散控制系统的预期动态整定法 DDE 对多输入多输出控制系统具有适用性和有效性。

(2) 对 ALSTOM 气化炉标准控制问题进行了仿真研究。首先针对 ALSTOM 气化炉线性模型，采用 DDE 法设计整定了分散 PI 控制器。动态测试结果表明，基于线性模型的分散 PI 控制，能满足 100%负荷、50%负荷两个工况的全部控制要求，只在 0%负荷下压力 Pgas 出现越限，是目前可查文献中越限次数最少的控制结果之一；其次，针对 ALSTOM 气化炉非线性模型，将基于 ALSTOM 气化炉线性模型设计的分散 PI 控制方案直接推广到非线性模型中，系统能满足 100%负荷、50%负荷和 0%负荷下的所有约束要求，当负荷由 50%升至 100%时，能迅速跟踪负荷变化，且对于煤质的变化具有一定适应性，是目前唯一能将线性模型的控制方案直接应用于非线性模型且效果良好的方案。仿真结果表明，采用 DDE 法设计整定的分散 PI 控制方案实现简单，参数物理意义明确，整定简洁，控制性能满足要求，显示了该方法对多变量热力系统控制的适用性。

(3) 对 K.H.Johansson 标准四水箱液位控制问题进行了仿真研究。首先采用 DDE 法设计并整定了分散 PI 控制器，然后分别对 K.H.Johansson 标准水箱控制系统进行了液位设定值阶跃扰动、系统参数随机摄动鲁棒性能检验、水泵控制电压阶跃扰动、水泵控制电压周期时变扰动等实验。结果证明，与文献结果对比，DDE 法整定的系统对控制量扰动、系统参数摄动等内外扰动抑制能力更强，且参数意义明确，方法简单，具有实用性和有效性。

(4) 针对英国 Feedback Instruments 公司提供的双容水箱液位控制实验装置，采用 DDE 法设计整定了分散 PI 控制系统。通过对四水箱液位控制装置的实时控制实验，检验 DDE 法的有效性和实用性。从实验结果可以获得如下结论：①对于实际的多输入多输出对象，使用本书提出的分散 PI/PID 设计方法可以获得良好的控制效果，而且控制器结构、参数整定简单；②对于弱耦合的多变量对象，使用二自由度 PI/PID 控制器观测补偿回路间的耦合，可以实现近似解耦控制；③由于参数计算时不需要准确的物理模型，对于模型未知的实际控制系统设计，DDE 法仍然适用，显示了本方法在实际生产中的应用前景。

参考文献

[1] Blas M, Vinagre and Vicente Feliu. Optimal fractional controllers for rational order systems: a special case of the Wiener-Hopf spectral factorization method[J]. IEEE Transactions on Automatic Control, 2007, 52(12): 2385-2389.

[2] Loh A P, Hang C C, Quek C K, et al. Autotuning of multiloop proportional-integral controllers using relay feedback[J]. Industrial Engineering and Chemistry Research, 1993, 32: 1102-1107.

[3] Hovd M, Skogestad S. Sequential design of decentralized controllers[J]. Automatica, 1994, 30(10): 1601-1607.

[4] Luyben W L. Simple method for tuning SISO controllers in multivariable systems[J]. Ind.Eng. Chem. Process Des. Dev., 1986, 25: 654-660.

[5] Monica T J, Yu C C, Luyben W L. Improved multiloop single-input/single-output (SISO) controllers for multivariable processes[J]. Ind. Eng. Chem. Res. 1988, 27: 969.

[6] Chien I L, Huang H P, Yang J C. A simple multiloop tuning method for PID controllers with no proportional kick[J]. Ind. Eng. Chem. Res. 1999, 38: 1456.

[7] Xiong Q, Cai W J, He M J, et al. Decentralized control system design for multivariable processes-A novel method based on effective relative gain array[J]. Industrial and Engineering Chemistry Research, 2006, 45: 2769-2776.

[8] Huang H P, Jeng J C, Chiang C H, et al. A direct method for multi-loop PI/PID controller design[J]. Journal of Process Control, 2003, 13: 769-786.

[9] He M, Cai W, Wu B, et al. Simple decentralized PID controller design method based on dynamic relative interaction analysis[J]. Ind. Eng .Chem. Res., 2005, 44 : 8334-8344.

[10] 薛亚丽. 热力过程多变量系统的优化设计[D]. 北京：清华大学，2005.

[11] Vinante C D, Luyben W L. Experimental studies of distillation decoupling[J]. Kem. Teollisuus, 1972, 29: 499.

[12] Ogunnaike B A, Ray W H. Process dynamics, modeling, and control[M]. Oxford: Oxford University Press, 1994.

[13] Ogunnaike B A, Lemaire J P and Morari M. Advanced multivariable control of a pilot-plant distillation column[J]. AICHE Journal. 1983, 29(4): 632-639.

[14] Huang H P, Jeng J C, Chiang C H, et al. A direct method for multi-loop PI/PID controller design [J]. Journal of Process Control, 2003, 13: 769-786.
[15] O'Dwyer A. Handbook of PI and PID controller tuning rules[M]. London: Imperial College Press, 2003.
[16] Åström K J, Hägglund T. Revisiting the Ziegler-Nichols step response method for PID control[J]. Journal of Process Control, 2004, 14: 635-650.
[17] Leonard F. Optimum PIDS controllers, an alternative for unstable delay systems[J]. Proc. of the IEEE Conference on Control Applications. 1994, 1207-1210.
[18] Sadeghi J, Tych W. Deriving new robust adjustment parameters for PID controllers using scale-down and scale-up techniques with a new optimization method[C]//Proceedings of ICSE: 16th Conference on Systems Engineering, 2003: 608-613.
[19] Gorez R, Klàn P. Nonmodel-based explicit design relations for PID controllers[C]//Proc. Of PID' 00: IFAC Workshop on digital control, 2000: 141-148.
[20] Vítečková et al. Controller tuning for controlled plants with time delay[C]//Preprints of Proc. of PID'00: IFAC Workshop on digital control, 2000: 283-288.
[21] Polonyi M J G. PID controller tuning using standard form optimization[J]. Control Engineering, 1989: 102-106.
[22] Wang H, Jin X. Direct synthesis approach of PID controller for second order delayed unstable processes[C]//Proc. of the 5th World Congress on Intelligent Control and Automation, 2004: 19-23.
[23] Wang F S, et al. Optimal tuning of PID controllers for single and cascade control loops[J]. Chemical Engineering Communications, 1995, 132: 15-34.
[24] Ye Z, Mohamadian H P, Ye Y. Integration of IGCC plants and reachable multi-objective thermo economic optimization[C]//IEEE International Conference on Computational Cybernetics, 2006: 1-3.
[25] Dixon R. Advanced gasifier control[J]. Computing & Control Engineering Journal. 1999, 6: 93-96.
[26] Dixon R, Pike A W, Donne M S. The ALSTOM benchmark challenge on gasifier control[J]. Proc. Instn. Mech. Engrs., 2000, 214: 389-394.
[27] Wilson, J A, Chew M, Jones W E. State estimation-based control of a coal gasifier[J]. IEE Proceedings: Control Theory and Applications,2006,153(3): 268-276.
[28] 王军. 多变量热力过程的适应性非线性控制[D]. 北京：清华大学,2007.
[29] Asmar B N, Jones W E, Wilson J A. A process engineering approach to the ALSTOM gasifier problem[J]. Proc. Instn. Mech. Engrs. 2000, 214: 441-452.
[30] Liu G P, Dixon R, Daley S. Multi-objective optimal tuning proportional-integral controller design for the ALSTOM gasifier problem[J]. Proc. Instn. Mech. Engrs. 2000, 214: 395-404.
[31] Munro N, Edmunds J M, Kontogiannis E, et al. A sequential loop closing approach to the ALSTOM gasifier problem[J]. Proc. Instn. Mech. Engrs. 2000, 214: 427-439.
[32] Prempain E, Postlethwaite, Sun X D. Robust control of the gasifier using a mixed-sensitivity Hinf approach[J]. Proc. Instn. Mech. Engrs. 2000, 214: 415-426.
[33] Griffin I A, Schroder P, Chipperfield A J, et al. Multi-objective optimization approach to the ALSTOM gasifier problem[J]. Proc. Instn. Mech. Engrs. 2000, 214: 453-468.
[34] Chin C S, Munro N. Control of the ALSTOM gasifier benchmark problem using H2 methodology [J]. Journal of Process Control, 2003, 13: 759-768.
[35] Taylor C J, McCabe A P, Young P C, et al. Proportional-integral-plus (PIP) control of the ALSTOM gasifier problem[J]. Proc. Instn. Mech. Engrs. 2000, 214: 469-480.

[36] Rice M J, Rossiter J A, Schuurmans J. An advanced predictive control approach to the ALSTOM gasifier problem[J]. Proc. Instn. Mech. Engrs. 2000, 214: 405-413.

[37] Johansson K H. Interaction bounds in multivariable control systems[J]. Automatica, 2002, 38: 1045-1051.

[38] Johansson K H. The quadruple-tank process: a multivariable laboratory process with an adjustable zero[J]. IEEE Transactions on systems technology, 2000, 8(3): 456-465.

[39] Johansson K H. Relay feedback and multivariable control[J]. Lund Institute of Technology in Sweden.1997.

[40] Åström K J, Johansson K H, Wang Q G. Design of decoupled PI controllers for two by two systems [J]. IEE Proc. Control Theory Appl., 2002, 149(1): 74-81.

[41] Alavi S S M, Hayes M J. Quantitave Feedback Design for a benchmark quadruple tank process[C]// ISSC Proc., Dublin, 2006, 401-406.

[42] Munoz de la Pena D, Alamo T, et al, Feedback min-max model predictive control based on a quadratic cost function[C]//2006 American Control Conference, 2006: 1575-1580.

[43] Kheir, N.A.,et al. Control systems engineering education[J]. Automatica, 1996, 32(2): 147-166.

[44] 张毅成，戴连奎，杨正春，金建祥.四水箱实验系统的关联分析与解耦[J]. 自动化仪表，2005,26(11): 15-18.

[45] Aydm S, Tokat S. Sliding mode control of a coupled tank system with a state varing sliding surface parameter[J]. IEEE Proc., 2008: 355-360.

[46] 王志新等. 双容水箱上的几种液位控制实验及被控对象的数学模型[J]. 北京师范大学学报,2006,42(2): 126-130.

[47] 王志新,古云东. 随机出入水双容水箱液位控制实验及被控对象的数学模型[J]. 化工自动化及仪表,2006,33(2): 13-16.

[48] Viknesh R, et al. A critical study of decentralized controllers for a multivariable system[J]. Chem. Eng.Technol., 2004, 2(8): 880-889.

[49] Zhang Y, Li S, Zhu Q. Backstepping-enhanced decentralized PID control for MIMO processes with an experimental study[J]. IET Control Thoery Appl., 2007, 1(3): 704-712.

第 4 章　分数阶控制系统参数整定

4.1 引言

分数阶系统是用分数阶微分方程来表示的系统，其表达工具——分数阶微积分是经典整数微积分的自然扩展。分数阶微积分理论建立至今已有 300 多年的历史，但早期主要侧重于理论研究。近年来对分数微积分理论及其应用的研究呈爆发的趋势[1]，在自动控制领域，分数微积分的应用也越来越受到研究者们的关注：I. Podlubny 在其著作[2-5]中详细地介绍了分数阶微积分的计算以及分数阶微积分方程的一些解法，提出了 $PI^{\lambda}D^{\mu}$ 分数阶控制器，并将 Laplace 变换、Fourier 变换等一些工程常用知识引入分数阶控制系统中，为分数阶控制理论的发展奠定了理论基础；王振滨等[6,7]介绍了分数阶微积分定常系统的传递函数和状态方程描述方法，以及单位阶跃响应的求取方法；曾庆山等[8]与 Hartley 等[9]介绍了分数阶微积分系统的稳定性判据；张邦楚等[10]、曹军义等[11]、Chen 等[12]、Podlubny[13]以及 Valerio 等[14]研究了 $PI^{\lambda}D^{\mu}$ 控制器参数整定的方法；陈阳泉、薛定宇等[1]介绍了对一类分数阶系统进行控制的分数阶 $PI^{\lambda}D^{\mu}$ 控制器设计方法。总而言之，分数阶控制理论取得了长足的进步，但是仍不完善，还有很多值得研究的领域。

由于分数阶微分方程的阶次可以是任意实数甚至复数，它扩展了人们所熟知的整数阶微分方程的描述能力，用其对分布参数系统建模，可以比低维常微分方程更准确地描述实际系统的动态特性。事实上，几乎所有的自然和工业过程都是分布参数系统[15]，在热力系统中更常见，如工质输送管道及管式换热器等。尽管在理论上说采用分数阶控制器能够获得比用整数阶控制器更好的效果[3]，但由于分数阶控制器的参数整定问题至今仍处于研究阶段，还没有成熟的方法；且相对来说整数阶控制器更容易实现，因此研究能对分数阶对象获得满意性能的整数阶控制器是很有实际意义的。

本章将单变量 PI/PID 控制器预期动态整定方法应用于分数阶对象，对其进行仿真研究。其中 4.2 节对分数阶微积分和分数阶系统进行介绍，主要是分数阶微积分的定义和分数阶系统的表达方法；4.3 节简要介绍分数阶控制系统以及几种主要的分数阶控制器；4.4 节对典型的分数阶系统进行仿真实验，采用单变量控制系统 DDE 整定方法设计整数阶 PID 控制器，并与文献中提出的整数阶以及分数阶控制方法进行控制效果对比，评价并验证预期动态整定方法对分数阶控制系统的有效性和适应性，4.5 节对本章内容进行小结。

4.2 分数阶微分方程与分数阶系统

分数阶微积分是整数阶微积分的推广，表示积分或者微分环节渐进变化的过程，从这个意义上来讲，整数阶微积分只是分数阶微积分当微分或积分取为整数时的一种特例。

4.2.1 分数阶微积分定义

在分数阶微积分理论发展过程中，出现了很多种函数的分数阶微积分定义，常见的有以下四种定义，其中 $\Gamma(t)$ 为 Gamma 函数，D 表示分数阶微积分算子，D 左右侧的下标分别表示分数阶微积分的下界和上界，右上侧表示算子积分或微分的次数。

（1）由整数阶微积分直接扩展来的 Cauchy 分数阶积分公式：

$$D^{\gamma}f(t)=\frac{\Gamma(\gamma+1)}{2\pi j}\int_{C}\frac{f(\tau)}{(\tau-1)^{\gamma+1}}\mathrm{d}\tau \tag{4-1}$$

其中，C 为包围 $f(t)$ 单值解析开域的光滑曲线。

（2）Grünwald-Letnikov 分数阶微积分定义：

$$_{a}D_{t}^{\alpha}f(t)=\lim_{h\to 0}\frac{1}{\Gamma(\alpha)h^{\alpha}}\sum_{j=0}^{(t-a)/h}\frac{\Gamma(\alpha+j)}{\Gamma(j+1)}f(t-jh) \tag{4-2}$$

（3）Riemann-Liouille 分数阶微积分定义：

$$_{a}D_{t}^{\gamma}f(t)=\frac{1}{\Gamma(m-\gamma)}\left(\frac{\mathrm{d}}{\mathrm{d}t}\right)^{m}\int_{a}^{t}\frac{f(\tau)}{(t-\tau)^{1-(m-\gamma)}}\mathrm{d}\tau \tag{4-3}$$

其中，$m-1<\gamma<m$。

（4）Caputo 分数阶微积分定义：

$$_{a}D_{t}^{\gamma}f(t)=\frac{1}{\Gamma(1-\gamma)}\int_{0}^{t}\frac{f^{(m+1)}(\tau)}{(t-\tau)^{\gamma}}\mathrm{d}\tau \tag{4-4}$$

其中，$\alpha=m+\gamma$，m 为整数，$0<\gamma\leqslant 1$。

Caputo 分数阶积分定义为

$$_{0}D_{t}^{\gamma}f(t)=\frac{1}{\Gamma(-\gamma)}\int_{0}^{t}\frac{f(\tau)}{(t-\tau)^{1+\gamma}}\mathrm{d}\tau,\quad \tau<0 \tag{4-5}$$

已经证明[3]对于很广泛的实际函数，采用 Grünwald-Letnikov 分数阶微积分定义和 Riemann-Liouille 分数阶微积分定义是完全等效的。在实际应用中，Riemann-Liouille 定义是目前最常用的分数阶定义，本章的分数阶系统均基于此定义。

4.2.2　分数阶微分方程及分数阶系统描述

分数阶微分方程的一般形式为

$$q_{n}D^{\gamma_{n}}y(t)+\cdots+q_{1}D^{\gamma_{1}}y(t)+q_{0}D^{\gamma_{0}}y(t)=f(t) \tag{4-6}$$

其中，$\gamma_{n}>\gamma_{n-1}>\cdots>\gamma_{0}\geqslant 0$，且初始条件满足

$$_{0}D_{t}^{\gamma_{n-k-1}}y(t)\big|_{t=0}=p_{k} \tag{4-7}$$

$k=0,1,\cdots,n-1$。

与整数阶系统类似地，除微分方程外，分数阶系统还可以用传递函数(4-8)形式进行描述。

$$G(s)=\frac{b_{m}s^{\beta_{m}}+\cdots+b_{1}s^{\beta_{1}}+n_{0}s^{\beta_{0}}}{a_{n}s^{\alpha_{n}}+\cdots+a_{1}s^{\alpha_{1}}+a_{0}s^{\alpha_{0}}} \tag{4-8}$$

其中，$(a_{m},b_{n})\in\mathbf{R}^{2}$，$(\alpha_{m},\beta_{n})\in\mathbf{R}_{+}^{2}$，$\forall(m,n\in\mathbf{N})$。

4.3　分数阶控制系统

随着分数阶微积分在控制中应用的研究，出现了控制理论的新领域——分数阶控制理论与分数阶控制器。

以下为具有代表性的 4 种分数阶控制器。

1. TID 控制器

1994 年，B. J. Lurie 提出 TID(Tilt-integral-derivative，TID) 控制器[16]，并给出应用运放、电容及电阻的模拟电路实现。其将传统 PID 控制器的比例环节换为 $s^{-\frac{1}{n}}$，使系统传递函数接近理论最优，从而在继承传统 PID 控制优点的基础上，给出更好的动态响应性能和扰动抑制能力。

2. CRONE 控制器

CRONE 控制器由 A. Oustaloup 提出[17]，是法语中"分数阶鲁棒控制"的缩写。其通过 CRONE 分数阶控制器的设计使得系统特征方程为：$1+(\tau_s)^{\alpha}=0$，取得理想的系统鲁棒性。目前已有 CRONE 分数阶控制成功应用的实例，且有相应的 Matlab 工具箱可供使用[18]。

3. 分数阶超前滞后校正

采用类似经典控制理论超前滞后校正的思路，典型分数阶超前滞后校正为

$$C_r(s)=C_0\left(\frac{1+s/\omega_b}{1+s/\omega_h}\right)^r \tag{4-9}$$

其中，$0<\omega_b<\omega_h$，$C_0>0$，$0<r<1$。

4. 分数阶 PID 控制器 $\mathrm{PI}^{\lambda}\mathrm{D}^{\mu}$

分数阶 PID 控制器由 I.Podlubny[3] 提出，简记为 $\mathrm{PI}^{\lambda}\mathrm{D}^{\mu}$。一般形式为

$$C(s)=k_p+\frac{k_i}{s^{\lambda}}+k_d s^{\mu} \tag{4-10}$$

其中，λ，μ 为正实数，k_p，k_i，k_d 分别为比例、积分、微分增益。显然，当 $\lambda=1$，$\mu=1$ 时，式(4-10)即为传统 PID 控制器；当 $\lambda=1$，$\mu=0$ 时，式(4-10)即为传统 PI 控制器。可见，各种形式的 PID 控制器都可以看成式(4-10)的特殊情况。

从分数阶控制理论的角度，分数阶控制系统有 4 类：整数阶对象模型与整数阶控制器、整数阶对象模型与分数阶控制器、分数阶对象模型与分数阶控制器、分数阶对象模型与整数阶控制器。大多数研究者针对第三类情况进行研究，即将分数阶控制器应用到分数阶系统，从而提高对系统的控制效果。事实上，整数阶控制器对分数阶系统难以取得满意控制效果的主要原因之一是现有控制器整定方法均是针对整数阶模型设计的。DDE 法不依赖模型形式，有望对分数阶控制系统取得良好的控制效果。下面将通过实例进行检验。

4.4 仿真研究

为验证 DDE 法整定的整数阶二自由度 PID 控制器对分数阶对象的有效性，下面将其应用于几类典型的分数阶对象，进行仿真实验，并与文献方法进行控制效果的对比。

4.4.1 典型分数阶系统

例 4.1 Podlubny 等[19] 给出一加热炉温度控制的例子，并分别建立了加热炉的整数阶和分数阶模型。其整数阶模型为

$$G_{11}(s)=\frac{1}{73043s^2+4893s+1.93} \tag{4-11}$$

分数阶模型为

$$G_{1F}(s)=\frac{1}{14994s^{1.31}+6009.5s^{0.97}+1.69} \tag{4-12}$$

加热炉的两个模型的阶跃响应如图 4.1 所示。与对实际加热炉进行测量所得的数据进行对比得知，分数阶模型要比整数阶模型更准确[19]，故对分数阶模型的控制效果更接近对实际对象的效果。

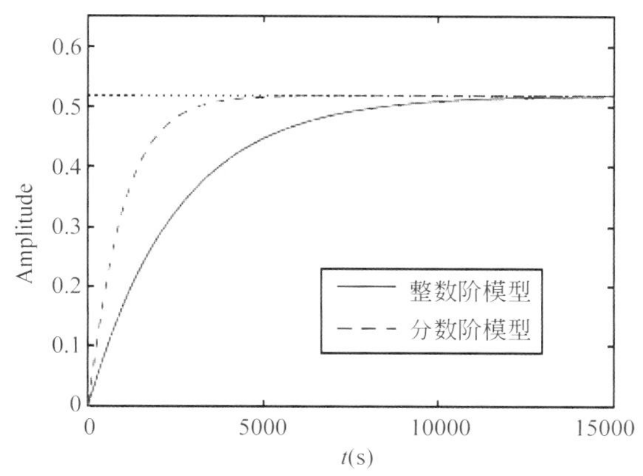

图 4.1　加热炉整数阶模型和分数阶模型单位阶跃响应曲线

设预期调节时间为 $t_{sd}\leqslant125\text{s}$，依据单变量二自由度 PID 预期动态整定方法，设定参数如下：$h_0=1\times10^{-2}$，$h_1=0.2$，$k=10$，$l=5\times10^{-3}$。为便于应用现有方法并与之比较，将模型 G_{11} 近似为一阶惯性加延时对象。得到的模型参数分别为 $K=0.518$，$T=2520.3\text{s}$，$\tau=14.97\text{s}$，其中 $\tau/T=0.006$。选择在该参数范围内控制效果较好的最小 ITAE 方法[20]和改进最小 ITAE 方法[21]和 DDE 法进行仿真比较，另外还与薛定宇等[1]设计的分数阶 $\text{PI}^{\lambda}\text{D}^{\mu}$ 进行了比较。系统阶跃曲线见图 4.2。表 4.1 列出了上述各方法的参数及部分性能指标。

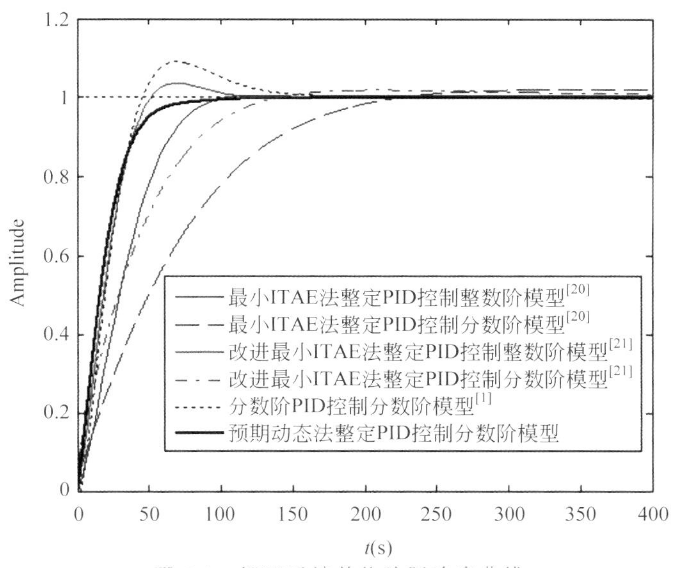

图 4.2　闭环系统单位阶跃响应曲线

表 4.1 控制器参数及部分性能指标比较(分数阶模型)

方 法	k_p	k_i	k_d	b	λ	μ	T_s/s	$\sigma\%$	ITAE
Min ITAE 法	149.1	0.047	687.5	—	—	—	196	1.98	4957.0
改进 Min ITAE 法	261.8	0.1	1518.7	—	—	—	121.5	1.84	2470.7
$PI^\lambda D^\mu$	736.8	−0.59	−818.4	—	0.6	0.35	126.9	9.07	858.8
DDE 法	402	200	2040	400	—	—	66.4	0	357.4

仿真结果表明,DDE 法设计整定的二自由度 PID 控制器对分数阶模型的控制效果最好,分数阶 $PI^\lambda D^\mu$ 其次,最小 ITAE 方法最差。最小 ITAE 方法和改进最小 ITAE 方法整定的整数阶 PID 对整数阶模型控制效果良好,但对分数阶模型的控制效果变差,闭环的分数阶系统调节时间和上升时间都比闭环的整数阶系统长。与文献方法相比,DDE 法对加热炉温度控制系统可以获得更为满意的动态性能。

例 **4.2** Podlubny[2] 给出一分数阶对象的例子,传递函数如下:

$$G_{2F}(s)=\frac{1}{0.8s^{2.2}+0.5s^{0.9}+1} \tag{4-13}$$

同时 Podlubny[2] 用最小方差法得到其整数阶近似模型为

$$G_{2I}(s)=\frac{1}{0.7414s^2+0.2313s+1} \tag{4-14}$$

例 4.2 的两个模型的阶跃响应如图 4.3 所示。

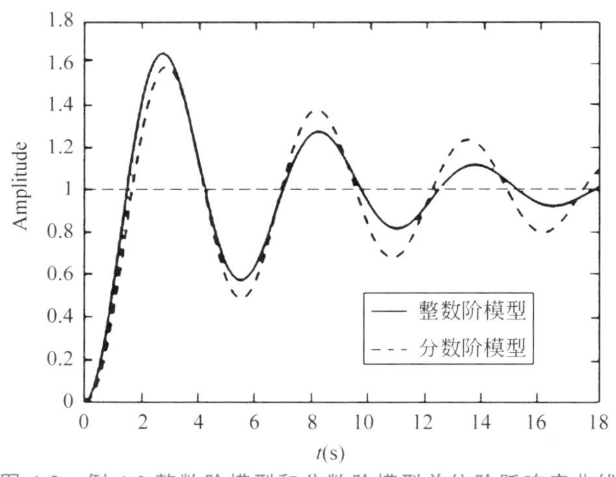

图 4.3 例 4.2 整数阶模型和分数阶模型单位阶跃响应曲线

设预期调节时间为 $t_{sd}\leqslant 0.5$s,根据单变量二自由度 PID 预期动态整定方法,设定参数如下:$h_0=4\times10^2$,$h_1=40$,$k=10$,$l=5$。用分数阶 PD^μ 控制器[2]、分数阶超前补偿器[22](Lead Compensator,LC,形式为式(4-15))、分数阶 $PI^\lambda D^\mu$[1] 和预期动态法进行仿真比较,系统阶跃曲线如图 4.4 所示。表 4.2 列出了上述各方法的参数及部分性能指标。

$$G_c(s)=K_c\left(1+\frac{\tau_d s^\mu}{1+\varepsilon\tau_d s^\mu}\right) \tag{4-15}$$

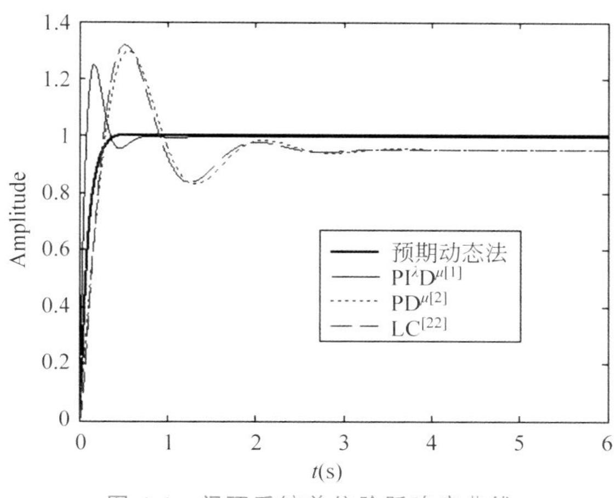

图 4.4 闭环系统单位阶跃响应曲线

表 4.2 控制器参数及部分性能指标比较

方法	k_p	k_i	k_d	b	λ	μ	T_s/s	σ%	ITAE
PD^{μ}	20.5	0	3.73	0	—	1.15	6	29.76	0.9820
$PI^{\lambda}D^{\mu}$	233.4	22.40	18.53	0	1	1.15	0.6	24.85	0.0834
LC	$K_c=20.5, \tau_d=0.1882, \mu=1.15, \varepsilon=0.1$						6	31.87	0.9774
DDE 法	160	800	10	80	—	—	0.33	0.3	0.009

仿真结果表明，DDE 法设计的二自由度 PID 控制器对分数阶模型的控制效果最好，基本没有超调；分数阶 $PI^{\lambda}D^{\mu}$ 控制器其次；分数阶 PD^{μ} 控制器和分数阶超前补偿器效果非常接近，超调量较其他方法大，而且由于没有积分环节，系统输出量存在稳态误差。

例 4.3 Isabel 等[23]给出一个一维热扩散系统的例子。其传递函数如下：

$$G_3(s)=\mathrm{e}^{-x\sqrt{\frac{s}{k}}} \tag{4-16}$$

其中，$k=1$，$x=3$。

用 Padé 近似方法得到其分数阶近似模型[24]为

$$G_{3F}(s)=\frac{81s^2-540s^{1.5}+1620s-2520s^{0.5}+1680}{81s^2+540s^{1.5}+1620s+2520s^{0.5}+1680} \tag{4-17}$$

设预期调节时间为 $t_{sd}\leqslant 80$s，依据二自由度 PID 参数整定方法，设定参数如下：$h_0=0.16$，$h_1=0.8$，$k=10$，$l=10$。用 Isabel 等[23]设计的两种分数阶 $PI^{\lambda}D^{\mu}$ 控制器、和预期动态法进行仿真比较，系统阶跃曲线见图 4.5。表 4.3 列出了上述各方法的参数及部分性能指标。

表 4.3 控制器参数及部分性能指标比较（分数阶模型）

方法	k_p	k_i	k_d	b	λ	μ	T_s/s	σ%	ITAE
$PI^{\lambda}D^{\mu}$ 1	3	0.13	271.8	—	1	0.875	232	11.32	455.73
$PI^{\lambda}D^{\mu}$ 2	1.7	0.093	169.8	—	—	0.85	79	0	427.09
DDE 法	0.82	0.16	1.08	0.8	—	—	77	4.16	395.21

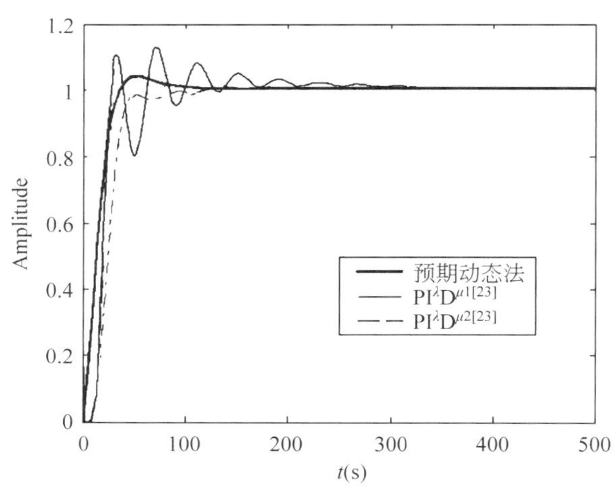

图 4.5 闭环系统单位阶跃响应曲线

仿真结果表明,三种方法设计的控制系统均能稳定,其中 DDE 法设计的二自由度 PID 控制器对分数阶模型的控制系统调节时间、超调量和 ITAE 指标均为最小;基于 IAE 指标最优设计的分数阶 $PI^{\lambda}D^{\mu}$ 控制器 2 其次;基于 ISE 指标最优设计的分数阶 $PI^{\lambda}D^{\mu}$ 控制器 1 效果最差。与文献方法相比,DDE 法对一维热扩散系统可以获得更为满意的动态性能。

4.4.2 完全相同的 DDE-PID 控制 10 个不同的分数阶模型

本小节讨论 10 个已公开发表的分数阶模型的控制问题,其中包含前文提到典型分数阶系统,如表 4.4 所示。这 10 个不同分数阶模型的单位阶跃响应曲线如图 4.6 所示,频率响应如图 4.7 所示。由图可以看出,模型 1、10 的动态响应相对较慢,且稳态值不同。模型 4、6 含有分数阶纯积分,并且分数阶积分阶次不同。模型 2、7 和 8 为欠阻尼过程,动态响应有振荡。

虽然 10 个分数阶模型有很大差异,但在设定预期调节时间为 1s、控制量无限幅的条件下,可根据单变量系统的 DDE 法很容易整定二自由度 PID 控制器参数如表 4.4 所示。由相同 DDE 控制的 10 个分数阶模型闭环阶跃相应曲线如图 4.8 所示,如彩虹一般的局部放大图显示相同的 DDE 控制器可使阶跃响应各异的 10 个分数阶模型达到相同的动态特性,并且能很好地符合系统预期动态。系统输出与预期动态之差的 IAE 都在 10^{-2} 数量级,并且 10 个 IAE值相差在±1%左右。

在此基础上,考察闭环系统的频率响应如图 4.9 所示。在 $l=0.01$ 时,模型 1 的闭环系统甚至有趋于发散的迹象。当取整定过程中的参数 $l=0.01$ 和 $l=0.001$ 时,10 个闭环系统在中频段的特性不一致,并且稳定裕度较差。当取整定完毕的参数 $l=0.0001$ 时,10 个系统的闭环频率响应特性在低频段以及中频段非常接近,只在高频段有所不同。由于系统高频段的特性仅体现在阶跃响应的起始阶段,这也验证了 10 个系统在时域上可以达到相同的阶跃响应。由 l 的变化以及相应的频率特性也可以验证单调减小 l 的整定方法是有效的。

表 4.4　DDE 控制器参数与 10 个分数阶模型

序号	分数阶模型	t_{sd}	DDE-PID 控制器参数							IAE (10^{-2})
			$2/h_1$	l	k	k_p	k_i	k_d	b	
1	$G_{p1}(s)=\frac{1}{14994.3s^{1.31}+6009.52s^{0.97}+1.69}$	1	0.1667	0.0001	10	1560000	3600000	220000	1200000	2.7900
2	$G_{p2}(s)=\frac{1}{0.8s^{2.2}+0.5s^{0.9}+1}$									2.7362
3	$G_{p3}(s)=\frac{1}{0.4s^{0.5}+1}$									2.7382
4	$G_{p4}(s)=\frac{1}{0.4s^{2.4}+s}$									2.7391
5	$G_{p5}(s)=\frac{1}{0.6s^{0.8}+0.9s^{0.3}+1}$									2.7382
6	$G_{p6}(s)=\frac{400}{s^2+50s^{0.8}}$									2.7570
7	$G_{p7}(s)=\frac{1}{s^2+0.5s^{0.5}+1}$									2.7354
8	$G_{p8}(s)=\frac{1}{s^{2.2}+0.6s^{0.6}+1}$									2.7362
9	$G_{p9}(s)=\frac{1}{0.7943s^2+5.2385s^{0.5}+1.556}$									2.7354
10	$G_{p10}(s)=\frac{0.8s^{1.2}+2}{1.1s^{1.8}+0.8s^{1.3}+1.9s^{0.5}+0.4}$									2.7372

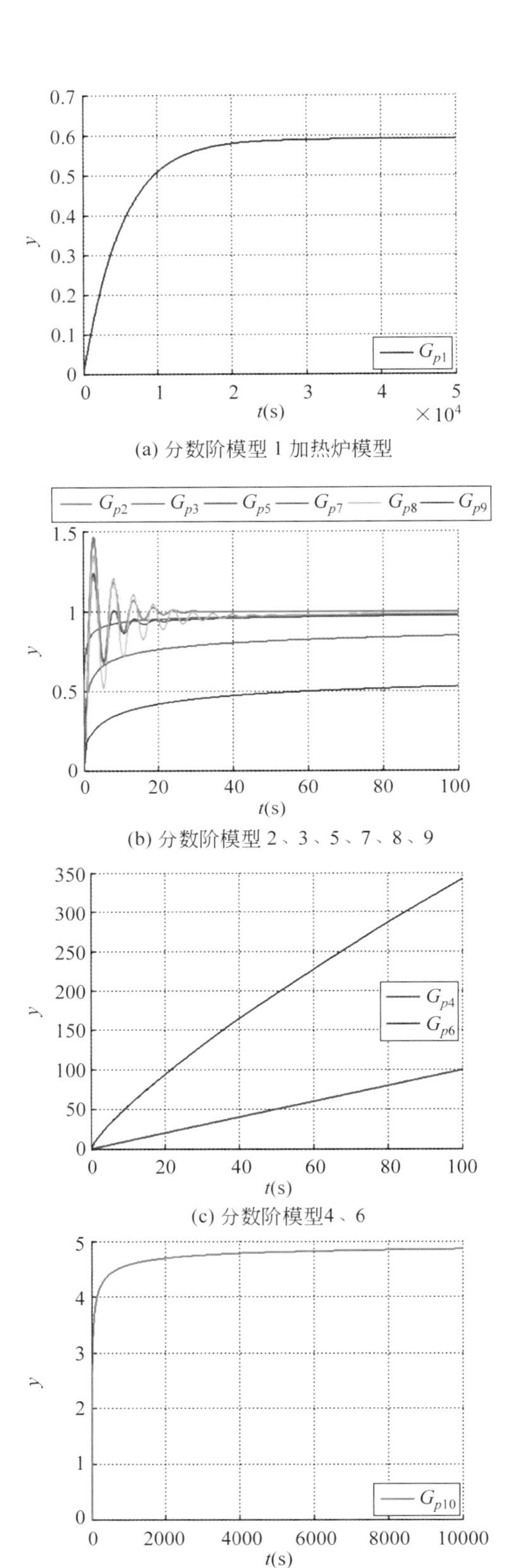

图 4.6　10 个不同分数阶模型的单位阶跃响应

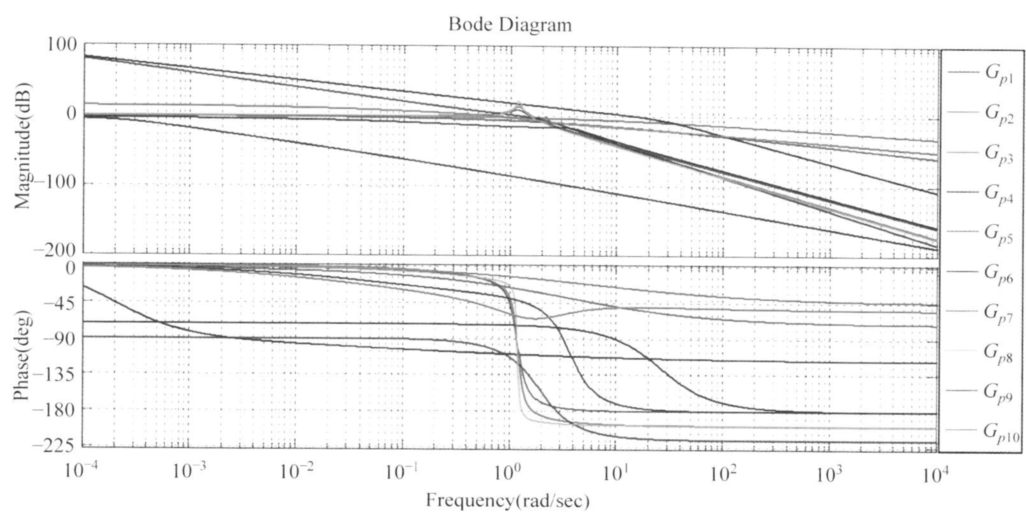

图 4.7　10 个不同分数阶模型的频率响应

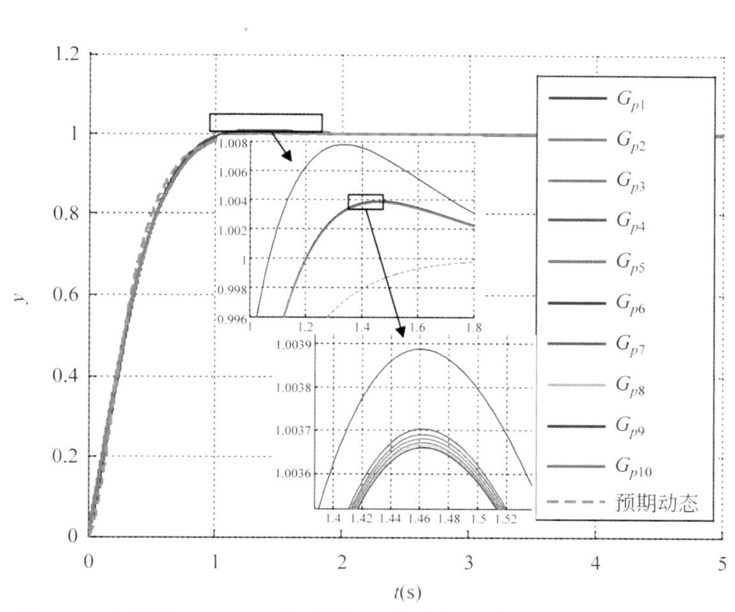

图 4.8　由相同 DDE-PID 控制的 10 个分数阶模型闭环单位阶跃响应

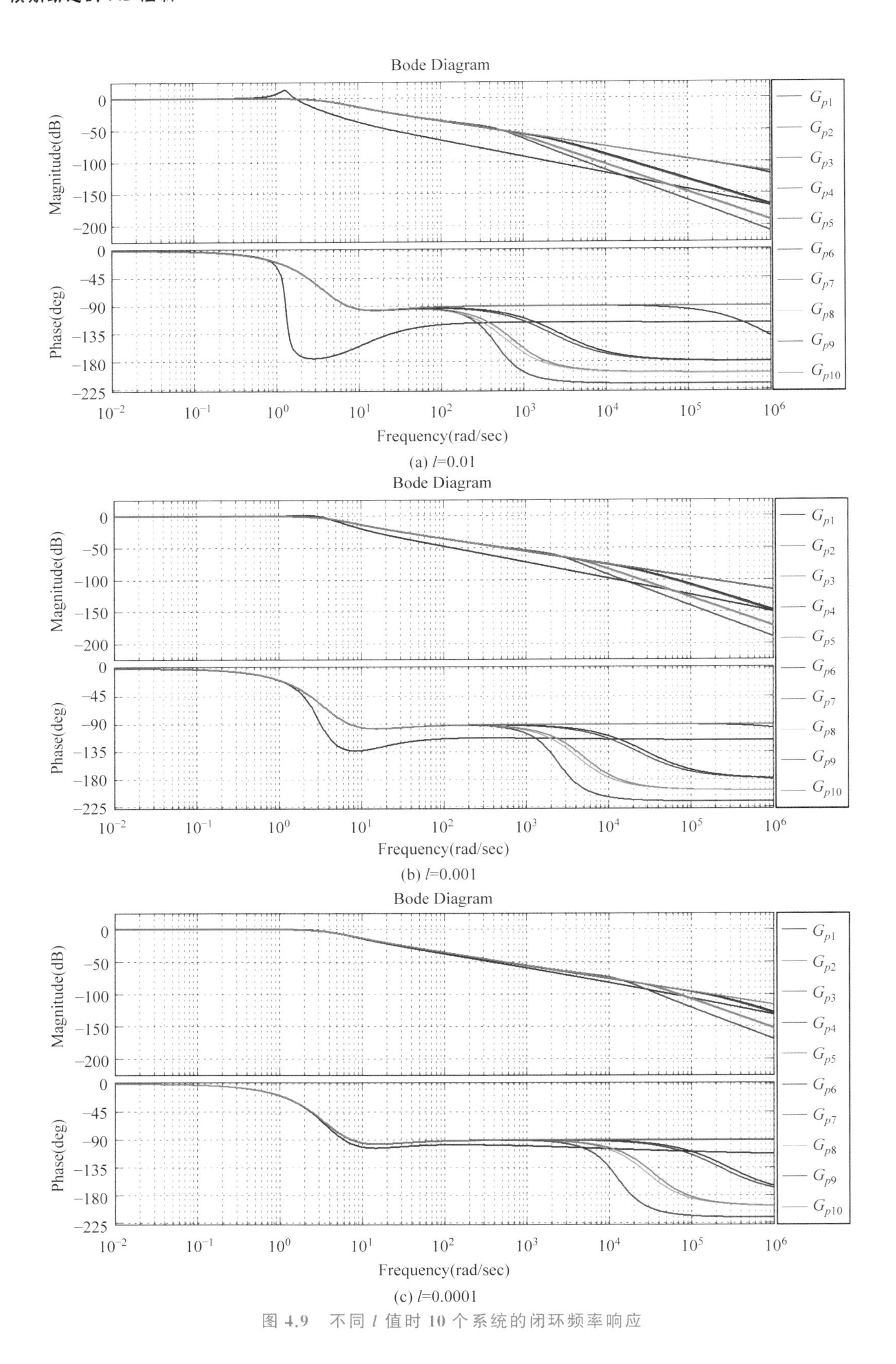

(a) l=0.01

(b) l=0.001

(c) l=0.0001

图 4.9 不同 l 值时 10 个系统的闭环频率响应

4.4.3　分数阶永磁同步电机模型

由于永磁同步电机(Permanent Magnet Synchronous Motor, PMSM)具有功率密度高、转矩电流比高、响应速度快、噪音低等特点,在需要高精度速度与位置控制的工业伺服系统中广泛应用[25]。Yu 等[26]根据电机理论将永磁同步电机模型简化为式(4-18)所示:

$$G(s)=\frac{K}{s^{\zeta+\vartheta}+\frac{1}{T_l}s^{\zeta}+\frac{1}{T_m\cdot T_l}} \tag{4-18}$$

其中,K 为稳态增益,T_m 为机械时间常数,T_l 为电气时间常数,T_m 与 T_l 由电机的额定参数决定。由于 Petras[27]验证了电容器与电感器的电特性呈现分数阶特点,故令其电容器的阶次为 ϑ、电感器的阶次为 ζ。Yu 等[26]由系统辨识方法进行辨识得到 $\vartheta=0.8201$ 与 $\zeta=0.9251$,通过单位阶跃响应得到 $K=6.8251$、通过电机铭牌得知 $T_m=0.0059\text{s}$ 与 $T_l=0.0045\text{s}$,得到分数阶模型:

$$G(s)=\frac{6.8251}{s^{1.7452}+222.222s^{0.9251}+37665} \tag{4-19}$$

根据此分数阶模型,本节设计 DDE-PID 控制器。

由式(4-19)可知,被控对象自稳定,相对阶为 1.7452,采用第 2 章所述整定方法设计 DDE-PID 控制器。由于被控对象是一个快速过程,设定预期调节时间 $t_{sd}=0.02\text{s}$,则有预期动态为$\frac{1}{(0.00333s+1)^2}$。

单调整定 l 很容易得到 $l=0.01$,因此可求得 $k_p=9.6\times10^6$,$k_i=9\times10^7$,$k_d=6.1\times10^4$,$b=6\times10^5$。Yu 等[26]对此模型用幅相裕度方法整定了整数阶的 PI 控制器:

$$C(s)=3276.83\left(1+\frac{1231.24}{s}\right) \tag{4-20}$$

两种控制方法的阶跃响应对比如图 4.10 所示。

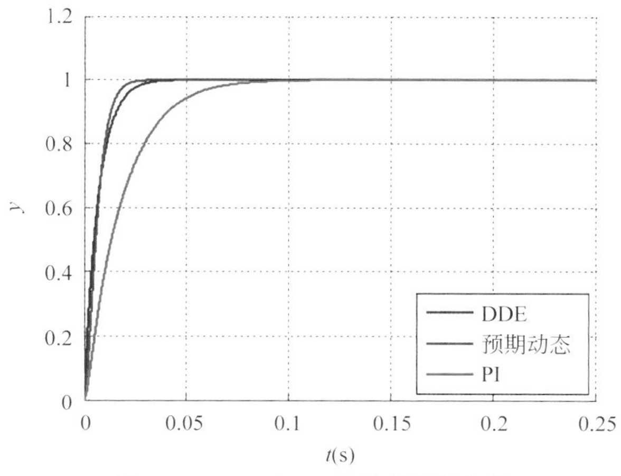

图 4.10　DDE 与 PI 的控制效果比较

如图 4.10 所示,两种控制方法都能很好地控制永磁同步电机模型。DDE 法的系统响应与预期动态很接近,预期动态的 IAE 指标(按 1.3 节式(1-4)计算方法)仅为 0.0014141。在同样无超调的情况下，DDE 法可达到更快的响应速度。并且，DDE 法的整定过程简单，只需要设定预期调节时间 t_{sd} 并单方向整定 l 即可。而所对比的 PI 控制方法需要根据模型的精确信息，通过复杂的公式计算得到控制器参数。

由于式(4-19)所描述的被控对象的系数由电机参数得到，而阶次是由系统辨识方法辨识得到的，所以辨识的阶次很可能与真实系统的阶次有误差。因此，这里考虑在阶次辨识不准的情况下，不改变控制器参数，考察系统的性能指标分布情况，即系统的性能鲁棒性。参照第 3 章控制系统性能鲁棒性比较方法，将被控对象的阶次进行 ±10% 的随机摄动——即在被控对象阶次标称参数的 ±10% 范围内，按照均匀分布的方式随机选取 2000 次，进行 2000 次阶跃响应实验。将两种方法的调节时间(取到达稳态值的 ±2% 之内)与超调量绘制在一张二维图上，将两种方法的 ITAE 指标与超调量绘制在另一张二维图上，比较两种方法的性能鲁棒性，如图 4.11 所示。

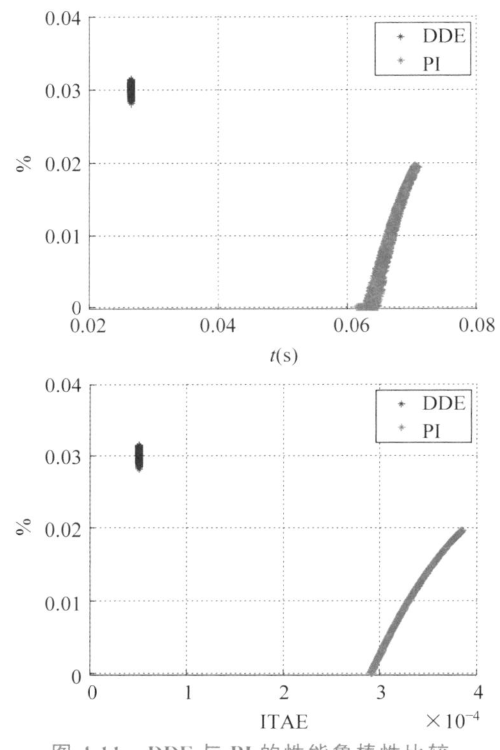

图 4.11 DDE 与 PI 的性能鲁棒性比较

对于本节选取的超调量、调节时间与 ITAE 三种时域性能指标，性能指标点越靠近左下角说明动态性能越好，分布越密集说明时域性能鲁棒性越好。如图 4.11 所示，DDE 与 PI 的超调量都很小，在 0.04% 之内。调节时间和 ITAE 指标方面，DDE 要明显优于 PI。另外 DDE 的性能指标集中程度明显高于 PI，说明 DDE 较 PI 有更好的性能鲁棒性。

在此基础上考察系统输出与预期动态的 IAE 指标概率密度情况，如图 4.12 所示。在标称参数下 IAE 指标为 0.0014141，参数摄动时的 IAE 指标也都集中分布在 0.0014141 附近，呈现一种近似的正态分布。并且，所有的 IAE 指标都分布在[0.0014136，0.0014143]上，与标称参数下的 IAE 指标偏差不超过 ±0.035%。由此可得，在参数摄动情况下，系统输出很好地与预期动态相符合。

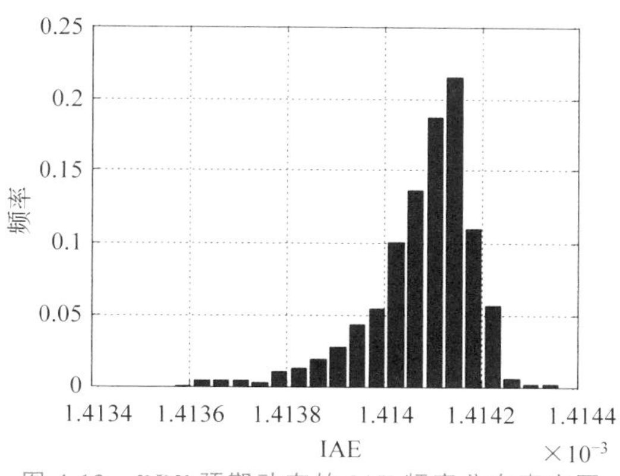

图 4.12 DDE 预期动态的 IAE 频率分布直方图

4.5 本章小结

分数阶系统是整数阶系统的推广，并能更准确地描述实际对象动态过程。本章对分数阶微积分的基本概念和分数阶控制系统进行了简要介绍，然后将单变量 PID 的 DDE 整定方法应用于分数阶对象，对典型分数阶系统模型与 PMSM 分数阶系统模型进行仿真研究，并与文献中给出的整数阶和分数阶控制方法进行了控制效果对比。另外，本章针对 10 个不同的分数阶模型设计同一 DDE-PID 控制器。仿真结果表明，采用 DDE 整定方法设计的整数阶 PID 控制器，可以对分数阶系统取得满意的控制性能；并且对于不同的分数阶系统可通过同一 DDE-PID 控制器进行控制，验证了 DDE 整定方法对分数阶控制系统的有效性和适应性。

参考文献

[1] Zhao C, Xue D, Chen Y. A fractional order PID tuning algorithm for a class of fractional order plants [C]//IEEE International Conference on Mechatronics and Automation, 2005: 216-221.

[2] Podlubny I. Fractional-order systems and $PI^{\lambda}D^{\mu}$-controllers[J]. IEEE Transactions on Automatic Control, 1999, 44(1): 208-214.

[3] Podlubny I. Fractional differential equations[M]. San Diego: Academic Press, 1999.

[4] Podlubny I. Fractional-order systems and fractional-order controllers[J]. Kosice: Slocak Academy of Science, 1994.

[5] Podlubny I. Fractional-order model: A new stage in modeling and control[J]. Preprints of the IFAC conference on system structure and control, 1998: 231-235.

[6] 王振滨，曹广益. 分数阶微积分的两种系统建模方法[J]. 系统仿真学报，2004，16(4): 810-812.

[7] 王振滨，曹广益. 分数阶微积分在系统建模中的应用[J]. 上海交通大学学报，2005，39(5): 802-805.

[8] 曾庆山，曹广益，朱新坚. 序列分数阶系统的渐进稳定性[J]. 上海交通大学学报，2005，39(3): 346-348.

[9] Hartley T T, Loenzo C F. Dynamics and control of initialized fractional order systems[J]. Nonlinear Dynamics, 2002, 29: 201-233.

[10] 张邦楚,李臣明,韩子鹏,等. 分数阶微积分及其在飞行控制系统中的应用[J]. 上海航天,2005,3: 11-14.

[11] 曹军义,梁晋,曹秉刚. 基于分数阶微积分的模糊分数阶控制器研究[J]. 西安交通交通大学学报,2005,39(11): 1246-1249.

[12] Chen Y,Moore K L,Vinagre B M,et al. Robust PID controller autotuning with a phase shaper[C]// 1st IFAC Symposium on Fractional Differentiation and its application. Bordeaux, 2004.

[13] Podlubny I. Analogue Realizations of fractional order controllers[J]. Nonlinear Dynamics, 2002, 29: 281-296.

[14] Valerio D, Sa da Costa J. Tuning of fractional PID controllers with Ziegler Nichols type rules[J]. Signal Processing, 2006, 86: 2771-2784.

[15] Gay D H, Ray W H. Identification and control of distributed parameter systems by means of the singular value decomposition[J]. Chemical Engineering Science, 1995, 50(10): 1519-1539.

[16] Lurie B J. Three parameter tunable tilt-integral-derivative (TID) controller[P]. United States, US5371670, 1994.

[17] Oustaloup A, Moreau P, Nouillant M. The CRONE suspension[J]. Control Engineering Practice, 1996, 4(8): 1101-1108.

[18] Oustaloup A, Melchoir P, Lanusse P, et al. The CRONE Toolbox for Matlab: Fractional path planning design in robotics [C]//Robot and Human Communication-Proceedings of the IEEE International Workshop, 2001: 534-540.

[19] Podlubny I, Dorcak L, Kostial I. On fractional derivatives, fractional-order dynamic system and $PI^{\lambda}D^{\mu}$-controllers[C]//Proceedings of the IEEE Conference on Decision and Control, 1997, 5: 4985-4990.

[20] Smith C L. Intelligently tune PID controllers[J]. Chemical Engineering, 2003, 110(1): 56-62.

[21] Sadeghi J, Tych W. Deriving new robust adjustment parameters for PID controllers using scale-down and scale-up techniques with a new optimization method[C]//Proceedings of ICSE: 16th Conference on Systems Engineering, 2003: 608-613.

[22] Hwang C,Leu J F, Tsay S Y. A note on time-domain simulation of feedback fractional order systems [J]. IEEE Transactions on Automatic Control, 2002, 47(4): 625-631.

[23] Isabel S, Jesus J A, Machado T, et al. Towards the PID^{β} Control of heat diffusion systems[C]// Proceedings of IEEE International Conference on Intelligent Systems Design and Applications, 2007: 913-918.

[24] Blas M,Vinagre and Vicente Feliu, Optimal fractional controllers for rational order systems: a special case of the Wiener-Hopf spectral factorization method[J]. IEEE Transactions on Automatic Control, 2007, 52(12): 2385-2389.

[25] Cahill D P M, Adkins B. The permanent-magnet synchronous motor[J]. The Proceedings of the Institution of Electrical Engineers, 1962, 109(48): 483-491.

[26] Yu W, Luo Y, Pi Y. Fractional order modeling and control for permanent magnet synchronous motor velocity servo system[J]. Mechatronics, 2013, 23(7): 813-820.

[27] Petras I. A note on the fractional-order chua's system[J]. Chaos Solitons and Pract, 2008, 38(1): 140-147.

第 5 章　基于过程响应的预期动态选择研究

5.1 引言

现有的 PID 工程整定方法及智能设计方法难以应用于燃煤机组控制回路中，主要是由于以下因素。

(1) 大部分工程整定法会使得闭环系统输出产生明显超调，导致执行机构过度动作，不仅会缩短执行器使用寿命，同时对机组的安全运行造成影响。

(2) 基于特定过程模型的整定方法需要对被控过程的模型进行辨识，不仅耗时长，且当模型不匹配或辨识精度不高时控制效果较差。

(3) 目前的 DCS 仅能实现基本运算，难以实现智能算法实时优化 PID 参数。

与目前的 PID 整定或设计方法相比，DDE-PID 具有超调小、响应速度快、模型依赖度低、结构易于实现与整定简便的优势，这些优势使其成为燃煤机组控制设计的可行替代方法。然而，本书第 2～4 章主要是利用 DDE 法的计算公式对二自由度 PID 控制器参数进行整定，并未以预期动态响应为目标对控制器参数进行整定。

反馈机制的能力存在局限，这使得控制器的响应速度不能无限快。预期动态特性决定着 DDE-PID 的响应速度，受反馈机制最大能力的约束，其极限存在。若所设计的预期动态超越了极限，则会使 DDE-PID 的闭环系统输出无法跟踪预期动态响应甚至产生明显振荡，且可能发生执行器饱和。因此，选择合适的预期动态特性，可以使闭环系统输出在跟踪预期动态响应的同时其响应速度尽可能快，对 DDE-PID 在热力系统上的应用具有重大意义。然而，该问题并未引起研究人员的足够重视。

综上，本章根据被控过程的飞升曲线，提出一种基于过程响应的预期动态选择方法。将该方法在典型热力过程模型上进行了仿真验证，在实验室的水箱水位控制系统上进行了实验验证，最后成功在燃煤机组高压加热器水位回路上进行了现场试验验证，显示了基于该方法设计的 DDE-PID 具有良好的控制性能。

本章首先在 5.2 节对所解决的问题进行了描述，其次在 5.3 节分析了参数变化对控制效果的影响，然后在 5.4 节提出基于过程响应的预期动态选择方法，最后分别在 5.5 节、5.6 节与 5.7 节通过仿真验证、实验台验证与现场试验验证说明所提出方法的有效性，最后 5.8 节对本章内容进行了小结。

5.2 问题描述

控制器的整定与设计应以系统稳定、精准跟踪设定值与响应速度快三方面为目标[1]。然而，实际中的热力过程与工控系统内部存在着众多约束，使得控制器的响应速度不能无限快。具体有以下两方面约束。

1. 执行器约束

控制器参数强意味着闭环系统响应速度快，同时也意味着执行器的动作幅度大。然而，现实中的执行器动作幅度有限。例如，对于高压加热器水位控制系统而言，其执行器——正常疏水阀门的阀位只能在 0%～100%变化，若控制信号高于 100%或低于 0%，则会产生执行器饱和，进而缩短执行器的使用寿命。另外，控制器参数整定不合适，如积分时间过短会使得执行器产生振荡，引起系统的不稳定[2,3]。

2. 反馈机制的局限

热力系统均是具有强非线性与不确定性的分布参数系统，所应用的控制方法都是以反馈机制为基础的。然而，对于一些最基本的不确定性控制系统，反馈机制克服系统不确定性的能力存在局限[4]。郭雷院士发现并证明了反馈机制控制不确定性系统时最大能力的临界值[5,6]，建立了几个关于反馈能力的“不可能性定理”。因此，受反馈机制局限的约束，控制器克服系统不确定性的能力总是存在局限。

由上述可知，对于DDE-PI/PID而言，预期动态的选择也受到以上两方面的约束。预期动态特性选择过快，一方面会引起执行器的饱和或振荡，另一方面会使得输出无法跟踪上预期响应。预期动态特性选择过慢，会使得控制回路响应速度缓慢，影响系统的运行效率。因此，预期动态的选择存在局限。

此外，热力过程精确模型难以建立，在控制器现场调试的过程中，仅能利用被控过程飞升曲线中蕴含的时间尺度与增益等信息进行控制器参数整定。为解决上述问题，本章提出一种基于过程响应的预期动态选择方法，使得控制器在执行器与反馈机制局限的约束下获得最快的响应速度，并且使得闭环系统输出精确跟踪预期动态响应曲线。

5.3 参数变化对控制效果的影响

为研究预期动态的选择方法，首先应分析如何整定DDE-PI/PID参数才能逼近预期动态响应。由1.4.1节可知，DDE-PID的可调参数为k、l、h_0与h_1，DDE-PI的可调参数为k、l与h_0。为减少DDE-PI/PID的可调参数个数，对其进行如式(5-1)的带宽参数化。

式(5-1)中，ω_d表示闭环预期带宽，$H_{\mathrm{DDE}}(s)$表示DDE-PI/PID预期动态方程的传递函数表达式。由式(2-1)可知，无论是DDE-PI还是DDE-PID，可调参数均为k、l与ω_d。

$$H_{\mathrm{DDE}}(s)=\begin{cases}\dfrac{h_0}{s+h_0}=\dfrac{\omega_d}{s+\omega_d} & \text{DDE-PI}\\[2ex] \dfrac{h_0}{s^2+h_1 s+h_0}=\dfrac{\omega_d^2}{(s+\omega_d)^2} & \text{DDE-PID}\end{cases} \tag{5-1}$$

当被控过程具有纯迟延特性时，由于纯迟延不可避免[7]，因此预期动态应设置为

$$H_{\mathrm{DDE}}(s)=\begin{cases}\dfrac{\omega_d}{s+\omega_d}\mathrm{e}^{-\tau s} & \text{DDE-PI}\\[2ex] \dfrac{\omega_d^2}{(s+\omega_d)^2}\mathrm{e}^{-\tau s} & \text{DDE-PID}\end{cases} \tag{5-2}$$

对于闭环预期带宽ω_d，其大小决定着预期动态响应的快慢。对于任一ω_d，需要通过调试k与l使得闭环系统输出跟踪预期动态响应。因此，本节主要探究k与l对DDE-PID控制效果的影响。

定理5.1 当$k\to\infty$时，DDE-PID的闭环系统特性与预期动态方程特性一致。

证明 定义$\tilde{f}=\hat{f}-f$，由式(1-15)可得

$$
\begin{aligned}
\dot{\tilde{f}}(t) &= \dot{\hat{f}} - \dot{f} \\
&= \dot{\xi} + k^2 \dot{x}_2 - klu + kf + klu - \dot{f} \\
&= -k(\xi + kx_2) + kf - \dot{f} \\
&= k\tilde{f} - \dot{f}
\end{aligned} \tag{5-3}
$$

构造 Lyapunov 函数 $V(t)$ 为

$$
V(t) = \frac{1}{2}[\tilde{f}(t)]^2 \tag{5-4}
$$

则

$$
\begin{aligned}
\dot{V}(t) &= \dot{\tilde{f}} \cdot \tilde{f} \\
&= -k\tilde{f}^2 - \tilde{f} \cdot \dot{f} \\
&\leqslant -k\tilde{f}^2 + |\dot{f}| \sqrt{2V(t)} \\
&= -2kV(t) + |\dot{f}| \sqrt{2V(t)}
\end{aligned} \tag{5-5}
$$

假设$|\dot{f}|$有界，因此$|\dot{f}|<M$，其中 M 为正数。所以，式(5-5)满足

$$
\dot{V}(t) \leqslant -2kV(t) + \sqrt{2}M\sqrt{V(t)} \tag{5-6}
$$

由上式推导可得

$$
\begin{aligned}
\frac{\mathrm{d}\sqrt{V(t)}}{\mathrm{d}t} &= \frac{\dot{V}(t)}{2\sqrt{V(t)}} \\
&\leqslant \frac{1}{2\sqrt{V(t)}}[-2kV(t) + \sqrt{2}M\sqrt{V(t)}] \\
&= -k\sqrt{V(t)} + \frac{\sqrt{2}}{2}M
\end{aligned} \tag{5-7}
$$

对于所有的 $t \geqslant t_0$，均满足

$$
0 \leqslant \sqrt{V(t)} \leqslant \mathrm{e}^{-kt}\sqrt{V(t_0)} + \frac{\sqrt{2}}{2}M\int_{t_0}^{t} \mathrm{e}^{-k(t-\theta)}\,\mathrm{d}\theta \tag{5-8}
$$

式中，不等式右侧可化简为

$$
\mathrm{e}^{-kt}\sqrt{V(t_0)} + \frac{\sqrt{2}}{2}M\int_{t_0}^{t} \mathrm{e}^{-k(t-\theta)}\,\mathrm{d}\theta = \mathrm{e}^{-kt}\sqrt{V(t_0)} + \frac{\sqrt{2}M\mathrm{e}^{-kt_0}}{2k} \tag{5-9}
$$

当 $k \to \infty$ 时，$\mathrm{e}^{-kt_0}/k \to 0$，$\mathrm{e}^{-kt}\sqrt{V(t_0)} \to 0$。因此，由式(5-8)可知，当 $k \to \infty$ 时，$|\tilde{f}| \to 0$。那么，式(1-14)可改写为

$$
u \underset{k \to \infty}{\longrightarrow} \frac{h_0(r - x_1) - h_1 x_2 - f}{l} \tag{5-10}
$$

结合式(1-10)可得

$$
\begin{aligned}
\dot{x}_2 &= f + lu \\
&= f + l \cdot \frac{h_0(r - x_1) - h_1 x_2 - f}{l} \\
&= h_0(r - x_1) - h_1 x_2
\end{aligned} \tag{5-11}
$$

由于 $y=x_1$ 且 $\dot{y}=x_2$，可得

$$\dot{x}_2=h_0(r-x_1)-h_1x_2$$
$$\Rightarrow\ddot{y}=h_0(r-y)-h_1\dot{y} \tag{5-12}$$

故当 $k\to\infty$ 时，DDE-PID 的闭环系统特性与预期动态方程特性是一致的，定理得证。 □

定理 5.2　若 k 足够大，当 $l\to 0$ 时，DDE-PID 的闭环系统特性与预期动态方程特性一致。

证明　由式(1-10)可知，当 $l\to 0$ 时，$\dot{x}_2\to f$。另外，根据式(1-15)可推导式(5-13)如下：

$$\hat{f}\underset{l\to 0}{\to}\frac{k}{s+k}\dot{x}_2 \tag{5-13}$$

若 k 足够大，则可假设当 $l\to 0$ 时，$\hat{f}\to\dot{x}_2$，因此 $\hat{f}\to f$。结合式(5-11)与式(5-12)，能够得出如定理 5.2 所述结论，定理得证。

推论 5.1　当 k 增大或 l 减小时，DDE-PID 的闭环系统输出与预期动态响应之间的误差减小。

推论 5.1 可由数值仿真算例进行验证。考虑一个简单二阶惯性纯迟延系统的传递函数，表达式为

$$G_p(s)=\frac{1}{(2s+1)(s+1)}\mathrm{e}^{-0.1s} \tag{5-14}$$

选择闭环预期带宽 $\omega_d=1$，不同的 k 与 l 对 DDE-PID 控制效果的影响如图 5.1 所示。当 k 在 0.5～5 逐渐增大时，l 固定为 1；当 l 在 10～1 逐渐减小时，k 固定为 5。另外，为分析参数变化对 DDE-PID 抗扰性能的影响，仿真过程中在输出跟踪上设定值后添加幅值为 1 的阶跃扰动。

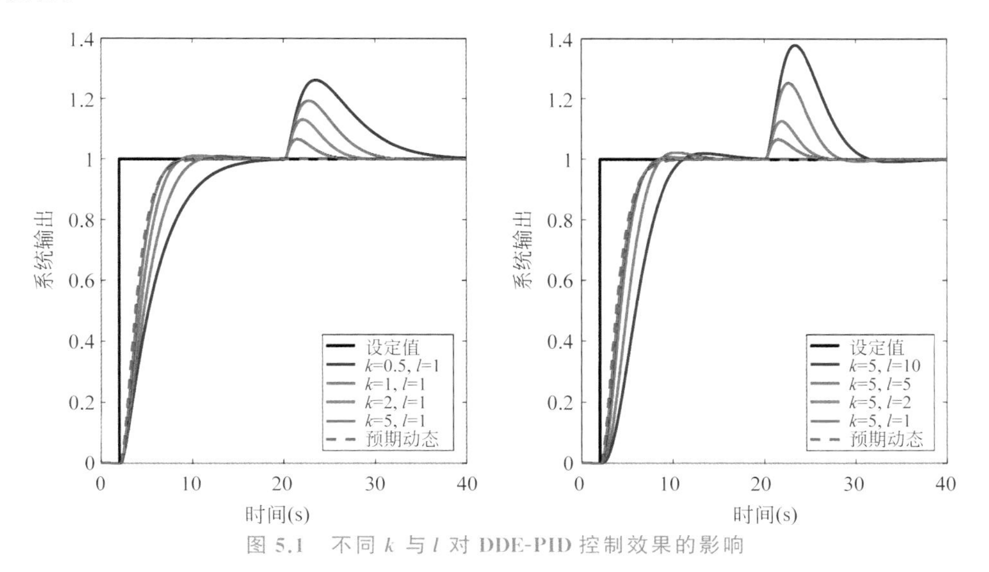

图 5.1　不同 k 与 l 对 DDE-PID 控制效果的影响

由图 5.1 可知，随着 k 的增大或 l 的减小，DDE-PID 闭环系统输出越接近预期动态响应。此外，k 越大或 l 越小，控制器作用越强，因此系统具有更强抗扰能力。

需要说明的是，由于 DDE-PI 与 DDE-PID 的基本原理相同，因此，定理 5.1、定理 5.2 与

推论 5.1 对于 DDE-PI 同样成立，这里不再赘述。参数变化对于控制效果影响的分析，能够对调试闭环系统输出逼近某一预期动态响应起到指导性作用。

5.4 基于过程响应的预期动态选择

基于 5.3 节中参数变化对控制效果影响的分析，本节提出一种基于过程响应的预期动态选择方法。

5.4.1 参数初始化

在进行预期动态选择之前，应对控制器各参数的初值进行计算。本节基于各参数的物理意义，给出 k、l 与 ω_d 的初值计算方法。

首先研究 ω_d 的初值计算方法。闭环预期带宽 ω_d 决定着预期动态响应稳定的时间尺度，过程响应时间是衡量被控过程快慢特性的重要指标，应根据过程响应时间来确定 ω_d 的初值。根据被控过程开环响应曲线的特性，一般可将被控过程分为两类：自平衡过程与非自平衡过程。对于两种不同类型的过程，其过程响应时间的定义不同，具体定义如图 5.2 所示。

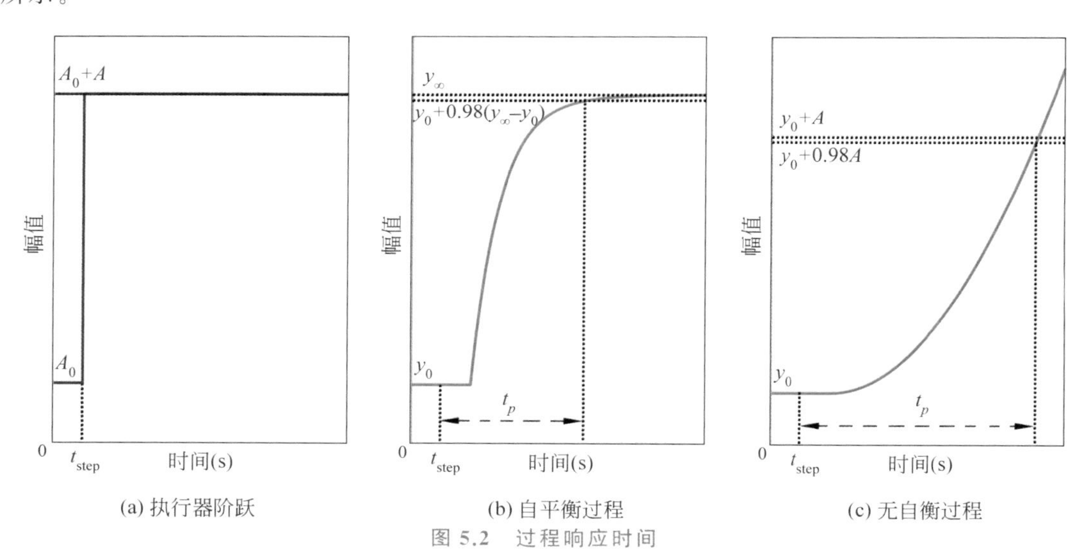

(a) 执行器阶跃　(b) 自平衡过程　(c) 无自衡过程

图 5.2　过程响应时间

图 5.2 中，t_{step}，A，A_0，y_0 与 y_∞ 分别表示执行器信号的阶跃时间、阶跃幅值、初始值、过程响应的初始值、稳定值。另外，t_p 在本章中定义为过程响应时间。由图 5.2 可知，对于自平衡过程而言，t_p 为 t_{step} 至过程响应达到其稳定值 98% 的时间；对于非自衡过程而言，t_p 为 t_{step} 至过程响应飞升至阶跃激励幅值 98% 的时间。本章对于不同的过程，根据如图 5.2 所示计算过程响应时间，利用该时间进行预期动态的选择。

对于控制器整定而言，在被控过程允许的前提下，控制系统输出响应应快于被控过程的开环响应。因此，在初始状态下，预期动态响应的 t_p 应与被控过程的 t_p 一致。

根据典型一阶系统、二阶系统的时域响应理论[8]，ω_d 的初始值计算如下式所示：

$$\omega_{d0}=\begin{cases}3.91/(t_p-\tau) & \text{DDE-PI}\\ 5.84/(t_p-\tau) & \text{DDE-PID}\end{cases} \tag{5-15}$$

式中，ω_{d0} 表示 ω_d 的初始值。

其次探究 k 的初值计算方法。由式(1-15)可知，k 为观测器的增益与极点。针对实际工业系统进行观测器设计时，在考虑估计精度的同时必须考虑避免测量噪声的放大。观测器极点的增大会提高观测器估计精度，但会放大噪声对系统的干扰，因此在噪声干扰与估计精度之间进行折中处理是观测器设计的基本问题。实际设计过程中，应保证观测器极点是闭环系统极点的 2～10 倍[9]。本章中为使得 DDE-PI/PID 克服总扰动的性能尽可能好，且尽可能不放大测量噪声，设定 k 与预期闭环带宽之间存在倍数关系，即 $k=10\omega_d$。因此，k 的初始值 k_0 应设置为 $10\omega_{d0}$。

最后研究 l 的初值计算方法。由 1.4.1 节可知，l 是 H 的估计，但是 H 是未知的。由式(1-8)可知，H 与 $\dot{x}_n$ 和 u 之间的增益有关，定义该增益为临界增益 $\tilde{l}$。对于 DDE-PI 与 DDE-PID，$\tilde{l}$ 的计算方法不同，具体如下。

(1) 对于 DDE-PI 而言，$\tilde{l}$ 为 $\dot{y}$ 与 u 之间的增益。自平衡过程与无自衡过程的开环响应可利用切线法[10]近似为如下的一阶惯性纯迟延与一阶积分纯迟延系统：

$$G_p(s)\approx\begin{cases}\dfrac{K}{Ts+1}\mathrm{e}^{-\tau s} & \text{自平衡过程}\\ \dfrac{K}{s}\mathrm{e}^{-\tau s} & \text{无自衡过程}\end{cases} \tag{5-16}$$

其中，K 与 T 分别表示近似系统的增益与时间常数。对于自平衡过程，近似系统的微分方程表达式为

$$\dot{y}(t)=-\frac{1}{T}y(t)+\frac{K}{T}u(t-\tau) \tag{5-17}$$

对于无自衡过程，近似系统的微分方程表达式为

$$\dot{y}(t)=Ku(t-\tau) \tag{5-18}$$

结合式(5-17)与式(5-18)，可得 $\tilde{l}$ 的表达式为

$$\tilde{l}=\begin{cases}K/T & \text{自平衡过程}\\ K & \text{无自衡过程}\end{cases} \tag{5-19}$$

(2) 对于 DDE-PID 而言，$\tilde{l}$ 为 $\ddot{y}$ 与 u 之间的增益。自平衡过程与无自衡过程的开环响应可利用两点法[11]近似为如下的二阶惯性纯迟延与二阶积分纯迟延系统：

$$G_p(s)\approx\begin{cases}\dfrac{K}{(T_1s+1)(T_2s+1)}\mathrm{e}^{-\tau s} & \text{自平衡过程}\\ \dfrac{K}{s(T_2s+1)}\mathrm{e}^{-\tau s} & \text{无自衡过程}\end{cases} \tag{5-20}$$

其中，T_1 与 T_2 均是近似系统的时间常数。对于自平衡过程，近似系统的微分方程表达式为

$$\ddot{y}(t)=-\frac{T_1+T_2}{T_1T_2}\dot{y}(t)-\frac{1}{T_1T_2}y(t)+\frac{K}{T_1T_2}u(t-\tau) \tag{5-21}$$

对于无自衡过程，近似系统的微分方程表达式为

$$\ddot{y}(t)=-\frac{1}{T_2}\dot{y}(t)+\frac{K}{T_2}u(t-\tau) \tag{5-22}$$

结合式(5-21)与式(5-22),可得 $\tilde{l}$ 的表达式为

$$\tilde{l}=\begin{cases}K/(T_1T_2) & \text{自平衡过程}\\ K/T_2 & \text{无自衡过程}\end{cases} \tag{5-23}$$

根据史耕金等[12]所述,l 越大,DDE-PI/PID 具有越宽的参数稳定域。因此,为避免控制器投入后闭环系统立即发散,l 的初值选择为 $l_0=10\tilde{l}$。

综上所述,DDE-PI/PID 的各个参数均具有各自的物理意义。因此,相比于其他 PI/PID 设计方法,DDE-PI/PID 易于工程师掌握。

5.4.2 精确跟踪预期动态响应的判定条件

由 5.3 节可知,当总扰动 f 被完全估计与补偿时,DDE-PI/PID 的闭环系统输出与预期动态响应一致。然而,对于热力过程而言,f 是不可测的,且难以避免。因此,从理论上通过总扰动的补偿程度来判定闭环系统输出精确跟踪预期动态响应是十分困难的。

考虑工程应用的简便性,本节给出 4 个建议的判定条件。当闭环系统输出稳定且同时满足以下 4 个判定条件时,可认为系统输出与预期动态响应几乎一致。

判定条件 1　系统输出与预期动态响应之间 IAE 的偏差不超过 10%。

定义衡量系统输出与预期动态响应之间 IAE 的偏差指标 Δ_{IAE} 为

$$\Delta_{\mathrm{IAE}}=\frac{|\mathrm{IAE_p}-\mathrm{IAE_d}|}{\mathrm{IAE_d}}\times 100\% \tag{5-24}$$

其中,$\mathrm{IAE_p}$ 表示系统输出与设定值之间的 IAE,$\mathrm{IAE_d}$ 表示预期动态响应与设定值之间的 IAE。本章中给定 $\Delta_{\mathrm{IAE}}\leqslant 10\%$,然而该判定条件是灵活的。例如,若期望系统输出跟踪预期动态响应的精度更高,可设置 $\Delta_{\mathrm{IAE}}\leqslant 5\%$ 为判定条件。

图 5.3 为判定条件 1 的图解,图中 t_∞ 表示仿真或实验的终止时间,判定条件 1 主要用于衡量闭环系统输出与预期动态响应之间响应速度快慢的差别。

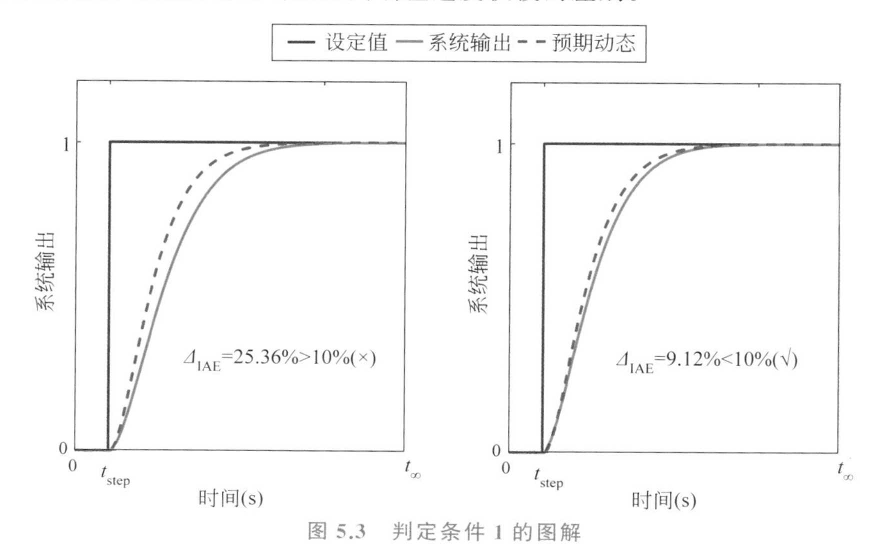

图 5.3　判定条件 1 的图解

判定条件 2 系统输出的超调量不超过 1%。

DDE-PI/PID 的预期动态响应为典型一阶、二阶惯性系统的响应，其具有无超调且平稳的特点。因此，对于闭环系统输出而言，其超调量应当越小越好。本章中给定超调量不超过 1%，与判定条件 1 类似，该判定条件也是灵活的。若期望系统输出更加平稳，可设置超调量不超过 0.5% 为判定条件。

图 5.4 为判定条件 2 的图解，图中 $\sigma\%$ 表示系统输出的超调量。由图 5.4 可知，判定条件 2 主要用于衡量系统输出是否平稳跟踪设定值。

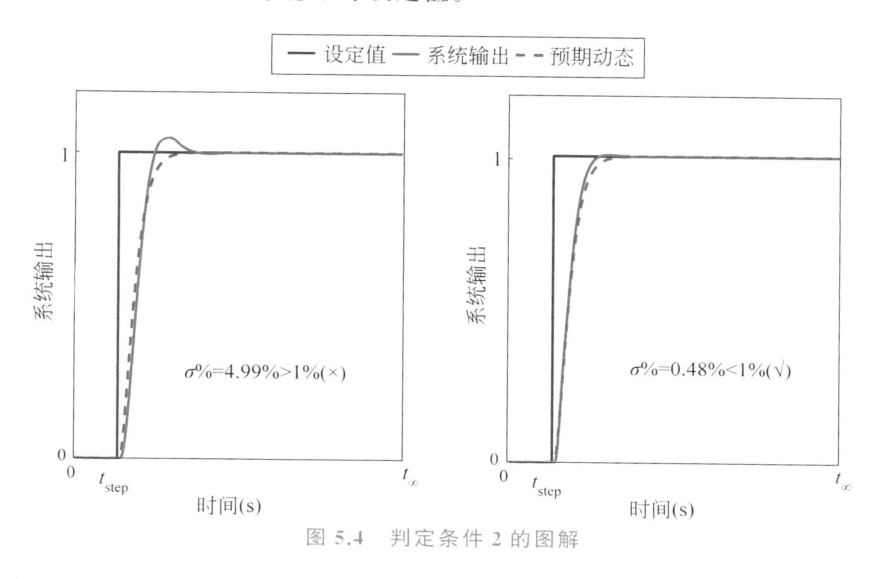

图 5.4 判定条件 2 的图解

判定条件 3 系统输出无明显振荡。

若控制器参数整定不合适，则系统输出会产生明显振荡，进而影响闭环系统稳定性。因此，为使得系统输出精确跟踪预期动态响应，那么应当避免振荡。然而，系统输出振荡难以定量描述。为此，图 5.5 给出判定条件 3 的图解，出现以下几种振荡情况时，即使满足其他判定条件，也不能认为系统输出精确跟踪预期动态响应。

判定条件 4 执行器未出现饱和。

如 5.2 节所述，控制器作用过强会使得控制量变化幅度大。当变化幅度过大时，会使得执行器输出达到其限幅产生饱和，缩短执行器使用寿命[13]。因此，为保护执行器，应避免出现饱和，判定条件 4 的图解如图 5.6 所示。

图 5.6 中，u^{+} 和 u_{-} 分别表示执行器输出限幅的上限与下限。基于以上所述的判定条件，能够判断系统输出是否精确跟踪预期动态响应。

5.4.3 预期动态选择

基于 5.3 节、5.4.1 节与 5.4.2 节的内容，本节提出 DDE-PI/PID 的预期动态选择方法。预期动态的选择在本质上是以以下两点为目标的 DDE-PI/PID 整定方法：

(1) 系统输出的响应速度尽可能快；

(2) DDE-PI/PID 满足所有的判定条件。

本章定义一个新的 DDE-PI/PID 控制器的可调参数 k_b，用于描述当前预期动态与初始

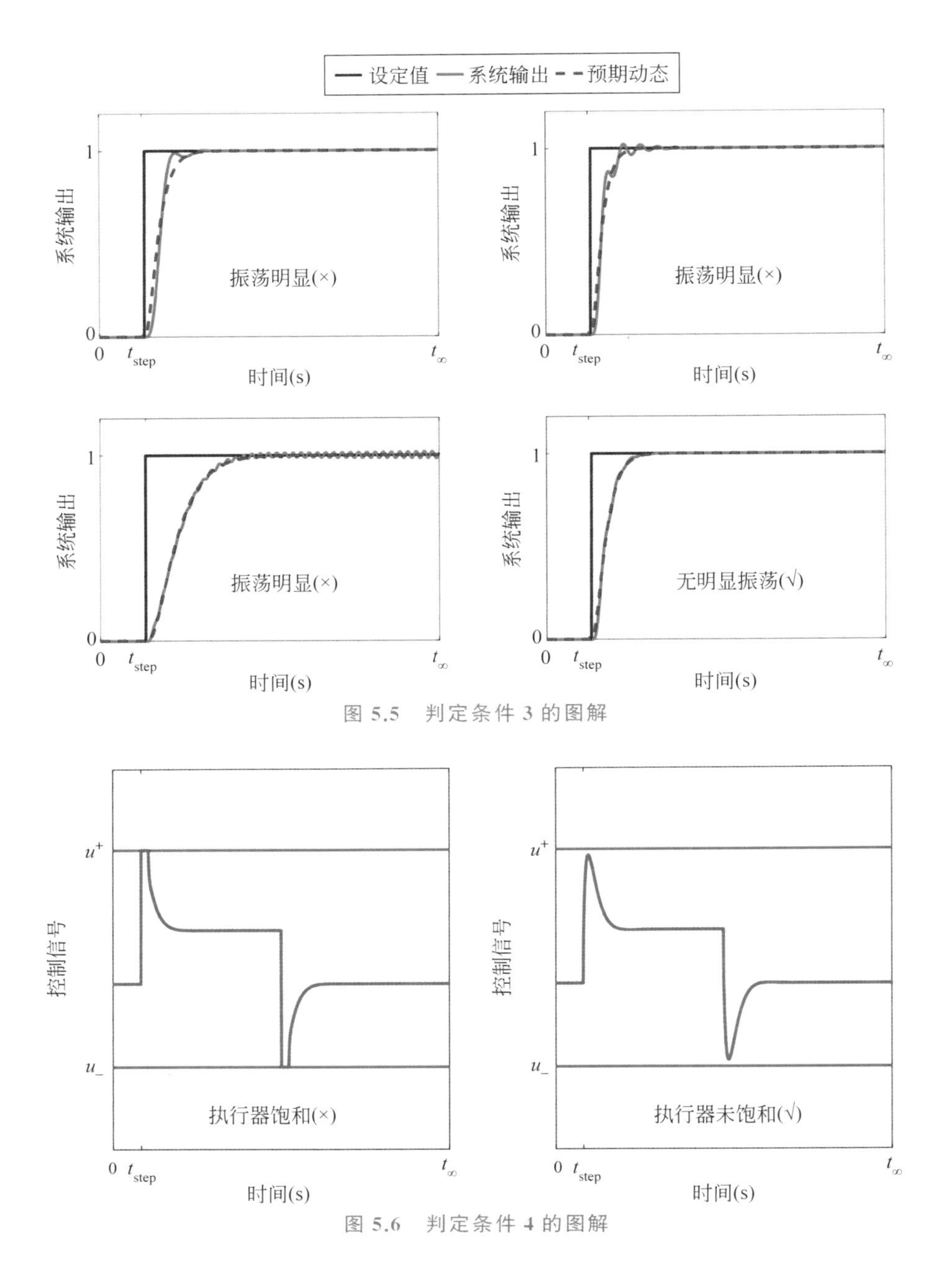

图 5.5 判定条件 3 的图解

图 5.6 判定条件 4 的图解

预期动态之间响应速度的倍数关系，具体表达式如下：

$$\omega_d = k_b \omega_{d0} \tag{5-25}$$

针对热力系统的 DDE-PI/PID 设计可总结为以下步骤：

(1) 根据过程响应获取增益、时间尺度等信息；

(2) 根据所获得的信息，计算 DDE-PI/PID 的初始参数；

(3) 基于提出的预期动态选择方法，整定控制器参数。

DDE-PI/PID 的预期动态选择，可分为以下三部分。

部分Ⅰ 首先，应判断 DDE-PI/PID 是否能够通过调试使得闭环系统输出精确跟踪初始预期动态响应，根据初始动态响应的跟踪效果决定增大或减小闭环预期带宽。结合 5.3 节中参数变化对控制效果影响的分析以及 5.4.1 节参数初值计算与 5.4.2 中的判定条件，可总结部分Ⅰ的步骤如下。

(1) 根据开环测试曲线获取过程响应时间 t_p，并计算 ω_{d0}。

(2) 令 $k_b=1$，$k=10k_b\omega_{d0}$ 且 $l=l_0$。

(3) 判断系统输出是否满足所有精确跟踪预期动态响应的判定条件。若满足，终止部分Ⅰ的流程，启动部分Ⅱ的流程；否则进行下一步骤。

(4) 判断 l 是否过小(例如 $l=0.000001$)。若 l 过小，终止部分Ⅰ的流程，启动部分Ⅲ的流程；否则，减小 l 并返回步骤 3。

部分Ⅱ　其次，若 DDE-PI/PID 控制器能够使得闭环系统输出精确跟踪初始预期动态响应，说明预期动态响应的极限相比于初始预期动态较快，应增大闭环预期带宽。因此，应不断增大 k_b，直至无论如何调试 DDE-PI/PID 控制器参数，系统输出无法同时满足所有的判定条件。具体步骤如下。

(1) 增大 k_b。

(2) 令 $k=10k_b\omega_{d0}$ 且 $l=l_0$。

(3) 判断系统输出是否满足所有精确跟踪预期动态响应的判定条件。若满足，记下当前 k_b，k，l 分别为 k_b^*，k^*，l^* 并返回步骤(1)；否则进行下一步骤。

(4) 判断 l 是否过小(例如 $l=0.000001$)。若 l 过小，终止部分Ⅱ的流程，根据 k_b^*，k^*，l^* 计算 DDE-PI/PID 控制器参数，结束预期动态选择；否则，减小 l 并返回步骤(3)。

部分Ⅲ　然而，若 DDE-PI/PID 控制器不能够使得闭环系统输出精确跟踪初始预期动态响应，说明预期动态响应的极限相比于初始预期动态较慢，应减小闭环预期带宽。因此，应不断减小 k_b 直至可通过调试 DDE-PI/PID 控制器参数，使得系统输出能够同时满足所有的判定条件。具体步骤如下。

(1) 减小 k_b。

(2) 令 $k=10k_b\omega_{d0}$ 且 $l=l_0$。

(3) 判断系统输出是否满足所有精确跟踪预期动态响应的判定条件。若满足，终止部分Ⅲ的流程，记下当前 k_b，k，l 分别为 k_b^*，k^*，l^*，并根据 k_b^*，k^*，l^* 计算 DDE-PI/PID 控制器参数，结束预期动态选择；否则进行下一步骤。

(4) 判断 l 是否过小(例如 $l=0.000001$)。若 l 过小，返回步骤(1)；否则，减小 l 并返回步骤(3)。

综上所述，各部分的作用总结如下。

(1) 部分Ⅰ用于判断输出是否能精确跟踪初始预期动态，进而判断预期动态极限的位置。

(2) 部分Ⅱ、部分Ⅲ根据部分Ⅰ的结果，求解出预期动态选择的极限。

为更加直观地描述预期动态选择的方法，图 5.7 给出预期动态选择的流程图。根据图 5.7所示的内容，对于预期动态选择的流程进行如下说明。

(1) 若被控过程是一具有负增益的对象，则 l 值为负，此时应当通过减小 l 的绝对值进行 DDE-PI/PID 参数的调整。

(2) 对于数值仿真而言，k_b 可以以 0.01 甚至 0.001 的步距增大或者减小。然而，由于现场试验的条件与时间有限，k_b 推荐以 1 的步距增大，以 0.1 的步距减小。

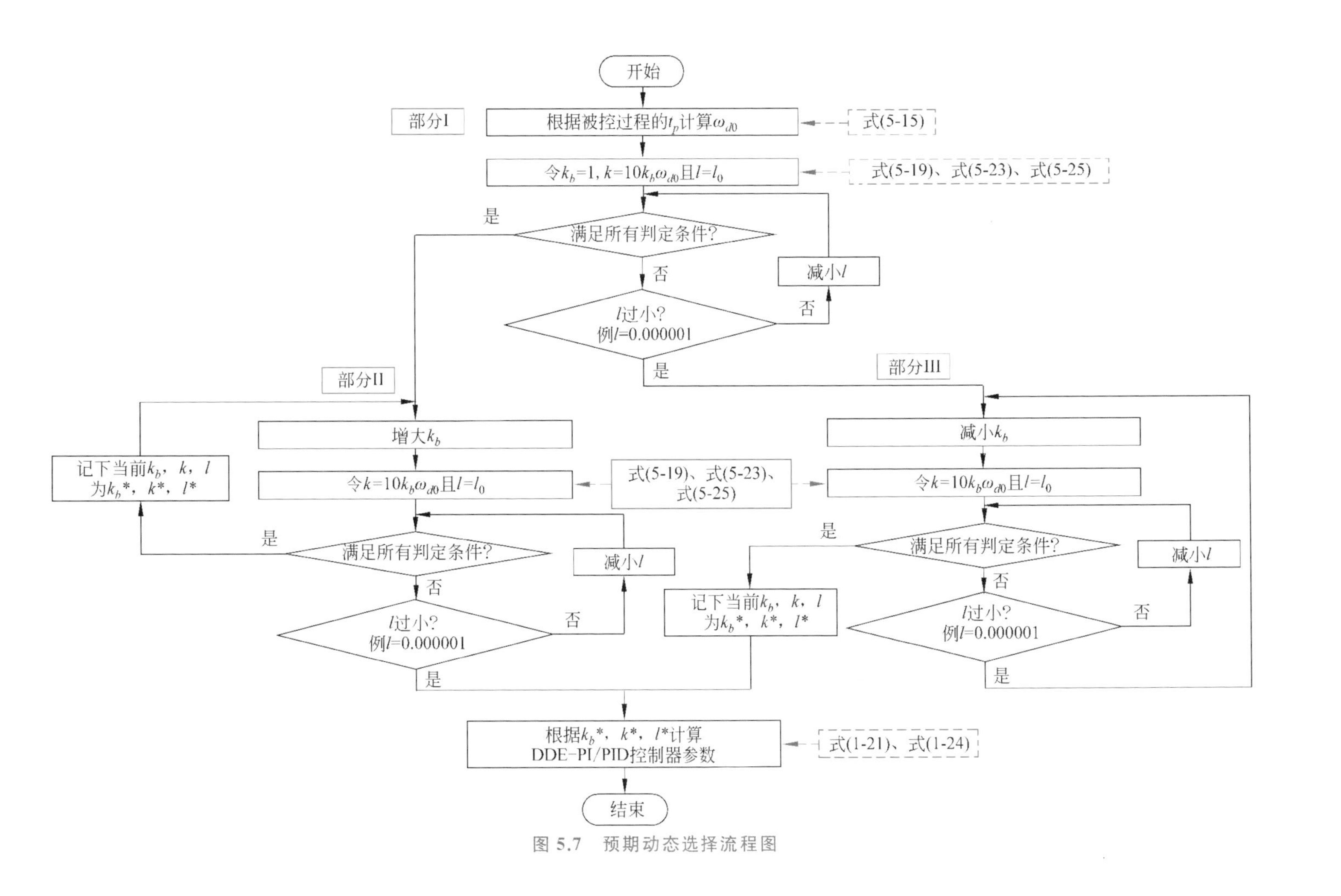

图 5.7 预期动态选择流程图

(3) 对于某一系列给定的判定条件，通过如图5.7所示的选择方法，能够求解出某一被控过程的预期动态的极限，即DDE-PI/PID能满足所有判定条件的最快预期动态特性。

(4) 基于所提出的方法整定DDE-PI/PID控制器，不需要被控过程精确的数学模型，仅需要反映过程时间尺度的信息。

(5) PID的整定原本是一项非确定性多项式(Non-deterministic polynomial, NP)难题，利用传统的工程整定法需要考虑各参数之间的折中[14,15]。然而，本章提出的预期动态选择方法整定DDE-PI/PID仅需要单调整定一个控制器参数(l)，降低了PID整定的复杂度。

5.5 仿真研究

为展现基于所提出预期动态选择方法整定DDE-PI/PID控制器的优越性，本节针对10个典型过程模型开展仿真研究，过程传递函数模型如式(5-26)～式(5-35)所示：

$$G_{p1}(s)=\frac{1}{(s+1)(0.2s+1)} \tag{5-26}$$

$$G_{p2}(s)=\frac{2(15s+1)}{(20s+1)(s+1)(0.1s+1)^2} \tag{5-27}$$

$$G_{p3}(s)=\frac{1}{(s+1)^4} \tag{5-28}$$

$$G_{p4}(s)=\frac{1}{(s+1)(0.2s+1)(0.04s+1)(0.008s+1)} \tag{5-29}$$

$$G_{p5}(s)=\frac{1}{160s+1}e^{-20s} \tag{5-30}$$

$$G_{p6}(s)=\frac{1}{(20s+1)(2s+1)}e^{-s} \tag{5-31}$$

$$G_{p7}(s)=\frac{(-0.3s+1)(0.08s+1)}{(2s+1)(s+1)(0.4s+1)(0.2s+1)(0.05s+1)} \tag{5-32}$$

$$G_{p8}(s)=\frac{(0.17s+1)^2}{s(s+1)^2(0.028s+1)} \tag{5-33}$$

$$G_{p9}(s)=\frac{1}{s^2(s+1)} \tag{5-34}$$

$$G_{p10}(s)=\frac{4}{(4s-1)(s+1)} \tag{5-35}$$

上述被控对象种类较多，包括低阶对象(G_{p1})、高阶对象(G_{p2},G_{p3},G_{p4})、纯迟延对象(G_{p5},G_{p6})、非最小相位对象(G_{p7})、含积分对象(G_{p8},G_{p9})与不稳定对象(G_{p10})。这些对象能够描述大部分的热力过程，例如高阶对象可描述循环流化床床温、过热汽温、再热汽温的特性，纯迟延对象可描述高压加热器水位、低压加热器水位的特性，积分对象可描述汽包水位的特性，非最小相位对象可描述燃气轮机排烟温度的特性。

5.5.1 预期动态的极限

DDE-PI/PID是以反馈机制为基础的控制器，因此它处理系统不确定性的能力是局限的。由 5.3 节可知，当系统总扰动能够被补偿时，系统输出能够精确跟踪预期动态响应。然而，DDE-PI/PID 补偿系统总扰动的能力存在局限，因此预期动态的极限存在。如果闭环预期带宽选择超过了极限，则系统输出不能同时满足所有的判定条件。本节通过数值仿真讨论了不同对象预期动态响应的极限。

首先，对于某些对象，其预期动态的极限不由被控对象的特性决定，而与执行器的限幅有关。因此，在不考虑执行器限幅的情况下，预期动态响应可以无限快。以 G_{p1}，G_{p8} 和 G_{p10} 为例，图 5.8～图 5.10 展现了不同 k_b 的 DDE-PID 的控制效果。

由图 5.8～图 5.10 可知，很明显，当 k_b 甚至为 16 时，即预期动态响应为其初始响应的 16 倍快时，系统输出依旧能够精确跟踪预期动态响应。然而，随着预期动态的加快，控制信号变化的幅值增大，有导致执行器饱和的可能。因此对于这些被控对象，预期动态的极限取决于执行器限幅的幅值。

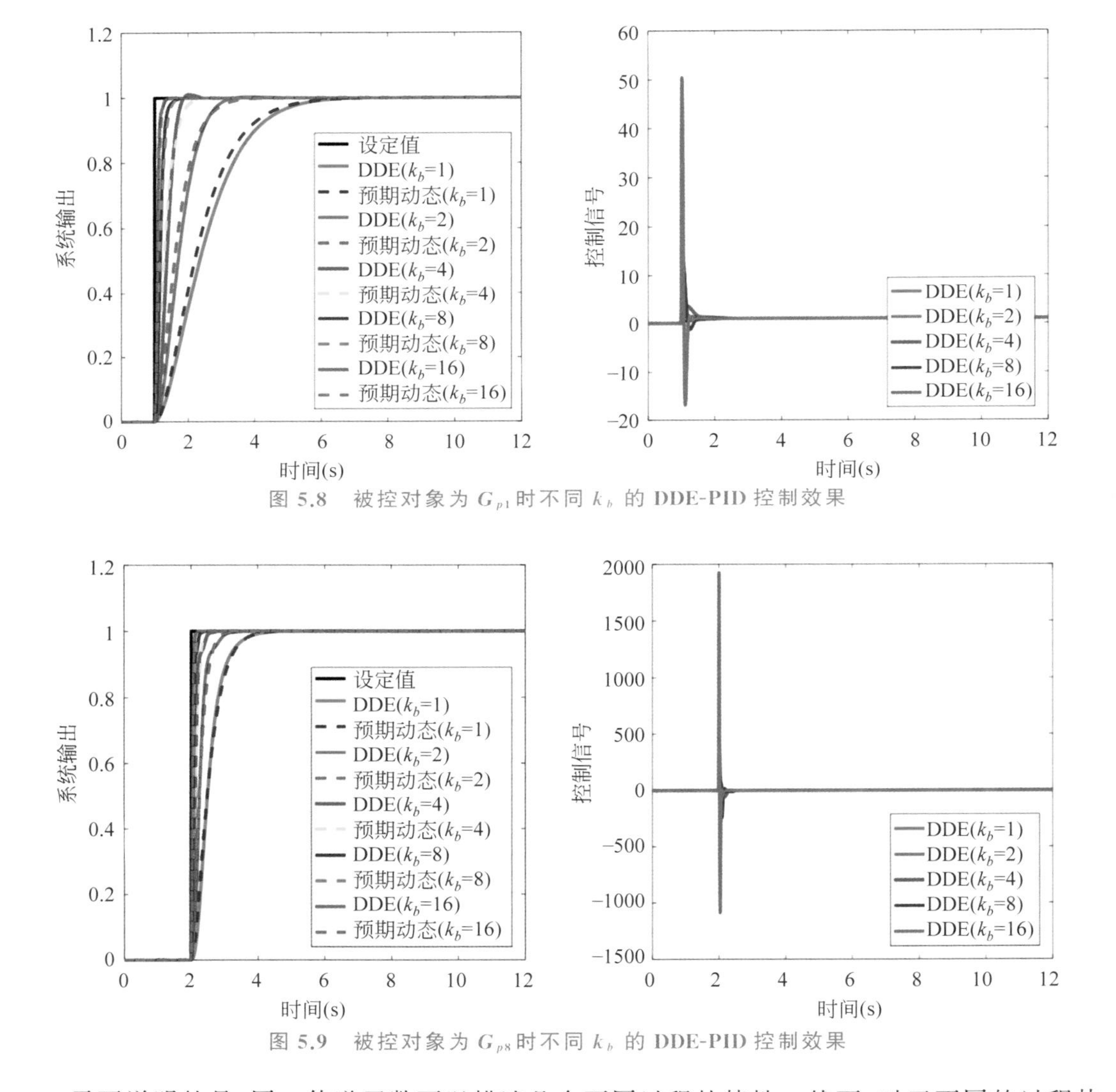

图 5.8　被控对象为 G_{p1} 时不同 k_b 的 DDE-PID 控制效果

图 5.9　被控对象为 G_{p8} 时不同 k_b 的 DDE-PID 控制效果

需要说明的是，同一传递函数可以描述几个不同过程的特性。然而，对于不同的过程执

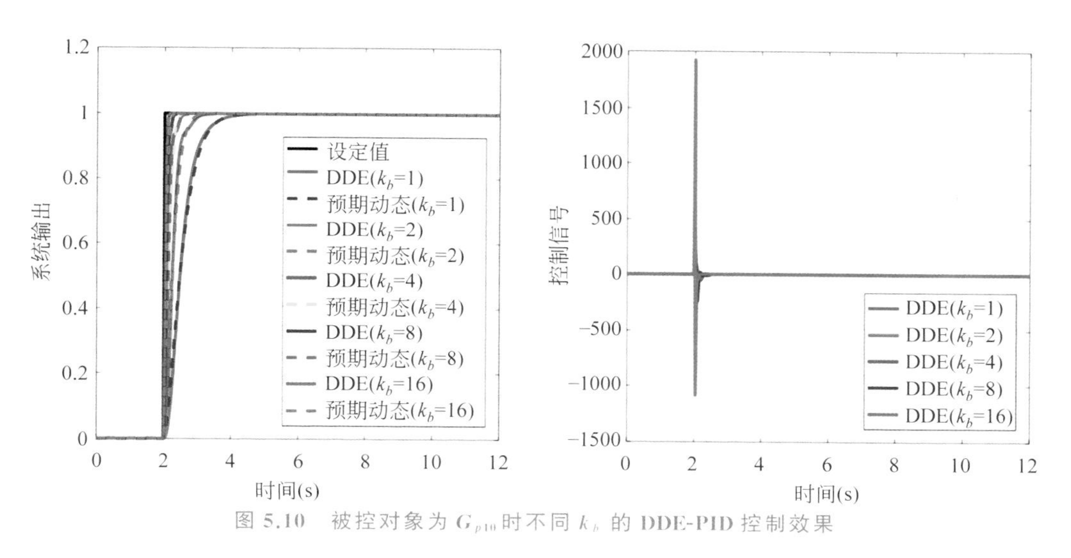

图 5.10　被控对象为 G_{p10} 时不同 k_b 的 DDE-PID 控制效果

行器的约束也不一致。因此，为避免讨论执行器约束对仿真结果的影响，本书仅在进行实验台验证与现场试验时考虑执行器带来的约束。

其次，对于某些被控对象，预期动态的极限由其本身的特性决定。以 G_{p1}，G_{p7} 和 G_{p9} 为例，图 5.11～图 5.13 展现了不同 k_b 的 DDE-PID 的控制效果。

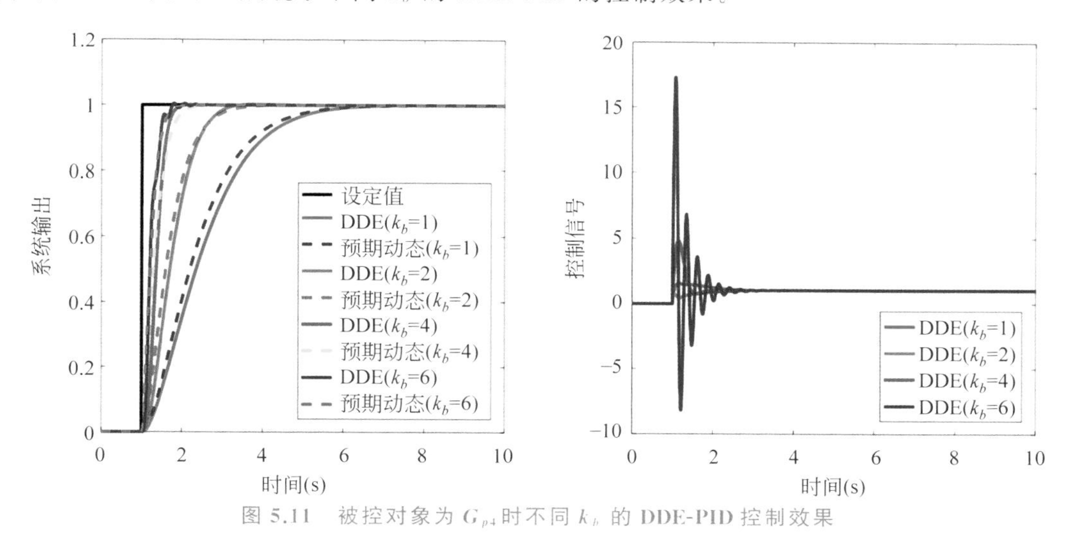

图 5.11　被控对象为 G_{p4} 时不同 k_b 的 DDE-PID 控制效果

由图 5.11～图 5.13 可知，对于上述对象而言，ω_d 的极限由被控对象特性决定。在不考虑执行器限幅的情况下，G_{p4} 的闭环预期带宽极限存在于 $4\omega_{d0}$～$6\omega_{d0}$ 之间，G_{p7} 的闭环预期带宽极限存在于 ω_{d0}～$2\omega_{d0}$ 之间，G_{p9} 的闭环预期带宽极限存在于 $0.1\omega_{d0}$～$0.2\omega_{d0}$ 之间。

基于 5.4.3 节所提出的预期动态选择方法求解各被控对象的预期动态极限，如表 5.1 所示。需要说明的是，k_b 以 0.1 为步距增大或减小。

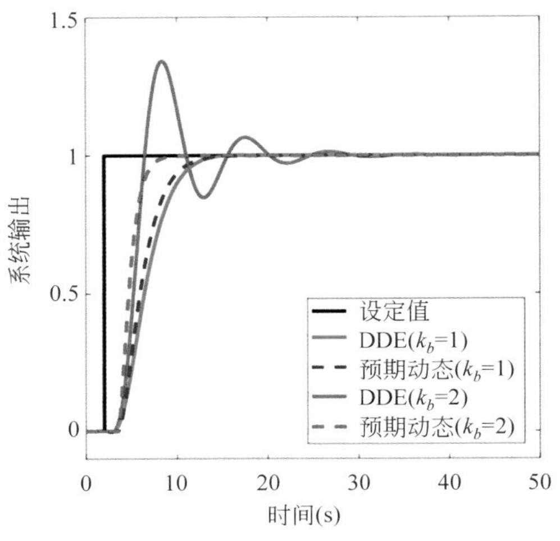

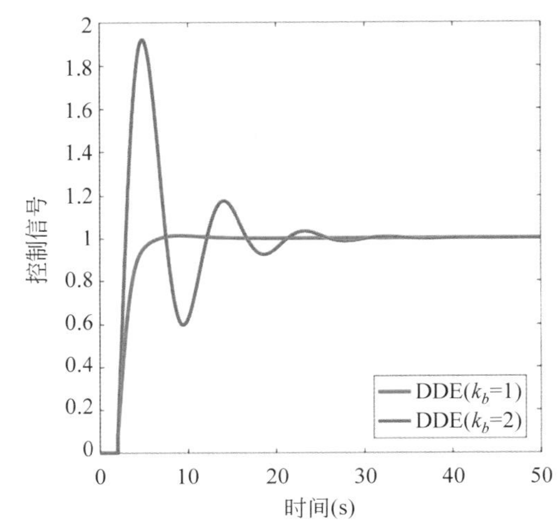

图 5.12 被控对象为 G_{p7} 时不同 k_b 的 DDE-PID 控制效果

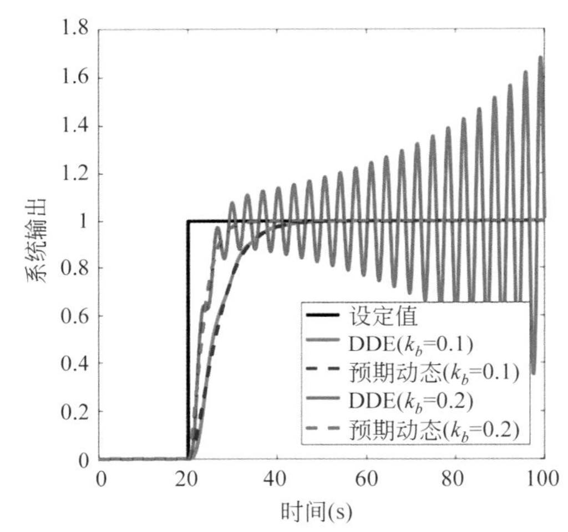

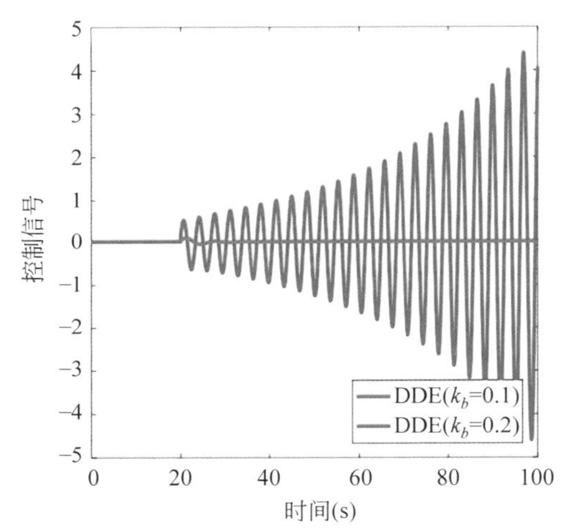

图 5.13 被控对象为 G_{p9} 时不同 k_b 的 DDE-PID 控制效果

表 5.1 10 个典型过程的预期动态极限

被控对象	PI/PID-b*	t_p(s)	τ(s)	ω_{d0}	k_b^*	ω_d 的极限**
$G_{p1}(s)$	PID-b	4.14	0	1.411	>16	$>16\omega_{d0}$
$G_{p2}(s)$	PID-b	51.75	0	0.113	>50	$>50\omega_{d0}$
$G_{p3}(s)$	PID-b	9.10	1.5	0.768	0.9	$0.9\omega_{d0}\sim\omega_{d0}$
$G_{p4}(s)$	PID-b	4.19	0	1.394	5.1	$5.1\omega_{d0}\sim5.2\omega_{d0}$
$G_{p5}(s)$	PI-b	644.53	20	0.006	2.9	$2.9\omega_{d0}\sim3\omega_{d0}$
$G_{p6}(s)$	PID-b	79.71	1	0.074	5.3	$5.3\omega_{d0}\sim5.4\omega_{d0}$
$G_{p7}(s)$	PID-b	10.12	1.47	0.675	1.2	$1.2\omega_{d0}\sim1.3\omega_{d0}$
$G_{p8}(s)$	PID-b	2.38	0	2.454	>16	$>16\omega_{d0}$

续表

被控对象	PI/PID-b*	t_p(s)	τ(s)	ω_{d0}	k_b^*	ω_d 的极限**
$G_{p9}(s)$	PID-b	2.11	0	2.768	0.1	$0.1\omega_{d0} \sim 0.2\omega_{d0}$
$G_{p10}(s)$	PID-b	1.66	0	3.518	>16	$>16\omega_{d0}$

注：* PI/PID-b 表示 DDE-PI/PID；** $a\omega_{d0} \sim b\omega_{d0}$ 表示极限存在于 $a\omega_{d0}$ 与 $b\omega_{d0}$ 之间，$>c\omega_{d0}$ 说明极限在仿真中不由被控对象特性决定。

由表 5.1 可知，G_{p1}，G_{p2}，G_{p8} 与 G_{p10} 的预期动态极限将由某一给定的执行器限幅决定，其他被控对象的预期动态极限由其本身的特性决定。根据表 5.1 中的结果，可整定出响应速度最快且满足所有判定条件的 DDE-PI/PID 控制器。

5.5.2 控制效果对比

为体现进行预期动态选择后的 DDE-PI/PID 具有良好的控制效果，本节将 DDE 法与其他经典且公认的工程整定法进行控制效果对比，包括 Z-N 法[16]、IMC 法[17]、SIMC 法[18]与 AMIGO 法[19]，这些经典的整定方法都是基于 PID 的标准型形式提出的，具体整定公式在本章参考文献[16-19]中进行了介绍，这里不再赘述。需要说明的是，AMIGO-PID 具有和 DDE-PID 同样的控制结构。表 5.2 给出了 10 个典型系统的不同控制器参数。

表 5.2 中，T_i 与 T_d 分别表示标准型 PID 控制器的积分时间常数与微分时间常数。由表 5.2 可知，由于对比控制方法基于特定的过程模型形式，在进行参数计算时需要将被控对象近似为它们所基于的特定模型。因此，它们并不适用于所有类型的被控对象，例如：

(1) Z-N 法、IMC 法与 AMIGO 法不适用于含有双积分环节的对象，如式(5-34)所示的 G_{p9}；

(2) AMIGO 法不适用于含有右半平面(Right-half Plane，RHP)极点的对象，如式(5-35)所示的 G_{p10}。

然而，基于预期动态选择的 DDE 法却适用于所有类型的对象，因为在整定的过程中仅需要利用过程响应曲线进行整定。另外，除 G_{p1}，G_{p2}，G_{p8} 与 G_{p10} 外，其他对象均选用响应速度最快且能精确跟踪响应的 DDE-PI/PID 控制器参数与其他方法进行对比。

基于表 5.2 中的控制器参数，图 5.14～图 5.18 展示了针对 10 个典型过程的不同控制器控制效果。需要说明的是，在仿真过程中，设定值首先产生幅值为 1 的阶跃信号来比较各控制器的跟踪性能。当输出跟踪上设定值且稳定后，再添加一阶跃扰动信号，用于比较各控制器的抗扰性能。另外，阶跃扰动信号的幅值根据不同被控过程的对象特性设置不同。但是对于同一对象不同控制器，阶跃扰动的幅值是一致的。

根据图 5.14～图 5.18 所示的仿真结果，针对各控制器的控制效果，可以得出以下 3 点结论。

(1) 与其他控制器相比，DDE-PI/PID 具有更平稳的跟踪性能与更好的抗扰性能。

(2) IMC-PI/PID 与 SIMC-PI/PID 是针对典型一阶、二阶纯迟延系统提出的，因此两种方法在控制器 G_{p5} 与 G_{p6} 获得了良好的控制效果。然而，当被控对象模型形式失配时，IMC-PI/PID 与 SIMC-PI/PID 具有较为明显的超调与振荡衰减。

(3) AMIGO-PI/PID 的控制器参数较为保守，因此它的跟踪响应较慢，且由于扰动引起的动态偏差较大。

表 5.2　10 个典型过程的不同控制器参数

被控对象	PI/PID	Z-N $\{k_p, T_i, T_d\}$	IMC $\{k_p, T_i, T_d\}$	SIMC $\{k_p, T_i, T_d\}$	AMIGO $\{k_p, T_i, T_d, b\}$	DDE $\{\omega_{d0}, k_b, l\}$
$G_{p1}(s)$	PID	{13.2,0.2,0.05}	{8.46,1.1,0.05}	{5,0.8,0.1}	{5.15,0.44,0.047,5.15}	{1.411,8,28.2}
$G_{p2}(s)$	PID	{5.6,0.3,0.075}	{3.59,1.05,0.075}	{6.67,0.4,0.15}	{2.23,0.53,0.072,2.23}	{0.113,50,70.5}
$G_{p3}(s)$	PID	{0.72,5,1.25}	{0.46,1.5,1.25}	{0.5,1.5,1}	{0.47,2.08,0.83,0}	{0.768,0.9,6.3}
$G_{p4}(s)$	PID	{8.92,0.30,0.074}	{5.72,1.1,0.074}	{17.9,0.23,0.22}	{3.54,0.54,0.071,3.54}	{1.394,5.1,25.2}
$G_{p5}(s)$	PI	{7.2,66.67,0}	{4.99,170,0}	{4,160,0}	{2.16,106.64,0,2.16}	{0.006,2.9,0.042}
$G_{p6}(s)$	PID	{12.6,4,1}	{8.07,21,1}	{10,8,2}	{4.93,8.59,0.97,4.93}	{0.074,5.3,0.159}
$G_{p7}(s)$	PID	{2.04,2.94,0.74}	{1.31,2.5,0.74}	{1.3,2,1.2}	{0.97,2.21,0.62,0.97}	{0.675,1.2,5.6}
$G_{p8}(s)$	PID	{3.82,1.81,0.45}	{23.20,1.90,1.33}	{1.4,2.86,1.33}	{0.45,13.52,0.085,0}	{2.454,1,1.4}
$G_{p9}(s)$	PID	N/A*	N/A	{0.0625,8,8}	N/A	{2.768,0.1,1.9}
$G_{p10}(s)$	PID	{9.6,1,0.25}	{15.31,4.9,0.73}	{8.93,0.8,0.8}	N/A	{3.518,1,5.1}

注：* N/A 表示该方法不适用。

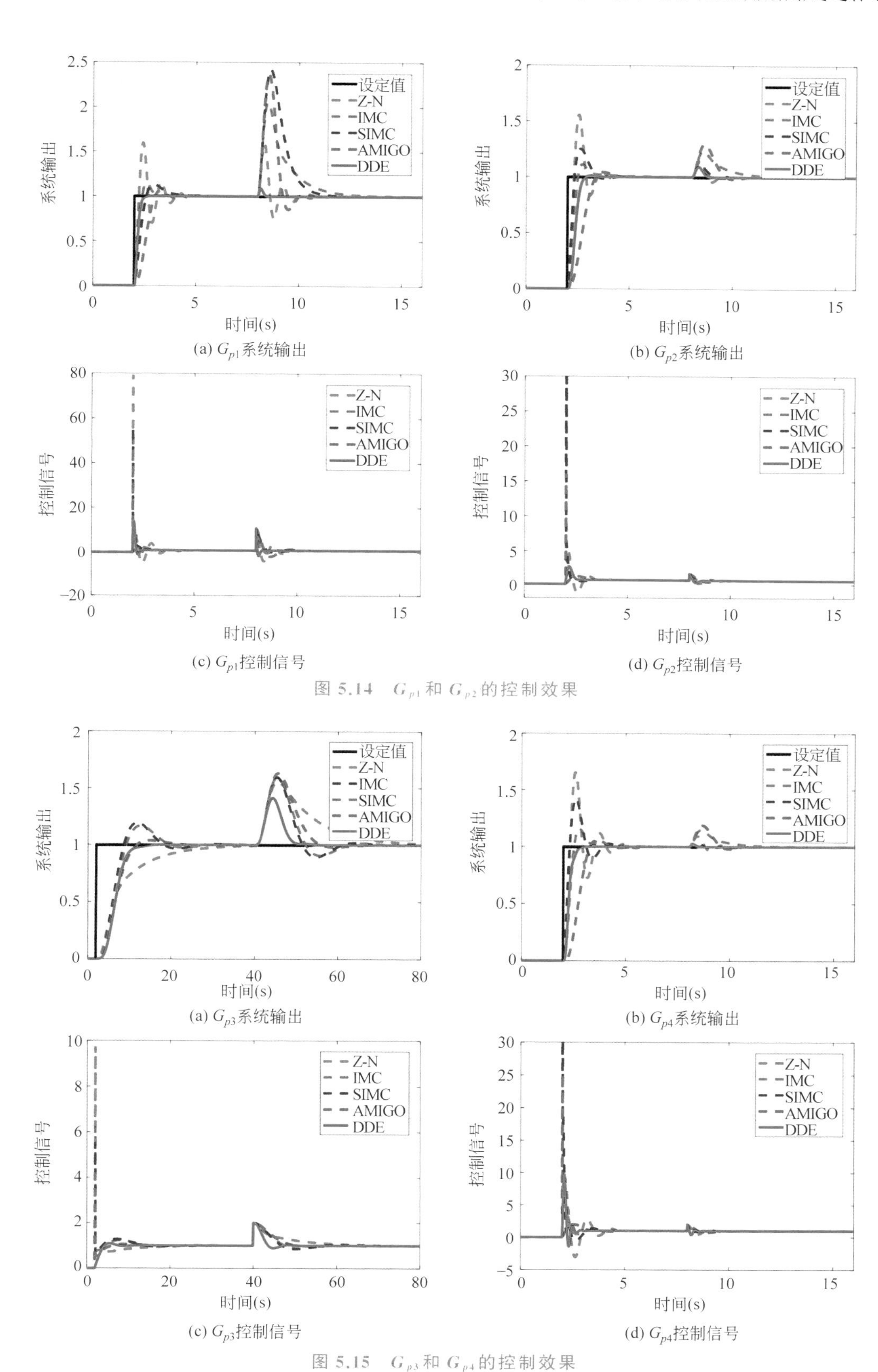

图 5.14　G_{p1} 和 G_{p2} 的控制效果

图 5.15　G_{p3} 和 G_{p4} 的控制效果

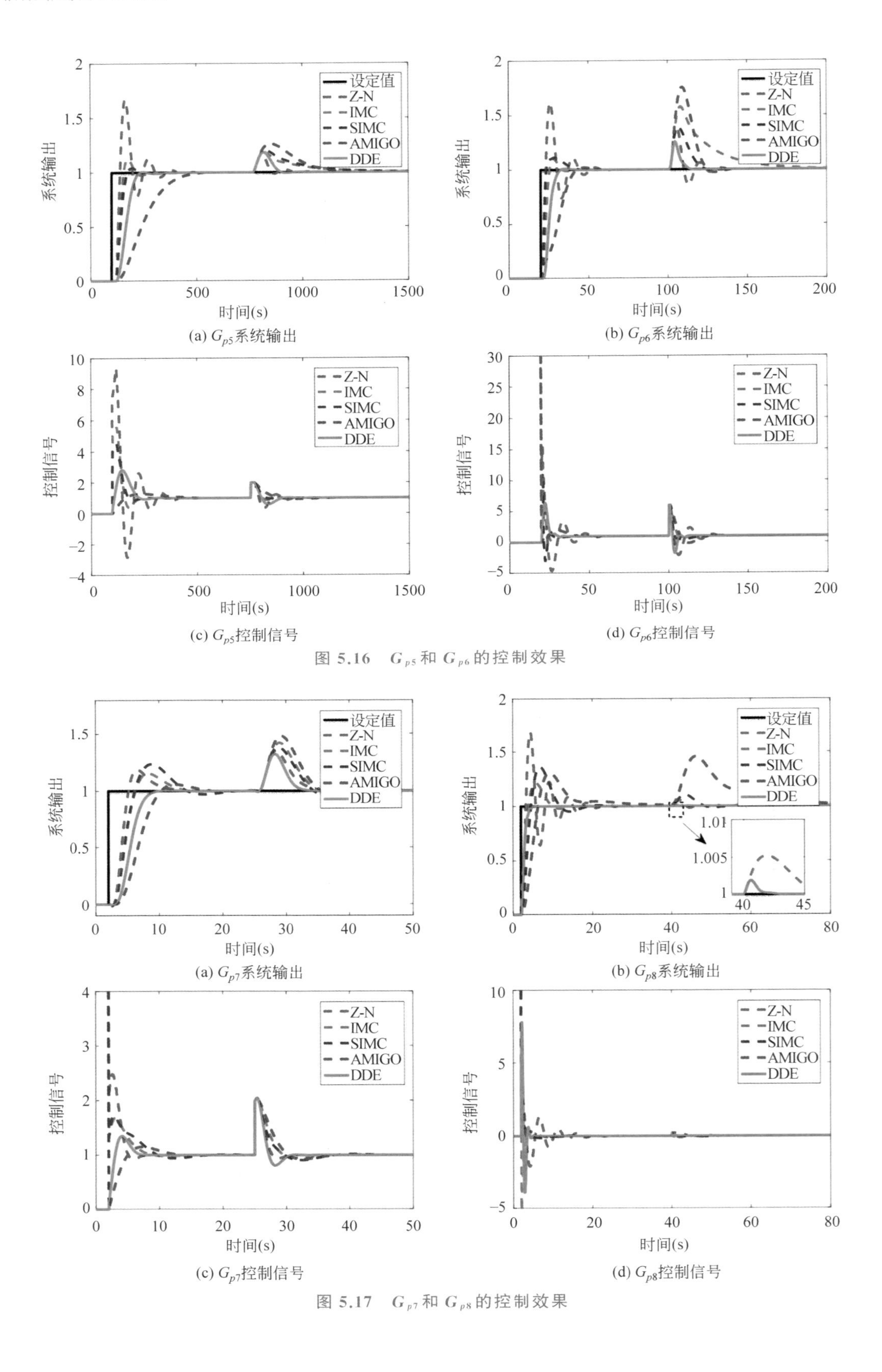

(a) G_{p5}系统输出
(b) G_{p6}系统输出
(c) G_{p5}控制信号
(d) G_{p6}控制信号

图 5.16 G_{p5}和G_{p6}的控制效果

(a) G_{p7}系统输出
(b) G_{p8}系统输出
(c) G_{p7}控制信号
(d) G_{p8}控制信号

图 5.17 G_{p7}和G_{p8}的控制效果

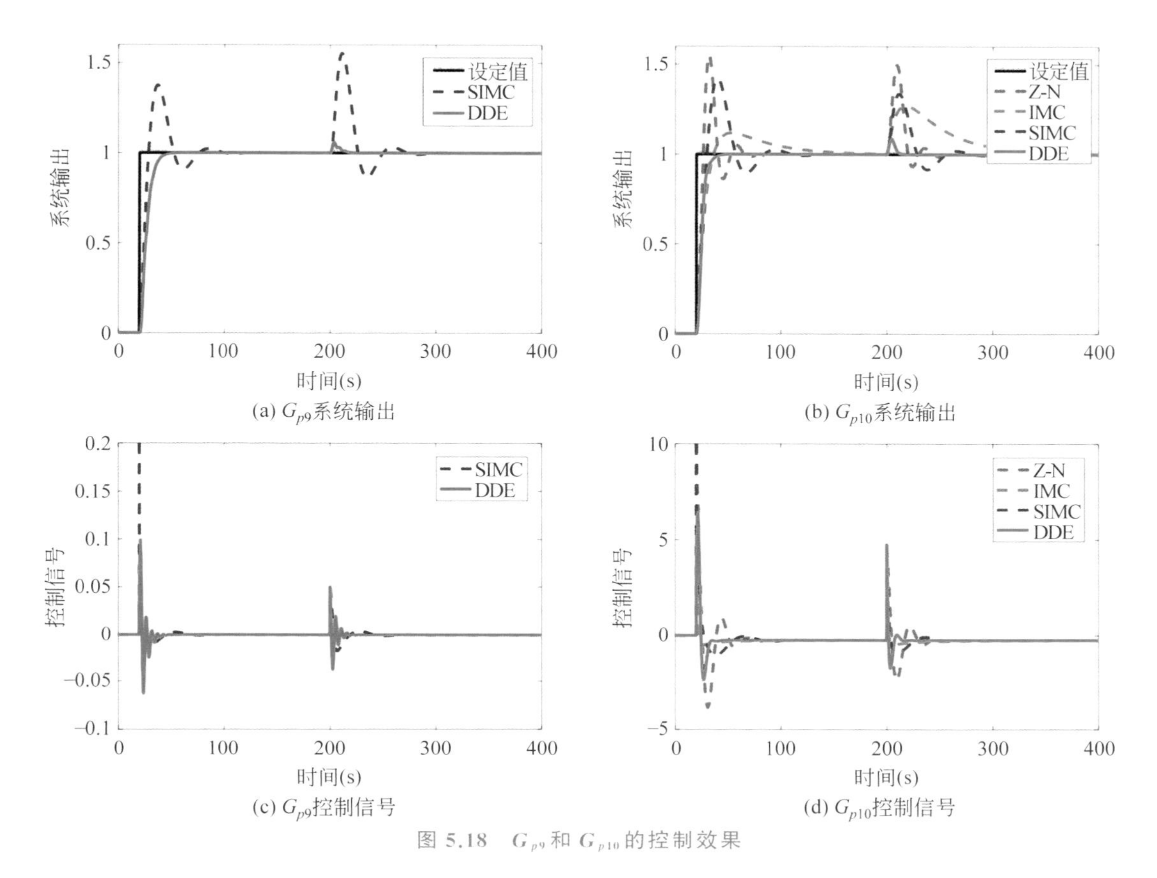

(a) G_{p9}系统输出
(b) G_{p10}系统输出
(c) G_{p9}控制信号
(d) G_{p10}控制信号

图 5.18 G_{p9} 和 G_{p10} 的控制效果

为定量评价不同控制器的控制效果，表 5.3 计算了针对 10 个典型过程不同控制器的动态性能指标，包括超调量 σ、调节时间 T_s、输出跟踪响应与设定值之间的 IAE 指标 IAE_{sp} 以及输出抗扰响应与设定值之间的 IAE 指标 IAE_{ud}。需要说明的是，本节中所有的调节时间均是基于 2%准则进行计算的。

由表 5.3 可知，对于大部分被控对象，与其他控制方法相比，DDE-PI/PID 的超调较小，同时也能保证调节时间较短，IAE_{sp} 较小。另外，DDE-PI/PID 的 IAE_{ud} 是最小的，说明其具有很强的抗扰能力。

表 5.3 10 个典型过程不同控制器的动态性能指标

被控对象	控制器	σ(%)	T_s(s)	IAE_{sp}	IAE_{ud}
$G_{p1}(s)$	Z-N	59.61	2.35	0.47	0.34
	IMC	14.36	0.98	0.26	1.30
	SIMC	12.75	2.01	0.39	1.60
	AMIGO	5.56	1.57	0.57	0.99
	DDE	0	0.48	0.18	0.02
$G_{p2}(s)$	Z-N	55.79	1.87	0.47	0.08
	IMC	11.03	1.60	0.36	0.31

续表

被控对象	控制器	$\sigma(\%)$	$T_s(s)$	IAE_{sp}	IAE_{ud}
$G_{p2}(s)$	SIMC	25.07	1.33	0.35	0.07
	AMIGO	4.45	2.23	0.75	0.27
	DDE	1.00	0.78	0.39	0.04
$G_{p3}(s)$	Z-N	0	29.62	6.88	6.80
	IMC	16.74	23.15	5.33	4.40
	SIMC	19.46	22.29	5.24	4.23
	AMIGO	3.82	16.76	4.92	4.65
	DDE	0.04	10.25	4.80	1.91
$G_{p4}(s)$	Z-N	65.05	2.98	0.62	0.06
	IMC	15.68	1.34	0.39	0.19
	SIMC	42.23	2.37	0.45	0.02
	AMIGO	6.05	2.10	0.77	0.17
	DDE	0	0.73	0.29	0.01
$G_{p5}(s)$	Z-N	66.67	290.71	68.90	9.96
	IMC	12.69	151.67	42.70	33.45
	SIMC	4.05	121.11	43.37	39.53
	AMIGO	0.19	366.31	156.63	49.63
	DDE	0.56	121.12	68.22	13.14
$G_{p6}(s)$	Z-N	62.15	35.16	7.02	3.14
	IMC	10.68	12.49	3.60	12.90
	SIMC	12.04	20.06	3.45	4.16
	AMIGO	1.99	21.43	10.70	9.25
	DDE	0.99	10.97	5.49	1.34
$G_{p7}(s)$	Z-N	18.28	9.63	2.72	1.45
	IMC	15.12	11.08	3.22	2.04
	SIMC	23.19	17.30	3.78	2.02
	AMIGO	5.54	14.09	5.01	2.57
	DDE	0.45	6.63	3.56	1.07
$G_{p8}(s)$	Z-N	68.29	17.23	3.23	0.19
	IMC	21.92	10.67	1.54	0.02
	SIMC	36.34	15.26	3.13	0.54
	AMIGO	31.06	28.28	4.97	5.90

续表

被控对象	控制器	σ(%)	T_s(s)	IAE_{sp}	IAE_{ud}
$G_{p8}(s)$	DDE	0.01	2.43	0.82	0.01
$G_{p9}(s)$	SIMC	37.61	68.59	11.59	10.58
	DDE	0	21.27	7.23	0.45
$G_{p10}(s)$	Z-N	55.04	4.27	1.00	0.62
	IMC	11.88	11.18	1.32	1.60
	SIMC	42.14	8.00	1.45	0.74
	DDE	0	1.73	0.57	0.06

对于实际的热力过程而言，由于系统的工况频繁变化，过程的特性也总是在变化，因此需要检验控制器的鲁棒性。为检验各控制器的鲁棒性，将式(5-26)～式(5-35)这 10 个典型过程模型的增益、时间常数、迟延时间等特性参数在各自的标称值的 80%～120%随机摄动 1000 次。在进行随机实验的过程中，统计各控制器的超调量、调节时间与 IAE(IAE_{sp} + IAE_{ud})指标。图 5.19 与图 5.20 给出了不同控制器的蒙特卡洛随机实验结果。

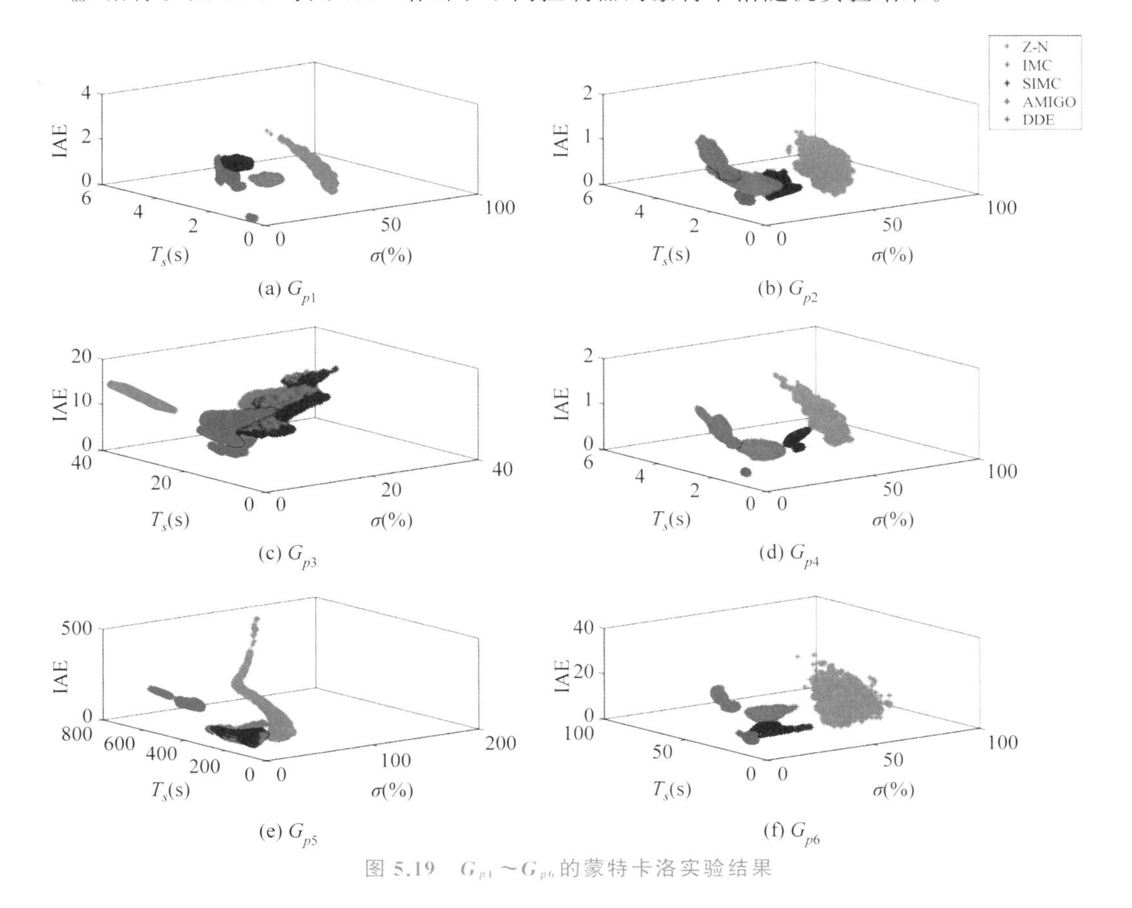

图 5.19　G_{p1}～G_{p6}的蒙特卡洛实验结果

对于蒙特卡洛随机试验而言，点集越密集，说明控制器鲁棒性越强；另外，点集越靠近原

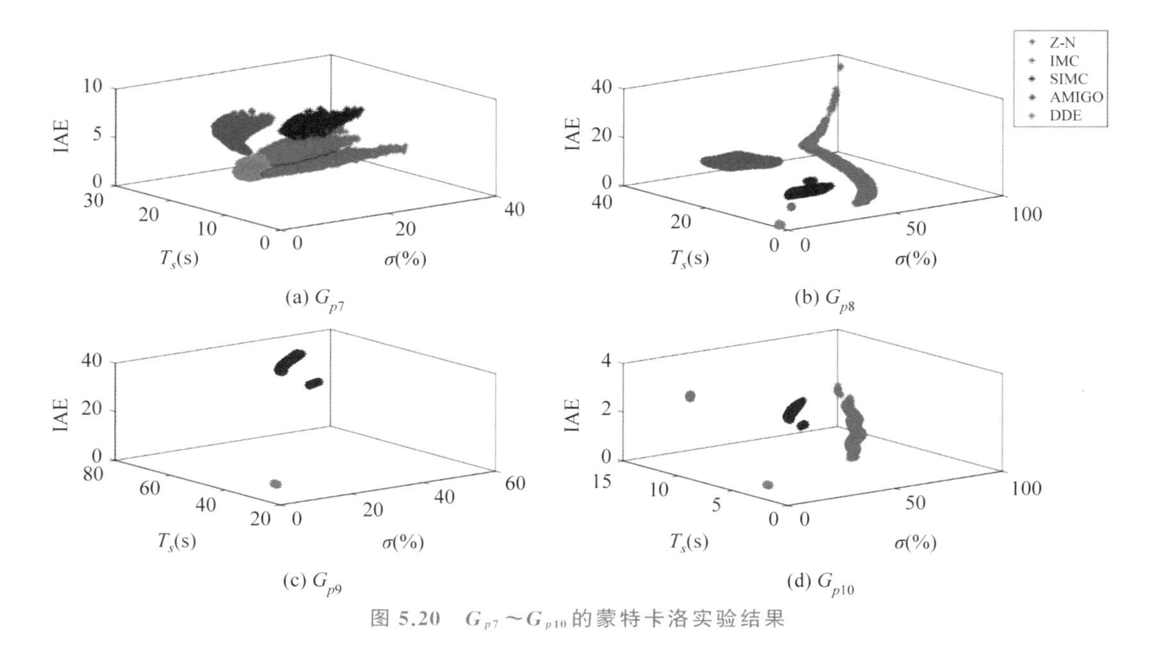

图 5.20 $G_{p7} \sim G_{p10}$ 的蒙特卡洛实验结果

点，说明控制器的动态性能越好。由图 5.19 与图 5.20 所示的随机试验结果可知，相对于其他控制器而言，DDE-PI/PID 的点集最密集，且离原点最近，说明其既有良好的动态性能又有强鲁棒性，体现了其在非标称工况下良好的控制性能。

5.6 实验台验证

在进行现场试验之前，需要先在实验台上进行实验，以初步验证所提出理论与方法的可行性与有效性[20]。此外，实际过程中存在噪声，PID 控制器的微分作用会放大噪声干扰，引起系统的不稳定[21]。因此，为避免这种现象的产生，本节实验台实验与现场试验所有的控制器均是基于 PI 控制器设计的。

5.6.1 控制效果对比

实验装置的结构概略图如图 5.21 所示，装置主要包括 DCS、显示器、水箱、蓄水箱、液位测量装置、抽水泵、电动阀与流量计。所有的控制算法均在 DCS 平台上实现，采样时间为 1s。

为计算 DDE-PI 控制器的初始参数，通过开环实验获取水箱水位的响应曲线。实验过程中，电动阀门的阀位正向阶跃 10%。图 5.22 给出了水箱水位的开环响应曲线。

图 5.22 中，Δu 与 ΔH 分别表示阀位的变化量与水位的变化量。根据开环响应曲线，可知 $t_p = 384$s，$\tau = 5$s。根据 5.4.1 节的计算方法，计算得到 DDE-PI 的初始参数为 $\omega_{d0} = 0.0103$，$k_0 = 0.103$ 与 $l_0 = 0.0076$。

5.6.2 实验结果

首先，根据 5.4.3 节的预期动态选择方法，求解出水箱水位系统的预期动态极限。由于

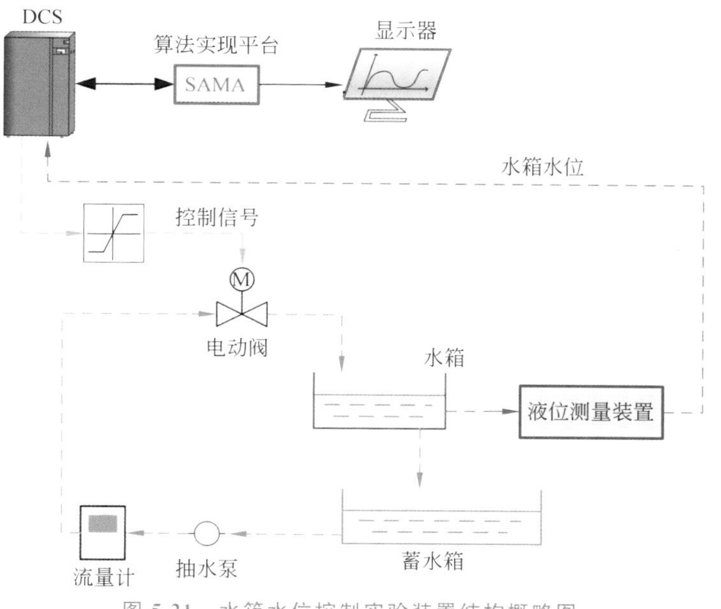

图 5.21　水箱水位控制实验装置结构概略图

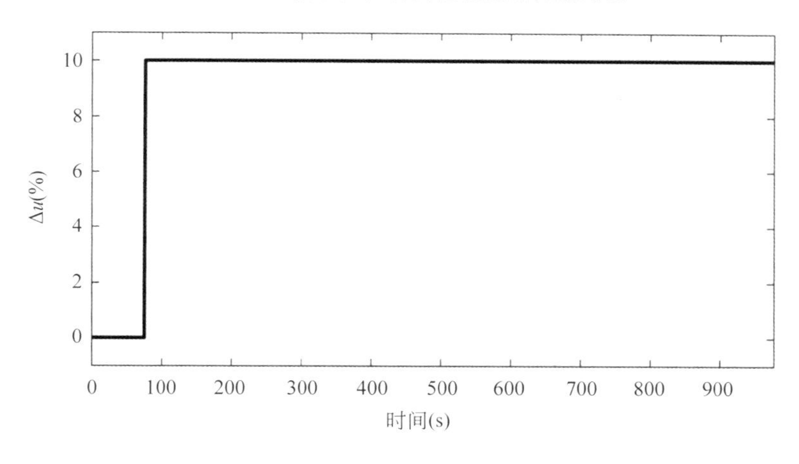

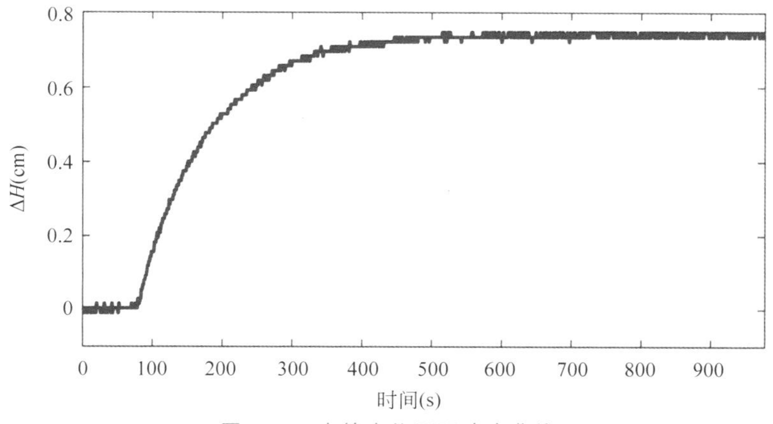

图 5.22　水箱水位开环响应曲线

该系统是非线性系统，因此当水位设定值上升与下降时，控制器的控制效果不同。所以，无论水位设定值是上升还是下降，系统输出均应精确跟踪预期动态响应。

根据 5.4.3 节中的推荐，在实验过程中，k_b 以 1 的步距增加，l 从 0.007 以 0.001 的步距减小。图 5.23 展示了当 $k_b=1,2,3$ 时 DDE-PI 的水箱水位控制效果，需要说明的是，水位设定值在 5cm 与 6cm 之间发生变化。

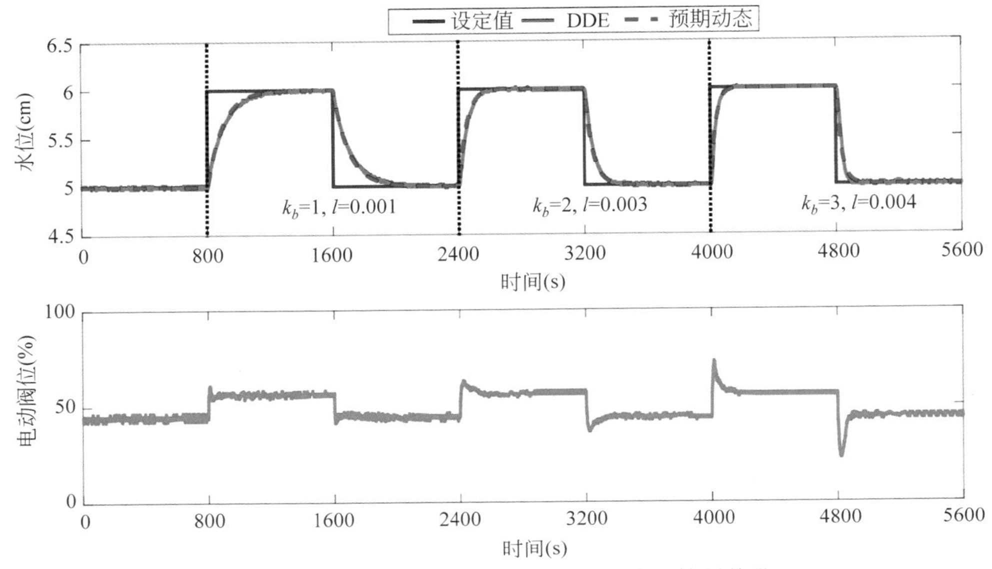

图 5.23 $k_b=1,2,3$ 时 DDE-PI 的水箱水位控制效果

由图 5.23 可知，当 $k_b=1$ 时，能够通过调试 DDE-PI 使得系统输出精确跟踪预期动态响应，因此应在此基础上增大 k_b。另外，当 l 整定合适，$k_b=2,3$ 的 DDE-PI 能够使得水箱水位的响应与预期动态响应几乎一致，且未出现明显振荡与执行器饱和。为衡量系统输出是否满足精确跟踪预期动态响应的判定条件，表 5.4 计算了当 $k_b=1,2,3$ 时 DDE-PI 的超调量与 Δ_{IAE}，表中 Δr 定义为水箱水位设定值的变化。

表 5.4 $k_b=1,2,3$ 时 DDE-PI 的水箱水位控制动态指标

k_b	l	Δr(cm)*	σ(%)	Δ_{IAE}(%)
1	0.001	5→6	0.64	7.94
		6→5	0.64	9.29
2	0.003	5→6	0.64	6.81
		6→5	0.64	7.29
3	0.004	5→6	0.64	5.87
		6→5	0.64	7.11

注：* “5→6”表示设定值从 5cm 阶跃至 6cm；“6→5”表示设定值从 6cm 阶跃至 5cm。

由表 5.4 可知，当 $k_b=1,2,3$ 时，DDE-PI 的超调与 Δ_{IAE} 指标均满足判定条件 1 与判定条件 2。因此，对于水箱水位控制而言，当 $k_b=1,2,3$ 时系统输出能够精确跟踪预期动态响应。

然而，当 k_b 增大至 4 时，情况发生了变化。图 5.24 给出了当 $k_b=4$ 时 DDE-PI 水箱水位控制效果。

由图 5.24 可知，当水位设定值由 6cm 阶跃至 5cm 时，系统输出产生了明显的超调量；此外，当 l 减小至 0.005 且水位设定值由 5cm 阶跃至 6cm 时，系统输出产生了明显的振荡，此时若进一步减小 l 会加剧水位的振荡。因此，当水位设定值阶跃上升与下降时，无法通过调试 DDE-PI 控制器参数使得系统输出同时精确跟踪预期动态响应。

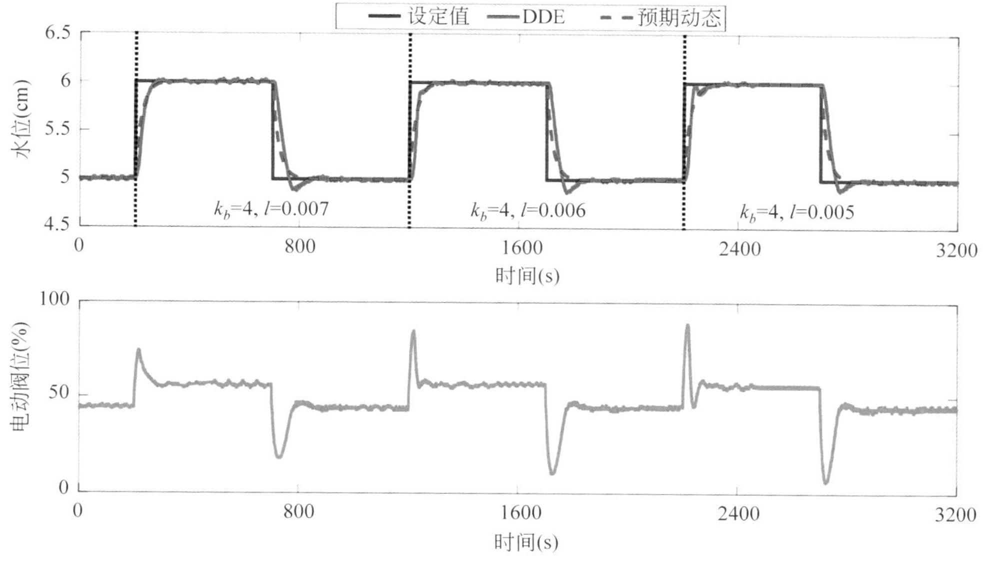

图 5.24 $k_b=4$ 时 DDE-PI 的水箱水位控制效果

为进一步说明当 $k_b=4$ 时 DDE-PI 的系统输出跟踪预期动态响应的效果，表 5.5 计算了当 $k_b=4$ 时 DDE-PI 的超调量与 Δ_{IAE}。

表 5.5 $k_b=4$ 时 DDE-PI 的水箱水位控制动态指标

k_b	l	Δr(cm)	σ(%)	Δ_{IAE}(%)
4	0.007	5→6	3.20	15.39
		6→5	12.18	19.07
	0.006	5→6	1.92	13.53
		6→5	13.46	17.98
	0.005	5→6	0.64	12.51
		6→5	10.90	16.44

由表 5.5 可知，在 $k_b=4$ 且 l 从 0.007 调整至 0.005 过程中，当水位设定值由 6cm 阶跃至 5cm 时，DDE-PI 系统输出的超调与 Δ_{IAE} 指标均无法满足判定条件 1 与判定条件 2；另外，当 $l=0.005$ 且水位设定值由 5cm 阶跃至 6cm 时，虽然 DDE-PI 系统输出能够满足判定条件 1 与判定条件 2，但其产生了振荡。因此，对于水箱水位而言，预期动态的极限存在于 $3\omega_{d0}\sim4\omega_{d0}$ 之间。

其次，将进行了预期动态选择的 DDE-PI 与其他控制器进行控制效果的对比。对比控制器均是基于水位的一阶惯性纯迟延模型设计的，表达式如下：

$$G_p(s)=\frac{0.074}{97s+1}e^{-5s} \tag{5-36}$$

根据式(5-36)可求得各对比控制器的参数，如表 5.6 所示。

表 5.6 不同控制器的水箱水位控制参数

Z-N $\{k_p, T_i\}$	IMC $\{k_p, T_i\}$	SIMC $\{k_p, T_i\}$	AMIGO $\{k_p, T_i, b\}$	DDE $\{\omega_{d0}, k_b, l\}$
{17.46, 16.67}	{158.12, 99.5}	{131.08, 40}	{81.56, 41.45, 81.56}	{0.0103, 3, 0.004}

在将对比控制器应用于水箱水位系统之前，首先针对式(5-36)开展仿真研究，仿真结果如图 5.25 所示。仿真过程中，设定值在 10s 时向上阶跃 1，并且在 500s 时添加幅值为 20 的阶跃扰动。

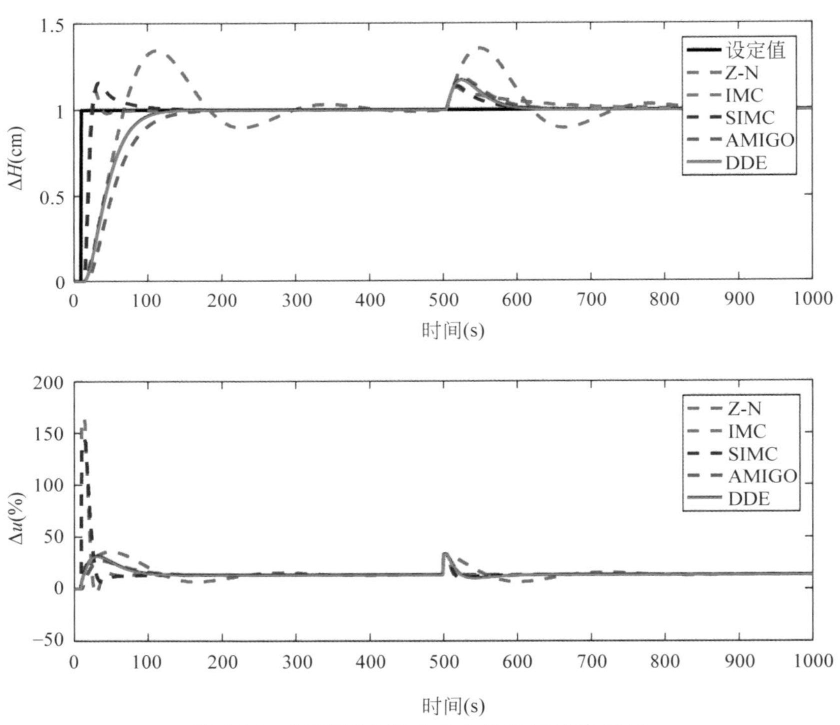

图 5.25 不同控制器水箱水位控制仿真结果

由图 5.25 可知，很明显，IMC-PI 与 SIMC-PI 的跟踪响应速度相比于其他控制器而言极快，但具有明显超调。然而，IMC-PI 与 SIMC-PI 控制信号的峰值分别为 164.5%与 144.2%。电动阀阀位的变化范围为 0%～100%，因此当水位设定值由 5cm 阶跃至 6cm 时，此两种控制器将会使得执行器产生频繁的饱和，进而使得控制系统输出产生剧烈振荡。另外，相比于 Z-N PI，DDE-PI 的跟踪响应较为平稳，且具有更强的抗扰能力；相比于 AMIGO-PI，DDE-PI 具有更快的跟踪响应速度及更好的抗扰性能。

基于图 5.25 的仿真结果，将各控制器应用于水箱水位控制系统，实验结果如图 5.26 和图 5.27 所示。水箱水位设定值由 5cm 阶跃至 6cm，当水位稳定后添加幅值为 20%的电动阀阀位扰动。

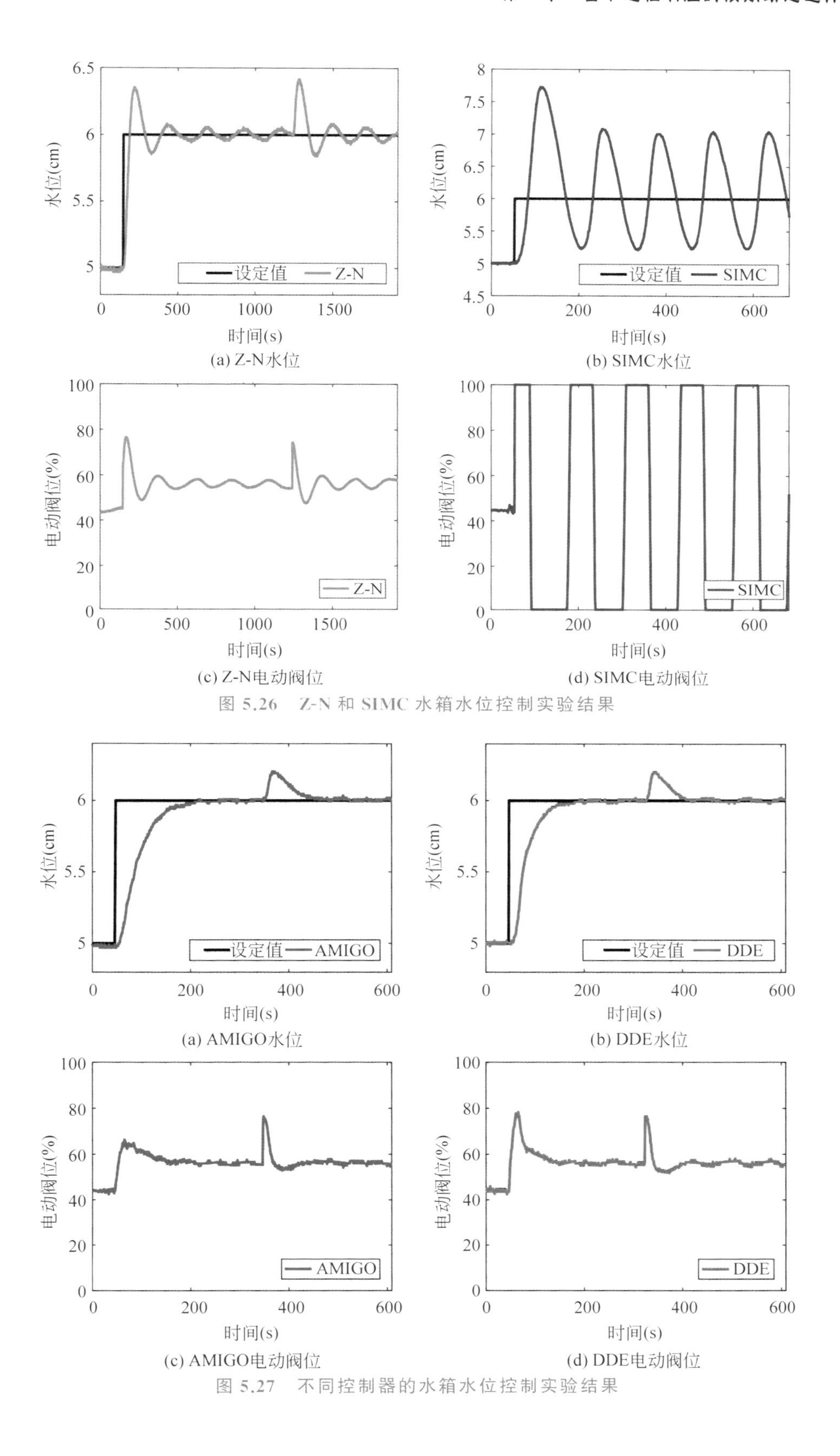

图 5.26　Z-N 和 SIMC 水箱水位控制实验结果

图 5.27　不同控制器的水箱水位控制实验结果

根据图 5.26 和图 5.27 所示的实验结果，针对各控制器的水箱水位控制效果，可总结以下 4 点结论。

（1）与 AMIGO-PI 相比，DDE-PI 的跟踪响应速度较快。

（2）利用 Z-N 法整定 PI 控制器使得系统输出产生明显衰减振荡。

（3）SIMC-PI 产生了频繁的执行器饱和，使得系统输出产生了大幅度等幅振荡，无法使水位稳定。

（4）由于 IMC-PI 的控制器参数强于 SIMC-PI，因此 IMC-PI 也会引起执行器的频繁饱和。为保护电动阀，未将 IMC-PI 应用于水箱水位控制系统。

为定量衡量各控制器的水箱水位控制效果，表 5.7 计算了各控制器的动态性能指标。表中 e_{max} 表示由阀位扰动引起的最大水位偏差。

表 5.7 不同控制器的水箱水位控制动态性能指标

控　制　器	σ(%)	T_s(s)	e_{max}(cm)
Z-N	35.26	1023	0.42
IMC	N/A	N/A	N/A
SIMC	172.44	N/A	N/A
AMIGO	1.92	123	0.20
DDE	0.64	87	0.20

由表 5.7 可知，DDE-PI 的超调量最小，调节时间最短，并且由扰动引起的最大动态偏差与 AMIGO-PI 并列最小，体现了其在跟踪与抗扰两方面具有的优势。

5.7 现场应用验证

鉴于以上的仿真结果与实验结果充分验证了基于所提出的预期动态选择方法整定 DDE-PI 的有效性，本节将 DDE-PI 应用于辽宁省朝阳市燕山湖电厂 2 号 600MW 空冷机组的高压加热器（简称“高加”）水位控制回路中，进一步体现 DDE-PI 在工程实践中良好的应用效果。

5.7.1 过程描述

高加是机组给水回热系统的重要热力设备，它利用从汽机抽取的高温蒸汽，对锅炉主给水进行加热[22]。高加抽汽疏水系统的结构图如图 5.28 所示，高加水位与机组的运行与安全相关，过高或过低的水位都会降低机组运行效率，甚至影响机组的安全性[23]。因此，将高加水位控制在其设定值附近是至关重要的。

由图 5.28 可知，#2 高加水位是更难以控制的，因为它同时受到 #1 高加与 #3 高加的影响。所以，本节中将 DDE-PI 应用于 #2 高加水位控制中，以体现其在跟踪与抗扰方面的优越性。

对于 #2 高加水位控制而言，#2 正常疏水阀阀位为控制量，#2 高加水位为被控量。另外，该回路的扰动主要来源于三方面：#2 危急疏水阀阀位、#1 正常疏水流量与高压缸

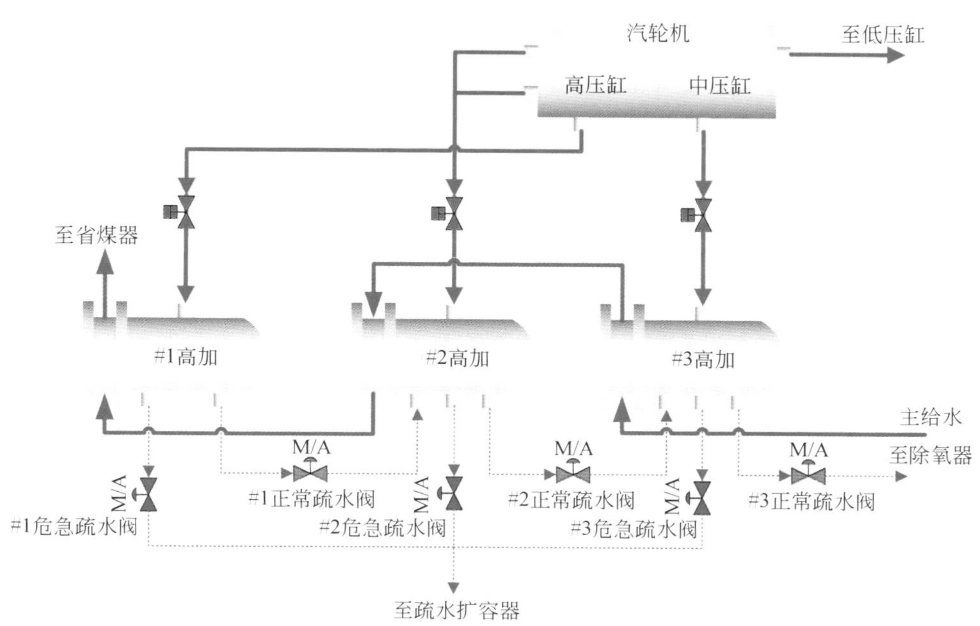

图 5.28 高加抽汽疏水系统结构图

蒸汽流量。与其他扰动相比,♯2 危急疏水阀阀位引起的扰动对水位的影响最明显。高加水位的控制目标可总结如下。

(1) 当各种扰动存在时,调节水位在其设定值,并且在设定值附近波动的动态偏差尽可能小。

(2) 当机组启停时,水位跟踪设定值的响应尽可能快。

为获得被控过程的时间尺度与增益等信息,进而计算 DDE-PI 的初值,当机组在300MW 负荷附近运行时进行了开环试验。试验过程中,给定♯2 正常疏水阀 2%向上的阶跃,得到♯2 高加水位开环响应曲线如图 5.29 所示。

图 5.29 中,对于高加水位而言,水位高度是指水位与基准水位之间的高度差,并不是水位的绝对高度。例如,高加水位为 300mm 指的是当前水位在基准水位之上 300mm,−300mm 指的是当前水位在基准水位之下 300mm。

根据开环响应曲线,计算可得过程响应时间 $t_p=1125\mathrm{s}$,迟延时间 $\tau=3\mathrm{s}$。结合 5.4.1 节中控制器初始参数的计算方法,可以计算得到 DDE-PI 的初始参数为 $\omega_{d0}=0.0035$,$k_0=0.035$与 $l_0=-1.32$。

5.7.2 试验结果

现场试验是在 2021 年 9 月 2 日 17:06 至 21:30 期间开展的,其间机组负荷变化如图 5.30 所示。

由图 5.30 可知,在试验期间,机组负荷在 495MW~525MW 之间变化,相比开环试验期间的机组负荷较高。另外,高加水位是一非线性对象,当水位设定值上升与下降时,控制器的控制效果不同。因此,无论设定值上升还是下降,DDE-PI 的系统输出均应精确跟踪预期动态响应。

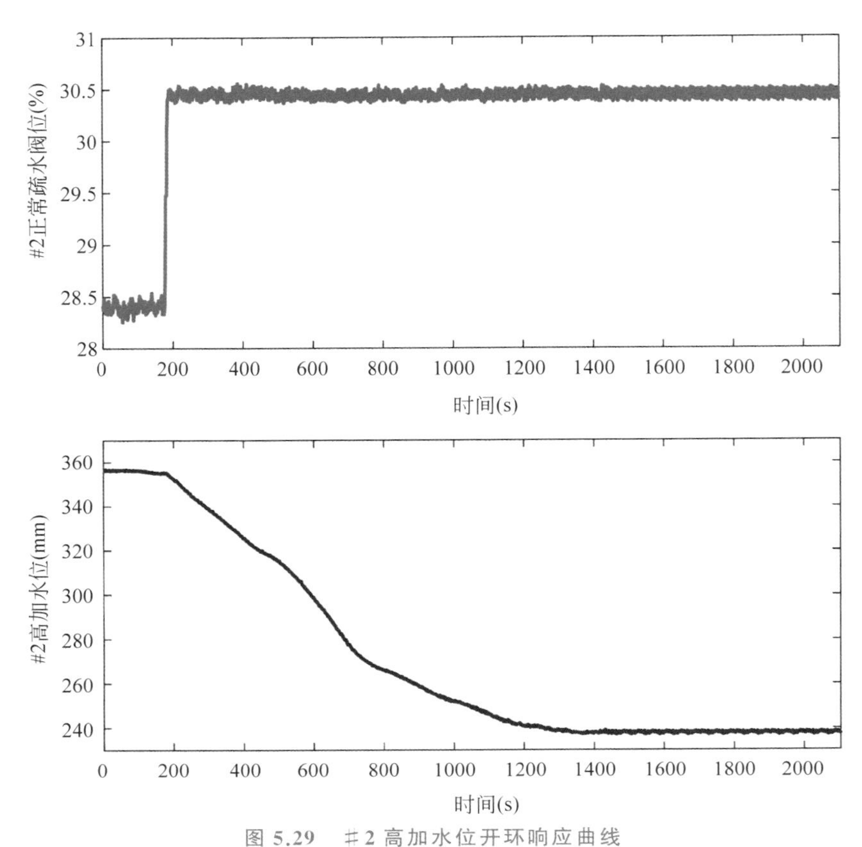

图 5.29 ＃2 高加水位开环响应曲线

（时间：2021 年 8 月 31 日 11:00:00 至 11:35:00）

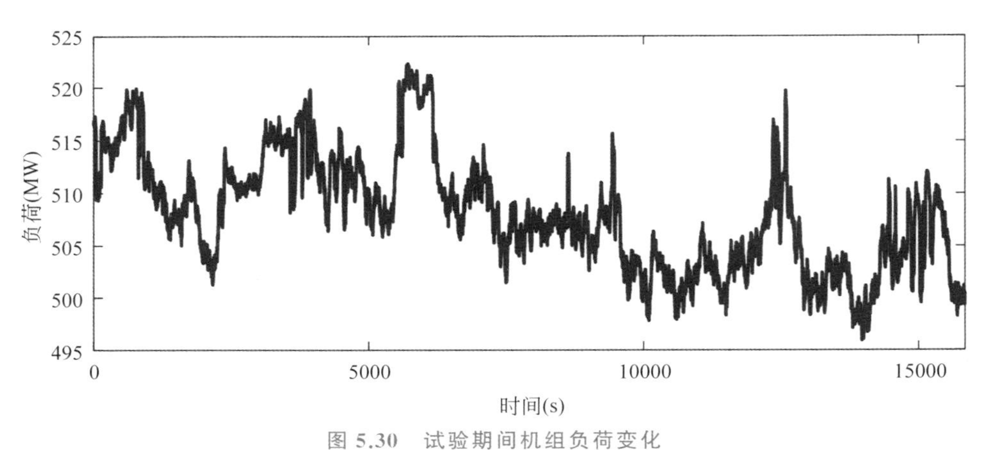

图 5.30 试验期间机组负荷变化

（时间：2021 年 9 月 2 日 17:06:00 至 21:30:00）

首先求解高加水位预期动态的极限。试验过程中，k_b 以 1 的步距增大。由于被控对象增益为负，所以 l 的绝对值以 0.1 的步距减小。图 5.31 和图 5.32 展示不同 k_b 下 DDE-PI 的高加水位控制效果。

由图 5.31 可知，当 $k_b=1$ 时，DDE-PI 的系统输出能够精确跟踪预期动态响应，且无明

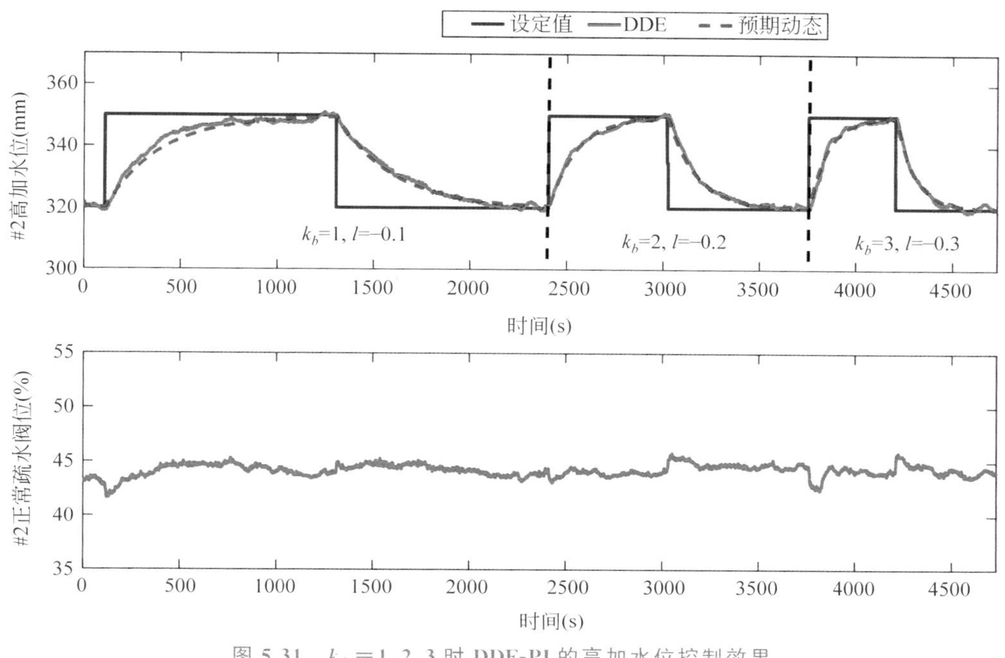

图 5.31　k_b＝1,2,3 时 DDE-PI 的高加水位控制效果

（时间：2021 年 9 月 2 日 17:06:00 至 18:21:52）

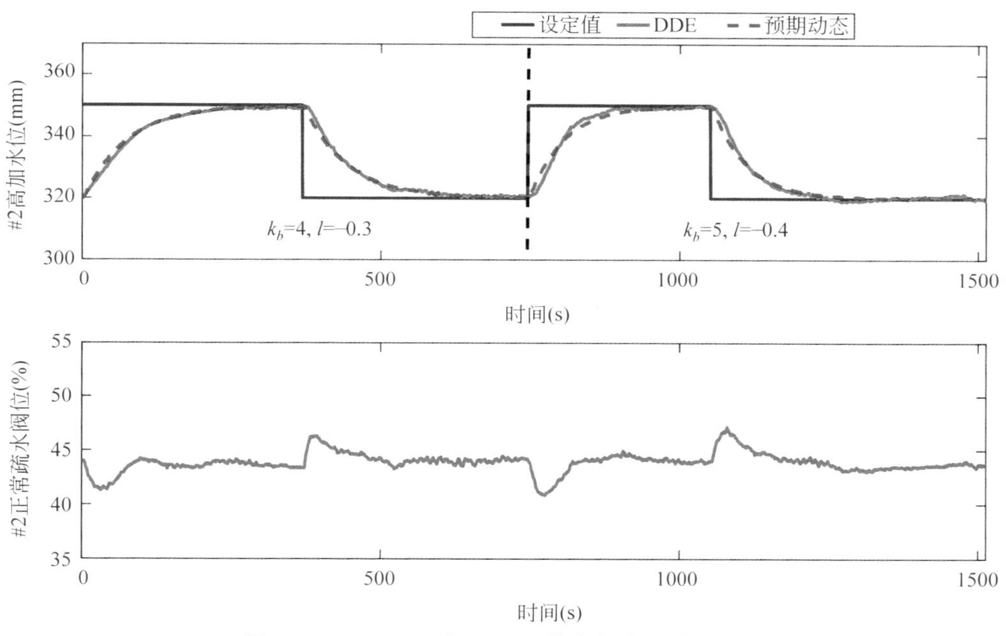

图 5.32　k_b＝4,5 时 DDE-PI 的高加水位控制效果

（时间：2021 年 9 月 2 日 18:24:53 至 18:50:06）

显振荡与超调，执行器也未产生饱和。因此，不断增大 k_b 至 2,3,4,5，均能够平稳且精确跟踪相应的预期动态响应。为定量判断系统输出是否满足判定条件，表 5.8 计算了当 k_b＝1,2,3,4,5 时 DDE-PI 的超调量与 Δ_{IAE}。

表 5.8 $k_b=1,2,3,4,5$ 时 DDE-PI 的高加水位控制动态指标

k_b	l	Δr(mm)*	σ(%)	Δ_{IAE}(%)
1	−0.1	320→350	0.84	9.72
		350→320	0.73	2.88
2	−0.2	320→350	0.74	0.28
		350→320	0.65	9.89
3	−0.3	320→350	0.45	4.91
		350→320	0.83	4.69
4	−0.3	320→350	0	9.94
		350→320	0	4.89
5	−0.4	320→350	0.32	0.40
		350→320	0.43	2.10

注：*“320→350”表示设定值从 320mm 阶跃至 350mm；“350→320”表示设定值从 350mm 阶跃至 320mm。

由表 5.8 可知，当 $k_b=1,2,3,4,5$ 时，DDE-PI 的超调与 Δ_{IAE} 指标均满足判定条件 1 与判定条件 2。因此，对于高加水位控制而言，当 $k_b=1,2,3,4,5$ 时，DDE-PI 的系统输出能够精确跟踪预期动态响应。

然而，当 k_b 增大至 6 时，情况发生了变化。图 5.33 给出了当 $k_b=6$ 时的 DDE-PI 高加水位控制效果。

由图 5.33 可知，当 l 的绝对值减小至 0.4 且水位设定值由 350mm 阶跃至 320mm 时，系

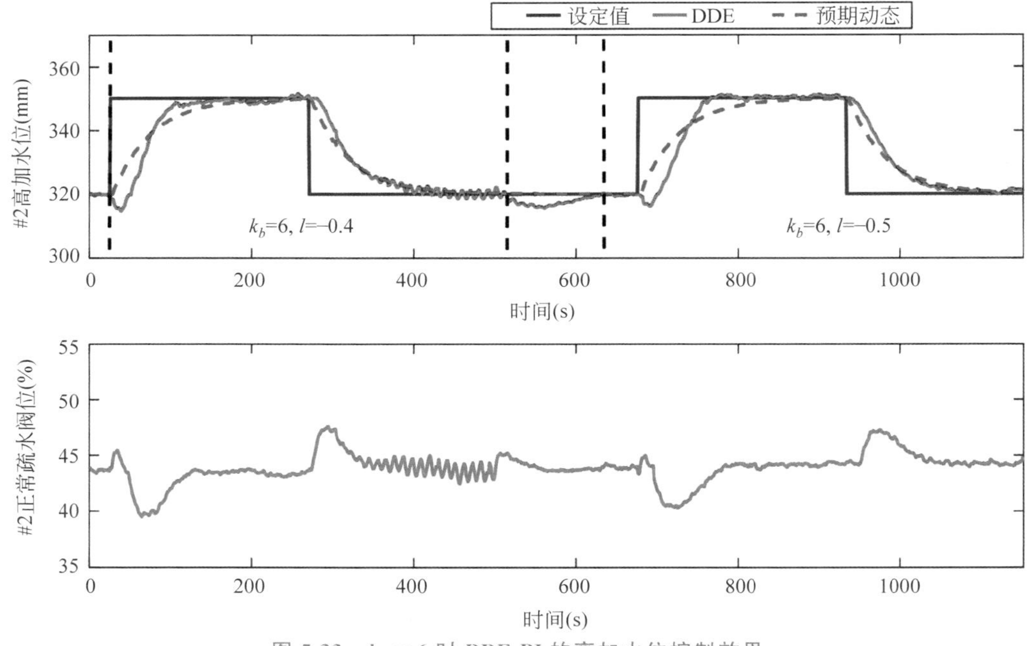

图 5.33 $k_b=6$ 时 DDE-PI 的高加水位控制效果

(时间：2021 年 9 月 2 日 19:11:00 至 19:30:12)

统输出与正常疏水阀位产生了明显的振荡；此外，当 l 的绝对值为 0.4 与 0.5 且水位设定值由 320mm 阶跃至 350mm 时，系统输出在设定值阶跃开始时产生了反调，且与预期动态响应之间的偏差极为明显。因此，当水位设定值阶跃上升与下降时，无法通过调试 DDE-PI 控制器的参数使得系统输出同时精确跟踪预期动态响应。

为进一步说明当 $k_b=6$ 时 DDE-PI 的系统输出跟踪预期动态响应的效果，表 5.9 计算了动态性能指标。

表 5.9 $k_b=6$ 时 DDE-PI 的高加水位控制动态指标

k_b	l	Δr(mm)	σ(%)	Δ_{IAE}(%)
6	−0.5	320→350	3.75	11.13
		350→320	0	4.96
	−0.4	320→350	1.10	10.43
		350→320	5.04	8.22

由表 5.9 可知，当 $l=-0.5$ 且水位设定值从 320mm 阶跃至 350mm 时，系统输出的 Δ_{IAE} 指标与超调未满足判定条件 1 与判定条件 2；当 $l=-0.4$ 时，无论水位设定值向上还是向下阶跃，系统输出的 Δ_{IAE} 指标与超调也不能同时满足判定条件 1 与判定条件 2。因此，对于＃2 高加水位而言，DDE-PI 控制器预期动态选择的极限存在于 $5\omega_{d0}\sim6\omega_{d0}$ 之间。

其次，将 $k_b=5$ 与 $l=-0.5$ 的 DDE-PI 与现场由热工专家整定的 PI 控制器（简记作 PI_f）进行控制效果的对比，PI_f 的控制器参数为 $k_p=-2/9$，$T_i=66$。

图 5.34 与图 5.35 分别展示了不同控制器的跟踪性能与抗扰性能。为比较两者的跟踪性能，水位设定值先从 320mm 阶跃至 350mm，再从 350mm 阶跃至 320mm。为公平比较两者的抗扰性能，需要保证对于不同控制器添加的扰动种类与扰动幅值相同。因此，将＃2 危急疏水阀门的阀位变化±2%，以测试两种不同的控制器的抗扰效果。

由图 5.34 可知，DDE-PI 相比于 PI_f 具有更平稳的跟踪响应，且具有较小的超调量。另外，当＃2 危急疏水阀门产生扰动时，DDE-PI 能够以更小的动态偏差克服扰动带来的影响。因此，基于所提出的预期动态选择方法整定的 DDE-PI 在跟踪与抗扰方面均具有明显优势。

为定量衡量各控制器的控制性能，表 5.10 说明了不同控制器的高加水位控制动态性能指标，表中 e^+ 与 e^- 分别表示水位与设定值的最大正偏差与最大负偏差。

表 5.10 不同控制器的高加水位控制动态性能指标

控制器	Δr(mm)	σ(%)	T_s(s)	e^+(mm)	e^-(mm)
PI_f	320→350	40.33	175	15.76	13.17
	350→320	30.53	243		
DDE	320→350	0.32	138	8.54	8.41
	350→320	0.43	143		

由表 5.10 可知，DDE-PI 能大幅度缩短高加水位控制系统的调节时间，减小超调量。另外，在抗扰方面，也能大幅度减小扰动引起的动态偏差，体现了其控制性能的优越性。

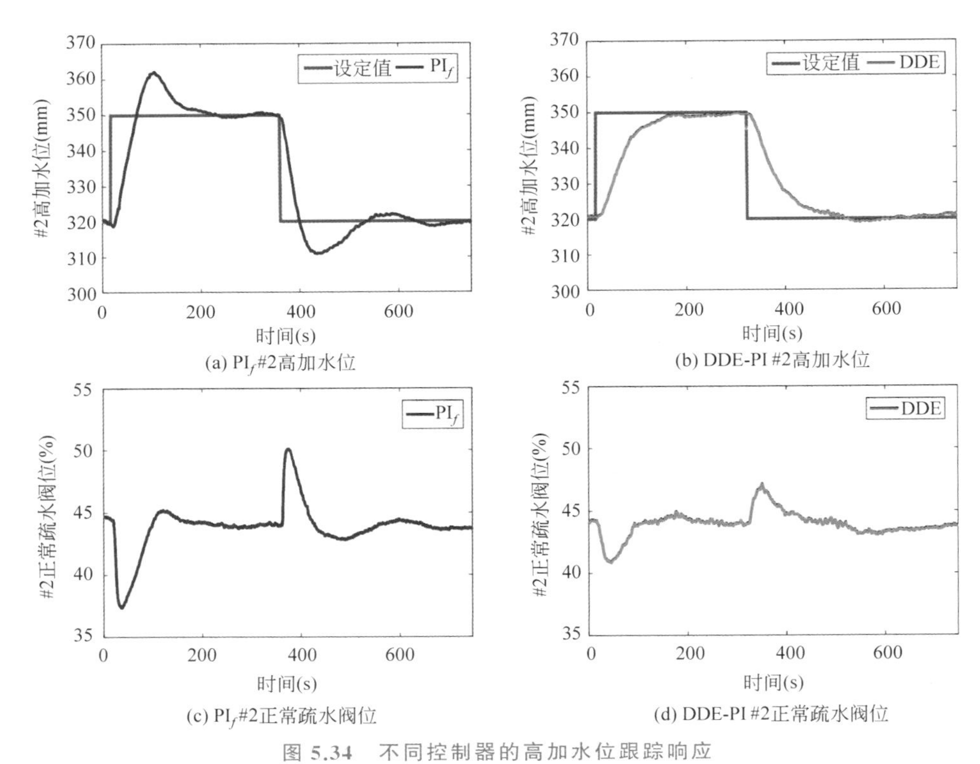

(a) PI_f #2高加水位　(b) DDE-PI #2高加水位

(c) PI_f #2正常疏水阀位　(d) DDE-PI #2正常疏水阀位

图 5.34　不同控制器的高加水位跟踪响应

(日期：2021 年 9 月 2 日，时间：DDE-PI：18:37:02 至 18:49:29；PI_f：19:30:13 至 19:42:40)

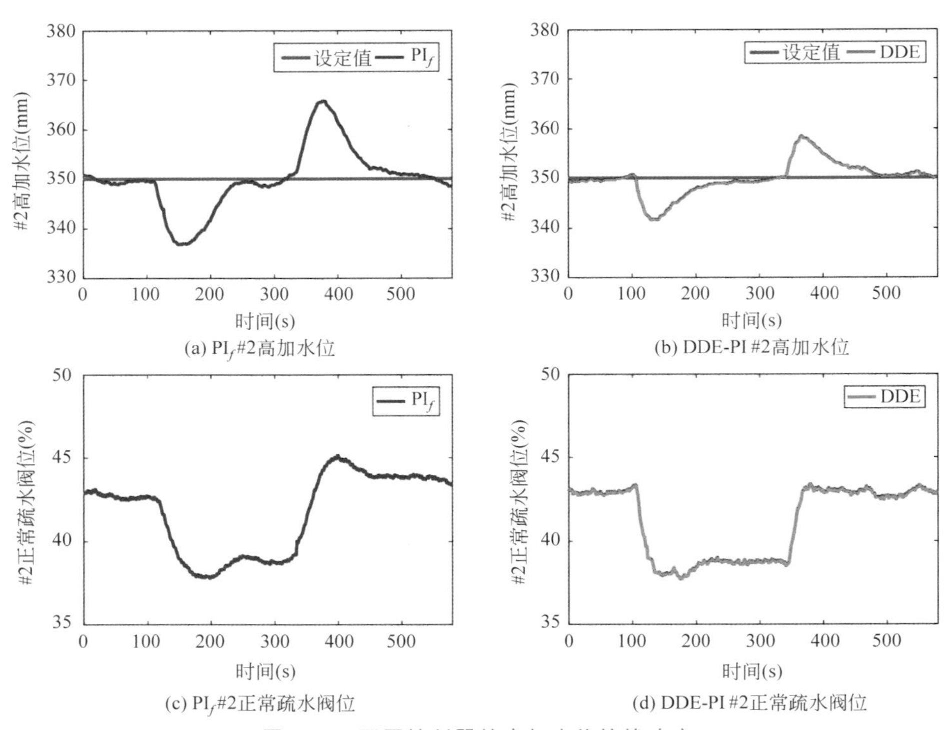

(a) PI_f #2高加水位　(b) DDE-PI #2高加水位

(c) PI_f #2正常疏水阀位　(d) DDE-PI #2正常疏水阀位

图 5.35　不同控制器的高加水位抗扰响应

(日期：2021 年 9 月 2 日，时间：DDE-PI：20:49:49 至 20:59:29；PI_f：21:09:34 至 21:19:14)

综上所述，现场试验结果验证了所提出预期动态选择方法的优势。也就是说，在被控过程精确数学模型未知的情况下，可仅通过被控过程的响应时间设计预期动态方程，使得控制器在执行器与被控过程特性的约束下，获得最快的响应速度。在高加水位控制回路上的成功应用，展现了 DDE-PI 在燃煤机组其他回路上的应用前景。

5.8 本章小结

本章针对 DDE-PI/PID 控制器，提出了一种基于过程响应的预期动态选择方法。数值仿真、水箱水位控制实验以及高加水位控制现场试验的结果表明，利用所提出的 DDE-PI/PID 设计方法，在被控过程无法精确建模时，仅通过过程的时间尺度信息整定，可使得 DDE-PI/PID 在回路的各种约束下获得最快的响应速度且精确跟踪预期动态响应，并能够求解出被控过程预期动态选择的极限。另外，所提出的设计方法能够解决之前 PID 控制器整定方法固有的 NP 难题，易于理解，大幅降低了 PID 工程整定的复杂程度。

参考文献

[1] 韩璞. 现代工程控制论[M]. 北京：中国电力出版社，2017.

[2] 关明启，严静，李军. 如何消除锅炉水位执行器振荡[J]. 纸和造纸，1996(6)：26.

[3] 吴小梅，成学义，刘文鹏. 电动执行器的原理及振荡原因分析[J]. 实用测试技术，1998，(2)：19-20.

[4] 郭雷. 关于反馈的作用及能力的认识[J]. 自动化博览，2003，(1)：5-7+19.

[5] Guo L. On critical stability of discrete-time adaptive nonlinear control[J]. IEEE Transactions on Automatic Control, 1997, 42(11): 1488-1499.

[6] Xie L, Guo L. How much uncertainty can be dealt with by feedback[J]. IEEE Transactions on Automatic Control, 2000, 45(12): 2203-2217.

[7] 罗嘉，张曦，李东海，等. 一类不稳定系统的 PID 控制器整定[J]. 西安理工大学学报，2015，31(4)：475-481.

[8] 胡寿松. 自动控制原理[M]. 6 版. 北京：科学出版社，2015.

[9] Dorf R C, Bishop R H. Modern Control Systems, 13th edition[M]. New York, NY: Pearson Education, Inc., 2017.

[10] 金以慧. 过程控制[M]. 北京：清华大学出版社，1993.

[11] 杨献勇. 热工过程自动控制[M]. 北京：清华大学出版社，2008.

[12] Shi G, Li D, Ding Y, et al. Desired dynamic equational proportional-integral-derivative controller design based on probabilistic robustness[J]. International Journal of Robust and Nonlinear Control, 2022, 32(18): 9556-9592.

[13] Wu Z, Yuan J, Liu Y, et al.An active disturbance rejection control design with actuator rate limit compensation for the ALSTOM gasifier benchmark problem[J]. Energy, 2021, 227: 120447.

[14] Somefun O A, Akingbade K, Dahunsi F. The dilemma of PID tuning[J]. Annual Review on Control, 2021, 52: 65-74.

[15] Koszaka L, Rudek R, Pozniak-Koszalka I. An idea of using reinforcement learning in adaptive control systems[C]//International Conference on Networking, International Conference on Systems and International Conference on Mobile Communications and Learning Technologies. IEEE, 2006: 190.

[16] Ziegler J G, Nichols N B. Optimum settings for automatic controllers[J]. Journal of Dynamic Systems, Measurement and Control, 1993, 115(2B): 220-222.

[17] Rivera D E, Morari M, Skogestad S. Internal model control. 4. PID control design[J]. Industrial & Engineering Chemistry Process Design and Development, 1986, 25(1): 252-265.

[18] Skogestad S. Simple analytic rules for model reduction and PID controller tuning[J]. Journal of Process Control, 2003, 13(4): 291-309.

[19] Åström K J, Hägglund T. Advanced PID Control[M]. Research Triangle Park, NC: The Instrumentation, Systems, and Automation Society Press, 2006.

[20] Sun L, Li D, Hu K, et al. On tuning and practical implementation of active disturbance rejection controller: A case study from a regenerative heater in a 1000 MW power plant[J]. Industrial & Engineering Chemistry Research, 2016, 55(23): 6686-6695.

[21] Stephanopoulos, G. Chemical Process Control[M]. Upper Saddle River, NJ: Prentice Hall PTR, 1984.

[22] Zhao Y, Wang C, Liu M, et al. Improving operational flexibility by regulating extraction steam of high-pressure heaters on a 660 MW supercritical coal-fired power plant: A dynamic simulation[J]. Applied Energy, 2018, 212: 1295-1309.

[23] 王振华,庞海宇. 基于最小二乘法的高加水位自动控制研究[J]. 控制工程,2018,25(5): 897-902.

第 6 章　基于前馈补偿的预期动态控制设计与研究

6.1 引言

由于日益增长的电力需求以及可再生能源系统接入的随机性与间歇性,越来越多的燃煤机组参与深度调峰,并将AGC指令投入。为保证机组的运行效率,所有的控制回路应尽可能快地响应AGC指令,这使得控制器需要更快的跟踪响应速度。另外,回路中的各种扰动会影响机组运行的安全性,因此控制器也需要较强的抗扰能力。然而,传统PID控制器与以及期望应用于大型热力系统的大部分先进控制策略均基于单自由度控制结构,即闭环系统中只有一个控制器可以设计。这种单自由度的控制具有明显的限制,Åström等指出,在单自由度的控制框架下,跟踪性能与抗扰性能无法同时达到最优[1]。Shinskey进一步指出,单自由度控制往往寻求更优的跟踪性能,而忽略了控制器的抗扰性能[2,3]。由于大型热力系统,特别是燃煤机组,其大部分控制回路需要兼顾跟踪性能与抗扰性能,因此单自由度的控制结构并不能获得满意的控制效果。

为解决单自由度控制结构存在的缺陷,20世纪50年代即有学者提出基于二自由度思想的控制结构——条件反馈控制[4],但并未揭示这种控制结构的二自由度特性。1963年,Horowitz首次提出二自由度控制的8种典型结构[5],其中设定值前馈型结构与设定值滤波型结构简单,易于工程实现[6]。二自由度控制结构主要分为两种类型:"前馈+反馈"型与"干扰观测器+反馈"型。这两种控制结构能够实现跟踪调试与抗扰调试的单向解耦,前者能够实现在抗扰性能不变的情况下通过前馈调试跟踪性能,后者能够实现在跟踪性能不变的情况下通过调试干扰观测器将扰动估计与补偿。

"前馈+反馈"型是二自由度PID控制的常用结构,Horowitz虽将PID引入二自由度控制结构,但并未引起研究人员与工程师们的注意。直到20世纪80年代,日本学者荒木光彦等进行了一系列设定值前馈型的二自由度PID控制策略研究[7-10],一定程度上解决了单自由度PID跟踪与抗扰存在矛盾的问题。之后,众多学者对二自由度PID控制器参数整定开展了大量研究工作。Åström等[11,12]提出一种基于最大灵敏度积分约束优化(*M*-constraIned Integral Gain Optimization, MIGO)的参数整定方法,该方法以闭环系统最大灵敏度为约束,定量计算设定值前馈型二自由度PID控制器参数,使控制器获得更好的抗扰性能与强鲁棒性。Gorez[13]与Jin等[14]分别针对自衡对象[13]与非自衡对象[14],利用内模控制的思想整定二自由度PID控制器参数,改善了大时滞系统的控制效果。Alfaro等[15]提出一种模型参考的鲁棒调参方法,通过预期鲁棒性水平调整二自由度PID控制参数,平衡了闭环控制性能与鲁棒性,并在自衡对象[15]、积分对象[16]、逆响应系统[17]与不稳定对象[18]获得了满意的效果。吴振龙等[19]针对典型一阶惯性纯迟延系统,从频域的角度提出一种相对迟延裕度的整定方法,以获得最优的抗干扰性能。另外,遗传算法[20]、蚁群优化算法[21]、杜鹃搜寻算法[22]、多目标优化算法[23]、灰狼优化算法[24]等智能优化算法也应用于二自由度PID控制参数优化之中,几种算法均能在以特定的动态指标为优化目标的情况下获得全局最优的控制器参数。

"干扰观测器+反馈"型结构主要通过干扰观测器对扰动进行观测与补偿,跟踪控制器消除设定值与系统输出之间的偏差,二者相互配合,从而使得控制策略的跟踪性能与抗扰性能达到最优[25]。最经典的干扰观测器是由日本学者大西公平等于1983年提出的扰动观测器(Disturbance Observer, DOB)[26,27],但其二自由度特性是由堀洋一等人揭示的[28]。除DOB外,国内外学者开展了大量基于扰动抑制控制的研究,提出了多种形式的扰动观测器或扰动补偿方法,如摄动观测器(Perturbation Observer, POB)[29]、等价输入扰动(Equivalent Input Disturbance, EID)法[30]、不确定性与扰动估计器(Uncertainty and Disturbance Estimator, UDE)[31]、广义比例积分观测器(Generalized Proportional Integral Observer, GPIO)[32,33]、未知输入观测器(Unknown Input Observer, UIO)[34]等。DOB的设计需要对被控对象数学模型进行估计,将实际模型与估计模型的误差和外部干扰作为扰动总和进行补偿,再通过反馈控制器进行控制,目前已在循环流化床(Circulating Fluidized Bed, CFB)机组模型[35]与炉膛燃料流量控制[36]中成功应用,其抗扰效果良好。POB的设计需要被控过程的所有状态信息,对于大型热力系统而言,获取被控过程所有状态信息是不切实际的,目前仅能从仿真层面上应用于如风力发电机[37,38]、太阳能光伏逆变器[39]、电池/超级电容混合储能系统[40]等清洁能源系统,并在设计中假设被控对象状态信息已知。UDE与POB具有相同的特点,设计需要基于被控过程所有状态信息。为便于设计,针对热力过程进行UDE设计一般将被控对象降阶为一阶惯性纯迟延过程[41],并在回热加热器水位回路上成功应用[42]。EID、GPIO与UIO的设计也需要被控对象精确数学模型,并在热力系统的应用较少,典型的应用系统分别为永磁同步电机[43]、全方位移动机器人[44]与连续反应釜[45]等。由上述可知,基于以上干扰观测器的二自由度控制策略具有较强的抗干扰与克服系统不确定性能力,但它们的设计均需被控对象的精确模型信息,这使得上述抗干扰抑制控制策略难以在如燃煤机组、燃气轮机等大型热力设备上广泛应用。

然而,对于上述二自由度控制策略,它们都无法在不基于被控对象精确数学模型设计的前提下完全分离跟踪性能与抗扰性能的调试。因此对于上述二自由度控制方法而言,其跟踪响应与抗扰响应之间依然存在矛盾。为解决上述问题,本章提出一种基于前馈补偿的预期动态控制方法,能够在不利用被控过程数学模型设计的前提下完全分离跟踪与抗扰的调试。随后,本章将该方法在典型的热力过程模型上进行了仿真验证,在实验室的水箱水位控制系统与燃气轮机半物理转速控制系统上进行了实验验证,最后成功在燃煤机组高加水位回路上进行了现场试验验证,体现了该方法在跟踪与抗扰方面的优势。

本章首先在6.2节对所解决的问题进行了描述,其次在6.3节提出基于前馈补偿的预期动态控制方法,接着在6.4节总结了参数整定流程,然后分别在6.5节、6.6节与6.7节通过仿真验证、实验台验证与现场试验验证说明所提出方法的优越性,6.8节对本章内容进行小结。

6.2 问题描述

目前应用或尝试应用于燃煤机组的控制结构主要为单自由度控制结构、二自由度控制结构、基于干扰观测器的控制结构,以及条件反馈控制结构,下面对这4种结构的跟踪与抗扰进行讨论。

单自由度控制结构如图6.1所示,图中$G_c(s)$表示控制器的传递函数表达式。

系统的跟踪响应由设定值r至系统输出y的传递函数表达式描述,抗扰响应由扰动d至系统输出y的传递函数表达式描述。由图6.1可获得设定值与扰动对系统输出的影响,表达式如下:

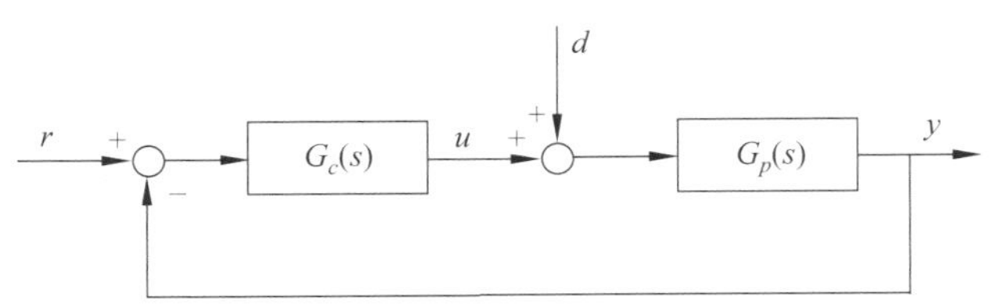

图 6.1 单自由度控制结构

$$Y(s)=\frac{G_c(s)G_p(s)}{1+G_c(s)G_p(s)}R(s)+\frac{G_p(s)}{1+G_c(s)G_p(s)}D(s) \tag{6-1}$$

其中,$R(s)$、$D(s)$与$Y(s)$分别表示设定值、扰动与系统输出的传递函数表达式。由式(6-1)可知,单自由度控制结构的跟踪性能与抗扰性能均由$G_c(s)$决定,因此跟踪与抗扰的调试是矛盾的。

二自由度控制结构一共有 8 种,它们之间可以互相等效转换。本节以如图 6.2 所示的设定值滤波型结构为例进行分析。

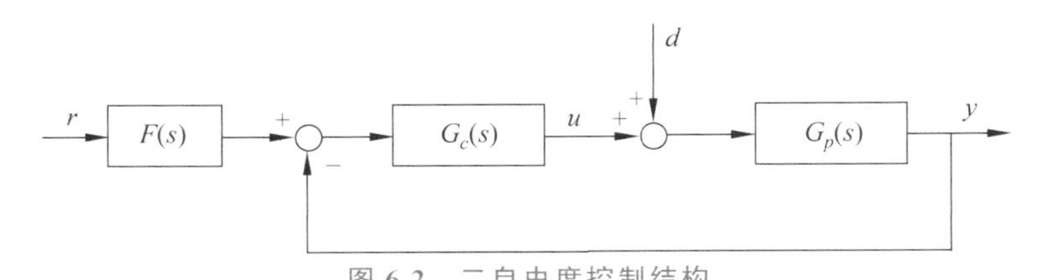

图 6.2 二自由度控制结构

其中,$F(s)$表示设定值的滤波环节。根据图 6.2,可写出设定值与扰动至系统输出的传递函数表达式为

$$Y(s)=\frac{F(s)G_c(s)G_p(s)}{1+G_c(s)G_p(s)}R(s)+\frac{G_p(s)}{1+G_c(s)G_p(s)}D(s) \tag{6-2}$$

由式(6-2)可知,$F(s)$仅决定系统的跟踪响应,不影响抗扰响应,而$G_c(s)$对两者均有影响。因此,二自由度控制结构不能实现跟踪性能与抗扰性能的完全分离调试,只能保证抗扰性能不变时调试跟踪性能。

干扰观测器的类型众多,本节以最经典的 DOB 为例进行分析,结构图如图 6.3 所示。图 6.3 中 DOB 用于估计系统受到的扰动,其中$P_m(s)$与$P_i(s)$分别表示过程模型的可逆部分与不可逆部分,因此可得:

$$\widetilde{G}_p(s)=P_m(s)P_i(s) \tag{6-3}$$

式(6-3)中,$\widetilde{G}_p(s)$表示被控过程的估计模型。当模型匹配时,$\widetilde{G}_p(s)=G_p(s)$,则可得:

$$\begin{aligned}\hat{D}(s)&=[U(s)+D(s)]G_p(s)\cdot\frac{Q(s)}{P_m(s)}-Q(s)P_i(s)U(s)\\&=[Q(s)P_i(s)]D(s)\end{aligned} \tag{6-4}$$

因此,系统输出的传递函数表达式为

$$Y(s)=\frac{G_c(s)G_p(s)}{1+G_c(s)G_p(s)}R(s)+\frac{G_p(s)}{1+G_c(s)G_p(s)}[D(s)-\hat{D}(s)] \tag{6-5}$$

由式(6-4)与式(6-5)可知,DOB 仅决定系统的抗扰响应,不影响跟踪响应,而$G_c(s)$对两者均有影响。因此,基于 DOB 的控制结构不能实现跟踪性能与抗扰性能的完全分离调试，只能在其估计模型准确的前提下，保证跟踪性能不变时调试抗扰性能。需要说明的是，DOB可替换为其他类型的扰动观测器，所得出的结论与DOB一致。

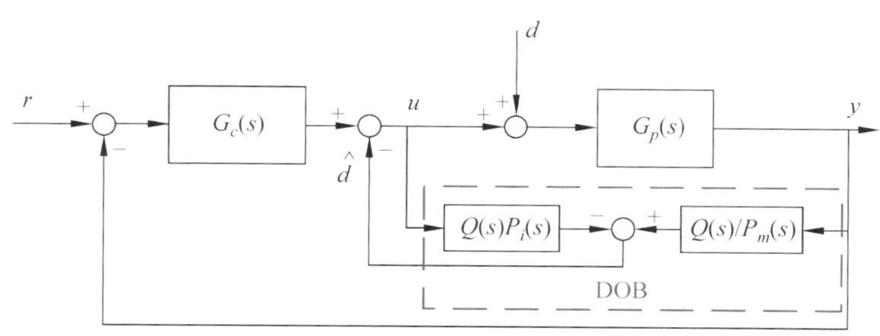

图6.3 基于DOB的控制结构

条件反馈(Conditional Feedback，CF)控制结构如图6.4所示，它主要分为两部分：跟踪控制器与抗扰控制器。

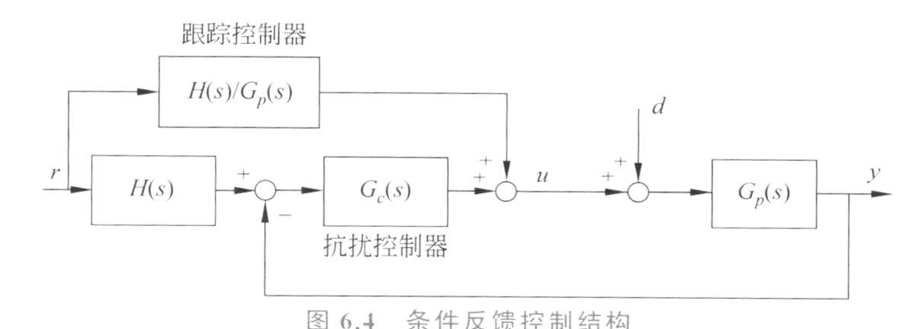

图6.4 条件反馈控制结构

图6.4中$H(s)$表示系统的参考模型，根据图6.4所示的结构，可得系统输出的传递函数表达式为

$$
\begin{aligned}
Y(s) &= \frac{[H(s)/G_p(s)]G_p(s)+G_c(s)G_p(s)H(s)}{1+G_c(s)G_p(s)}R(s)+\frac{G_p(s)}{1+G_c(s)G_p(s)}D(s) \\
&= H(s)R(s)+\frac{G_p(s)}{1+G_c(s)G_p(s)}D(s)
\end{aligned}
\tag{6-6}
$$

由式(6-6)可知，系统的跟踪响应仅由$H(s)$决定，抗扰响应仅由$G_c(s)$决定。因此，条件反馈控制能够完全分离跟踪性能与抗扰性能的调试。但是，跟踪控制器的设计基于被控过程的精确数学模型，当模型存在不可逆部分时，条件反馈控制不适用。

综上所述，以上的控制方法均无法在被控过程模型未知的情况下，仅通过调试控制器参数使得跟踪与抗扰完全分离，表6.1描述了不同控制结构的特点。因此，为解决此问题，本章提出了一种基于前馈补偿的预期动态控制方法。

表6.1 不同控制结构的特点

控制结构	典型控制器	跟踪与抗扰是否完全分离	过程模型的必要性
单自由度控制	PID、MPC	否	部分控制器必要
二自由度控制	2-DOF PID	不完全	部分控制器必要
扰动观测器控制	DOB、POB	不完全	部分控制器必要
条件反馈控制	CF	是	必要

6.3 基于前馈补偿的预期动态控制

为使得控制器在不基于过程模型的设计情况下完全分离跟踪与抗扰的调试,本章提出基于前馈补偿(Feedforward Compensation, FC)的改进 DDE-PI/PID(FCDDE-PI/PID)控制器,结构如图 6.5 所示。

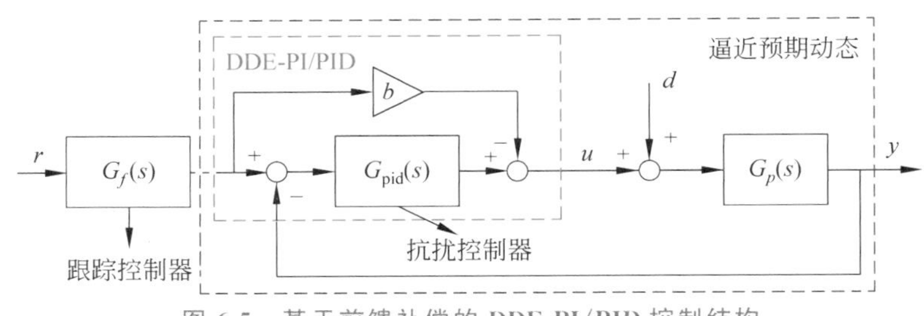

图 6.5 基于前馈补偿的 DDE-PI/PID 控制结构

图 6.5 中,$G_f(s)$表示前馈补偿环节,$G_{pid}(s)$表示 PI/PID 控制器的传递函数模型。由第五章内容可知,当 DDE-PI/PID 参数整定合适时,蓝色虚线框内的结构逼近式(5-1)与式(5-2)。为实现跟踪抗扰的分离调试,设计前馈补偿环节如式(6-7)所示:

$$G_f(s)=\begin{cases}\dfrac{T_b s+1}{T_a s+1} & \text{FCDDE-PI}\\[2ex]\dfrac{(T_b s+1)^2}{(T_a s+1)^2} & \text{FCDDE-PID}\end{cases}\tag{6-7}$$

其中,T_a 与 T_b 分别为跟踪控制器分母与分子的可调时间常数。若设置前馈补偿环节中时间常数之间的关系为 $T_a>T_b$,则使得 FCDDE-PI/PID 的跟踪响应速度慢于原 DDE-PI/PID,这样便失去了前馈补偿的改进意义。因此,为获得更快的响应速度,一般设置 $T_a\leqslant T_b$。根据图 6.5 所示结构,FCDDE-PI/PID 的系统输出传递函数表达式为

$$Y(s)=G_f(s)\frac{[G_{pid}(s)-b]G_p(s)}{1+G_{pid}(s)G_p(s)}R(s)+\frac{G_p(s)}{1+G_{pid}(s)G_p(s)}D(s)\tag{6-8}$$

若 DDE-PI/PID 的参数调整合适时,则有

$$\frac{[G_{pid}(s)-b]G_p(s)}{1+G_{pid}(s)G_p(s)}\approx H_{DDE}(s)\tag{6-9}$$

令 $T_b=1/\omega_d$,结合式(6-7),则式(6-8)可改写为

$$Y(s)=\begin{cases}\dfrac{1}{T_a s+1}R(s)+\dfrac{G_p(s)}{1+G_{pid}(s)G_p(s)}D(s) & \text{FCDDE-PI}\\[2ex]\dfrac{1}{(T_a s+1)^2}R(s)+\dfrac{G_p(s)}{1+G_{pid}(s)G_p(s)}D(s) & \text{FCDDE-PID}\end{cases}\tag{6-10}$$

需要说明的是,若被控对象具有纯迟延特性,则式(6-10)中 $R(s)$至 $Y(s)$的传递函数特性应添加 $e^{-\tau s}$。由式(6-10)可知,系统的跟踪响应仅由跟踪控制器的分母时间常数 T_a 决定,PI/PID 控制器仅负责调试抗扰响应。另外,由 FCDDE-PI/PID 控制结构可知,其设计并未利用被控过程的精确数学模型。但是,跟踪性能与抗扰性能能够完全分离调试的前提是 DDE-PI/PID 的输出能够精确跟踪预期动态响应。

6.4 参数整定

本节中总结了 FCDDE-PI/PID 控制器的参数整定方法，主要分为两部分：一部分是对跟踪控制器的整定，另一部分是 DDE-PI/PID 控制器的整定。其中，DDE-PI/PID 控制器可通过第 5 章提出的预期动态选择方法进行整定，跟踪控制器分子时间常数由 DDE-PI/PID 的闭环预期带宽 ω_d 计算，分母时间常数可根据跟踪性能要求——期望调节时间 t_{sd} 计算获得。

根据典型一阶系统与二阶系统的相关理论，基于 2% 准则的调节时间计算方法，可得 T_a 的计算表达式为

$$T_a=\begin{cases}(t_{sd}-\tau)/3.91 & \text{FCDDE-PI}\\(t_{sd}-\tau)/5.84 & \text{FCDDE-PID}\end{cases}\tag{6-11}$$

在整定 FCDDE-PI/PID 控制器参数时，首先应整定 DDE-PI/PID 的控制器参数。因此，首先应令 $T_a=T_b$，即前馈补偿环节设置为 1，调整 DDE-PI/PID 的控制器参数。待完成 DDE-PI/PID 的整定后，再令 $T_b=1/\omega_d$ 后，结束整定流程。整定 DDE-PI/PID 的方法可借鉴 5.4.3 节的内容，这里不再赘述。需要说明的是，为保证 DDE-PI/PID 的系统输出能够精确跟踪预期动态响应，ω_d 应在其极限范围内进行选择。综上，FCDDE-PI/PID 的整定步骤总结如下。

(1) 根据期望调节时间 T_{sd} 计算 T_a，且令 $T_a=T_b$。

(2) 在预期动态的极限范围内，选择一较小 ω_d。

(3) 令 $k=10\omega_d$ 且 $l=l_0$。

(4) 判断系统输出是否精确跟踪了预期动态响应，若是，则至下一步；否则，减小 l 并继续判断。

(5) 判断是否满足抗扰性能要求，若是，令 $T_b=1/\omega_d$，结束整定；否则，增大 ω_d 并返回步骤(3)。

基于上述整定步骤，可总结如图 6.6 所示的整定流程图。

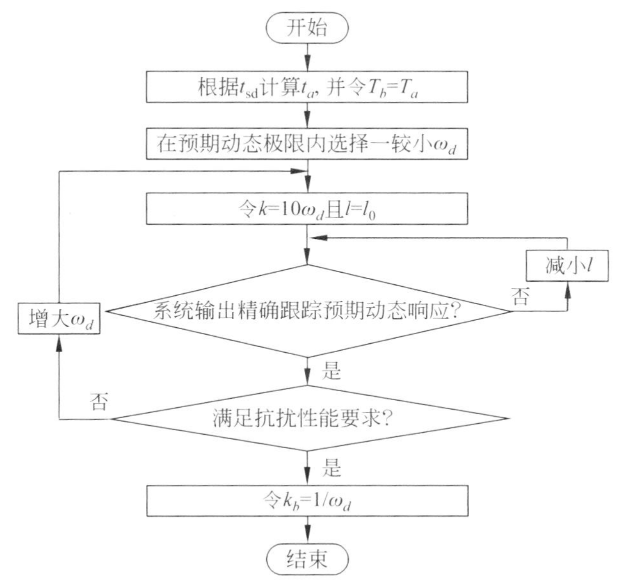

图 6.6　FCDDE-PI/PID 的整定流程

由图 6.5 与图 6.6 可知，本章所提出的 FCDDE-PI/PID 不仅结构简单，并且整定简便，适用于解决热力系统的工程问题。

6.5 仿真研究

为验证 FCDDE-PI/PID 控制器能够分离调试跟踪性能与抗扰性能，本节针对式(5-26)～式(5-35)所示的 10 个典型热力过程模型开展仿真研究。首先验证了 FCDDE-PI/PID 的跟踪性能与抗扰性能的完全分离调试，其次再与其他控制器进行效果的对比。

6.5.1 跟踪与抗扰分离调试

本节中针对 10 个典型热力过程模型，验证了 FCDDE-PI/PID 分离调试跟踪性能与抗扰性能的能力。当调试跟踪性能时，固定 T_b 与 DDE-PI/PID 控制器参数，仅改变 T_a；当调试抗扰性能时，固定 T_a，仅改变 T_b 与 DDE-PI/PID 控制器参数。

图 6.7～图 6.11 给出了针对不同被控对象的跟踪与抗扰分离调试效果，仿真过程中系统设定值由 0 阶跃至 1，并当系统输出稳定后添加一阶跃扰动。

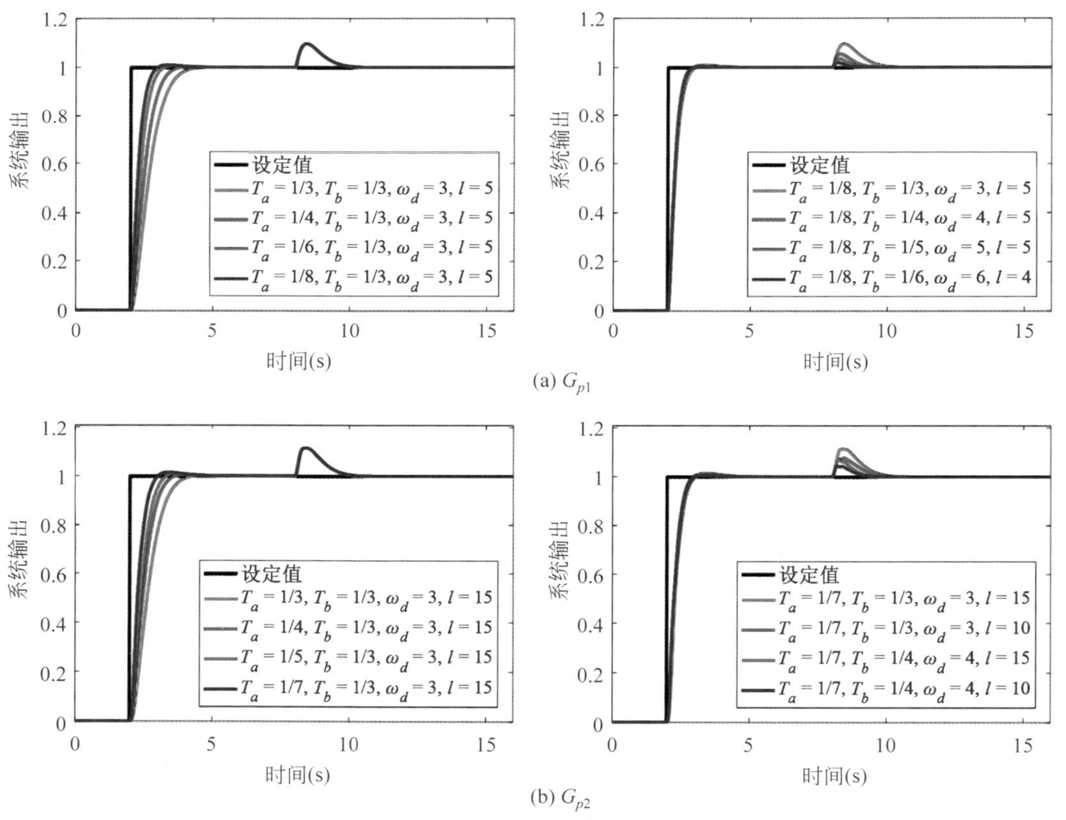

图 6.7 G_{p1}、G_{p2} 跟踪性能与抗扰性能的分离调试效果

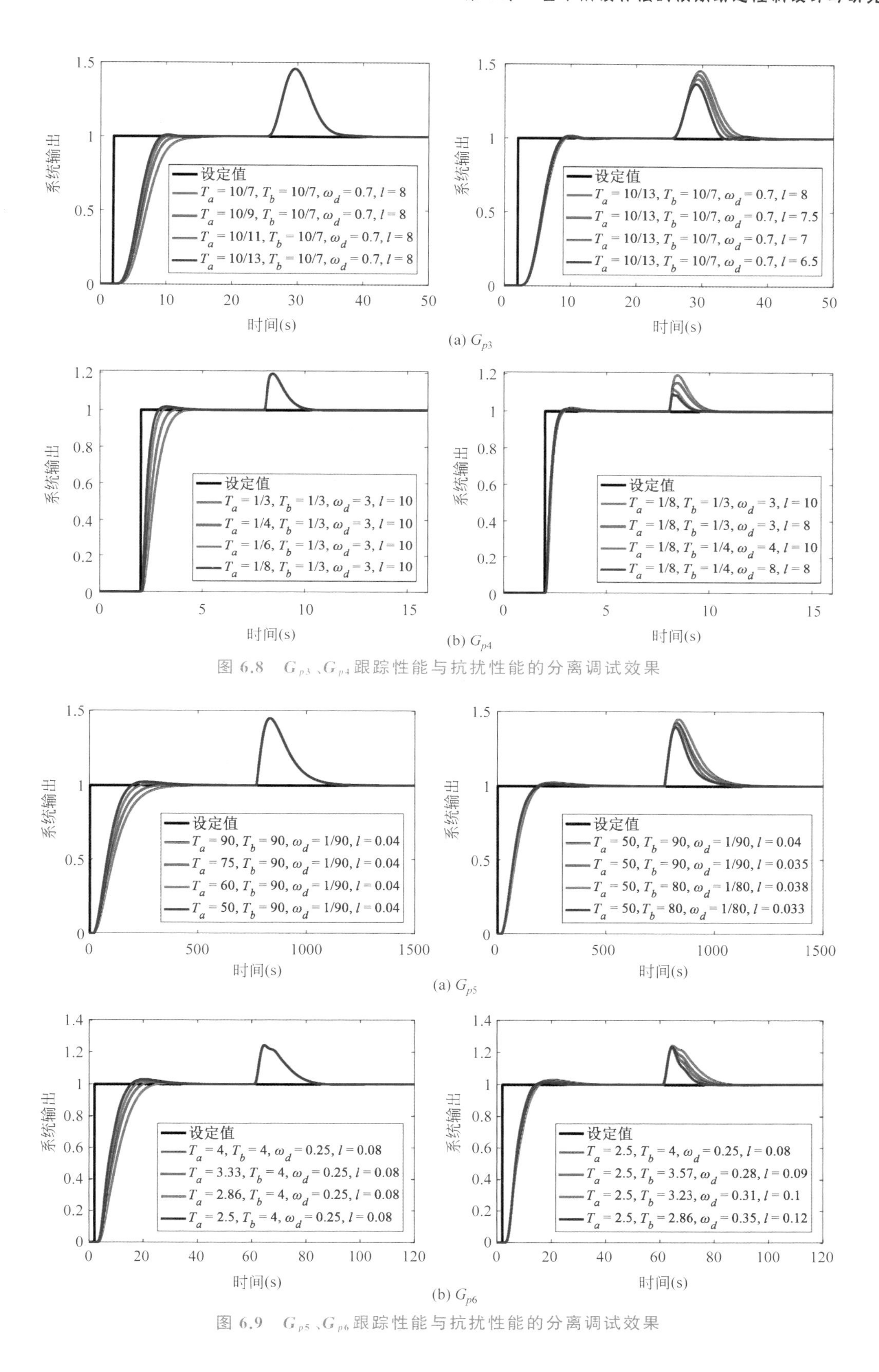

(a) G_{p3}

(b) G_{p4}

图 6.8　G_{p3}、G_{p4}跟踪性能与抗扰性能的分离调试效果

(a) G_{p5}

(b) G_{p6}

图 6.9　G_{p5}、G_{p6}跟踪性能与抗扰性能的分离调试效果

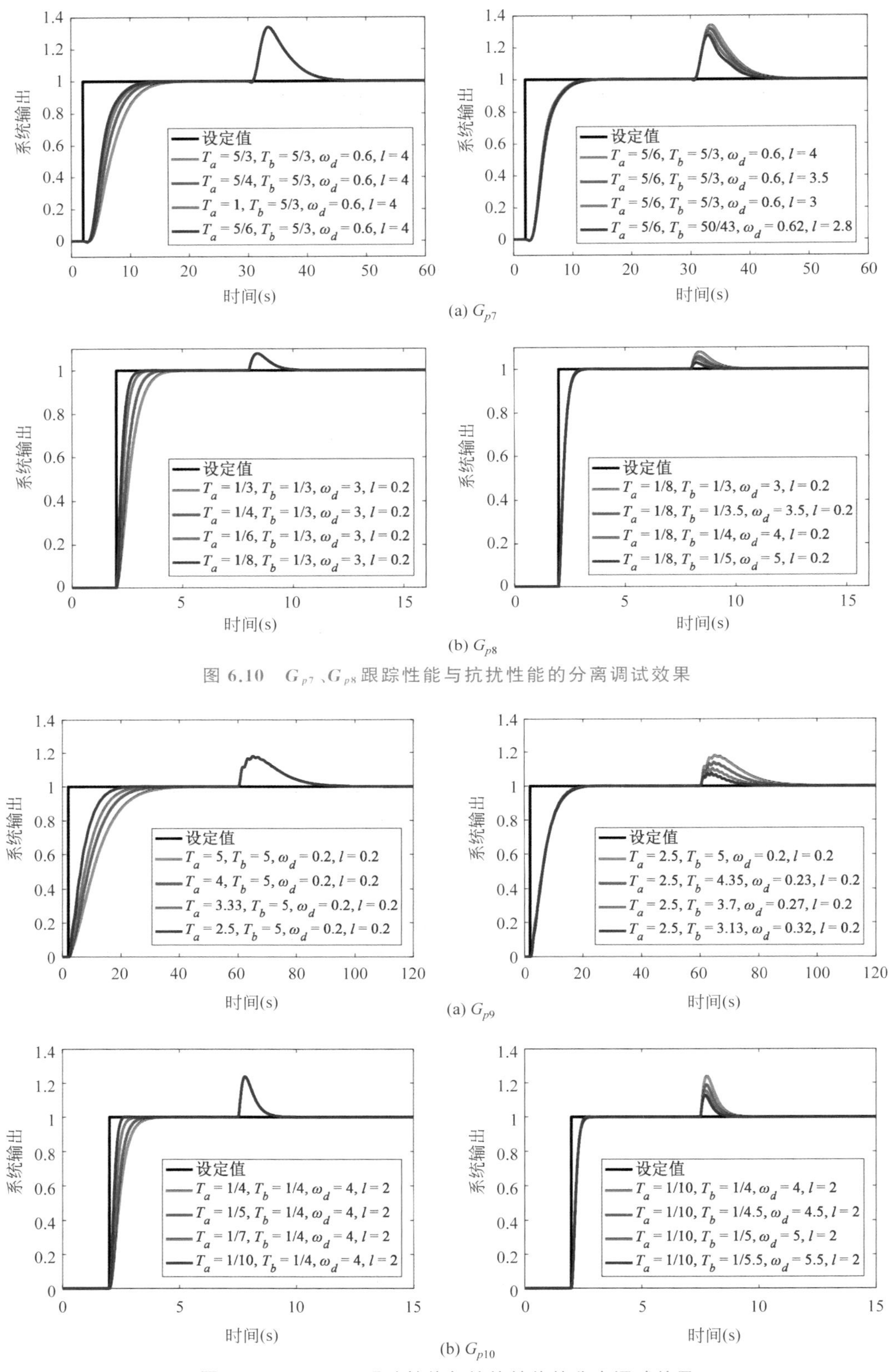

图 6.10 G_{p7}、G_{p8} 跟踪性能与抗扰性能的分离调试效果

图 6.11 G_{p9}、G_{p10} 跟踪性能与抗扰性能的分离调试效果

由图6.7～图6.11可知，对于10个典型热力过程模型，当T_b与DDE-PI/PID控制器参数不变时，不断减小T_a使得系统的跟踪响应不断加快，而抗扰响应保持不变。当T_a不变时，调试DDE-PI/PID控制器参数并时刻令$T_b=1/\omega_d$，可使系统的抗扰能力逐渐增强，而跟踪能力几乎保持不变。基于图6.7～图6.11中的仿真结果，可初步得出结论：FCDDE-PI/PID能够在不利用被控过程精确数学模型的情况下，仅通过调试控制器参数实现跟踪性能与抗扰性能的完全分离调试。

6.5.2　控制效果对比

根据第5章可知，综合各种对比控制器的控制效果，SIMC-PI/PID与AMIGO-PI/PID的控制效果较好。因此本节选取SIMC-PI/PID、AMIGO-PI/PID以及图6.7～图6.11中$T_a=T_b$时的DDE-PI/PID作为对比控制器，体现FCDDE-PI/PID控制器在跟踪与抗扰中的优越性。各控制器的参数如表6.2所示。

表6.2　10个典型过程的不同控制器参数

被控对象	PI/PID	SIMC $\{k_p,T_i,T_d\}$	AMIGO $\{k_p,T_i,T_d,b\}$	DDE $\{\omega_d,k,l\}$	FCDDE $\{\omega_d,k,l,T_a\}$
$G_{p1}(s)$	PID	{5,0.8,0.1}	{5.15,0.44,0.047,5.15}	{3,30,5}	{6,60,4,1/8}
$G_{p2}(s)$	PID	{6.67,0.4,0.15}	{2.23,0.53,0.072,2.23}	{3,30,15}	{4,40,10,1/7}
$G_{p3}(s)$	PID	{0.5,1.5,1}	{0.47,2.08,0.83,0}	{0.7,7,8}	{0.7,7,6.5,10/13}
$G_{p4}(s)$	PID	{17.9,0.23,0.22}	{3.54,0.54,0.071,3.54}	{3,30,10}	{8,80,8,1/8}
$G_{p5}(s)$	PI	{4,160,0}	{2.16,106.64,0,2.16}	{1/9,1/90,0.04}	{1/80,1/8,0.033,50}
$G_{p6}(s)$	PID	{10,8,2}	{4.93,8.59,0.97,4.93}	{0.25,2.5,0.08}	{0.35,3.5,0.12,2.5}
$G_{p7}(s)$	PID	{1.3,2,1.2}	{0.97,2.21,0.62,0.97}	{0.6,6,4}	{0.62,6.2,2.8,5/6}
$G_{p8}(s)$	PID	{1.4,2.86,1.33}	{0.45,13.52,0.085,0}	{3,30,0.2}	{5,50,0.2,1/8}
$G_{p9}(s)$	PID	{0.0625,8,8}	N/A	{0.2,2,0.2}	{0.32,3.2,0.2,2.5}
$G_{p10}(s)$	PID	{8.93,0.8,0.8}	N/A	{4,40,2}	{5.5,55,2,1/10}

基于表6.2中不同控制器的参数，针对10个典型过程模型开展仿真研究，结果如图6.12～图6.16所示。需要说明的是，由于对比的控制器与第5章中不同，所设置的阶跃扰动幅值也不同，但本节中不同控制器的扰动幅值是一致的。因此，抗扰的性能指标与表6.3中不同。

由图6.12～图6.16可知，相比SIMC-PI/PID与AMIGO-PI/PID，FCDDE-PI/PID具有更平稳的跟踪响应与更强的抗扰能力。另外，对于某一能够精确跟踪DDE-PI/PID控制器，可以通过添加并调试前馈环节，使得系统的跟踪性能与抗扰性能进一步提高。

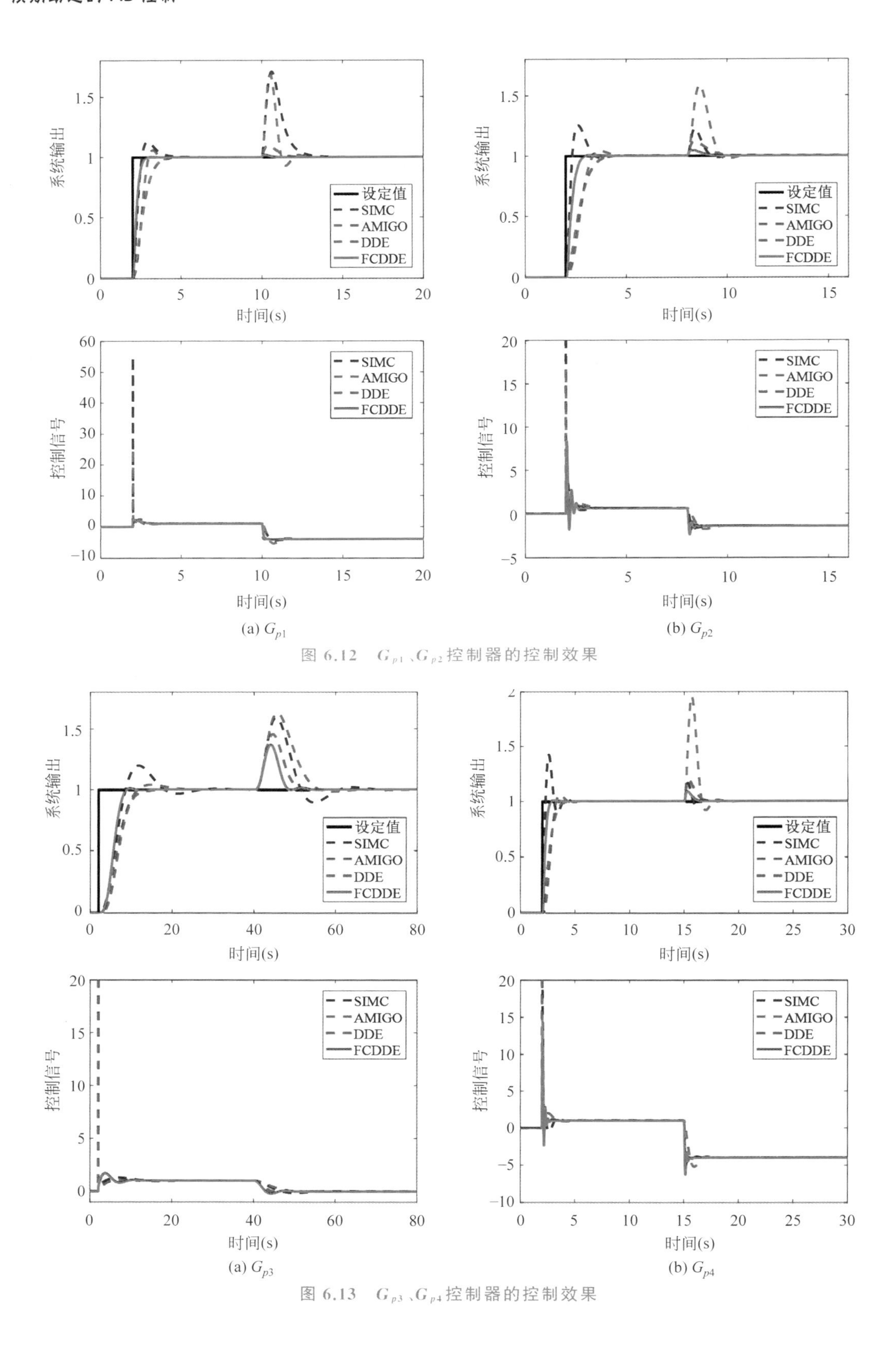

(a) G_{p1} (b) G_{p2}

图 6.12 G_{p1}、G_{p2} 控制器的控制效果

(a) G_{p3} (b) G_{p4}

图 6.13 G_{p3}、G_{p4} 控制器的控制效果

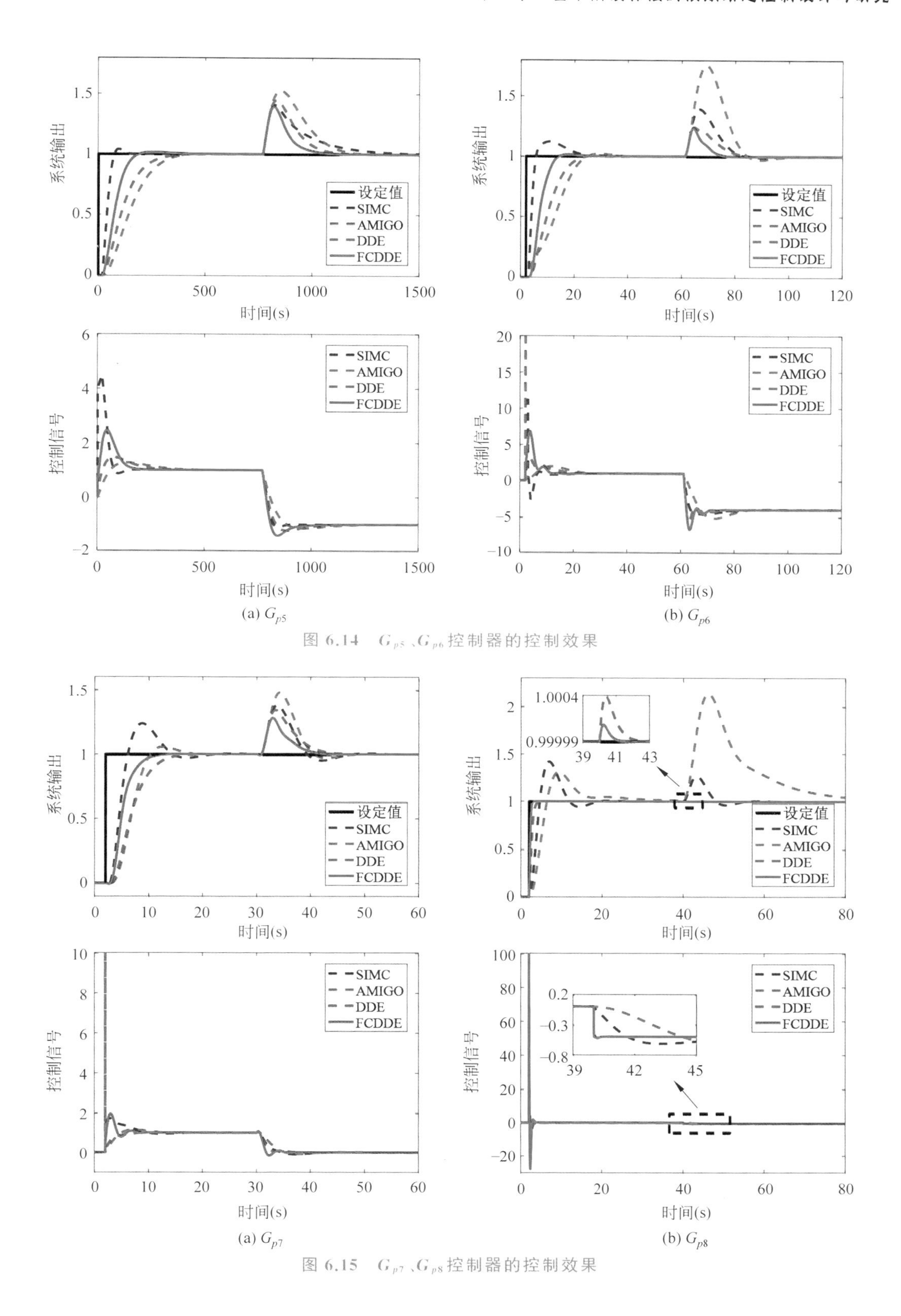

图 6.14　G_{p5}、G_{p6} 控制器的控制效果

图 6.15　G_{p7}、G_{p8} 控制器的控制效果

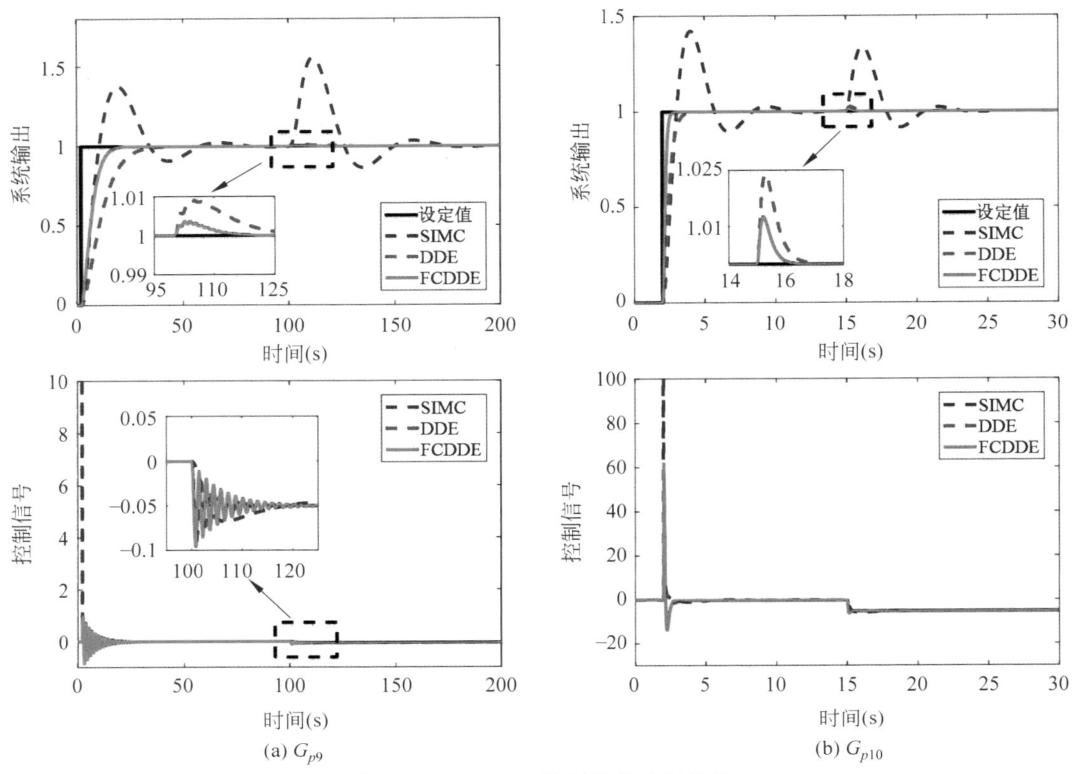

图 6.16 G_{p9}、G_{p10} 控制器的控制效果

为定量评价不同控制器控制效果，表 6.3 计算了不同控制器的动态性能指标。

表 6.3 10 个典型过程不同控制器的动态性能指标

被控对象	控制器	σ(%)	T_s(s)	IAE_{sp}	IAE_{ud}
$G_{p1}(s)$	SIMC	12.75	2.01	0.39	0.80
	AMIGO	5.56	1.57	0.57	0.50
	DDE	0	1.88	0.69	0.09
	FCDDE	0.16	0.71	0.25	0.01
$G_{p2}(s)$	SIMC	25.07	1.33	0.35	0.14
	AMIGO	4.45	2.23	0.75	0.50
	DDE	0.18	1.83	0.71	0.11
	FCDDE	0.67	0.82	0.31	0.03
$G_{p3}(s)$	SIMC	19.46	22.29	5.24	4.23
	AMIGO	3.82	16.76	4.92	4.65
	DDE	0	10.62	5.19	2.33
	FCDDE	1.01	6.41	3.73	1.48

续表

被控对象	控制器	σ(%)	T_s(s)	IAE_{sp}	IAE_{ud}
$G_{p4}(s)$	SIMC	42.23	2.37	0.45	0.11
	AMIGO	6.05	2.10	0.77	0.87
	DDE	0.10	1.83	0.71	0.19
	FCDDE	0.93	0.70	0.29	0.06
$G_{p5}(s)$	SIMC	4.05	121.11	43.37	79.05
	AMIGO	0.19	366.31	156.63	99.11
	DDE	0	324.56	122.40	64.80
	FCDDE	1.58	169.32	81.95	42.24
$G_{p6}(s)$	SIMC	12.04	20.06	3.45	4.16
	AMIGO	1.99	21.43	10.70	9.25
	DDE	0.72	19.72	8.67	2.60
	FCDDE	1.54	11.17	5.51	1.42
$G_{p7}(s)$	SIMC	23.19	17.30	3.78	2.02
	AMIGO	5.54	14.09	5.01	2.57
	DDE	0	12.56	5.19	1.86
	FCDDE	0	8.66	3.40	1.18
$G_{p8}(s)$	SIMC	36.34	15.26	3.13	1.36
	AMIGO	31.06	28.28	4.97	14.61
	DDE	0	1.94	0.67	0.0004
	FCDDE	0	0.74	0.25	0.0001
$G_{p9}(s)$	SIMC	37.61	68.59	11.59	10.58
	DDE	0	28.90	10.00	0.13
	FCDDE	0	14.48	5.01	0.03
$G_{p10}(s)$	SIMC	42.14	8.00	1.45	0.74
	DDE	0	1.45	0.50	0.02
	FCDDE	0	0.55	0.20	0.01

由表 6.3 可知，对于大部分被控过程而言，相比于 SIMC-PI/PID 和 AMIGO-PI/PID，FCDDE-PI/PID 具有较小的超调量、较短的调节时间与较小的 IAE 指标。另外，与 DDE-PI/PID 相比，PCDDE-PI/PID 虽然超调较大，但是调节时间指标与 IAE 指标都进一步得到了优化。对于含纯迟延的系统 G_{p5}、G_{p6}，SIMC-PI/PID 具有更好的控制效果，是因为它是基于典型一阶、二阶纯迟延系统模型提出的。

为检验各控制器鲁棒性，图 6.17、图 6.18 给出了 1000 次蒙特卡洛随机实验结果。随机实验过程中，被控过程模型参数在其标称值 80%～120%范围内随机摄动。

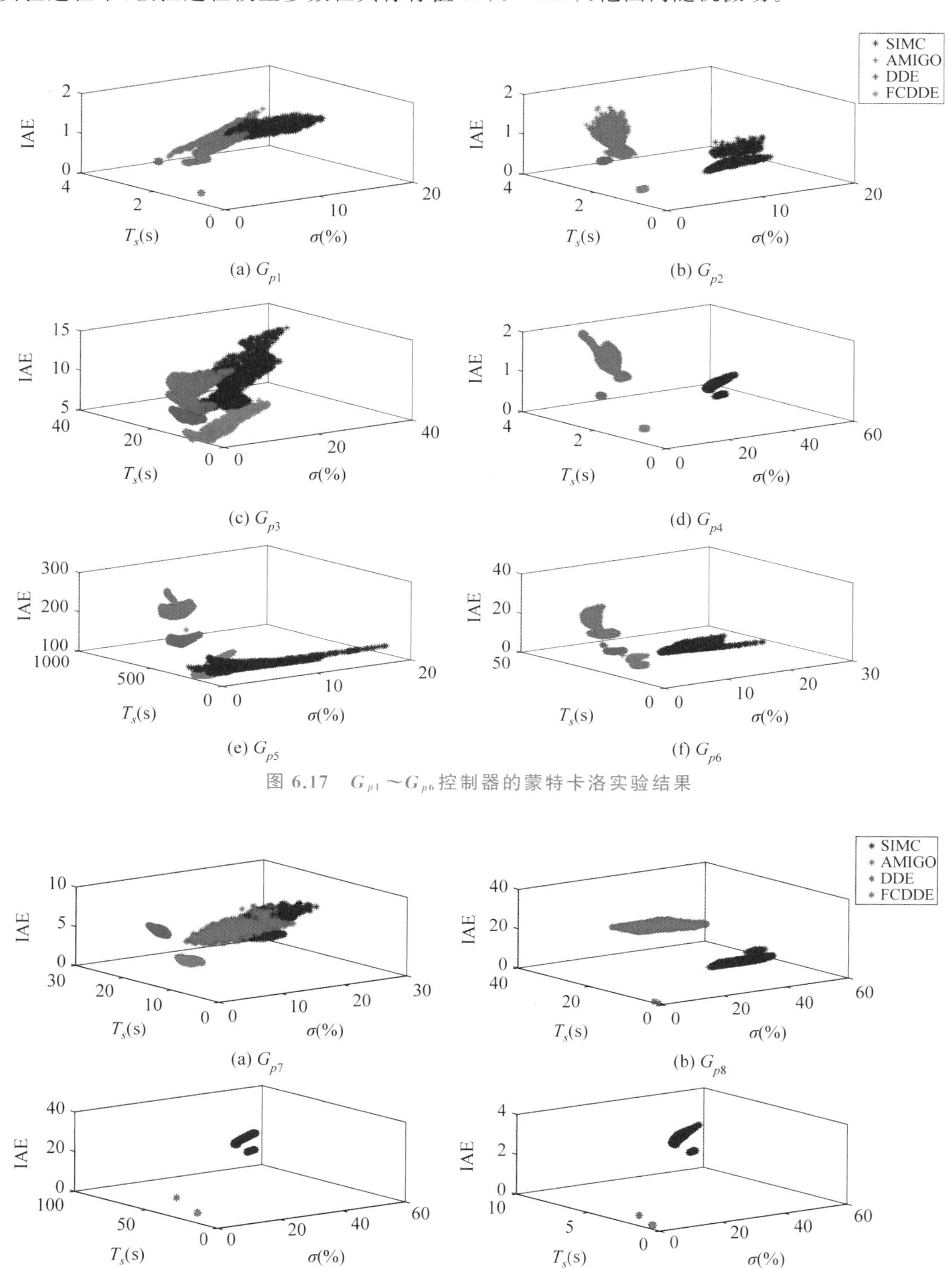

图 6.17 G_{p1}～G_{p6} 控制器的蒙特卡洛实验结果

图 6.18 G_{p7}～G_{p10} 控制器的蒙特卡洛实验结果

由蒙特卡洛实验结果可知，FCDDE-PI/PID 控制器的点集较 SIMC-PI/PID 与 AMIGO-PI/PID 更密集，体现了其更强的鲁棒性。虽然 FCDDE-PI/PID 控制器的点集较 DDE-PI/PID 的点集更分散，但是前者更靠近原点，体现了其更好的动态性能。

综上所述，所提出的基于前馈补偿的预期动态控制方法能够在不基于被控过程精确数学模型设计的情况下，通过调试控制器参数消除跟踪响应与抗扰响应之间的矛盾，使得控制系统的跟踪性能与抗扰性能同时达到更优，并具有较强鲁棒性。

6.6 实验台验证

在将所提出的控制方法应用于实际热力系统之前，首先应用在实验台上初步验证 FCDDE-PI/PID 的控制效果。为避免微分作用对噪声干扰的放大，所有的控制器都是基于 PI 控制器设计的。

6.6.1 水箱水位控制

本节先将 FCDDE-PI 应用于实验室的水箱水位控制系统，实验台结构与被控过程的开环响应分别如图 5.21 与图 5.22 所示，这里不再赘述。首先验证 FCDDE-PI 分离调试跟踪性能与抗扰性能的能力，基于 5.6 节的调试结果，整定了三组 FCDDE-PI 控制器参数，具体参数与控制结果如图 6.19 所示。

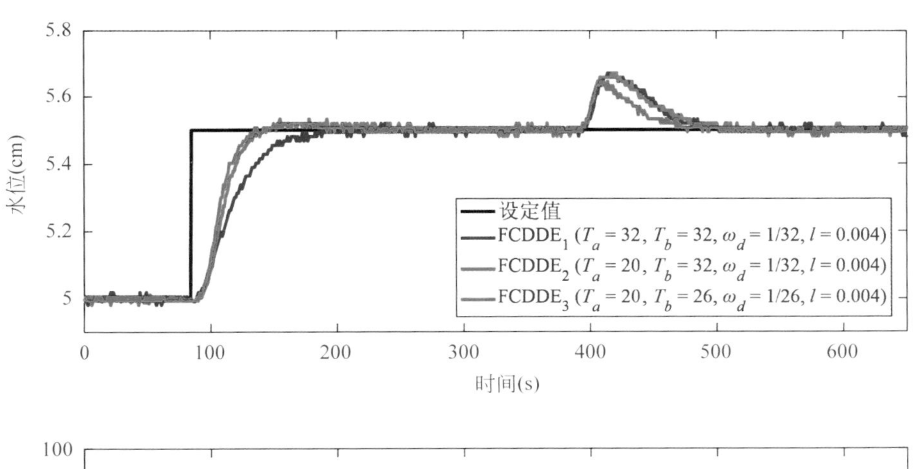

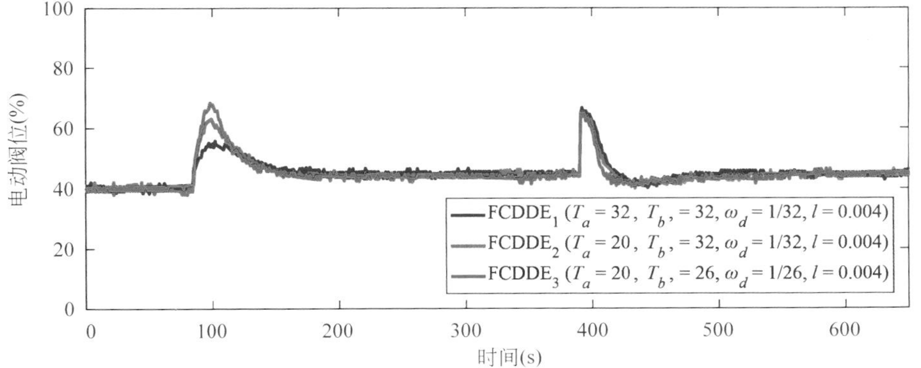

图 6.19 不同 FCDDE-PI 控制器的水箱水位控制效果

为避免 SIMC-PI 出现如图 5.26 中频繁的执行器饱和，验证跟踪性能时，将水位设定值由 5cm 阶跃至 5.5cm。另外，在验证抗扰性能时，添加 20%的正向电动阀位扰动。需要说明的是，为验证分离效果，应保证各 FCDDE-PI 控制器的数据尺度一致，设定值阶跃时间与扰动发生时间一致。因此，在水位稳定在 5cm 维持 85s 后，将水位设定值阶跃至 5.5cm；当水位稳定在 5.5cm 后，在 390s 处添加扰动。

图 6.19 中，FCDDE_1 表示 $T_a = T_b$ 时的 FCDDE-PI 控制器，是基于 5.6.2 节中所调试的 $k_b = 3$ 时的 DDE-PI 控制器。另外，FCDDE_2 表示 T_a 与 FCDDE_1-PI 不同而 DDE-PI 控制器参数相同的 FCDDE-PI 控制器，FCDDE_3 表示 T_a 与 FCDDE_2-PI 相同而 DDE-PI 控制器参数不同的 FCDDE-PI 控制器。由图 6.19 可知，蓝色曲线与绿色曲线的抗扰响应一致，但绿色曲线的跟踪响应较快；绿色曲线与红色曲线的跟踪性能几乎一致，但红色曲线的抗扰性能更好。因此，FCDDE-PI 可以通过调试控制器参数实现跟踪与抗扰的完全分离。

其次将 FCDDE-PI 的控制效果与其他控制器进行对比，包括 SIMC-PI、AMIGO-PI 与 DDE-PI，结果如图 6.20 所示。FCDDE-PI 选取 FCDDE_3-PI 的参数，DDE-PI 选取 FCDDE_1-PI 的参数，其他控制器的参数已在表 5.6 中列出。

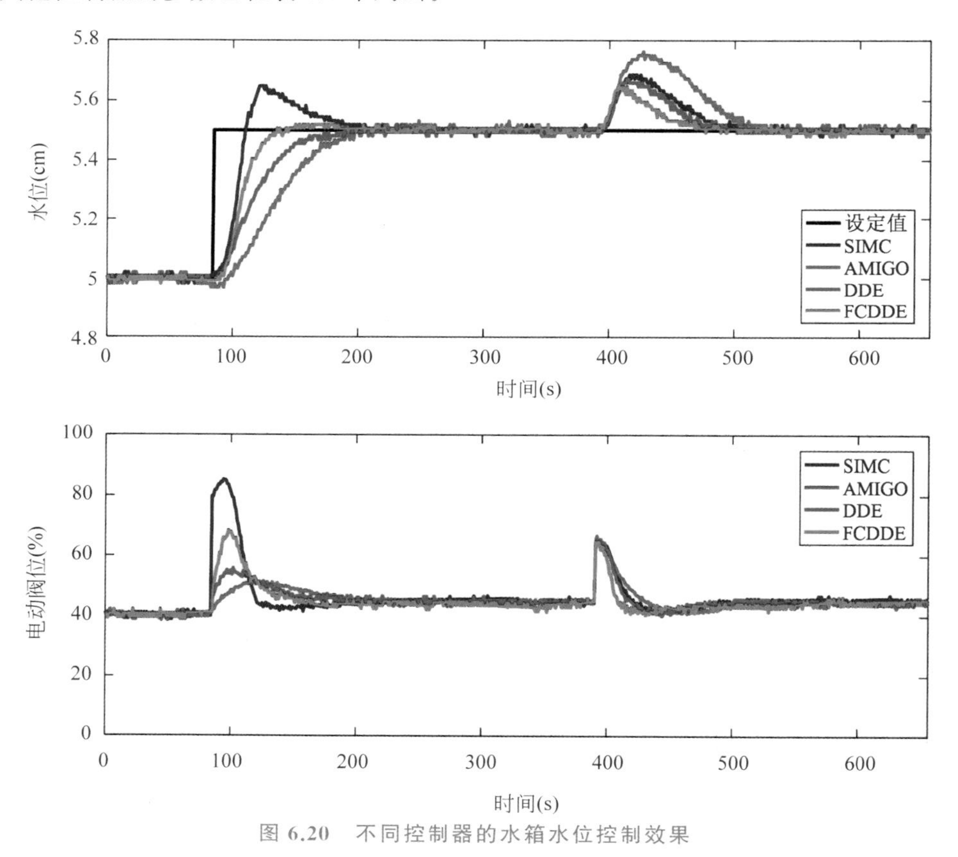

图 6.20 不同控制器的水箱水位控制效果

由图 6.20 可知，跟踪方面，FCDDE-PI 比 AMIGO-PI 与 DDE-PI 的响应速度快，SIMC-PI 虽然响应速度较快，但超调明显；抗扰方面，FCDDE-PI 由扰动引起的最大动态偏差最小，并且能够快速克服扰动。

为定量评价各控制器的控制效果，表 6.4 计算了各控制器的水箱水位控制动态性能指标，包括超调量、调节时间、跟踪 IAE 与抗扰 IAE。

表 6.4 不同控制器的水箱水位控制动态性能指标

控 制 器	σ(%)	T_s(s)	IAE_{sp}	IAE_{ud}
SIMC	29.49	104	16.71	10.85
AMIGO	6.41	237	29.17	18.39
DDE	3.85	94	19.54	9.24
FCDDE	3.85	45	14.35	6.69

由表 6.4 可知，FCDDE-PI 的超调量最小，调节时间最短，并且 IAE 指标最小，体现了其控制性能的优越性，说明基于前馈补偿改进的 DDE-PI 能够使得原控制器的跟踪性能与抗扰性能在原有基础上进一步达到更优。

6.6.2 燃气轮机转速控制

动力涡轮转速是燃气轮机系统中的重要参数，往往决定着燃气轮机的运行效率与动力性能[46,47]。将燃机动力涡轮转速控制在其设定值，且克服负载变化引起的扰动是十分必要的，因此需要控制器同时具有良好的跟踪性能与抗扰性能。本节将 FCDDE-PI 应用于燃气轮机半物理仿真实验平台，以验证其控制的优越性，实验台的结构概略图如图 6.21 所示。

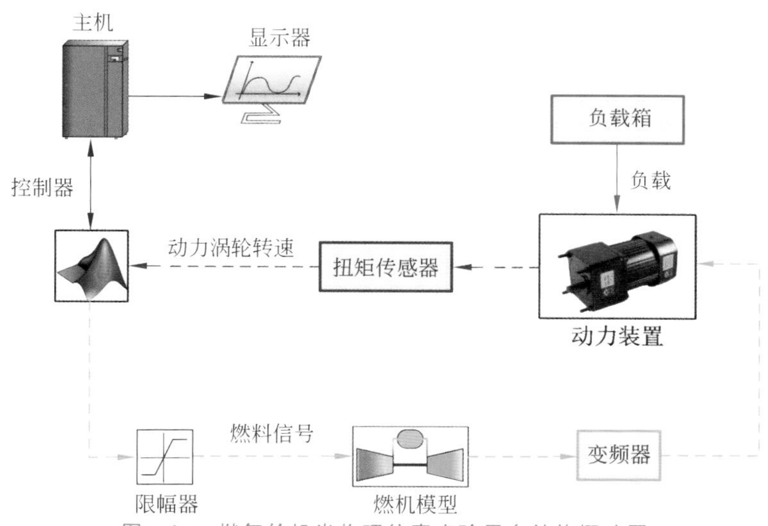

图 6.21 燃气轮机半物理仿真实验平台结构概略图

图 6.21 中，控制器与燃机模型均是在 MATLAB 的 Simulink 仿真平台上实现，动力涡轮利用动力装置进行模拟，燃机负载通过负载箱给定，燃机的转速通过燃料量进行控制。

首先在实验台上验证 FCDDE-PI 能够完全分离跟踪性能与抗扰性能的调试，跟踪方面，转速设定值由 3000rpm 阶跃至 2900rpm；抗扰方面，当设定值保持在 3000rpm 时，设置添加 ±20% 额定负载的扰动，跟踪与抗扰分离调试结果如图 6.22 所示。

图 6.22 中，$FCDDE_1$-PI 可视为标准组实验，其控制器参数为：$T_a=3$，$T_b=4.5$，$\omega_d=2/9$，$l=400$；$FCDDE_2$-PI 的 T_b 和 DDE-PI 控制器参数与标准组控制器一致，但 $T_a=2.5$，说明

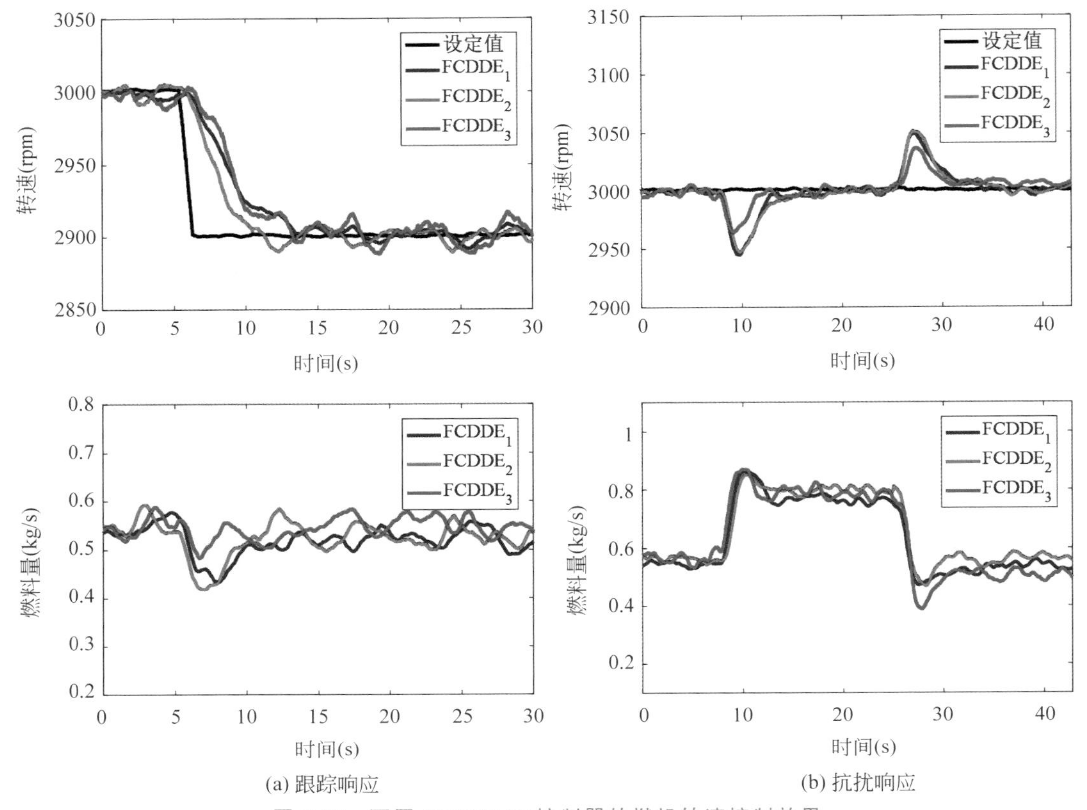

图 6.22 不同 FCDDE-PI 控制器的燃机转速控制效果

$FCDDE_2$-PI 应与 $FCDDE_1$-PI 的抗扰性能一致而跟踪性能不一致；$FCDDE_3$-PI 的 T_a 与标准组控制器相同，但 $T_b=3$，$\omega_d=1/3$ 且 $l=500$，说明 $FCDDE_3$-PI 应与 $FCDDE_1$-PI 的跟踪性能相同而抗扰性能不同。

由于实验平台内部存在电信号的干扰，因此响应波动较大，且具有随机性。所以，相同的跟踪响应曲线或抗扰响应曲线并不能完全重合。由图 6.22 可知，$FCDDE_2$-PI 与 $FCDDE_1$-PI 的抗扰响应几乎重合，但是前者跟踪响应较快；$FCDDE_3$-PI 与 $FCDDE_1$-PI 的抗扰响应几乎重合，但是前者抗扰性能较好。因此，图 6.22 中的实验结果能够说明 FCDDE-PI 能够完全分离调试跟踪性能与抗扰性能。

其次针对燃机转速的辨识模型设计了 SIMC-PI 与 AMIGO-PI 控制器，辨识结果如式(6-12)所示：

$$G_p(s)=\frac{4479.66}{6.47s+1}\mathrm{e}^{-0.23s} \tag{6-12}$$

由上式可计算 SIMC-PI 的控制器参数为 $k_p=0.0031$，$T_i=1.84$，AMIGO-PI 的控制器参数为 $k_p=0.0020$，$T_i=2.16$，$b=0.0020$，两者的控制效果分别如图 6.23 和图 6.24 所示。

结合图 6.22 中的实验结果，对比 SIMC-PI、AMIGO-PI、DDE-PI 与 FCDDE-PI 的控制效果。其中，DDE-PI 选取图 6.22 中 $T_a=T_b=3$ 时的 $FCDDE_3$-PI 进行对比，FCDDE-PI 选取图 6.22 中 $FCDDE_2$-PI 进行对比。根据图 6.22～图 6.24，可得出以下结论。

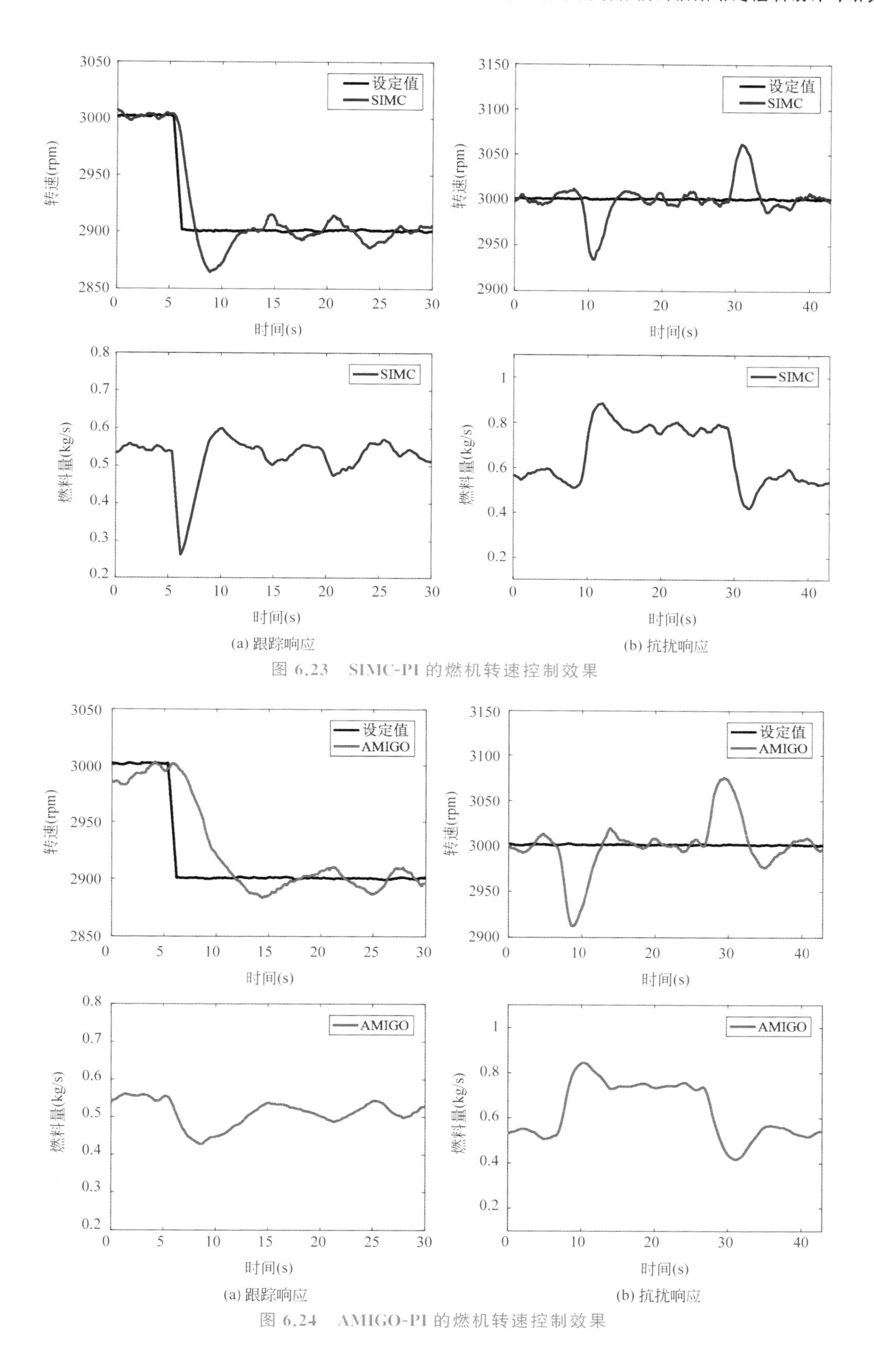

图 6.23　SIMC-PI 的燃机转速控制效果

图 6.24　AMIGO-PI 的燃机转速控制效果

(1) 相比于 DDE-PI,由于 FCDDE-PI 的 T_a 较小,因此其跟踪响应较快;但由于其控制器参数弱于 DDE-PI,因此其由负载扰动引起的动态偏差较大。

(2) SIMC-PI 的跟踪响应虽快,但是振荡较为明显,并且克服扰动的能力相比 DDE-PI 与 FCDDE-PI 较差。

(3) AMIGO-PI 的控制器参数较为保守,因此其跟踪响应较慢,并且抗扰能力较弱。

为定量评价各控制器的控制性能,表 6.5 计算了不同控制器的燃机转速控制动态性能指标。由于实验台干扰的存在,难以计算超调量与调节时间,因此计算了跟踪 IAE、抗扰 IAE、最大转速正偏差 e^+ 与最大转速负偏差 e_-。

表 6.5 不同控制器的燃机转速控制动态性能指标

控制器	IAE_{sp}	IAE_{ud}	e^+(rpm)	e_-(rpm)
SIMC	317.30	480.70	60.67	66.35
AMIGO	475.67	770.73	74.17	89.26
DDE	468.98	312.13	36.15	37.53
FCDDE	300.77	405.46	51.15	54.36

由表 6.5 可知,跟踪方面,FCDDE-PI 的 IAE 指标最小,说明其能在输出没有明显振荡的情况下获得快速的响应速度;抗扰方面,由于 DDE-PI 的控制器参数最强,因此其抗扰 IAE、最大转速正负偏差最小。

综上所述,本节通过在燃气轮机半物理仿真实验平台上设计 FCDDE-PI 控制器,进一步验证了其能够不基于被控过程精确模型设计的情况下,实现跟踪性能与抗扰性能的完全分离调试,解决了跟踪与抗扰之间原有的矛盾。

6.7 现场应用验证

鉴于以上的仿真结果与实验结果充分验证了所提出的基于前馈补偿改进的预期动态控制方法的可行性,本节将 FCDDE-PI 应用于辽宁省朝阳市燕山湖电厂 2 号 600MW 空冷机组的高加水位控制回路中,进一步验证 FCDDE-PI 完全分离跟踪响应与抗扰响应的能力,展现其在跟踪性能与抗扰性能方面的优势。

被控过程的描述、高加抽汽疏水系统结构以及高加水位的控制目标已在 5.7.1 节中进行了详细的介绍,试验期间负荷的变化已在 5.7.2 节中给出,这里不再赘述。

首先,验证了 FCDDE-PI 分离调试跟踪性能与抗扰性能的能力。水位设定值先由 320mm 阶跃至 350mm,以测试各控制器的跟踪性能。待水位稳定在 350mm 后,添加±2%的危急疏水阀门扰动,以测试各控制器的抗扰性能。需要说明的是,为验证分离效果,应保证在各控制器的试验时间一致,且设定值阶跃与扰动发生的时刻一致。基于 5.7.2 节 DDE-PI 的调试结果,这里调试了三组 FCDDE-PI 控制器。图 6.25 给出了不同 FCDDE-PI 控制器的高加水位控制效果,各控制器的参数也如图 6.25 所示。

图 6.25 中,$FCDDE_1$-PI 即为 5.7.2 节中 $k_b=5$ 时的 DDE-PI 控制器,由图 6.25 可知,$FCDDE_2$-PI 与 $FCDDE_1$-PI 具有相同的 T_b 与 DDE-PI 控制器参数,前者 T_a 更小,说明两者

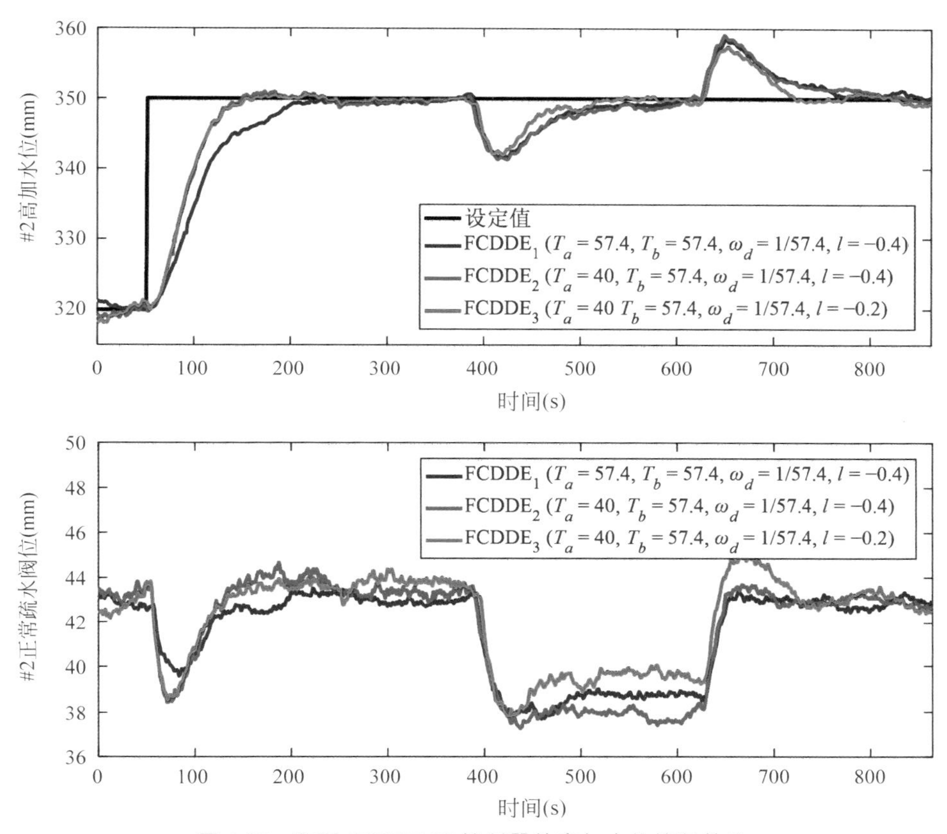

图 6.25　不同 FCDDE-PI 控制器的高加水位控制效果

（日期：2021 年 9 月 2 日，时间：$FCDDE_1$-PI：20:45:06 至 20:59:29；$FCDDE_2$-PI：20:04:06 至 20:38:29；$FCDDE_3$-PI：19:52:06 至 20:06:29）

应具有一致的抗扰性能与不一致的跟踪性能。$FCDDE_3$-PI 与 $FCDDE_2$-PI 具有相同的 T_a，前者 DDE-PI 的控制器参数更强，说明两者应具有一致的跟踪性能与不一致的抗扰性能。

根据图 6.25 中的试验结果可知，蓝色曲线与绿色曲线的抗扰响应一致，后者的跟踪响应较快；红色曲线与绿色曲线的跟踪响应一致，前者由扰动引起的动态偏差较小。因此，FCDDE-PI 完全分离调试跟踪性能与抗扰性能的能力得以验证。

其次，为展现 FCDDE-PI 在跟踪与抗扰两方面的优势，选取 $FCDDE_3$-PI 与 5.7.2 节中的 PI_f、DDE-PI 进行控制效果的对比，表 6.6 给出了不同控制器的高加水位控制动态性能指标。

表 6.6　不同控制器的高加水位控制动态性能指标

控　制　器	σ(%)	T_s(s)	e^+(mm)	e_-(mm)
PI_f	40.33	175	15.76	13.17
DDE	0.32	138	8.54	8.41
FCDDE	2.09	97	7.44	8.08

由表 6.6 可知，FCDDE-PI 虽然超调量比 DDE-PI 较大，但其调节时间最短，水位最大正

负偏差最小，说明 FCDDE-PI 能够在 DDE-PI 达到预期动态的极限后，通过调试前馈补偿环节使得跟踪性能与抗扰性能进一步达到更优，体现了其良好的控制品质。

6.8 本章小结

本章针对应用于热力系统的控制器固然存在的跟踪与抗扰之间的矛盾，提出了一种基于前馈补偿的预期动态控制方法。数值仿真、水箱水位控制实验、燃气轮机转速控制实验与高加水位控制现场试验的结果表明，本章提出的 FCDDE-PI/PID 控制器能够在不基于被控过程精确数学模型设计的情况下完全分离跟踪性能与抗扰性能的调试，使得两种性能能够同时达到更优。然而，跟踪性能与抗扰性能能够完全分离调试的前提是，DDE-PI/PID 的系统输出能够精确跟踪预期动态响应。

参考文献

[1] Åström K J, Hägglund T. Advanced PID Control[M]. Research Triangle Park: The Instrumentation, Systems, and Automation Society Press, 2006.

[2] Shinskey F G. Process Control Systems[M]. 4th ed. New York: McGraw Hill, 1996.

[3] Shinskey F G. Process control: as taught vs as practiced[J]. Industrial & Engineering Chemistry Research, 2002, 41(16): 3745-3750.

[4] Lang G, Ham J. Conditional feedback systems—A new approach to feedback control[J]. Transactions of the American Institute of Electrical Engineers, Part Ⅱ: Applications and Industry, 1955, 74(3): 152-161.

[5] Horowitz I. Synthesis of Feedback Systems[M]. New York: Academic Press, 1963.

[6] 王维杰. PID 参数整定方法研究及其在热力对象控制中的应用[D]. 北京：清华大学，2009.

[7] Araki M. On two-degree-of-freedom control systems[R]. Society of Instrument and Control Engineers (SCIE) Research Committee on Modeling and Control Design of Real Systems, 1984.

[8] Araki M. PID control system with reference feedforward (PID-FF control system) [C]//23rd SICE Annual Conference. 1984: 31-32.

[9] Araki M. Two-degree-of-freedom PID control system: part I[J]. Systems and Control, 1985, 29: 649-656.

[10] Araki M, Taguchi H. Two-degree-of-freedom PID controllers[J]. International Journal of Control, Automation and Systems, 2003, 1: 401-411.

[11] Åström K J, Panagopoulos H, Hägglund T. Design of PI controllers based on non-convex optimization[J]. Automatica, 1998, 34: 585-601.

[12] Panagopoulos H, Åström K J, Hägglund T. Design of PID controllers based on constrained optimization[C]//American Control Conference. 1999: 3858-3862.

[13] Gorez R. New design relations for 2-DOF PID-like control systems[J]. Automatica, 2003, 39(5): 901-908.

[14] Jin Q B, Liu Q. Analytical IMC-PID design in terms of performance/robustness tradeoff for integrating processes: From 2-Dof to 1-Dof[J]. Journal of Process Control, 2014, 24(3): 22-32.

[15] Alfaro V M, Vilanova R. Model-reference robust tuning of 2DoF PI controllers for first-and second-

order plus dead-time controlled processes[J]. Journal of Process Control，2012，22(2)：359-374.

[16] Alfaro V M，Vilanova R. Robust tuning and performance analysis of 2DoF PI controllers for integrating controlled processes[J]. Industrial & Engineering Chemistry Research，2012，51(40)：13182-13194.

[17] Alfaro V M，Vilanova R. Robust tuning of 2DoF five-parameter PID controllers for inverse response controlled processes[J]. Journal of Process Control，2013，23(4)：453-462.

[18] Alfaro V M，Vilanova R. Performance and robustness considerations for tuning of proportional integral/proportional integral derivative controllers with two input filters [J]. Industrial & Engineering Chemistry Research，2013，52(51)：18287-18302.

[19] Wu Z，Li D，Xue Y. A new PID controller design with constraints on relative delay margin for first-order plus dead-time systems[J]. Processes，2019，7：713.

[20] 吴子云，黄少锋，陈庆庚. 基于分布种群遗传算法的二自由度 PID 控制器参数优化整定[J]. 工业仪表与自动化装置，2008(1)：7-9+38.

[21] Dhanasekaran B，Siddhan S，Kaliannan J. Ant colony optimization technique tuned controller for frequency regulation of single area nuclear power generating system[J]. Microprocessors and Micro systems，2020，73：102953.

[22] Dash P，Sikia L C，Sinha N. Comparison of performances of several Cuckoo search algorithm based 2DOF controllers in AGC of multi-area thermal system[J]. International Journal of Electrical Power & Energy Systems，2014，55：429-436.

[23] Gamboa C，Rojas J D，Arrieta O，et al. Multi-objective optimization based tuning tool for industrial 2doF controllers[J]. IFAC-PapersOnLine，2017，50(1)：7511-7516.

[24] Kanawade S Y，Soni V. HGWO-PS optimized dissimilar fractional order 2DOF-PID (FO-2DOF-PID) controllers for performance analysis of interconnected thermal power system[J]. Materials Today：Proceedings，2021：1-14.

[25] 吴振龙. 热力系统鲁棒性自抗扰控制研究与设计[D]. 北京：清华大学，2020.

[26] Ohishi K，Ohnishi K，Miyachi K. Torque-speed regulation of DC motor based on load torque estimation method[C]//JIEE International Power Electronics Conference. 1983：1209-1218.

[27] Ohishi K，Nakao M，Ohnishi K，et al. Microprocessor-controlled DC motor for load-insensitive position servo system[J]. IEEE Transactions on Industrial Electronics，1987，(1)：44-49.

[28] Umeno T，Hori Y. Robust speed control of DC servomotors using modern two degrees-of-freedom controller design[J]. IEEE Transactions on Industrial Electronics，1991，38(5)：363-368.

[29] Kown S J，Chun W K. A discrete-time design and analysis of perturbation observer for motion control applications[J]. IEEE Transactions on Control Systems Technology，2003，11(3)：399-407.

[30] She J，Fang M，Ohyama Y，et al. Improving disturbance-rejection performance based on an equivalent-input-disturbance approach[J]. IEEE Transactions on Industrial Electronics，2008，55(1)：380-389.

[31] Zhong Q，Rees D. Control of uncertain LTI systems based on an uncertainty and disturbance estimator[J]. Journal of Dynamic Systems，Measurement，and Control，2004，126(4)：905-910.

[32] Johnson C. Optimal control of the linear regulator with constant disturbances[J]. IEEE Transactions on Automatic Control，1968，13(4)：416-421.

[33] Sira-Ramírez H. From flatness，GPI observers，GPI control and flat filters to observer-based ADRC[J]. Control Theory and Technology，2018，16(4)：249-260.

[34] Johnson C. Accomodation of external disturbances in linear regulator and servomechanism problems

[J]. IEEE Transactions on Automatic Control, 1971, 16(6): 635-644.

[35] Sun L, Li D, Lee K Y. Enhanced decentralized PI control for fluidized bed combustor via advanced disturbance observer[J]. Control Engineering Practice, 2015, 42: 128-139.

[36] Liu Q, Liu M, Jin Q, et al. Design of DOB-based control system in the presence of uncertain delays for low-order processes[J]. IEEE Transactions on Control Systems and Technology, 2020, 28(2): 558-565.

[37] Yang B, Yu T, Shu H, et al. Robust sliding-mode control of wind energy conversion systems for optimal power extraction via nonlinear perturbation observers[J]. Applied Energy, 2018, 210: 711-723.

[38] Chen J, Yao W, Zhang C, et al. Design of robust MPPT controller for grid-connected PMSG-based wind turbine via perturbation observation based nonlinear adaptive control[J]. Renewable Energy, 2019, 134: 478-495.

[39] Yang B, Yu T, Shu H, et al. Perturbation observer based fractional-order PID control of photovoltaics inverters for solar energy harvesting via Yin-Yang-Pair optimization[J]. Energy Conversion and Management, 2018, 171: 170-187.

[40] Yang B, Wang J, Zhang X, et al. Applications of battery/supercapacitor hybrid energy storage systems for electric vehicles using perturbation observer based robust control[J]. Journal of Power Sources, 2020, 448: 227444.

[41] Zhang Y, Sun L, Shen J, et al. Iterative tuning of modified uncertainty and disturbance estimator for time-delay processes: A data-driven approach[J]. ISA Transactions, 2019, 84: 164-177.

[42] Sun L, Li D, Zhong Q, et al. Control of a class of industrial processes with time delay based on modified uncertainty and disturbance estimator[J]. IEEE Transactions on Industrial Electronics, 2016, 63(11): 7018-7028.

[43] Huang G, Li J, Fukushima E F, et al. An improved equivalent-input-disturbance approach for PMSM drive with demagnetization fault[J]. ISA Transactions, 2020, 105: 120-128.

[44] Ren C, Ma S. Generalized proportional integral observer based control of an omnidirectional mobile robot[J]. Mechatronics, 2015, 26: 36-44.

[45] Kanan V K, Srimathi R, Gomathi V, et al. Investigation of unknown input observer for sensor fault diagnosis for a CSTR process[J]. Materials Today: Proceedings, 2021, 45: 3431-3437.

[46] Shi G, Wu Z, He T, et al. Decentralized active disturbance rejection control design for thegas turbine [J]. Measurement and Control, 2020, 53(9-10): 1589-1601.

[47] Shi G, Wu Z, He T, et al. Shaft speed control of the gas turbine based on active disturbance rejection control[J]. IFAC-PapersOnLine, 2020, 53(2): 12523-12529.

第 7 章　基于预期动态的模型预测复合控制设计与研究

7.1 引言

MPC 是一种先进的控制方法，由于它具有模型预测与滚动优化的特点，使得其相比于其他控制方法在跟踪性能方面存在巨大的优势。然而，热力过程精确建模困难，其动态特性随系统工况明显变化，且所受到的扰动不可测，使得 MPC 难以在热力系统控制中发挥其优势。另外，如 PID、ADRC 等基础控制器不具备实时优化的控制结构，使得它们无法实时根据系统运行工况给出最优的控制信号，限制了闭环系统的响应速度。

为解决上述问题，本章结合 MPC 与 DDE-PID 控制器，提出一种基于预期动态的模型预测复合控制方法，旨在利用 DDE-PID 的预期动态特性为 MPC 提供设计模型并协助其克服不可测扰动，使得 MPC 在燃煤机组上应用成为可能；同时利用 MPC 滚动优化的特性，为 DDE-PID 提供实时优化的设定值，提升基础控制器的响应速度。之后，将该方法在典型热力过程模型与流化床燃烧(Fluidized Bed Combustor, FBC)机组非线性模型上进行了仿真验证，并成功在燃煤机组二次风量回路上进行了现场试验验证，展现了该方法良好的控制效果。

本章首先在 7.2 节对所解决的问题进行了描述，其次在 7.3 节提出基于预期动态的模型预测控制方法，接着在 7.4 节总结了参数整定流程，然后在 7.5 节与 7.6 节分别通过仿真验证与现场试验验证说明了所提出方法的优势与推广前景，7.7 节对本章内容进行了小结。

7.2 问题描述

MPC 具有良好的控制性能，且对设计模型的精度要求较高，一旦过程模型与设计模型之间的偏差较大，MPC 的控制效果会急剧变差[1]。然而热力过程具有强非线性与分布参数特性，内部存在多种不可测扰动，使其精确建模十分困难。另外，目前应用于热力过程控制的基础控制器，例如传统的 PID 控制器以及近年来开始在燃煤机组上推广的 ADRC，并不具备根据系统运行工况实时优化的模块。它们虽能满足控制性能要求，但也限制了各回路的响应速度。

为避免 MPC 依赖被控过程的精确数学模型，并使得基础控制器具备实时优化的能力，现代大型工业过程 MPC 控制常采用如图 7.1 所示的分层控制结构[2]，其中 FC、PC、TC 与 LC 分别表示流量控制、压力控制、温度控制与液位控制。

图 7.1 中，全局经济优化层以天为单位对生产全过程进行优化，并向各生产部分分派生产任务；局部经济优化层以时为单位，依据上层决策计算经济性最优运行工况，传递给下一层实现；动态约束控制层采用 MPC，以分为单位对多变量系统进行动态约束控制，使系统稳定运行在最优工况并减小状态超界可能性；基础动态控制层采用 PID 等传统控制器，以秒为单位给定调节指令。

这种分层控制结构可通过对基础动态控制层进行闭环辨识，获得 MPC 的设计模型，主要包括两种控制策略：MPC-PID 分层控制以及 MPC-扩张状态观测器(Extended State Observer, ESO)分层控制。MPC-PID 分层控制结构如图 7.2 所示，图中首先对 PID 控制器

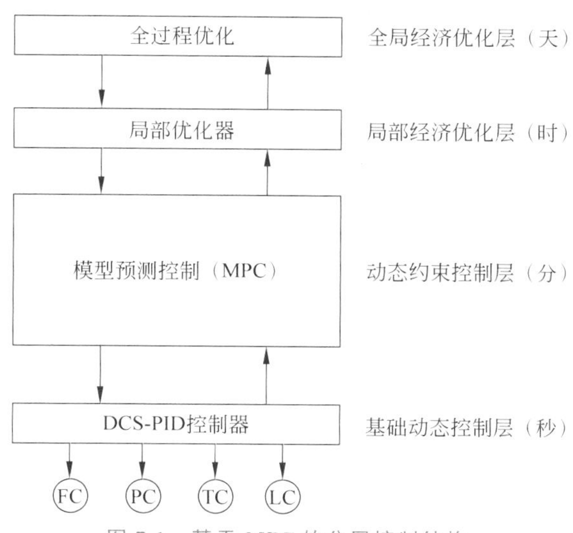

图 7.1　基于 MPC 的分层控制结构

形成的闭环系统的模型进行辨识，然后再根据闭环辨识模型设计 MPC，也就避免了使用被控对象的精确数学模型。但是，闭环辨识精度较低，且耗时较长，同时对于 PID 控制器的性能要求较高。

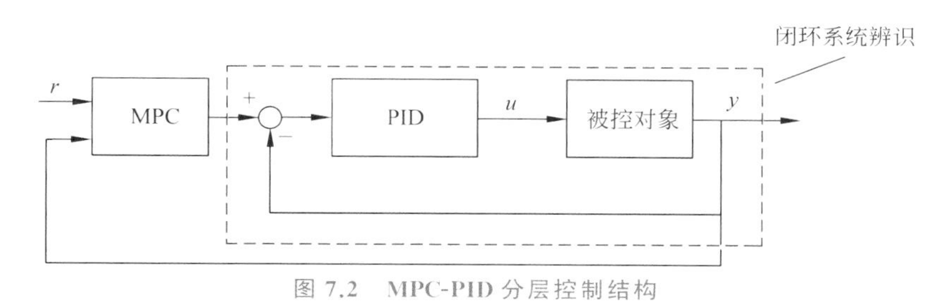

图 7.2　MPC-PID 分层控制结构

为解决此问题，Suhail 等[3]、Gu 等[4]、陈增强等[5]以及张帆等[6]均提出将 MPC 结合 ESO 进行设计，如图 7.3 所示。ESO 首先将被控对象补偿为纯积分环节，如下式所示：

$$G_{\mathrm{MP}}(s) \approx \frac{1}{s} \text{ 或 } \frac{1}{s^2} \tag{7-1}$$

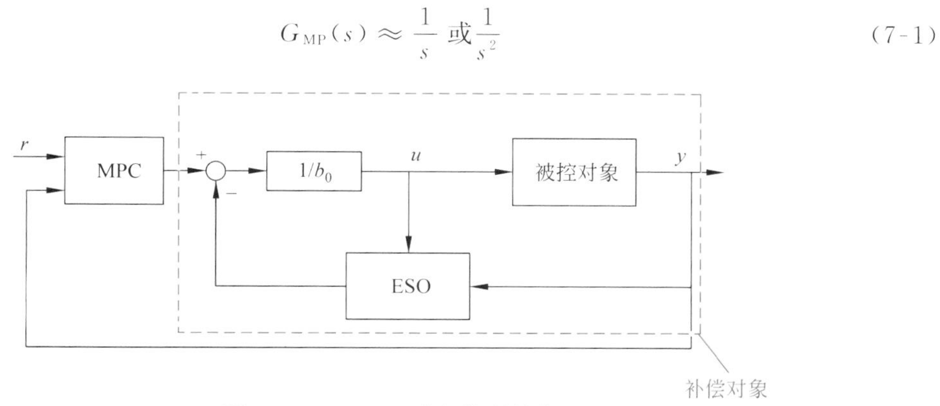

图 7.3　MPC-ESO 分层控制结构

式(7-1)中，$G_{\mathrm{MP}}(s)$表示补偿对象的传递函数，b_0 为 ADRC 的可调参数。根据 ADRC 的基本原理，当 ESO 为二阶时，补偿对象可近似为一阶纯积分环节；当 ESO 为三阶时，补偿对象可近似为二阶纯积分环节。MPC 再根据式(7-1)进行设计，也就避免了使用被控对象的精确数学模型。这种方法虽不需要对被控对象精确建模或对基础动态控制层进行闭环辨识来设计 MPC，并且 ESO 能够应对不可测扰动。但由于纯积分环节是具有较强飞升特性的无自衡系统，热力系统稳定运行时难以测试 ESO 补偿的精度。

基于上述问题，本章利用 DDE-PI/PID 的预期动态特性设计 MPC，提出了一种基于预期动态的模型预测复合控制方法(MPC-DDE)。一方面，DDE-PI/PID 通过自身的预期动态特性为 MPC 提供设计模型，避免了对被控对象进行精确建模或利用基础控制器进行闭环辨识；另一方面，MPC 向 DDE-PI/PID 提供根据机组运行工况实时优化的设定值，从而提升系统的响应速度。因此，MPC-DDE 的提出旨在将两种控制器的优势保留，并且弥补各自的不足。

7.3 基于预期动态的模型预测复合控制

7.3.1 设计思路

MPC-DDE 控制结构如图 7.4 所示，图中 u_{mpc} 表示 MPC 控制器的输出，同时也为 DDE-PI/PID 的设定值。

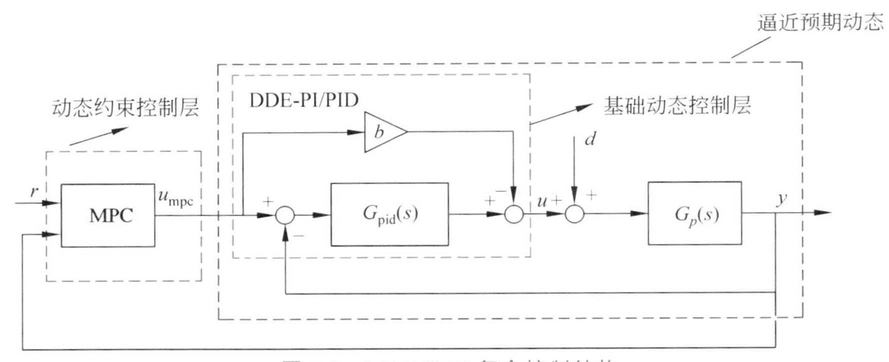

图 7.4 MPC-DDE 复合控制结构

由图 7.4 可知，MPC 位于动态约束控制层(定义为“上层”)，DDE-PI/PID 位于基础动态控制层(定义为“底层”)。首先说明 DDE-PI/PID 在分层控制结构中的作用，当 DDE-PI/PID 参数整定合适时，底层闭环系统传递函数逼近于预期动态方程，即

$$\frac{Y(s)}{U_{\mathrm{MPC}}(s)} \approx H_{\mathrm{DDE}}(s) \tag{7-2}$$

式(7-2)中，$U_{\mathrm{MPC}}(s)$表示 u_{mpc}的拉氏变换。因此，MPC 可基于 DDE-PI/PID 的预期动态方程进行设计。另外，MPC 仅能有效应对可测扰动，然而热力过程中的外部干扰大部分都是不可测的。DDE-PI/PID 是基于扰动补偿的思想提出的，所以能够有效克服未知扰动。因此，DDE-PI/PID 也可辅助 MPC 应对不可测扰动。

其次说明 MPC 在分层控制结构中的作用。DDE-PI/PID 是一种基础动态控制器，仅能根据设定值的变化调节执行机构，使得系统输出精确跟踪设定值，无法对设定值进行实时优化。而 u_{mpc} 是根据机组运行情况滚动优化的，在每一时刻均为最优，因此利用 u_{mpc} 可向 DDE-PI/PID 提供实时优化的设定值。

综上所述，MPC-DDE 的设计意图总结如下。

(1) DDE-PI/PID 通过自身的预期动态特性为 MPC 提供设计模型，避免了对被控对象进行精确建模，且辅助 MPC 克服热力过程中的不可测扰动。

(2) MPC 向 DDE-PI/PID 提供经过实时优化后的设定值，进而提升控制系统的响应速度。

7.3.2 设计原理

DDE-PI/PID 的基本原理已在 1.4.1 节中介绍，这里不再赘述。考虑到在燃煤机组 DCS 上实现的简便性，在动态约束控制层设计基于状态空间模型的线性 MPC，且认为热力过程的外部扰动不可测。MPC-DDE 的设计原理如下。

以 DDE-PID 为例，其预期动态方程的状态空间表达式如下式所示：

$$\begin{cases} \dot{\boldsymbol{x}} = \boldsymbol{A}\boldsymbol{x} + \boldsymbol{B}u_{\text{mpc}} \\ y = \boldsymbol{C}\boldsymbol{x} \end{cases} \tag{7-3}$$

式(7-3)中，状态向量 $\boldsymbol{x} = [x_1 \ x_2]^{\mathrm{T}}$，系数矩阵 $\boldsymbol{A}$、$\boldsymbol{B}$ 与 $\boldsymbol{C}$ 的表达式分别为

$$\boldsymbol{A} = \begin{bmatrix} 0 & 1 \\ -\omega_d^2 & -2\omega_d \end{bmatrix} \tag{7-4}$$

$$\boldsymbol{B} = \begin{bmatrix} 0 \\ \omega_d^2 \end{bmatrix} \tag{7-5}$$

$$\boldsymbol{C} = [1 \quad 0] \tag{7-6}$$

将式(7-3)进行离散化，可得

$$\begin{cases} \boldsymbol{x}(\kappa+1) = \boldsymbol{A}_k\boldsymbol{x}(\kappa) + \boldsymbol{B}_k u_{\text{mpc}}(\kappa) \\ y(\kappa) = \boldsymbol{C}\boldsymbol{x}(\kappa) \end{cases} \tag{7-7}$$

式中，κ 表示当前时刻，且式(7-7)中 $\boldsymbol{A}_k$ 与 $\boldsymbol{B}_k$ 表示离散后的状态空间表达式系数矩阵，为

$$\boldsymbol{A}_k = \boldsymbol{I} + \boldsymbol{A}\Delta T \tag{7-8}$$

$$\boldsymbol{B}_k = \boldsymbol{B}\Delta T \tag{7-9}$$

式(7-9)中，$\boldsymbol{I}$ 表示单位矩阵，ΔT 表示采样时间。基于式(7-7)设计 MPC，旨在最小化如下式所示的目标函数：

$$J(\kappa) = \sum_{i=1}^{p} \| y(\kappa+i \mid \kappa) - r(\kappa+1) \|_{Q_0}^2 + \sum_{i=1}^{m_p} \| \Delta u_{\text{mpc}}(\kappa+i-1) \|_{R_0}^2 \tag{7-10}$$

式(7-10)中，p 与 m_p 分别表示预测时域与控制时域；$\boldsymbol{Q}_0 = \boldsymbol{\Gamma}_y^{\mathrm{T}}\boldsymbol{\Gamma}_y$ 且 $\boldsymbol{R}_0 = \boldsymbol{\Gamma}_u^{\mathrm{T}}\boldsymbol{\Gamma}_u$，其中 $\boldsymbol{\Gamma}_y$ 与 $\boldsymbol{\Gamma}_u$ 分别表示输出 y 与输出 u_{mpc} 的权重矩阵。另外，$\kappa+i|\kappa$ 表示在 κ 时刻对 $\kappa+i$ 时刻的预测，$\Delta u_{\text{mpc}}(\kappa+i-1) = u_{\text{mpc}}(\kappa+i-1) - u_{\text{mpc}}(\kappa+i-2)$。因此，MPC 的优化问题可表示为

$$\begin{aligned} & \min J(\kappa) \\ & \text{s.t.} \quad \boldsymbol{x}(\kappa+1) = \boldsymbol{A}_k x(\kappa) + \boldsymbol{B}_k u_{\text{mpc}}(\kappa) \\ & y(\kappa) = \boldsymbol{C}\boldsymbol{x}(\kappa) \\ & r_{\min} \leqslant u_{\text{mpc}} \leqslant r_{\max} \\ & \Delta r_{\min}(\kappa) \leqslant \Delta u_{\text{mpc}}(\kappa) \leqslant \Delta r_{\max}(\kappa) \end{aligned}$$

$$y_{\min} \leqslant y \leqslant y_{\max} \tag{7-11}$$

其中，输出 y 的约束比较容易理解。由于 u_{mpc} 为 DDE-PID 的设定值，DDE-PID 的反馈值为被控量，因此 u_{mpc} 的幅值与速率约束均与设定值相关。

需要说明的是，当底层控制器为 DDE-PI 时，MPC-DDE 的设计原理类似，这里不再赘述。尽管 DDE-PI/PID 是基于连续时域提出的，但当它在工控系统中的实现基于离散时域时，离散化的采样时间与工控系统的采样时间一致。MPC 是基于离散时域设计的，其采样时间可调，因此，为保证 MPC 与 DDE-PI/PID 之间的控制作用同步，本章中设置 MPC 的采样时间与工控系统的采样时间一致。

7.4 参数整定

本节总结了 MPC-DDE 复合控制策略的参数整定方法，主要分为两部分：一部分是 DDE-PI/PID 控制器的整定，另一部分是 MPC 控制器的整定。其中，DDE-PI/PID 与第 3 章中 DDE-PI/PID 的整定方法相同。MPC 基于 DDE-PI/PID 的预期动态方程进行设计，并对其两个可调控制器参数——p 与 m_p 进行整定。

由于热力过程中的扰动不可测，因此 DDE-PI/PID 主要负责调试复合控制策略的抗扰性能，MPC 负责调试复合控制策略的跟踪性能。DDE-PI/PID 控制器参数对于控制效果的影响已在第 2 章中进行分析，此处不再赘述。

对于燃煤机组而言，安全且稳定运行是首要的。为保证 MPC 的稳定性且简化其整定流程，选取控制时域 $m_p=1$[7,8]，此时也能有效减小 MPC 算法内的矩阵维度，减轻工控系统的计算负担。因此仅需要对预测时域 p 进行整定，且必有 $p \geqslant m_p$。

下面通过一个简单算例说明 p 对控制效果的影响。考虑一简单被控对象的传递函数模型如式(5-26)所示，DDE-PID 的控制器参数为 $\omega_d=1, k=10, l=1$，MPC 基于 DDE-PID 的预期动态方程设计，且 $m_p=1$。图 7.5 展示了不同预测时域的 MPC-DDE 的控制效果。

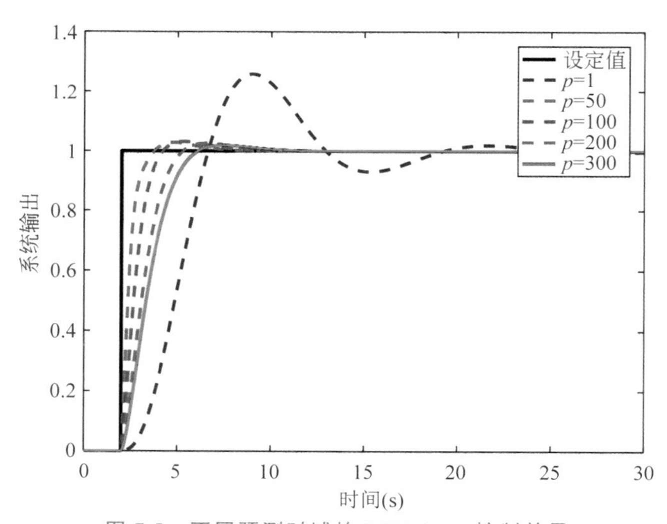

图 7.5 不同预测时域的 MPC-DDE 控制效果

由图 7.5 可知，随着预测时域增大，MPC-DDE 的控制效果越来越平稳，且超调越来越小。但是，跟踪响应速度也会随之变慢[9]。这是因为随着预测时域的增大，MPC 的预测范围越来越宽，使得系统输出越来越平稳，但是运算矩阵的维度增大使得计算负担加重，进而使得响应速度变慢。因此，在调整 MPC 的预测时域时，应在系统输出的稳定性与快速性之间折中选取。

综上所述，MPC-DDE 的整定流程总结如下。

(1) 在预期动态的极限范围内，选择一较小的 ω_d。

(2) 令 $k=10\omega_d$，且 $l=l_0$。

(3) 判断系统输出是否精确跟踪了预期动态响应，若是，则至下一步；否则减小 l 并继续判断。

(4) 判断是否满足抗扰性能要求，若是，则执行下一步；否则增大 ω_d 并返回步骤(2)。

(5) 接入 MPC，设定其设计模型为当前 DDE-PI/PID 的预期动态方程，并且令 $p=m_p=1$。

(6) 判断是否满足跟踪性能要求，若是，结束整定；否则增大 p 并继续判断。

基于上述整定步骤，可总结为图 7.6 所示的整定流程图。

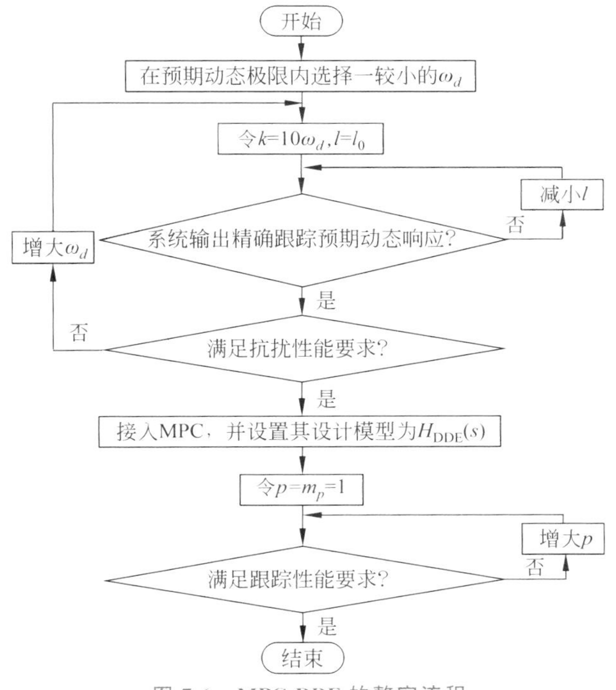

图 7.6　MPC-DDE 的整定流程

7.5 仿真研究

为验证所提出的 MPC-DDE 的有效性，本节针对线性的传递函数模型以及非线性的 FBC 机组模型开展仿真研究。其中，针对线性模型，以第 5 章中的 6 个过程传递函数模型——G_{p1},G_{p2},G_{p4},G_{p6},G_{p8}与G_{p10}为例进行数值仿真。本节中,MPC-DDE 与 MPC 具有相同的 p 与 m_p,与 DDE-PID 具有相同的 k,l 与 ω_d。另外,选择 SIMC-PID 以及 AMIGO-PID 作为对比控制器进行控制效果的比较。

7.5.1 传递函数模型

基于 7.4 节中提出的整定流程整定了 MPC-DDE 的各控制器参数,表 7.1 给出了 6 个典型传递函数模型的各控制器参数。需要说明的是,MPC 的设计模型为被控对象的传递函数模型。

表 7.1 6 个典型传递函数模型各控制器参数

被控对象	SIMC $\{k_p,T_i,T_d\}$	AMIGO $\{k_p,T_i,T_d,b\}$	MPC $\{p,m_p\}$	DDE $\{\omega_d,k,l\}$	MPC-DDE $\{p,m_p,\omega_d,k,l\}$
$G_{p1}(s)$	{5,0.8,0.1}	{5.15,0.44,0.047,5.15}	{20,1}	{11.04,110.4,10.22}	{20,1,11.04,110.4,10.22}
$G_{p2}(s)$	{6.67,0.4,0.15}	{2.23,0.53,0.072,2.23}	{40,1}	{5.35,53.5,7.09}	{40,1,5.35,53.5,7.09}
$G_{p4}(s)$	{17.9,0.23,0.22}	{3.54,0.54,0.071,3.54}	{50,1}	{4,40,4.92}	{50,1,4,40,4.92}
$G_{p6}(s)$	{10,8,2}	{4.93,8.59,0.97,4.93}	{80,1}	{0.355,3.55,0.12}	{80,1,0.355,3.55,0.12}
$G_{p8}(s)$	{1.4,2.86,1.33}	{0.45,13.52,0.085,0}	{100,1}	{2,20,0.86}	{100,1,2,20,0.86}
$G_{p10}(s)$	{8.93,0.8,0.8}	N/A	{50,1}	{4,40,1.53}	{50,1,4,40,1.53}

基于表 7.1 参数,图 7.7~图 7.9 展示了不同传递函数模型的各控制器控制效果。需要说明的是,仿真过程中,设定值首先产生幅值为 1 的阶跃信号来比较各控制器的跟踪性能。当输出跟踪上设定值且稳定后,再添加一阶跃扰动信号,用于比较各控制器的抗扰性能。另外,由于对比控制器与第 2 章、第 3 章中不同,所以设置的扰动幅值也与前两章不同,但不同控制器的扰动幅值是一致的。因此,本节中计算的抗扰性能指标与表 2.3、表 3.3 中的不同。

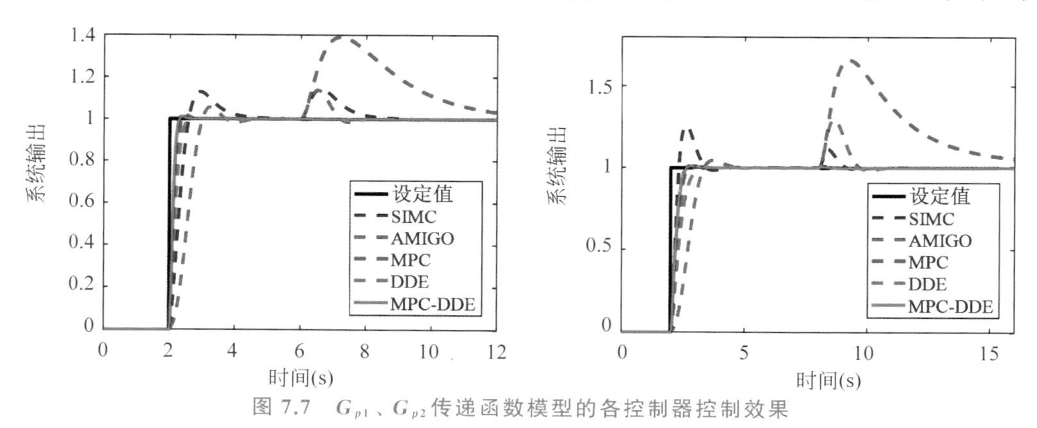

图 7.7 G_{p1}、G_{p2} 传递函数模型的各控制器控制效果

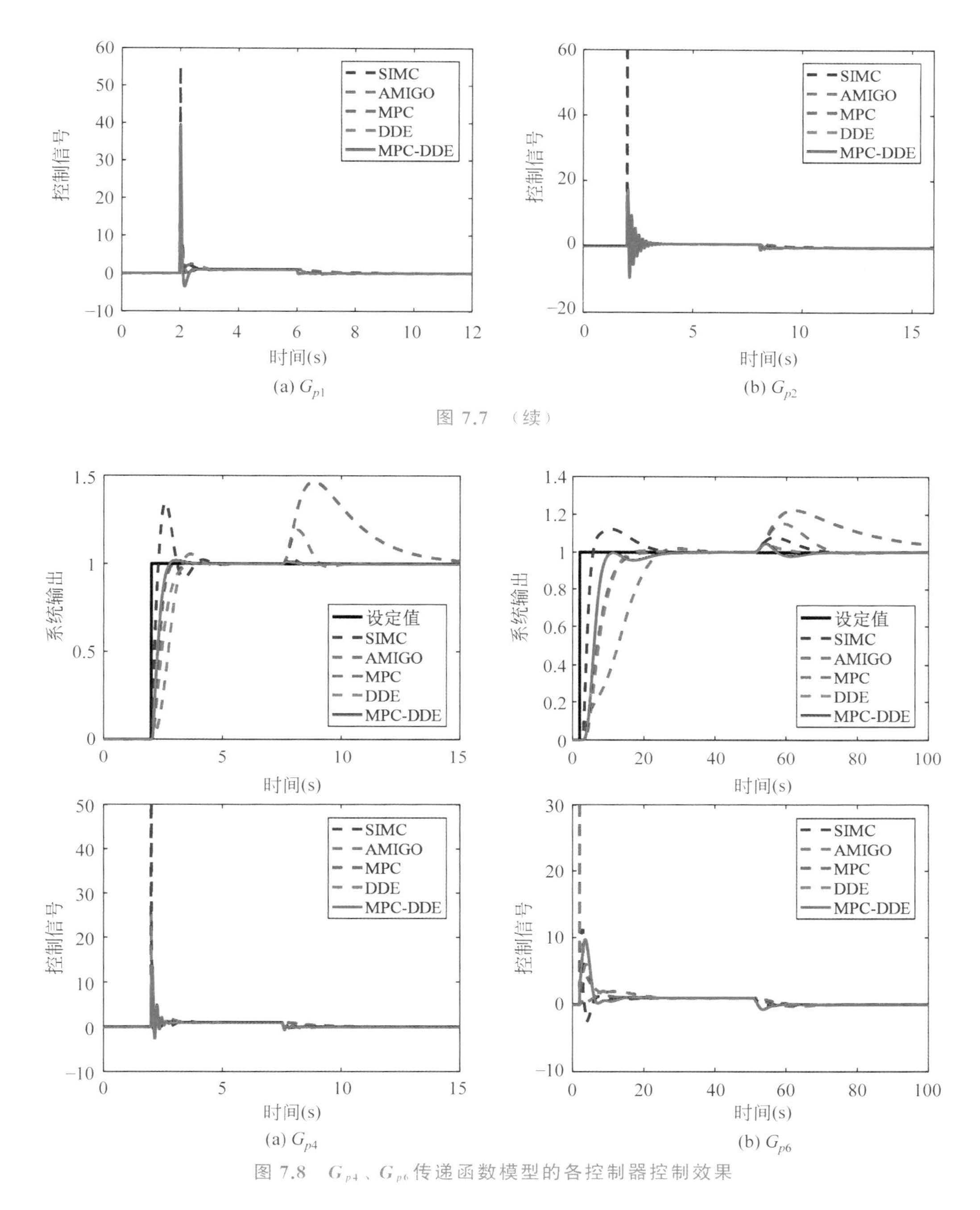

图 7.7 （续）

图 7.8　G_{p4}、G_{p6} 传递函数模型的各控制器控制效果

由图 7.7～图 7.9 可知，针对各控制器的控制效果，可得出以下几点结论。

（1）与 SIMC-PID 与 AMIGO-PID 相比，MPC-DDE 具有更小的超调量以及更好的抗扰性能。

（2）与 MPC 相比，MPC-DDE 的抗不可测干扰能力更强，且不需要基于被控对象精确数学模型设计。另外，对于含积分环节对象而言，MPC 无法克服扰动引起的动态偏差。

（3）与 DDE-PID 相比，MPC-DDE 具有更快的跟踪响应速度。

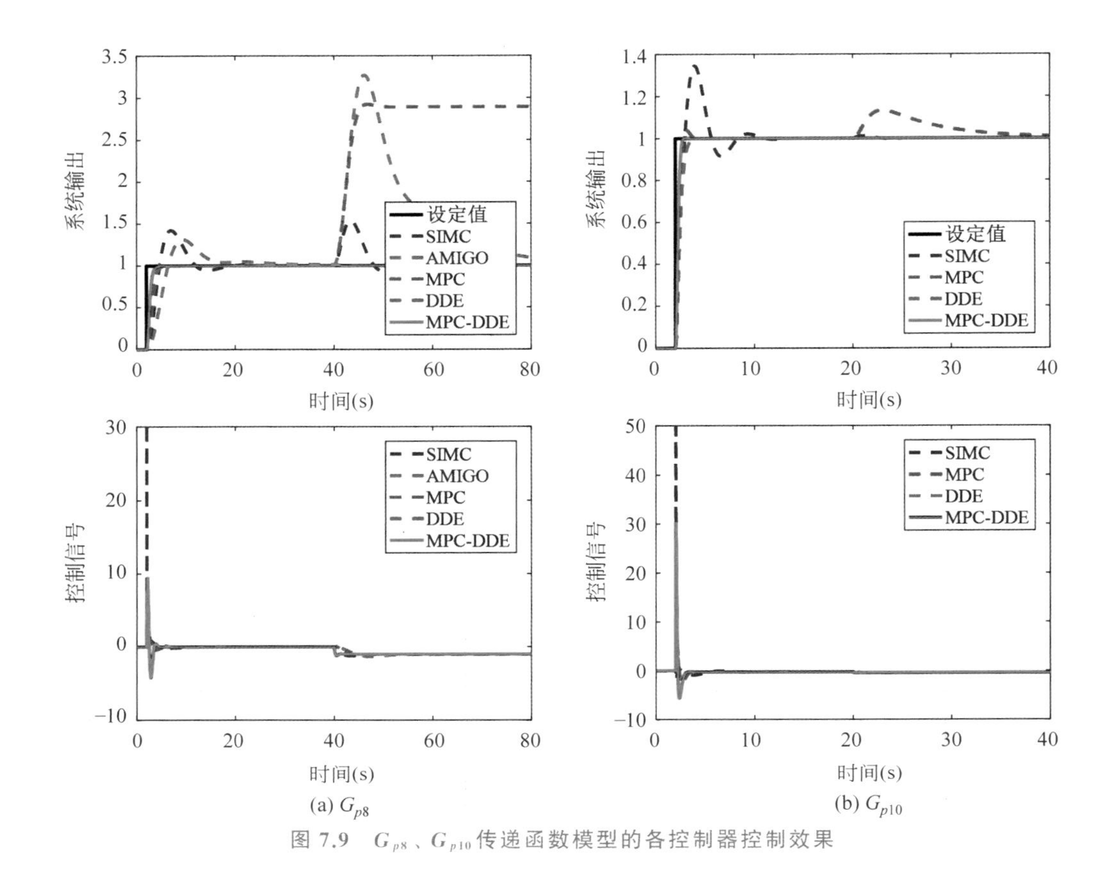

图 7.9 G_{p8}、G_{p10} 传递函数模型的各控制器控制效果

为定量评价各控制器的控制性能，表 7.2 计算了不同控制器的动态性能指标。

表 7.2 6 个典型传递函数模型的各控制器动态性能指标

被控对象	控制器	σ(%)	T_s(s)	IAE_{sp}	IAE_{ud}
$G_{p1}(s)$	SIMC	12.75	2.01	0.391	0.160
	AMIGO	5.56	1.57	0.574	0.099
	MPC	2.07	0.51	0.152	1.115
	DDE	0	0.51	0.182	0.001
	MPC-DDE	1.07	0.27	0.112	0.001
$G_{p2}(s)$	SIMC	25.07	1.33	0.347	0.070
	AMIGO	4.45	2.23	0.751	0.268
	MPC	0.30	0.64	0.288	2.200
	DDE	0	1.06	0.377	0.005
	MPC-DDE	1.17	0.57	0.231	0.007
$G_{p4}(s)$	SIMC	42.23	2.37	0.445	0.021
	AMIGO	6.04	2.10	0.768	0.174

续表

被控对象	控制器	σ(%)	T_s(s)	IAE_{sp}	IAE_{ud}
$G_{p1}(s)$	MPC	0.33	0.82	0.351	1.382
	DDE	0	1.40	0.508	0.008
	MPC-DDE	1.71	0.71	0.304	0.010
$G_{p6}(s)$	SIMC	12.04	20.06	3.379	0.832
	AMIGO	1.98	21.50	10.700	1.848
	MPC	0	14.15	5.640	5.848
	DDE	0.62	13.07	5.994	0.272
	MPC-DDE	0	20.49	4.612	0.323
$G_{p8}(s)$	SIMC	36.34	15.26	3.133	2.724
	AMIGO	31.06	28.28	4.971	29.134
	MPC	4.03	4.27	1.283	70.858
	DDE	0	2.91	1.000	0.011
	MPC-DDE	0.12	2.02	0.710	0.014
$G_{p10}(s)$	SIMC	42.14	8.00	1.448	0.025
	MPC	3.77	1.53	0.419	1.067
	DDE	0	1.45	1.499	4×10^{-5}
	MPC-DDE	0.43	0.70	0.285	5×10^{-5}

由表 7.2 可知，对于以上大部分的传递函数模型而言，MPC-DDE 相比于 SIMC-PID 以及 AMIGO-PID 具有较小的超调量、较快的调节时间以及较小的 IAE 指标。与 MPC 相比，MPC-DDE 的超调量较小且调节时间较快，特别是抗扰 IAE 指标大幅下降，说明当外部干扰不可测时，DDE-PID 能够协助 MPC 有效克服不可测扰动引起的动态偏差。另外，与 DDE-PID 相比，MPC-DDE 的跟踪响应速度明显加快，但其超调量较大，抗扰能力较差。表 7.2 中的动态性能指标说明将 MPC 与 DDE-PID 相结合，使得 MPC-DDE 复合控制策略既继承了两者的优点，同时又弥补了两者的缺点，体现了其在跟踪与抗扰方面的优越性。

为检验各控制器的鲁棒性，图 7.10 给出了 1000 次蒙特卡洛随机实验结果。在随机实验过程中，为避免 MPC 由于模型失配程度过大造成闭环系统的发散，将 6 个被控过程传递函数模型的参数缩小至在其标称值 90%～110%范围内进行随机摄动。

由图 7.10 中的结果可知，当设计模型与被控对象模型失配时，MPC 的效果较差，因此其鲁棒性较差。DDE-PID 的鲁棒性较好，当被控对象的特性发生摄动时，其控制效果基本不变。因此，当 MPC 与 DDE-PID 相结合时，MPC 能够有效应对被控过程动态特性的变化，增强其适应机组大范围变工况的能力。

7.5.2 FBC 机组非线性模型

流化床燃烧机组由于其燃料适应性强、污染排放少、负荷调节与燃烧效率高，被广泛应

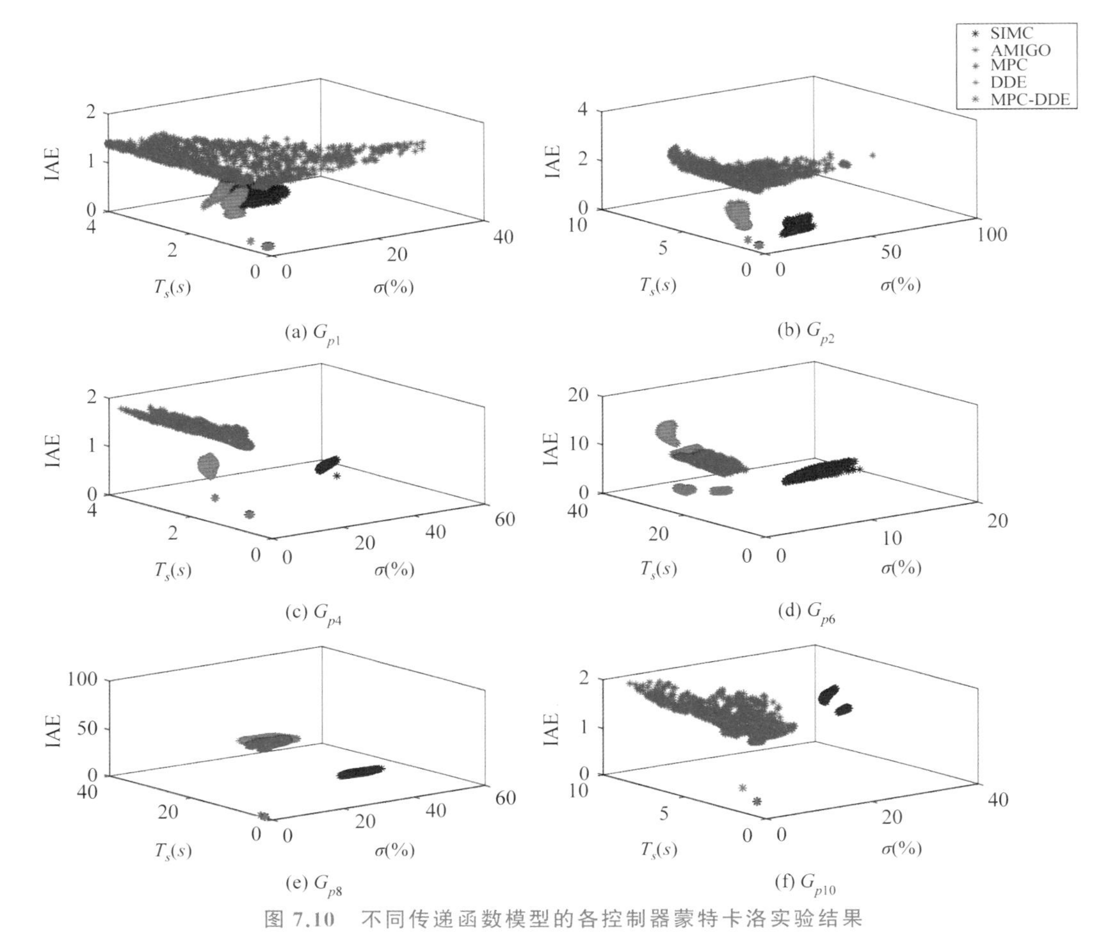

图 7.10 不同传递函数模型的各控制器蒙特卡洛实验结果

用于现代火力发电厂中。真实的 FBC 机组是具有一次风、二次风、过热汽温等多个子系统的复杂系统,其建模是工业界的难题之一。Ikonen 等[10]基于能量与物质平衡建立了由多个微分方程构成的非线性 FBC 机组模型,得到了广泛认可[11-13]。本节采用 Ikonen 等[10]的经典 FBC 机组模型设计所提出的 MPC-DDE,进行仿真研究。

FBC 机组非线性模型如式(7-12)所示,式中的参数含义与数值已在 Ikonen 等[10]的附录中给出,这里不再赘述。需要说明的是,本节在原模型的基础上,引入煤质系数 k_c 用于描述燃料热值,标称工况下 $k_c=1$[14]。

$$\begin{cases}\dfrac{\mathrm{d}W_c(t)}{\mathrm{d}t}=(1-V)k_cQ_c(t)-Q_B(t)\\ \dfrac{\mathrm{d}C_B(t)}{\mathrm{d}t}=\dfrac{1}{V_B}[C_1F_1(t)-Q_B(t)X_C-C_B(t)F_1(t)]\\ \dfrac{\mathrm{d}T_B(t)}{\mathrm{d}t}=\dfrac{1}{c_IW_I}\{H_CQ_B(t)+c_1F_1(t)T_1-\alpha_{Bt}A_{Bt}[T_B(t)-T_{Bt}]-c_FF_1(t)T_B(t)\}\\ \dfrac{\mathrm{d}C_F(t)}{\mathrm{d}t}=\dfrac{1}{V_F}\{C_B(t)F_1(t)+C_2F_2(t)T_1-VQ_c(t)X_V-C_F(t)[F_1(t)+F_2(t)]\}\end{cases}$$

$$
\begin{cases}
\dfrac{\mathrm{d}T_F(t)}{\mathrm{d}t}=\dfrac{1}{c_F W_F}\left\{\begin{array}{l}H_V V Q_c(t)+c_F F_1(t)T_B(t)+c_2F_2(t)T_2(t)-\alpha_{Ft}A_{Ft}[T_F(t)-T_{Ft}]\\+c_1[F_1(t)+F_2(t)]T_F(t)\end{array}\right\}\\
\dfrac{\mathrm{d}P(t)}{\mathrm{d}t}=\dfrac{1}{\tau_{\mathrm{mix}}}[P_c(t)-P(t)]\\
Q_B(t)=\dfrac{W_c(t)}{t_c}\dfrac{C_B(t)}{C_1}\\
P_c(t)=H_c Q_B(t)+H_V V Q_c(t)
\end{cases}
\tag{7-12}
$$

此 FBC 机组为一典型二入二出多变量系统，系统输入为燃料量 Q_c 与一次风量 F_1，系统输出为机组功率 P 与床温 T_B。表 7.3 给出了该模型的几个稳态工况点，这些稳态工况点附近进行线性化得到各工况下系统的传递函数模型，进而分析该系统的耦合程度与非线性度。

表 7.3　FBC 机组的几个典型稳态工况点

工况	Q_c(kg/s)	F_1(Nm^3/s)	P(MW)	T_B(K)
A	3.01	3.69	24.39	1051.60
B	3.12	3.73	25.28	1069.51
C	3.25	3.77	26.33	1091.14
D	3.37	3.80	27.31	1111.58
E	3.43	3.82	27.79	1121.26

在如表 7.3 所示的几个稳态工况点附近，可将此 FBC 机组模型简化为

$$
\begin{bmatrix}P(s)\\T_B(s)\end{bmatrix}=\begin{bmatrix}G_{11}(s)&G_{12}(s)\\G_{21}(s)&G_{22}(s)\end{bmatrix}\begin{bmatrix}Q_c(s)\\F_1(s)\end{bmatrix}
\tag{7-13}
$$

其中，$G_{11}(s)$、$G_{12}(s)$、$G_{21}(s)$与 $G_{22}(s)$表示该二入二出系统的传递函数模型。图 7.11 给出了 FBC 机组模型在不同稳态工况点处的开环响应曲线，图中 ΔP 与 ΔT_B 分别表示机组功率变化量以及床温变化量。根据开环响应曲线可辨识出不同工况下式(7-13)的具体表达式。

由图 7.11 可知，不同稳态工况下 FBC 机组模型的开环响应曲线差异较大，说明该模型具有较强的非线性。为定量衡量系统的非线性度，计算了不同工况下传递函数模型的 Vinnicombe 间隙度 v_g[15]，该指标能够定量描述两个线性时不变(Linear Time-Invariant，LTI)系统之间的距离[16]。该指标的计算方法为

$$
v_g(G_1,G_2)=\max[v_g(G_1,G_2),v_g(G_2,G_1)]
\tag{7-14}
$$

式(7-14)中，G_1 与 G_2 表示在两个不同工况点的传递函数模型。另外，v_g 的计算表达式为

$$
v_g(G_1,G_2)=\inf_{\Lambda\in H_\infty}\left\|\begin{bmatrix}\boldsymbol{P}_1\\\boldsymbol{Q}_1\end{bmatrix}-\begin{bmatrix}\boldsymbol{P}_2\\\boldsymbol{Q}_2\end{bmatrix}\boldsymbol{\Lambda}\right\|
\tag{7-15}
$$

其中，$G_1=\boldsymbol{Q}_1\boldsymbol{P}_1^{-1}$ 且 $G_2=\boldsymbol{Q}_2\boldsymbol{P}_2^{-1}$，并且 $\boldsymbol{\Lambda}$ 是一具有 H_∞ 范数的矩阵。间隙度一般约束在[0,1]区间内，越大的间隙度意味着越强的非线性。

在计算 v_g 时，需要先选取一基准工况，接着计算其他工况与基准工况之间的间隙度。

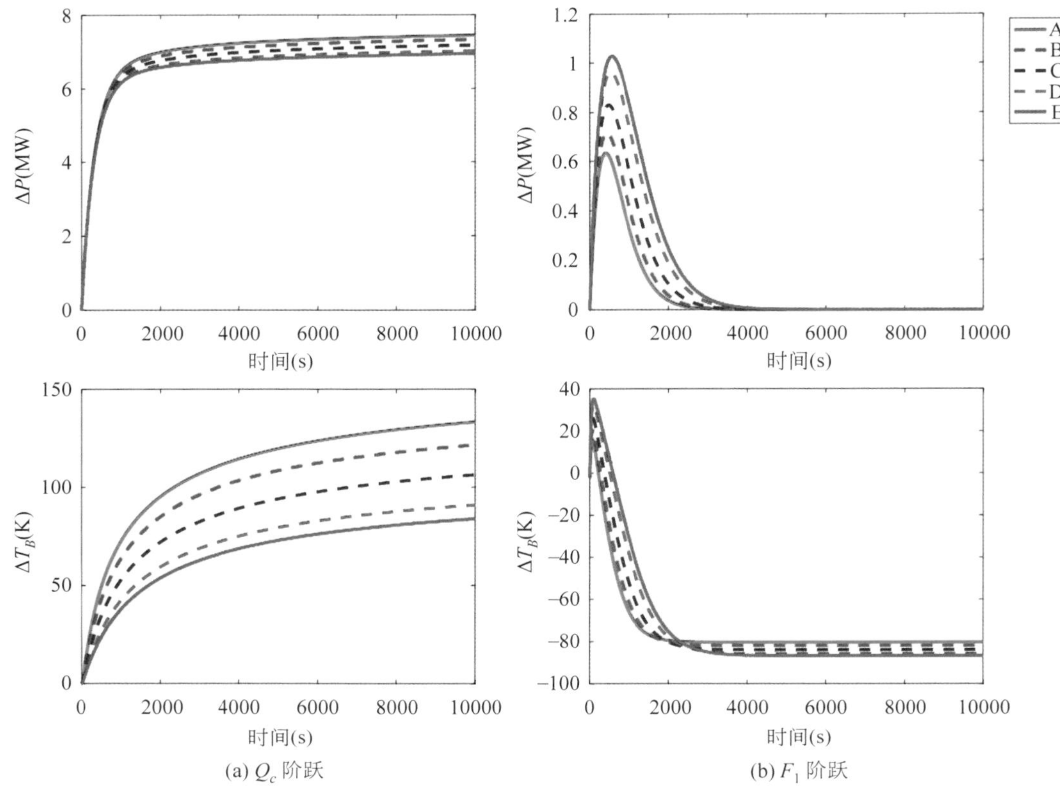

图 7.11 FBC 机组模型开环响应曲线

本小节中选取工况 A 为基准工况，计算工况 B、C、D、E 与工况 A 之间的间隙度，如图 7.12 所示。

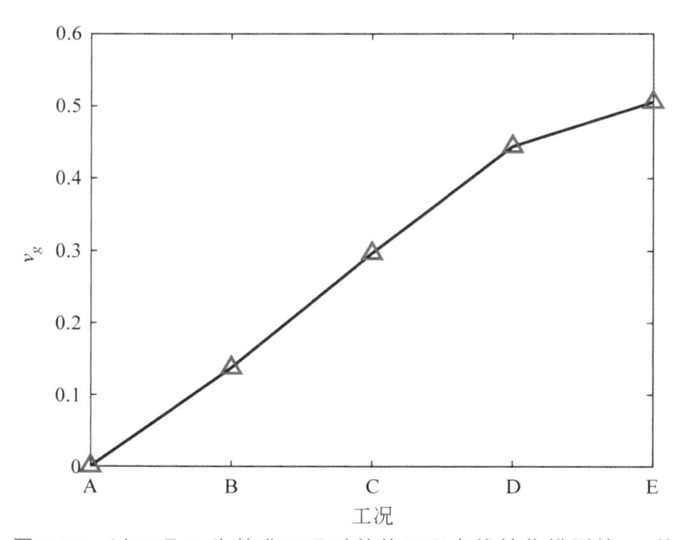

图 7.12 以工况 A 为基准工况时其他工况点线性化模型的 v_g 值

一般来说，若 v_g 值大于 0.2，则认为该系统具有较高的非线性度[16]。由图 7.12 可知，工况C、D、E与工况A之间的v_g值均大于0.2，说明该FBC机组模型具有较强的非线性特性。

由于FBC机组是一多变量系统，需要分析两回路间的耦合作用强度，进而判断是否需要配合解耦器进行控制系统设计。利用各工况的线性模型，计算基于频域的相对增益矩阵(Relative Gain Array，RGA)可说明回路间的耦合作用强度，如图7.13所示。

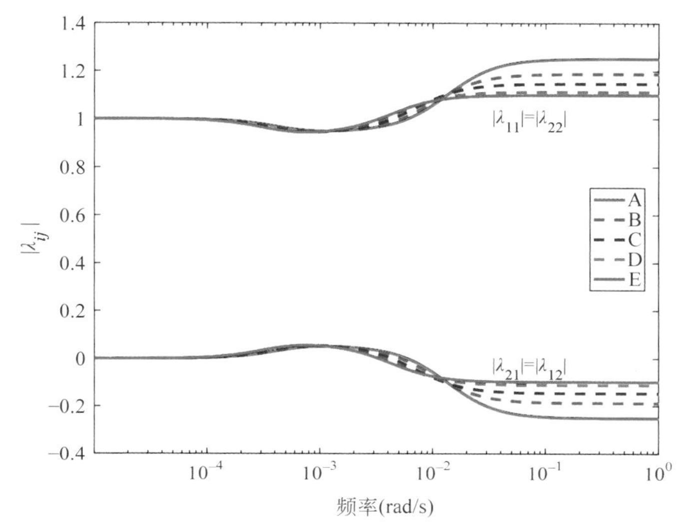

图7.13 FBC机组模型在不同工况下基于频率的RGA

图7.13中，λ_{ij}表示第i回路对第j回路作用的增益。由图7.11中的计算结果可知，FBC机组模型的回路间耦合作用较弱，为主对角占优的系统，因此可设计分散式控制结构。

本节仅针对机组功率控制回路设计MPC-DDE，床温控制回路采用吴振龙等[12]整定的PI控制器，参数为$k_p=-0.01$，$T_i=1000$。图7.14展示了基于MPC-DDE的FBC机组功率控制结构，图中$f(x)$表示负荷指令与两回路设定值之间的函数关系，r_p、r_{tb}分别表示机组功率与床温的设定值。

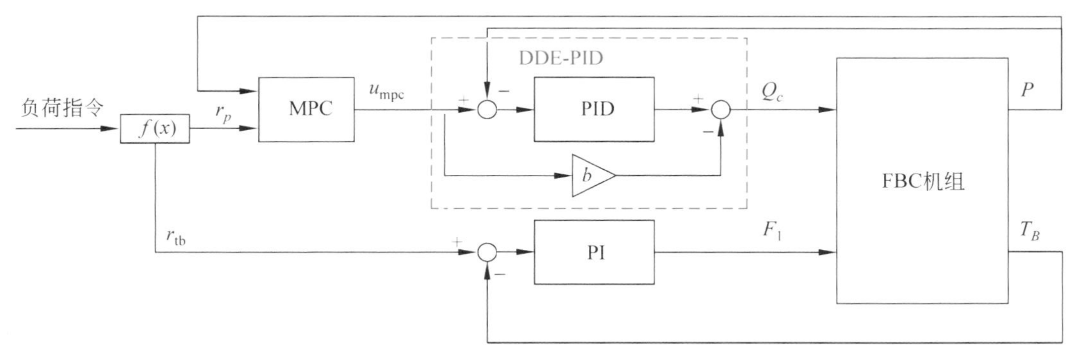

图7.14 基于MPC-DDE的FBC机组功率控制结构

本节中以工况A为设计工况，对各控制策略进行控制器设计与整定。为设计SIMC-PID、AMIGO-PID以及MPC，对工况A下的燃料量与机组功率之间的传递函数模型进行辨识，辨识结果为

$$\frac{P(s)}{Q_c(s)}=\frac{7.27}{(393.92s+1)(0.05s+1)}e^{-20.5s} \tag{7-16}$$

基于式(7-16)可得各控制器参数,如表7.4所示。与7.5.1节类似,MPC-DDE的控制器参数设置与MPC和DDE-PID的控制器参数一致,且MPC的设计模型为式(7-16)。

表7.4 FBC机组功率控制各控制器参数

SIMC $\{k_p, T_i, T_d\}$	AMIGO $\{k_p, T_i, T_d, b\}$	MPC $\{p, m_p\}$	DDE $\{\omega_d, k, l\}$	MPC-DDE $\{p, m_p, \omega_d, k, l\}$
{1.32,164.02,0.05}	{1.22,110.68,10.09,1.22}	{400,1}	{0.025,0.25,0.0002}	{400,1,0.025,0.25,0.0002}

根据表7.4的各控制器参数,首先在辨识模型上进行仿真研究,结果如图7.15所示。仿真过程中,设定值在100s时产生单位正阶跃响应,并在1000s时添加一单位阶跃扰动。

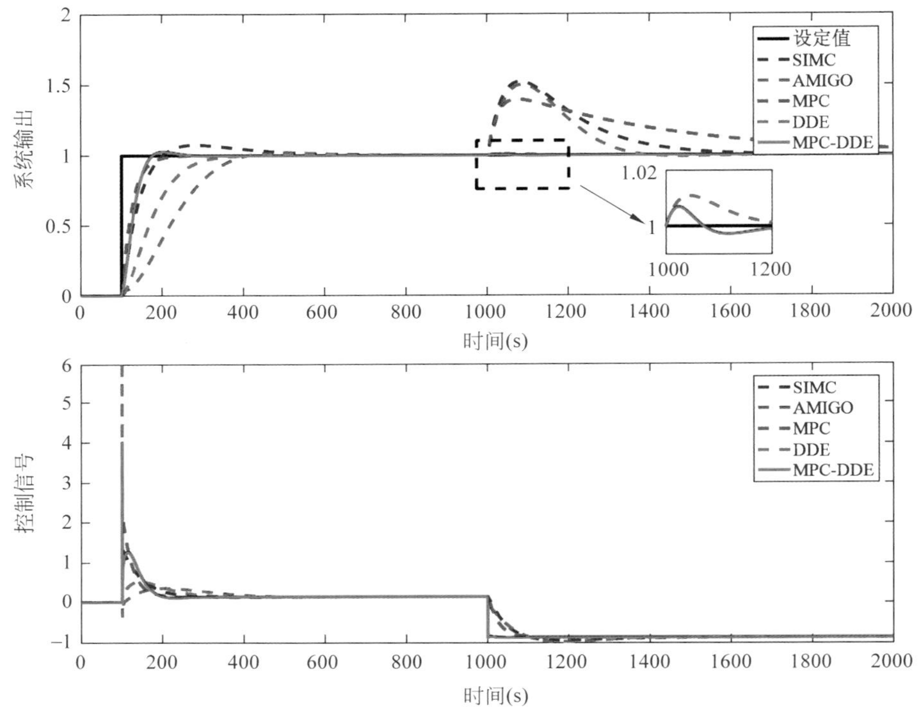

图7.15 FBC机组辨识模型的各控制器控制效果

由图7.15可知,对于FBC机组功率辨识模型而言,MPC-DDE较SIMC-PID、AMIGO-PID以及DDE-PID具有更快的设定值跟踪响应速度,并且超调量较小。此外,它与MPC具有几乎一致的跟踪响应速度,但是其抗扰性能明显优于MPC,体现了其能够有效克服系统中不可测扰动的特性。

为定量评价各控制器的控制效果,表7.5给出了对于FBC机组功率辨识模型的各控制器动态性能指标,表中计算了超调量、调节时间、跟踪IAE以及抗扰IAE来评价各控制器的跟踪性能与抗扰性能。

由表7.5可知,相比于SIMC-PID与AMIGO-PID,MPC-DDE的各项动态性能指标均较小。相比于DDE-PID,虽然MPC-DDE的超调稍大,但是其调节时间较短,IAE指标较小。相比于MPC,MPC-DDE在克服不可测扰动方面具有明显优势。

表7.5　FBC机组辨识模型的各控制器动态性能指标

控制器	σ(%)	T_s(s)	IAE_{sp}	IAE_{ud}
SIMC	7.41	282.0	52.25	124.14
AMIGO	2.02	260.6	130.67	94.87
MPC	0	75.4	26.13	178.44
DDE	0	188.7	80.21	1.28
MPC-DDE	2.71	63.3	29.96	0.59

为检验各控制器的鲁棒性，体现各控制器在FBC机组变工况运行时的适应性，进行了1000次蒙特卡洛随机实验。随机实验过程中，式(7-16)的各系数在其标称值的90%～110%之间摄动，且每次计算超调量、调节时间以及IAE指标。其中，IAE为跟踪IAE与抗扰IAE之和。图7.16展示了各控制器的蒙特卡洛随机实验结果。

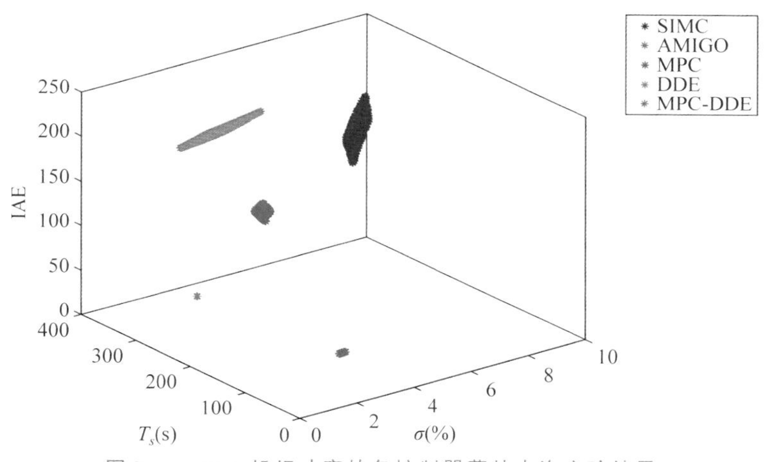

图7.16　FBC机组功率的各控制器蒙特卡洛实验结果

由图7.16可知，MPC-DDE的点集最接近原点，说明其动态性能最好。另外，MPC-DDE的点集较SIMC-PID、AMIGO-PID以及MPC的点集更为密集，较DDE-PID的点集疏散，说明MPC-DDE的鲁棒性仅次于DDE-PID。

其次，将各控制器应用于FBC机组的非线性模型。假设机组在工况A与工况E之间频繁变化，机组功率设定值随着负荷指令以±0.01MW/s的限速变化。图7.17与图7.18分别展示了当FBC机组变工况运行时各控制器的功率控制效果以及燃料量的变化情况。

由图7.17可知，当FBC机组变工况运行时，MPC-DDE的功率控制效果优于SIMC-PID、AMIGO-PID以及DDE-PID。MPC的超调量小于MPC-DDE，但是其调节时间稍慢。为定量评价机组变工况运行时各控制器的功率跟踪效果，表7.6给出了各控制器的跟踪IAE。

表7.6　FBC机组变工况运行时功率跟踪IAE指标

SIMC	AMIGO	MPC	DDE	MPC-DDE
295.75	845.91	179.77	546.43	198.32

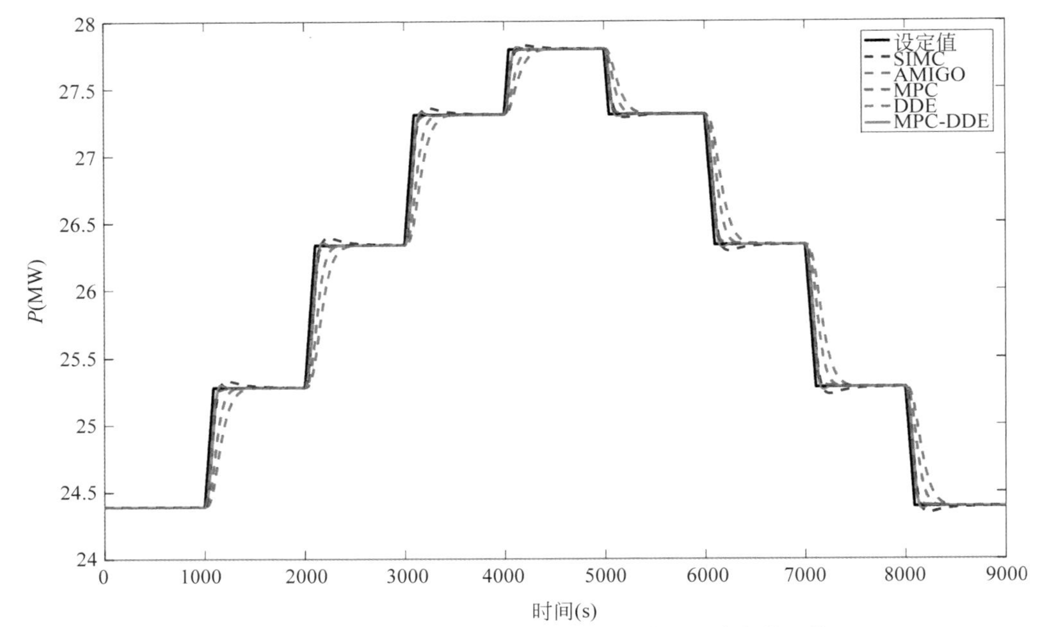

图 7.17 FBC 机组变工况运行时各控制器的机组功率控制效果

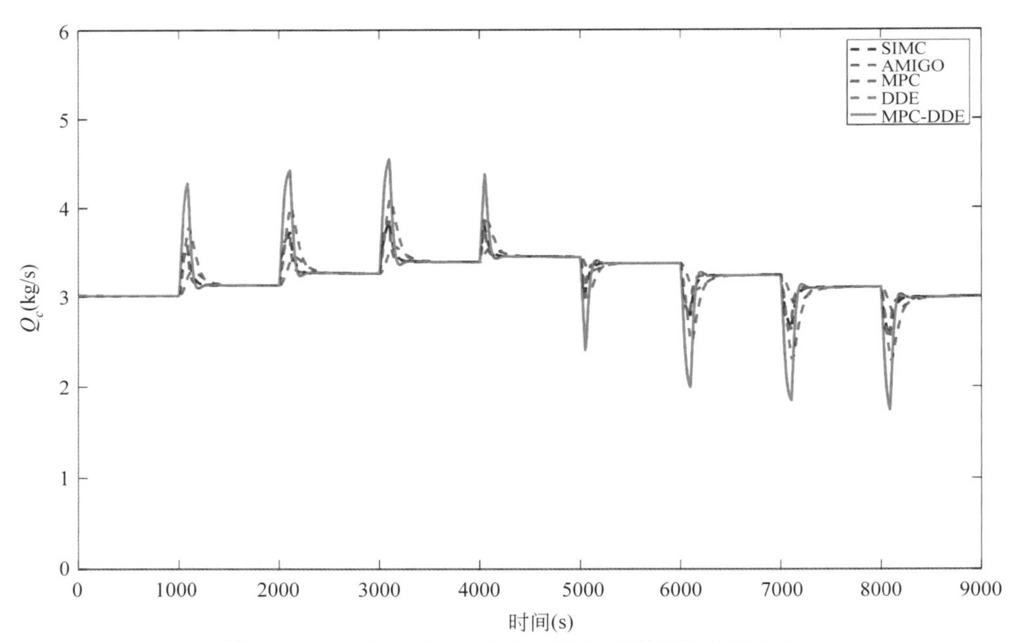

图 7.18 FBC 机组变工况运行时各控制器的燃料量变化

由表 7.6 可知，当 FBC 机组变工况运行时，MPC 的跟踪 IAE 最小，MPC-DDE 次之，但二者指标接近，说明其控制效果接近，并优于其他对比控制器。

为测试各控制器的抗扰性能，对 FBC 机组非线性模型添加燃料量扰动、一次风量扰动以及燃料热值扰动。其中，燃料量扰动通过一发生在 1000s 且幅值为 5kg/s 的正阶跃信号进行模拟，一次风量扰动通过一发生在 3000s 且幅值为 5Nm^3/s 的正阶跃信号进行模拟，燃料热值扰动通过一发生在 5000s 且幅值为 1 的正弦信号进行模拟。

需要说明的是，在测试各控制器的抗扰性能时，FBC 机组在工况 A 处稳定运行，且假设这些扰动在实际机组中是不可测的。图 7.19 给出了 FBC 机组内不同扰动的发生情况，其中 dQ_c 与 dF_1 分别表示燃料量扰动与一次风量扰动。基于图 7.19 中的各种扰动，图 7.20 展示了各控制器克服不同扰动的控制效果。

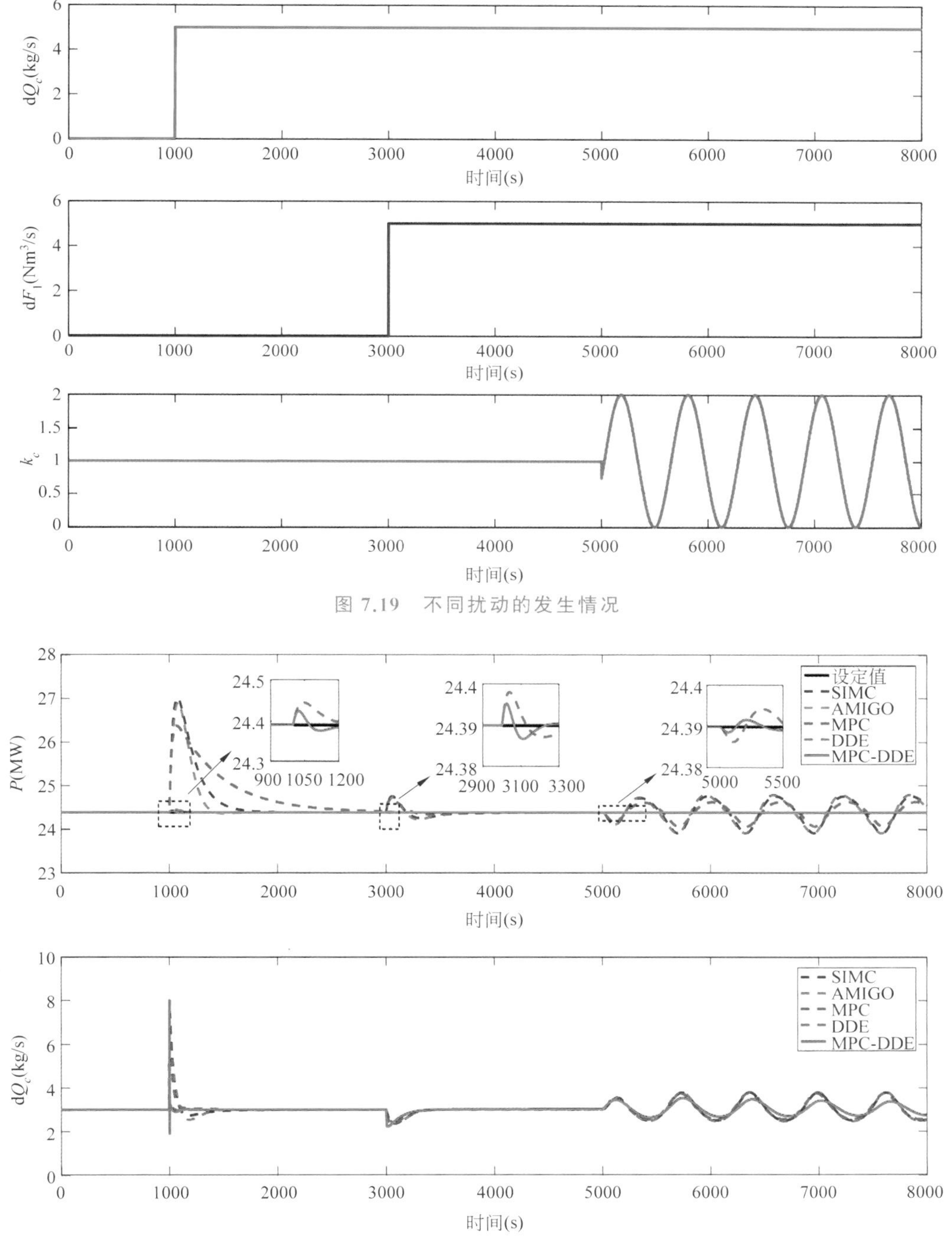

图 7.19　不同扰动的发生情况

图 7.20　不同控制器克服 FBC 机组内各种扰动的效果

由图 7.20 可知，与其他控制器相比，MPC-DDE 能够有效克服由燃料量、一次风量以及燃料热值引起的各种扰动，且产生的最大动态偏差最小。为定量评价各控制器克服各种扰动的性能，表 7.7 计算了各控制器克服不同扰动的抗扰 IAE 指标，表中 IAE_{ud1}、IAE_{ud2} 与 IAE_{ud3} 分别表示克服燃料量扰动、一次风量扰动以及燃料热值扰动的抗扰 IAE。

表 7.7　各控制器克服 FBC 机组内不同扰动的抗扰 IAE 指标

控制器	IAE_{ud1}	IAE_{ud2}	IAE_{ud3}
SIMC	622.12	85.23	759.05
AMIGO	465.33	78.62	778.71
MPC	980.12	73.49	510.37
DDE	6.41	1.23	7.84
MPC-DDE	2.99	0.58	2.25

由表 7.7 可知，在所有的控制器中，MPC-DDE 克服各种扰动的抗扰 IAE 指标均最小，说明 DDE-PID 能够有效协助 MPC 克服不可测扰动引起的动态偏差。

综上所述，结合图 7.17、图 7.20、表 7.6 以及表 7.7，可得出结论：MPC-DDE 能够兼顾 MPC 与 DDE-PID 的优势，并且弥补各自的不足，使得 MPC 在不基于被控对象模型的设计下应用于 FBC 机组的非线性模型，并且能够有效应对不可测扰动。

然而，实际系统中存在测量噪声，测量噪声可能会引起控制信号的剧烈振荡，这种振荡需要避免，因为它会对执行器的使用寿命产生影响。为测试测量噪声对于控制信号振荡的影响，在 FBC 机组模型内添加白噪声，图 7.21 和图 7.22 分别给出了当 FBC 机组内部存在测量噪声时，机组功率的控制效果以及燃料量变化情况。

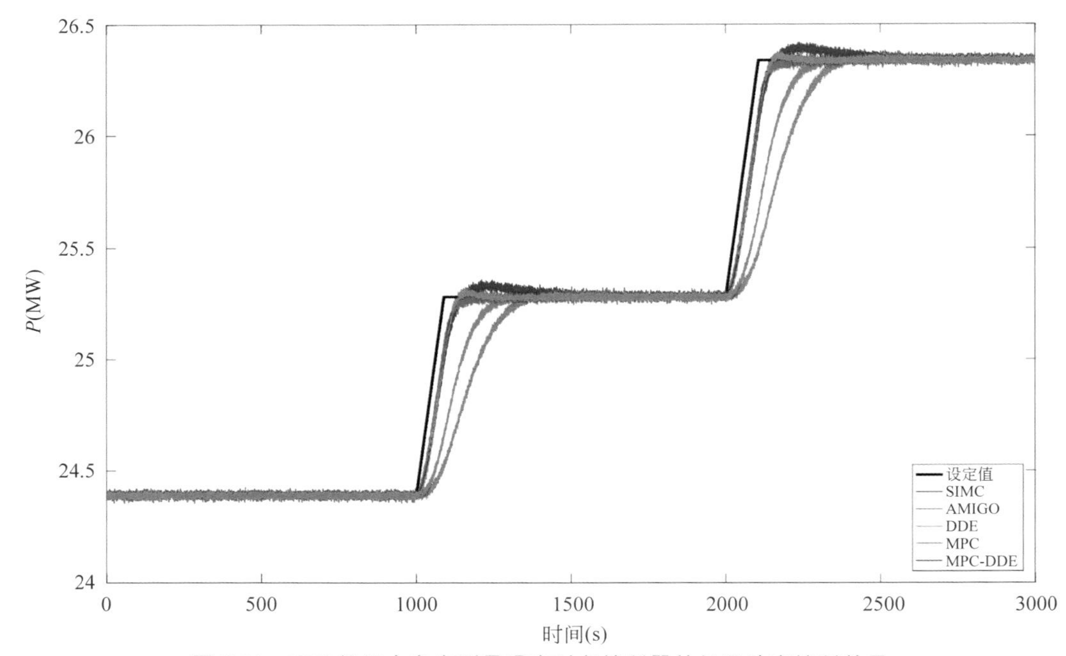

图 7.21　FBC 机组内存在测量噪声时各控制器的机组功率控制效果

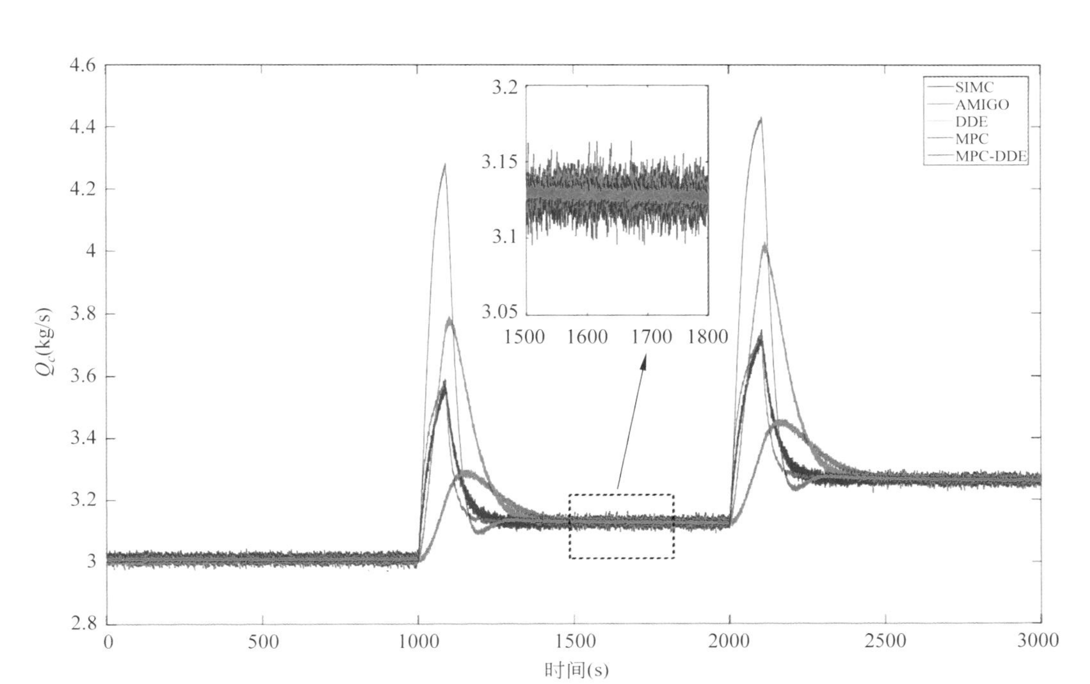

图 7.22　FBC 机组内存在测量噪声时各控制器的燃料量变化

由图 7.21 可知，测量噪声存在时，各控制器的功率输出均能精确跟踪设定值。另外，根据图 7.22，可知 MPC-DDE 的控制信号对于测量噪声敏感程度最低。为定量评价各控制器的控制信号对测量噪声的敏感程度，计算了各控制信号的均方根（Root Mean Square, RMS）值，如表 7.8 所示。

表 7.8　FBC 机组内存在测量噪声时各控制器控制信号的 RMS 值

SIMC	AMIGO	MPC	DDE	MPC-DDE
3.1290	3.1287	3.1279	3.1282	3.1278

根据表 7.8 的计算结果，可知 MPC-DDE 的 RMS 值最低，说明了当测量噪声存在时，MPC-DDE 能够有效减弱控制信号的振荡。

7.6 现场应用验证

鉴于以上仿真结果充分验证了所提出基于预期动态的模型预测复合控制策略的可行性与优越性，本节将 MPC-DDE 应用于辽宁省沈阳市沈西热电厂 1 号 330MW 机组二次风量控制回路中，进一步说明 MPC-DDE 在热力系统中应用具有良好前景。

7.6.1 过程描述

二次风系统是燃煤机组风烟系统的重要组成部分，对锅炉的燃烧效率以及燃烧排放的氮氧化物含量起着决定性的作用[11]。在实际机组中，通常通过调节送风机的动叶位置控制二次风量，进而对炉膛内燃烧所需的氧量进行控制。二次风量的指令是根据机组运行负荷、主蒸汽压力、燃料量等参数计算风煤配比得到的，为使得炉膛内煤粉充分燃烧，二次风量应当尽可能精确跟踪风量指令[17]。

二次风系统结构如图7.23所示，风量由两台送风机进行控制。空气经过暖风器后通过送风机控制风量，经过空预器后两侧风量汇至炉前风箱一并提供至炉膛。在进行二次风量控制系统设计时，通常采用一个控制器控制两台送风机动叶的控制策略[18]，本节中所有的控制器设计均是基于此方式设计的。

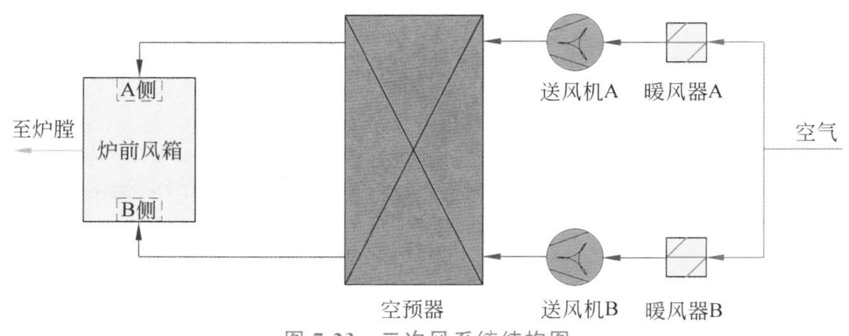

图7.23　二次风系统结构图

7.6.2　过程描述

将MPC-DDE应用于二次风量控制系统中，其输出信号同时控制两台风机。需要说明的是，原控制策略为PI控制器（记作PI_f）。为公平比较，在MPC-DDE中，DDE部分为DDE-PI。在进行参数整定的过程中，首先断开MPC整定DDE-PI，至二次风量跟踪预期动态响应后，再接入基于预期动态设计的MPC。

各控制器参数如表7.9所示，为避免送风机动叶大幅值阶跃使得氧量突增或突减，进而影响炉膛内燃烧，试验过程中并未通过开环阶跃测试获得二次风量的过程响应曲线。因此，DDE-PI初始参数由PI_f参数转换计算得到，之后再根据该初始参数对其进行调整。另外，DCS采样时间为1s，因此设置MPC采样时间也为1s。

表7.9　二次风量控制的各控制器参数

控　制　器	控制器参数
PI_f	$k_p=0.02, T_i=8$
DDE	$\omega_d=1/50, k=1/5, l=2$
MPC-DDE	$p=30, m_p=1, \omega_d=1/50, k=1/5, l=2$

基于表7.9中的控制器参数，首先当机组负荷在140MW～175MW变化时对各控制器进行测试，试验结果如图7.24～图7.26所示。需要说明的是，PI_f的运行曲线是通过查询历史数据得到的，选取的机组负荷变化范围与MPC-DDE基本一致。

图7.24～图7.26中，黑色实线表示机组负荷，深蓝色实线表示二次风量指令，红色实线表示二次风量反馈，亮青色实线与黄色实线分别表示送风机A与送风机B的动叶位置反馈，锰紫色虚线与浅蓝色虚线分别表示送风机A与送风机B的动叶位置控制器输出指令，绿色虚线表示DDE-PI的预期动态响应。

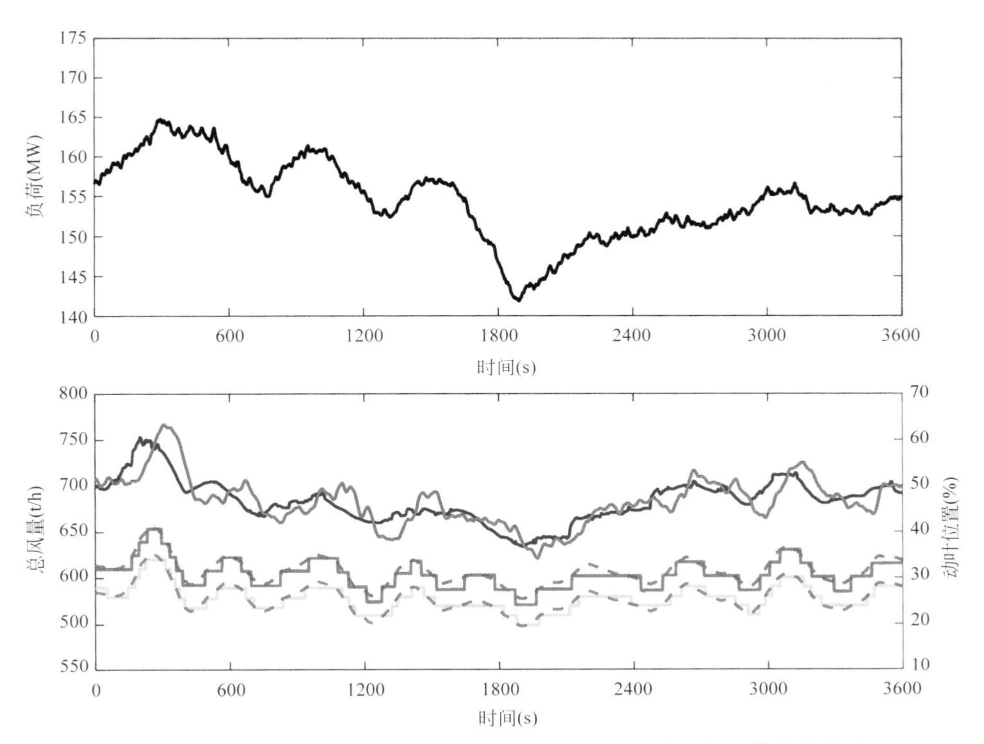

图 7.24　机组负荷在 140MW～175MW 变化时 PI_f 的二次风量控制效果

(时间：2022 年 7 月 10 日 23:21:39 至次日 0:21:39)

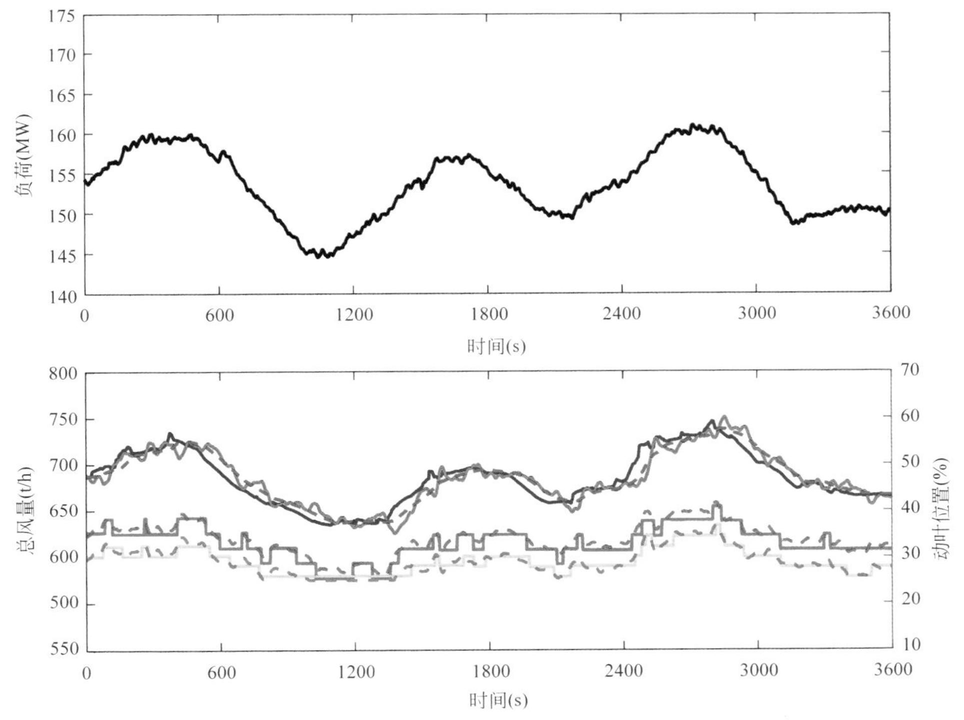

图 7.25　机组负荷在 140MW～175MW 变化时 DDE-PI 的二次风量控制效果

(时间：2022 年 8 月 11 日 10:01:38 至 11:01:38)

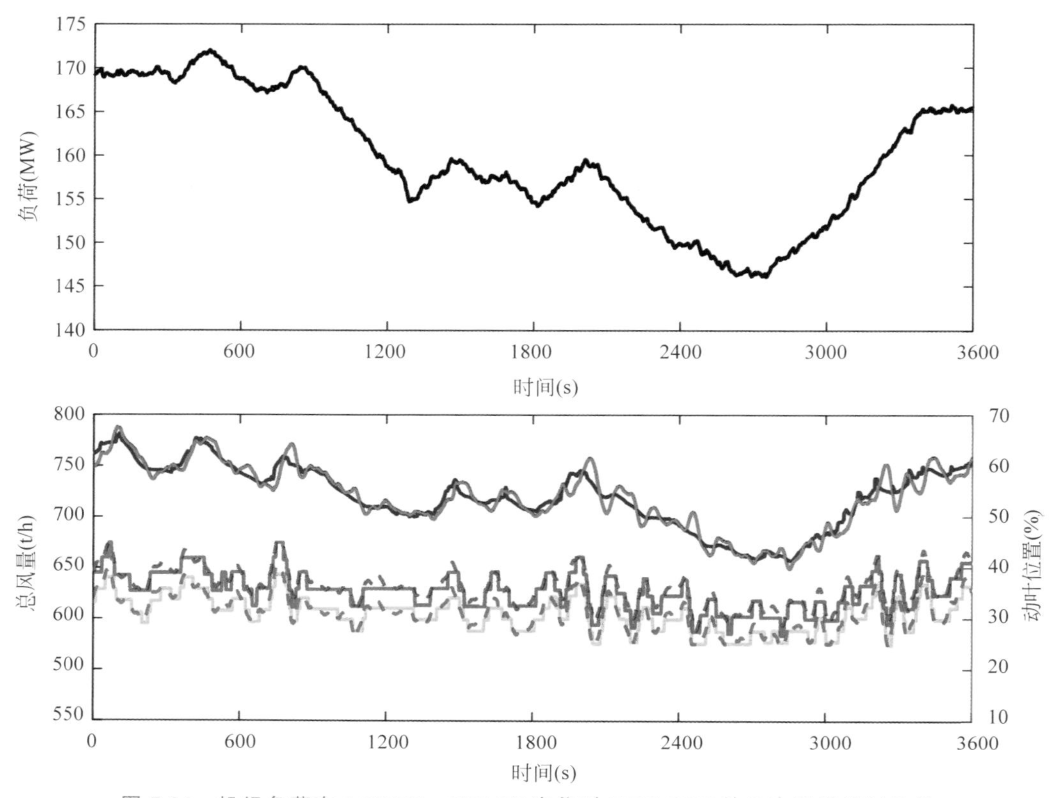

图 7.26 机组负荷在 140MW～175MW 变化时 MPC-DDE 的二次风量控制效果

（时间：2022 年 8 月 11 日 14:23:45 至 15:23:45）

由以上试验结果可知，送风机动叶的机械死区较大，幅值为 3%，只有当动叶动作幅度较大且较快时，其位置反馈能够近似线性化。根据图 7.25 可知，DDE-PI 的二次风量与预期动态响应的变化趋势一致，但由于动叶存在机械死区，其二次风量会在预期动态响应附近波动。由图 7.26 可知，投入 MPC 后，MPC-DDE 的二次风量控制效果明显优于 PI_f 与 DDE-PI，与风量设定值的重合程度更高。但 MPC-DDE 会导致动叶动作幅度较大且频繁，在执行机构存在明显机械死区的条件下，较大的动作幅度与频率使得 MPC-DDE 输出的动叶位置指令与反馈之间偏差较小。

为定量评价当机组负荷在 140MW～175MW 范围内变化时各控制器的二次风量控制效果，表 7.10 计算了动态性能指标。二次风量的控制以跟踪性能为主，但由于风量指令随负荷变化，超调量、调节时间等评价控制器跟踪性能的指标难以计算。根据吴振龙等[18]的建议，可计算各控制器的跟踪 IAE 以及平均跟踪 IAE 衡量各控制器的跟踪效果。吴振龙等[18]定义平均跟踪 IAE 为：

$$\overline{\mathrm{IAE}_{\mathrm{sp}}}=\frac{\int_0^{t_e}\left|r_{\mathrm{air}}(t)-y_{\mathrm{air}}(t)\right|\mathrm{d}t}{\Delta t} \tag{7-17}$$

其中，r_{air} 与 y_{air} 分别表示二次风量的指令与反馈，t_e 表示试验终止时间，Δt 表示试验时间长度。

表 7.10　机组负荷在 140MW～175MW 变化时各控制器的二次风量动态性能指标

控制器	负荷范围（MW）	风量指令范围（t/h）	IAE_{sp}	$\overline{IAE}_{sp}$（s^{-1}）
PI_f	[141.8,164.7]	[634.1,753.2]	46691.34	12.97
DDE	[144.5,161.0]	[634.5,745.8]	32033.66	8.90
MPC-DDE	[146.0,172.1]	[657.3,781.6]	22269.19	6.18

由表 7.10 可知，MPC-DDE 投入过程中，机组负荷变化范围最大，且风量指令变化范围最大。通过计算指标，可得 MPC-DDE 的跟踪 IAE 以及平均跟踪 IAE 最小，体现了其在二次风量控制中跟踪风量指令方面的优越性。

其次，为验证 MPC-DDE 在偏离设计工况时具有较好的鲁棒性，当机组负荷在 190MW～230MW 的较高范围内变化时，继续对各控制器进行测试，结果如图 7.27～图 7.29 所示，图 7.27～图 7.29 中各曲线图例与图 7.24～图 7.26 中一致。

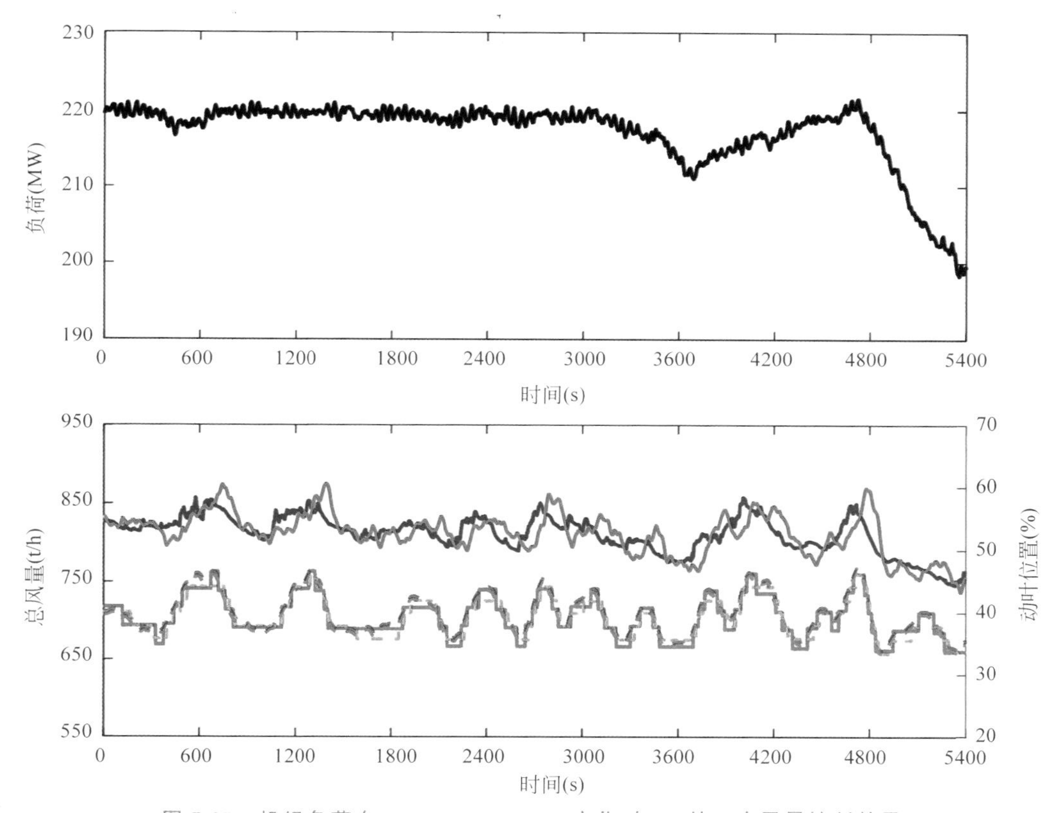

图 7.27　机组负荷在 190MW～230MW 变化时 PI_f 的二次风量控制效果

（时间：2022 年 8 月 17 日 6:34:00 至 8:04:00）

由图 7.27～图 7.29 的试验结果可知，当机组负荷在更高负荷段变化时，DDE-PI 的二次风量依旧与预期动态响应的变化趋势一致，且动叶机械死区的存在使得其二次风量会在预期动态响应附近波动。由图 7.29 可知，投入 MPC 后，MPC-DDE 的二次风量控制效果明显优于 PI_f 与 DDE-PI，但其风量波动程度较低负荷段时更为明显。

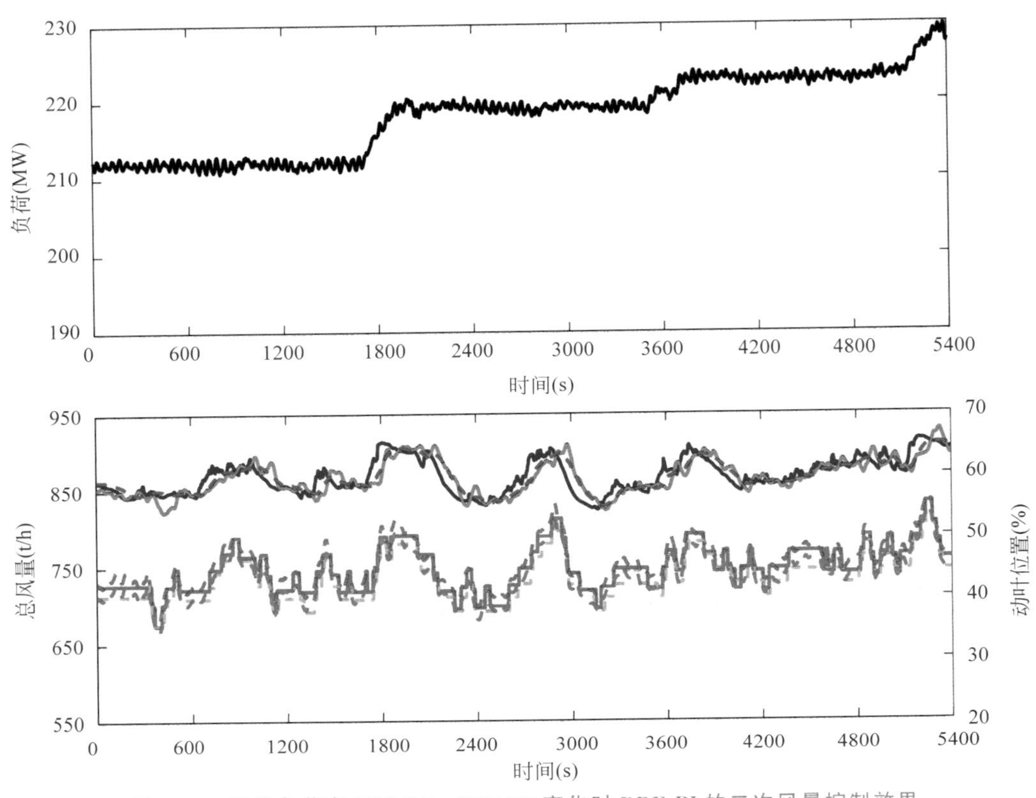

图 7.28 机组负荷在 190MW～230MW 变化时 DDE-PI 的二次风量控制效果

(时间：2022 年 8 月 17 日 13:15:00 至 15:15:00)

为定量评价当机组负荷在 190MW～230MW 范围内变化时各控制器的二次风量控制效果，计算了各控制器的跟踪 IAE 以及平均跟踪 IAE，如表 7.11 所示。

表 7.11 机组负荷在 190MW～230MW 变化时各控制器的二次风量动态性能指标

控制器	负荷范围（MW）	风量指令范围（t/h）	IAE_{sp}	$\overline{IAE_{sp}}$（s^{-1}）
PI_f	[198.3,221.5]	[745.8,857.7]	77576.24	14.36
DDE	[210.7,229.7]	[823.6,915.0]	63254.43	11.71
MPC-DDE	[192.8,223.8]	[753.3,888.8]	48494.97	8.98

由表 7.11 可知，MPC-DDE 投入过程中，机组负荷变化范围最大，且风量指令变化范围最大。通过计算指标，可得 MPC-DDE 的跟踪 IAE 以及平均跟踪 IAE 最小，体现了其在二次风量控制中跟踪风量指令方面的优越性。另外，所有控制器在 190MW～230MW 负荷段的 IAE 指标均大于在 140MW～175MW 负荷段的 IAE 指标，说明此时被控过程的动态特性发生了变化。在这种情况下，MPC-DDE 的 IAE 指标仍能最小，展现了其强鲁棒性。

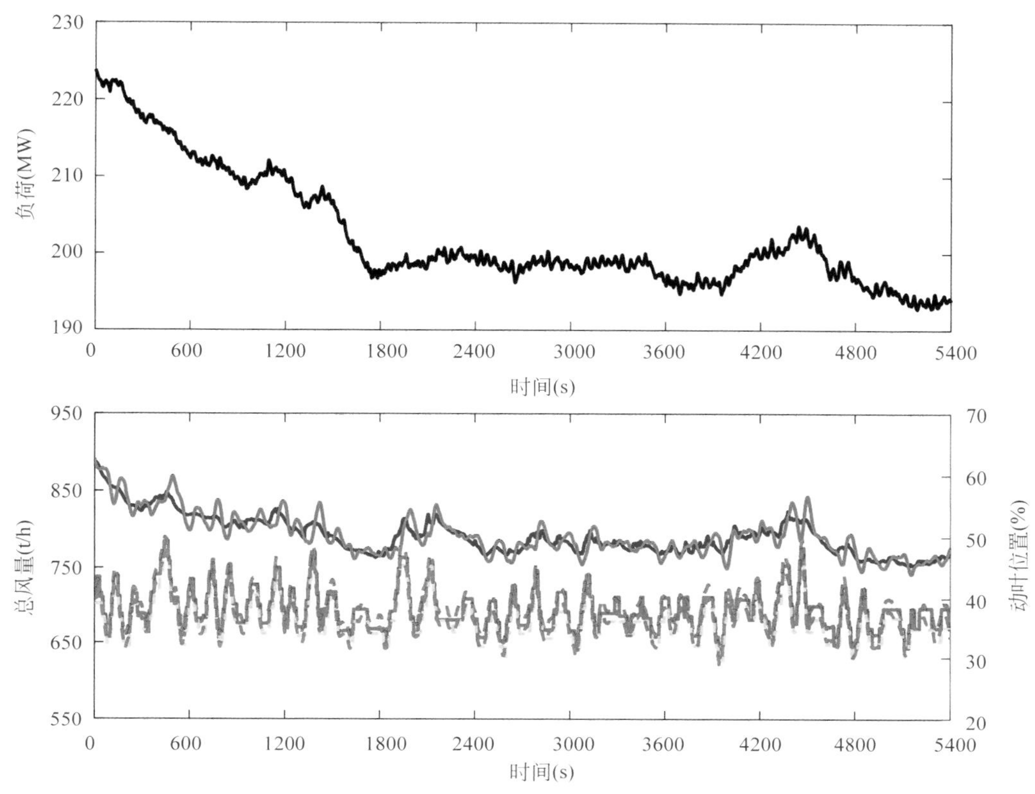

图 7.29 机组负荷在 190MW～230MW 变化时 MPC-DDE 的二次风量控制效果

(时间：2022年8月17日10:25:00至11:55:00)

7.7 本章小结

本章针对 MPC 需要精确数学模型设计且无法克服不可测扰动以及 DDE-PID 不具有实时优化能力的问题，提出了基于预期动态的模型预测的复合控制方法。数值仿真与二次风量控制现场试验的结果表明，当 DDE-PID 的参数整定合适时，MPC 可基于 DDE-PID 的预期动态方程设计，不再依赖被控对象的精确数学模型，并且能够克服不可测扰动。同时，MPC 向 DDE-PID 提供依据系统运行情况实时优化的设定值，提升闭环系统的响应速度。结合 DDE-PID 设计，MPC 未来在燃煤机组上的广泛应用成为可能。

参考文献

[1] Ji G, Zhang K, Zhu Y. A method of MPC model error detection[J]. Journal of Process Control, 2012, 22: 635-642.

[2] Qin S J, Badgwell T A. A survey of industrial model predictive control technology[J]. Control Engineering Practice, 2003, 11: 733-764.

[3] Suhail S A, Bazaz M A, Hussain S. MPC based active disturbance rejection control for automated

steering control[J]. Proceedings of the Institution of Mechanical Engineers Part D-Journal of Automobile Engineering, 2021, 235(12): 3199-3206.

[4] Gu W, Yao J, Yao Z, et al. Output feedback model predictive control of hydraulic systems with disturbances compensation[J]. ISA Transactions, 2019, 88: 216-224.

[5] 陈增强,李毅,孙明玮,等. 四旋翼无人飞行器ADRC-GPC控制[J]. 哈尔滨工业大学学报,2016,48(9): 176-180+188.

[6] Zhang F, Xue Y, Wei B, et al. Model predictive control for gas turbine shaft speed based on model compensation using extended state observer[J]. Proceedings of the Institution of Mechanical Engineers, Part I: Journal of Systems and Control Engineering, 2023, 237(3): 513-523.

[7] Maurath P R, Mellichamp D A, Seborg D E. Predictive controller design for single-input/single-output (SISO) systems[J]. Industrial & Engineering Chemistry Research, 1988, 27(6): 956-963.

[8] 张立炎,钱积新. 多变量模型预测控制器设计与参数调节评述[J]. 机床与液压,2007,35(9): 31-34.

[9] Kähm W. Thermal stability criteria embedded in advanced control systems for batch process intensification[D]. Cambridge: University of Cambridge, 2019.

[10] Ikonen E, Najim K. Advanced Process Identification and Control[M]. Florida: CRC Press, 2001.

[11] Sun L, Li D, Lee K Y. Enhanced decentralized PI control for fluidized bed combustor via advanced disturbance observer[J]. Control Engineering Practice, 2015, 42: 128-139.

[12] Wu Z, Li D, Xue Y, et al. Modified disturbance rejection control for fluidized bed combustor[J]. ISA Transactions, 2020, 102: 135-153.

[13] Wu Z, Shi G, Li D, et al. Control of the fluidized bed combustor based on active disturbance rejection control and Bode ideal cut-off[J]. IFAC-PapersOnLine, 2020, 53(2): 12517-12522.

[14] 吴振龙. 热力系统鲁棒性自抗扰控制研究与设计[D]. 北京: 清华大学,2020.

[15] Tan W, Marquez H J, Chen T, et al. Analysis and control of a nonlinear boiler-turbine unit[J]. Journal of Process Control, 2005, 15: 883-891.

[16] Yuan J, Wu Z, Fei S, et al. Hybrid model-based feedforward and fractional-order feedback control design for the benchmark refrigeration system[J]. Industrial & Engineering Chemistry Research, 2019, 58(38): 17885-17897.

[17] 丁承刚,郭士义,石伟晶,等. 燃煤电站锅炉二次风控制系统优化[J]. 电气自动化,2016,38(4): 106-109.

[18] Wu Z, Makeximu, Yuan J, et al. A synthesis method for first-order active disturbance rejection controllers: Procedures and field tests[J]. Control Engineering Practice, 2022, 127: 105286.

第 8 章　高阶无自衡系统的预期动态控制设计与研究

8.1 引言

无自平衡系统，也称无自衡系统即含积分环节、RHP 极点或共轭纯虚极点的系统，存在于现实世界中。相比于自平衡系统，控制器更加难以使其镇定。美国霍尼韦尔公司研究员 Stein 博士曾指出："无自衡是危险的同义词，针对无自衡系统的控制器设计在操作上至关重要。"[1] 对于具有多个积分环节、RHP 极点或共轭纯虚极点的高阶无自衡系统，其控制器设计难度远高于低阶无自衡系统。对于这类系统，传统的低阶控制器，包括 PID、ADRC 等，可能无法保证闭环系统的稳定性。另外，虽然诸如 H_∞ 控制器[2]、LQR[3] 等先进控制器能够控制高阶无自衡系统，但是它们基于被控过程精确的数学模型，且算法复杂，难以在工控系统上实现。

为解决高阶无自衡系统的控制问题，同时兼顾控制器实现与整定的简便性，本章提出一种广义的预期动态控制方法，旨在保证高阶无自衡系统闭环稳定性的同时，获得良好的跟踪性能与抗扰性能。将该方法在高阶纯积分对象、高阶 RHP 极点对象与四质量-弹簧动力系统的模型上进行了仿真验证，并在实验室的双旋翼偏航角控制系统上进行了实验验证，体现了其在控制高阶无自衡系统时的优越性。

本章首先在 8.2 节对所解决的问题进行了描述，其次在 8.3 节提出了广义预期动态控制方法，然后在 8.4 节分析了控制器的参数稳定域，接着在 8.5 节总结了参数整定流程，然后在 8.6 节与 8.7 节分别通过仿真验证与实验台验证说明所提出方法控制高阶无自衡系统的有效性，8.8 节对本章内容进行了小结。

8.2 问题描述

工业过程中的高阶无自衡系统通常是非线性时变的，并且具有不确定性。它们的过程模型可在某一工况点处线性化为式(8-1)，无自衡特性主要由积分环节、RHP 极点以及共轭纯虚极点引起。

$$G_p(s)=\frac{K\prod_{i=1}^{n_5}(s+c_i)}{s^{n_1}\prod_{i=1}^{n_2}(s-a_i)\prod_{i=1}^{n_3}(s+b_i)\prod_{i=1}^{n_4}[(s-jp_i)(s+jp_i)]} \tag{8-1}$$

本章中，n_1,n_2,n_3,n_4 与 n_5 分别表示积分环节、RHP 极点、左半平面(Left-Half Plane, LHP)极点、共轭纯虚极点以及 LHP 零点的阶次；另外，$a_i(i=1,2,\cdots,n_2)$，$b_i(i=1,2,\cdots,n_3)$，$p_i(i=1,2,\cdots,n_4)$ 与 $c_i(i=1,2,\cdots,n_5)$ 分别表示 RHP 极点、LHP 极点、共轭纯虚极点以及 LHP 零点。这些无自衡特性通常存在于汽包水位[4]、连续反应釜[5]、核反应堆[6]、柔性关节机器人[7]等实际系统中。

如 8.1 节所述，无自衡系统通常是危险的，并且难以控制。为此，伯德积分定律[8]能够给出如下解释：

$$\begin{cases}\int_0^\infty \ln|S(j_\omega)|\mathrm{d}\omega=0, & \text{自平衡系统}\\ \int_0^\infty \ln|S(j_\omega)|\mathrm{d}\omega=\pi\sum_{\rho\in P}\mathrm{Re}(\rho), & \text{无自衡系统}\end{cases} \tag{8-2}$$

式(8-2)中，ω 与 $S(j\omega)$ 分别表示频率与灵敏度函数的频率响应，ρ 表示不稳定极点，式(8-2)已由 Goodwin[9] 进行了详细证明，这里不再赘述。对于灵敏度函数，其表达式为

$$S(s)=\frac{1}{1+L(s)} \tag{8-3}$$

其中，$L(s)$ 表示系统开环传递函数。根据上式可知，$S<1$ 说明闭环系统具有良好性能，$S>1$ 说明闭环系统具有较差性能[10]。伯德积分定律可由图 8.1 进行直观说明。

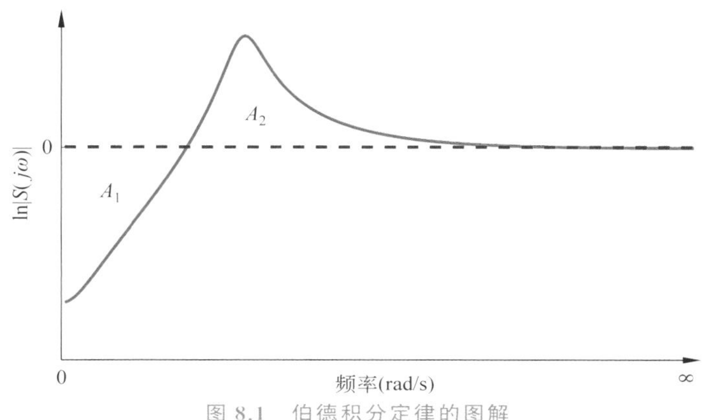

图 8.1　伯德积分定律的图解

当 $|S(j\omega)|>1$ 时，$\ln|S(j\omega)|>0$；当 $|S(j\omega)|<1$ 时，$\ln|S(j\omega)|<0$。因此，A_1 表示闭环系统性能良好的区域，A_2 表示闭环系统性能较差的区域。结合式(8-2)可知，对于自平衡系统而言，$A_1=A_2$；对于无自衡系统而言，$A_1<A_2$。由此可得出结论，相比于自平衡系统的控制，控制器在控制无自衡系统时需要承担更多的任务，因此难度更大。

另外，n_1，n_2 与 n_4 较大时，工控系统中常用的低阶控制器难以保证闭环系统的稳定性；一些先进控制策略虽然能够保证闭环稳定性，但是其算法复杂且需要被控过程的精确数学模型。综上所述，本章提出一种广义 DDE-PID(Generalized DDE-PID, GDDE-PID)控制方法，在结构简单、整定方法简便易懂的前提下，保证高阶无自衡系统的闭环稳定性，并且获得良好的控制品质。

8.3 广义预期动态 PID 控制设计

8.3.1 基本原理

式(1-7)所示的系统可当作如下式所示的广义 n 阶被控对象：

$$\begin{cases}\dot{x}_1=x_2\\ \dot{x}_2=x_3\\ \vdots\\ \dot{x}_{n-1}=x_n\\ \dot{x}_n=f+lu\\ y=x_1\end{cases} \tag{8-4}$$

相应地，闭环系统的预期特性方程应为如下的 n 阶形式：

$$y^{(n)}+h_{n-1}y^{(n-1)}+\cdots+h_2\ddot{y}+h_1\dot{y}+h_0y=h_0r \tag{8-5}$$

其中，$h_i(i=0,1,2,\cdots,n-1)$为预期动态方程的系数。为消除总扰动，控制律设计为

$$u=\frac{h_0(r-x_1)-h_1x_2-h_2x_3-\cdots h_{n-1}x_n-\hat{f}}{l} \tag{8-6}$$

式中 $\hat{f}$ 可由如下观测器算法进行实时估计：

$$\begin{cases}\dot{\xi}=-k\xi-k^2x_n-klu\\ \hat{f}=\xi+kx_n\end{cases} \tag{8-7}$$

结合式(8-7)，式(8-6)可改写为

$$u=-\frac{\xi+kx_n}{l}-\frac{h_0(x_1-r)+h_1x_2+\cdots+h_{n-1}x_n}{l} \tag{8-8}$$

根据式(8-7)与式(8-8)可得观测器中间变量的导数为

$$\dot{\xi}=k[h_0(x_1-r)+h_1x_2+\cdots+h_{n-1}x_n] \tag{8-9}$$

对等式两侧同时积分，可得

$$\xi=k\left[h_0\int(x_1-r)\mathrm{d}t+h_1x_1+\cdots+h_{n-1}x_{n-1}\right] \tag{8-10}$$

将式(8-10)代入式(8-8)可得

$$\begin{aligned}u&=\frac{h_0+kh_1}{l}e+\frac{kh_0}{l}\int e\mathrm{d}t+\frac{h_1+kh_2}{l}\dot{e}+\cdots+\frac{h_{n-2}+kh_{n-1}}{l}e^{(n-2)}+\frac{h_{n-1}+k}{l}e^{(n-1)}-\frac{kh_1}{l}r\\&=k_pe+k_i\int e\mathrm{d}t+k_{d(1)}\dot{e}+\cdots+k_{d(n-2)}e^{(n-2)}+k_{d(n-1)}e^{(n-1)}-br\end{aligned} \tag{8-11}$$

式(8-11)中，$k_{d(i)}(i=0,1,2,\cdots,n-1)$表示 i 阶微分系数，由此可得 GDDE-PID 的控制算法如式(8-11)所示。

符号说明：PID$^{(n-1)}$-b 表示控制器传递函数为 $k_p+k_i/s+k_{d(1)}s+\cdots+k_{d(n-1)}s^{(n-1)}$ 形式的 GDDE-PID 控制器。

由式(8-11)可知，PID$^{(n-1)}$-b 具有如图 1.2 所示的控制结构，区别在于其中的 PID 为 PID$^{(n-1)}$。而当 n 较大时，所需确定的预期动态方程系数繁多。为便于 PID$^{(n-1)}$-b 的整定，采用带宽法选取预期动态方程的系数如下：

$$\frac{Y(s)}{R(s)}=\frac{h_0}{s^n+h_{n-1}s^{n-1}+\cdots+h_1s+h_0}=\frac{\omega_d^n}{(s+\omega_d)^n} \tag{8-12}$$

其中，

$$h_i=\frac{n!}{i!\ (n-i)!}\omega_d^{n-i}\quad(i=0,1,\cdots,n-1) \tag{8-13}$$

因此，无论 PID$^{(n-1)}$-b 的 n 为多少，其可调参数只有三个，即 k、l 与 ω_d。实际系统中存在测量噪声，纯微分作用会放大噪声的干扰。另外，在仿真中，高阶纯微分会使得闭环系统立即发散。所以，本章在设计 PID$^{(n-1)}$-b 控制器时，采取如 8.3.2 节中所述的广义微分器，实现控制器内的高阶微分环节。

8.3.2 广义微分器的定义与性质

本节对广义微分器及其基本性质分别进行定义与分析，并通过数值仿真对其效果进行了说明。

首先对广义微分器的结构进行定义。

定义 8.1　定义广义微分器的结构如图 8.2 所示，图中ς表示输入广义微分器的模拟信号，ς_a 表示广义微分器的输出，ς_p 表示广义微分器的反馈信号，k_c 表示广义微分器的增益。

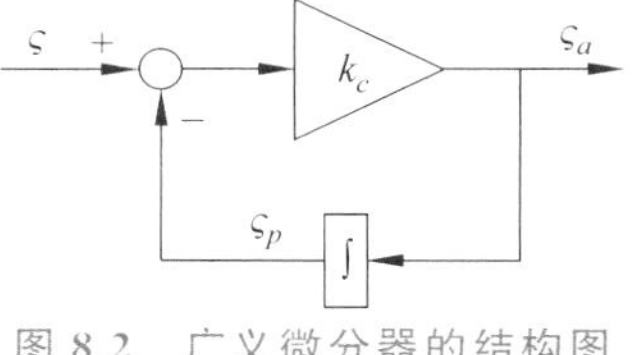

图 8.2　广义微分器的结构图

基于定义 8.1，可证明命题 8.1，进而说明广义微分器具有当 k_c 趋于无穷时，ς_a 逼近于ς关于 t 的广义导数的极限性质。

命题 8.1　当 $k_c\to\infty$时，ς_a 逼近ς关于 t 的广义导数。

证明　若 $k_c\to\infty$，则有：

$$\lim_{k_c\to\infty}\varsigma=\lim_{k_c\to\infty}\left(\varsigma_p+\frac{\varsigma_a}{k_c}\right)=\varsigma_p \tag{8-14}$$

即当 $k_c\to\infty$时，$\varsigma\to\varsigma_p$。因为ς_a 为ς_p 关于 t 的广义导数，所以当 $k_c\to\infty$时，ς_a 逼近ς关于 t 的广义导数，证毕。

根据命题 8.1，可得如下推论。

推论 8.1　随着 k_c 的增大，广义微分器的输出与输入信号广义导数之间的偏差逐渐减小。

推论 8.1 可通过数值仿真进行验证。首先，针对几个在时域上典型连续可导信号进行验证，如图 8.3 所示。仿真过程中，k_c 从 1 开始逐渐增大至 100。

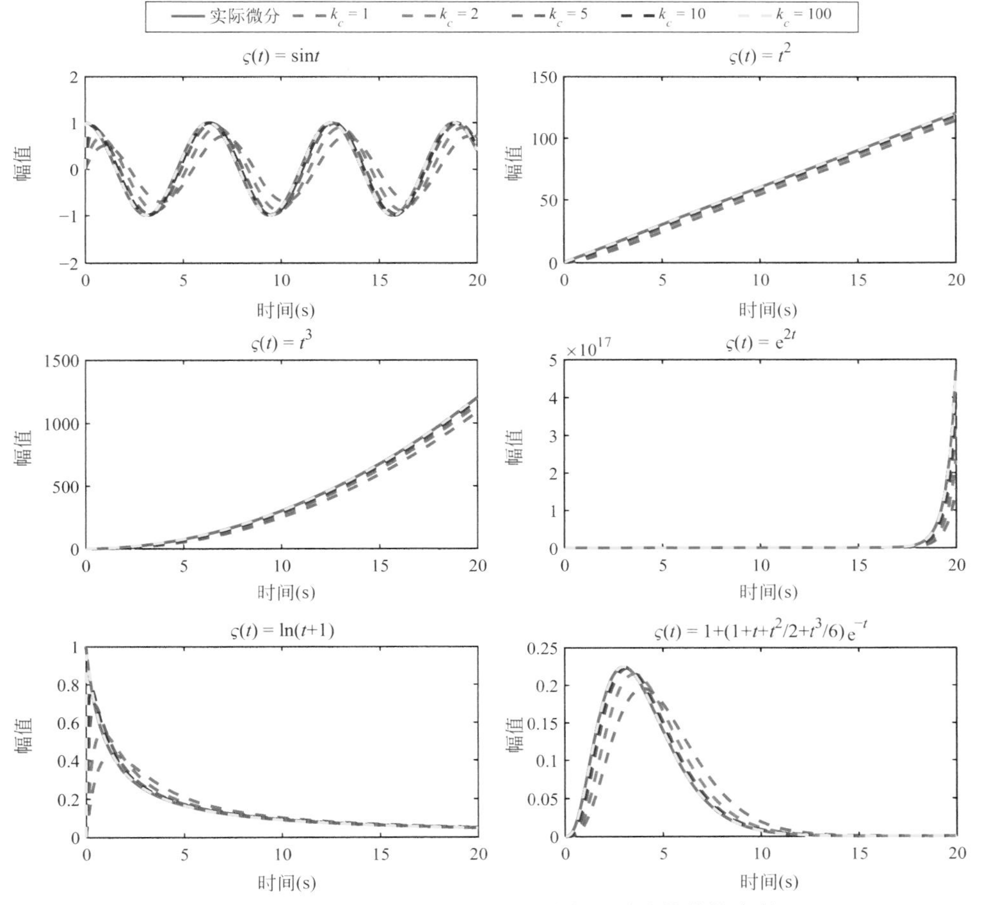

图 8.3　典型连续可导信号不同 k_c 时广义微分器的仿真效果

由图 8.3 可知，对于连续可导信号而言，当 k_c 逐渐增大时，广义微分器的输出与输入信号广义导数之间的偏差逐渐减小。

其次，针对几个在工业中常见的且时域上连续并不连续可导信号进行了仿真验证，如图 8.4～图 8.6 所示。较为典型的在时域上连续且不连续可导的信号如单位阶跃信号、锯齿波信号、三角波信号等，它们在不可导时刻的导数信号为冲激信号。其中，单位阶跃信号与锯齿波信号在不可导时刻处冲激信号的幅值为无穷。

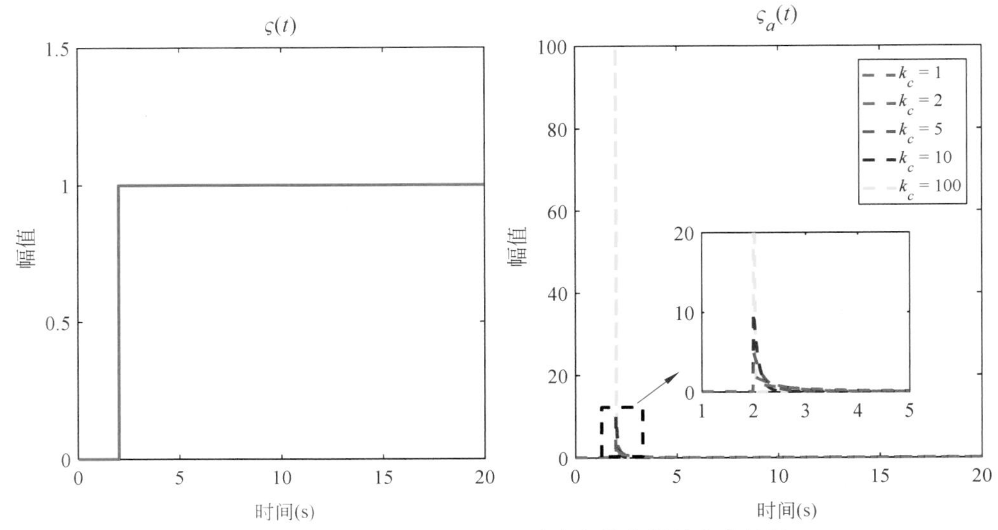

图 8.4　单位阶跃信号不同 k_c 时广义微分器的仿真效果

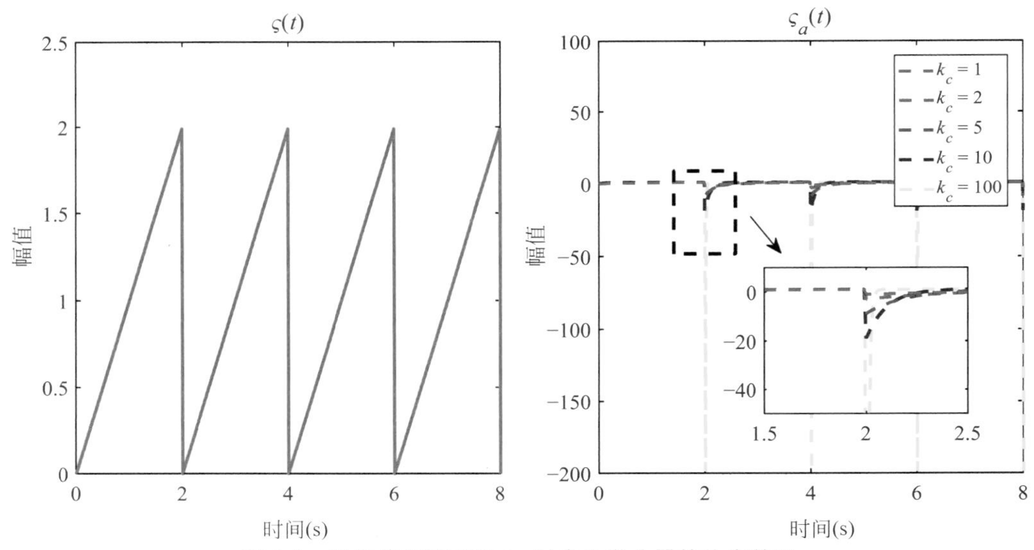

图 8.5　锯齿波信号不同 k_c 时广义微分器的仿真效果

由图 8.4～图 8.6 可知，对于单位阶跃信号、锯齿波信号以及三角波信号这三种时域上连续且不连续可导的信号，当 k_c 逐渐增大时，广义微分器的输出与输入信号广义导数之间的偏差逐渐减小。

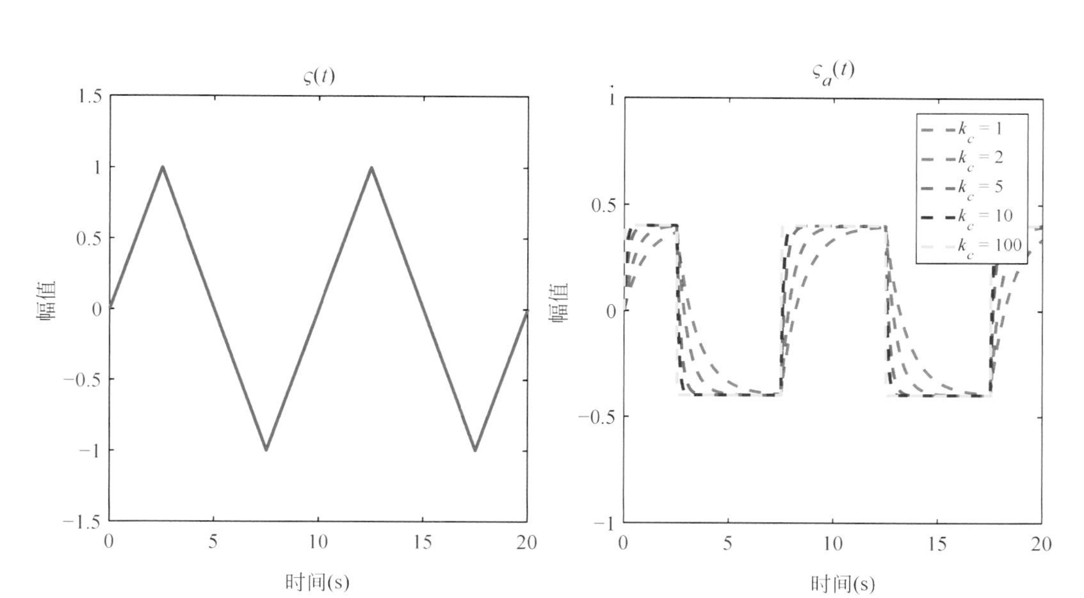

图 8.6　三角波信号不同 k_c 时广义微分器的仿真效果

综上所述，对于广义微分器而言，当 k_c 趋于无穷时，其输出逼近于输入信号的广义导数。结合图 8.3～图 8.6，可知通过广义微分器能够求解出模拟信号的广义导数，前提是广义微分器的增益 k_c 应当足够大。本章针对高阶无自衡系统设计的 $\text{PID}^{(n-1)}$-b 控制器，其内部的高阶微分是通过广义微分器实现的。为保证微分的精度，选取 $k_c=100$。

8.4 参数稳定域分析

对于高阶无自衡系统而言，控制器的首要任务是保证系统的闭环稳定性[11]。因此，分析 GDDE-PID 的参数稳定域是十分必要的。本节利用第 2 章介绍的 OLDP 法[12,13]，对 GDDE-PID 的参数稳定域进行计算与分析。

GDDE-PID 的参数稳定域边界可由下式描述：

$$\begin{cases}\partial D_0: L(j0)=0\\ \partial D_\infty: L(\pm j\infty)=0\\ \partial D_\omega: L(\pm j\omega)=0\\ \partial D_s: \partial D_\omega \text{无解}\end{cases} \tag{8-15}$$

式(8-15)中，$L(j_\omega)$表示闭环特征方程频域响应。式(1-6)所示的广义传递函数可改写为

$$G_p(s)=\frac{\eta_{m-n}s^{m-n}+\eta_{m-n-1}s^{m-n-1}+\cdots+\eta_1 s+\eta_0}{\delta_m s^m+\delta_{m-1}s^{m-1}+\cdots+\delta_1 s+\delta_0}\mathrm{e}^{-\tau s} \tag{8-16}$$

其中，$\eta_i(i=0,1,\cdots,m-n)$与 $\delta_j(j=0,1,\cdots,m)$分别表示广义传递函数分子分母的各项系数。式(8-16)的频域响应特性可简化为

$$G_p(j\omega)=a(\omega)+jb(\omega) \tag{8-17}$$

其中，$a(\omega)$与 $b(\omega)$分别表示被控对象频域响应的实部与虚部。$\text{PID}^{(n-1)}$控制器的频域响应

特性为

$$
\begin{aligned}
G_c(j\omega) &= k_p + \frac{k_i}{j\omega} + k_{d(1)} j\omega + k_{d(2)}(j\omega)^2 + \cdots + k_{d(n-1)}(j\omega)^{n-1} \\
&= \frac{h_0 + kh_1}{l} + \frac{kh_0}{ls} + \frac{h_1 + kh_2}{l}s + \cdots + \frac{h_{n-2} + kh_{n-1}}{l}s^{n-2} + \frac{h_{n-1} + k}{l}s^{n-1} \\
&= \frac{\omega_d^n + kn\omega_d^{n-1}}{l} + \frac{k\omega_d^n}{j\omega l} + \frac{n\omega_d^{n-1} + k(n^2 - n)\omega_d^{n-2}/2}{l} j\omega + \cdots \\
&\quad + \frac{(n^2 - n)\omega_d{}^2/2 + kn\omega_d}{l}(j\omega)^{n-2} + \frac{n\omega_d + k}{l}(j\omega)^{n-1}
\end{aligned} \tag{8-18}
$$

由于 n 的奇偶性需要根据被控对象的形式才能确定，因此将式(8-18)简化为

$$
G_c(j\omega) = c(\omega) + jd(\omega) \tag{8-19}
$$

式(8-19)中，$c(\omega)$与 $d(\omega)$分别表示 $\mathrm{PID}^{(n-1)}$ 控制器频域响应的实部与虚部。因此，闭环特征方程的频域响应为

$$
\begin{aligned}
L(j\omega) &= 1 + G_c(j\omega)G_p(j\omega) \\
&= 1 + [c(\omega) + jd(\omega)][a(\omega) + jb(\omega)] \\
&= [1 + a(\omega)c(\omega) - b(\omega)d(\omega)] + j[a(\omega)d(\omega) + b(\omega)c(\omega)]
\end{aligned} \tag{8-20}
$$

结合式(8－17)可得 GDDE-PID 的参数稳定域边界为

$$
\begin{cases}
\omega_d = 0 \\
\partial D_0: \dfrac{k\omega_d^n \eta_0}{l} = 0 \\
\partial D_\infty: \delta_j = 0 \quad (j = 0, 1, \cdots, m) \\
\partial D_\omega: \begin{cases} 1 + a(\omega)c(\omega) - b(\omega)d(\omega) = 0 \\ a(\omega)d(\omega) + b(\omega)c(\omega) = 0 \end{cases}
\end{cases} \tag{8-21}
$$

由式(8-21)可知，∂D_∞ 与控制器参数无关。由于 $\omega_d > 0$ 且 $\eta_0 \neq 0$，式(8-21)可改写为

$$
\begin{cases}
\partial D_0: k = 0 \\
\partial D_\omega: \begin{cases} 1 + a(\omega)c(\omega) - b(\omega)d(\omega) = 0 \\ a(\omega)d(\omega) + b(\omega)c(\omega) = 0 \end{cases} \\
\omega_d = 0
\end{cases} \tag{8-22}
$$

基于式(8-22)可求得 GDDE-PID 的 k-ω_d-l 参数稳定域边界，边界所围成的趋于即为参数稳定域。下面通过两个算例计算参数稳定域，考虑高阶无自衡系统分别为 $1/[s^3(s+1)]$ 与 $1/[(s-1)^2(s+1)]$。相应地，由劳斯判据，应设计 $\mathrm{PID}^{(n-1)}$-b($n>2$)以保证闭环系统稳定性。为避免更高阶次的控制器设计，选取 $n=3$。图 8.7 与图 8.8 分别给出了两个被控对象的 k-ω_d-l 参数稳定域，需要说明的是，l 在 1～2 之间逐渐增大。

由图 8.7 与图 8.8 可知，随着 l 的增大，PID^2-b 的参数稳定域逐渐变宽，说明在整定时为避免闭环系统立即发散，应选取较大的 l。

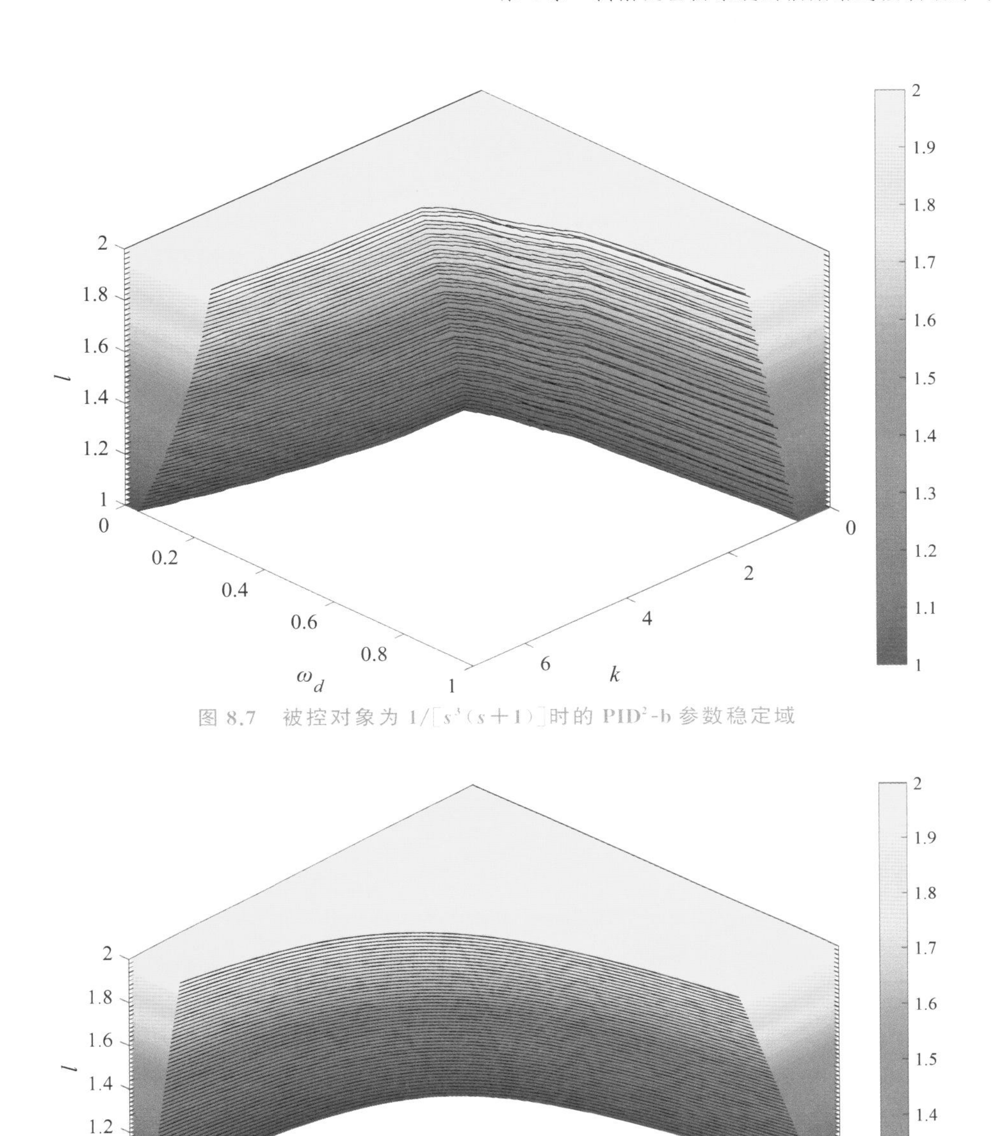

图 8.7　被控对象为 $1/[s^3(s+1)]$ 时的 PID²-b 参数稳定域

图 8.8　被控对象为 $1/[(s-1)^2(s+1)]$ 时的 PID²-b 参数稳定域

8.5　参数整定

由于 GDDE-PID 与 DDE-PID 的基本原理相同，不同之处在于广义被控对象的阶次不同，因此定理 5.1、定理 5.2 与推论 5.1 对于 GDDE-PID 同样适用，这里不再赘述。

因为高阶无自衡系统飞升速度一般较快且难以镇定，所以若根据飞升时间选取初始的 ω_d 会使得控制器作用过强，进而导致闭环系统立即不收敛。因此，本章在整定 GDDE-PID 时，首先选取一较小的 ω_d，例如 $\omega_d=0.001$。另外，对于观测器的极点 k，本章中仍设置其与 ω_d 之间存在倍数关系，即 $k=10\omega_d$。

类似 DDE-PID，l 与系统的临界增益 $\tilde{l}$ 相关，临界增益 $\tilde{l}=y^{(n)}/u$。因此，l 的初值 l_0 设置为 $10\tilde{l}$。GDDE-PID 的整定步骤总结如下。

(1) 选取一较小的 ω_d。

(2) 令 $k=10\omega_d$ 且 $l=l_0$。

(3) 判断是否精确跟踪预期动态响应。若是，则至下一步；否则，减小 l。

(4) 判断是否满足控制性能要求。若是，则结束整定；否则，增大 ω_d 并返回至步骤(2)。

以上步骤可总结为如图 8.9 所示的流程图。

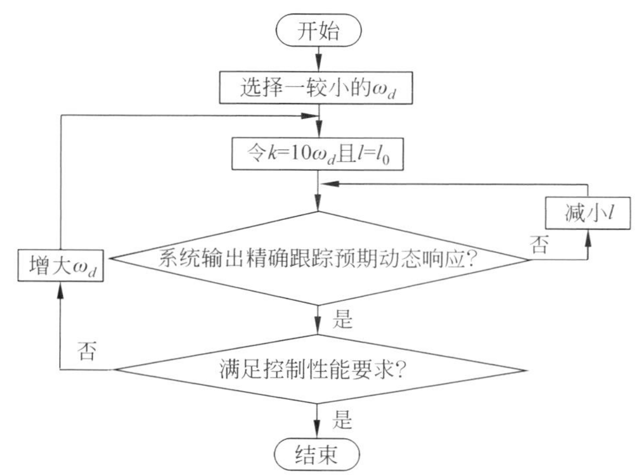

图 8.9 GDDE-PID 控制器的整定流程图

需要说明的是，对于 GDDE-PID 而言，其预期动态的选择也同样存在极限，当所设计的预期动态响应快于极限时，系统输出无法精确跟踪预期动态响应。若求其 ω_d 的极限，可根据第 2 章中所提出的方法进行求解，本章不再赘述。

8.6 仿真研究

本节基于典型的高阶无自衡系统开展仿真研究，包括高阶纯积分系统、高阶 RHP 极点系统以及四质量-弹簧动力系统，它们分别包含具有无自衡特性的积分环节、RHP 极点以及共轭纯虚极点。

8.6.1 高阶纯积分系统

考虑一类高阶纯积分系统的传递函数表达式为

$$G_p(s)=\frac{1}{s^i}\quad(i\geqslant 3,i\in \mathrm{Z})\tag{8-23}$$

由式(8-23)可知，当式(8-1)中 n_2、n_3、n_4 与 n_5 等于 0 时，被控对象为高阶纯积分系统。由劳斯判据可知，当 PID$^{(n-1)}$-b 中 $n\geqslant 3$ 时才能保证闭环系统的稳定性。因此，需要针对高阶纯积分系统设计 GDDE-PID。

令 i 分别等于 3,5,7,10，相应地，为避免更高阶控制器设计，应分别设计 PID^2-b、PID^4-b、PID^6-b 与 PID^9-b 控制器，表 8.1 给出了 PID$^{(n-1)}$-b 的控制器参数。

表 8.1　被控对象为高阶纯积分系统时 PID$^{(n-1)}$-b 的控制器参数

被控对象	控制器	预期动态	ω_d	l	k
$\frac{1}{s^3}$	PID^2-b	$\frac{\omega_d^3}{(s+\omega_d)^3}$	4.6	4.0	46
			9.2	4.5	92
			13.9	5.1	139
$\frac{1}{s^5}$	PID^4-b	$\frac{\omega_d^5}{(s+\omega_d)^5}$	2.7	2.9	27
			3.1	3.0	31
			3.6	3.1	36
$\frac{1}{s^7}$	PID^6-b	$\frac{\omega_d^7}{(s+\omega_d)^7}$	0.9	2.6	9
			1.3	2.6	13
			1.7	2.6	17
$\frac{1}{s^{10}}$	PID^9-b	$\frac{\omega_d^{10}}{(s+\omega_d)^{10}}$	0.2	2.1	2
			0.4	2.2	4
			0.9	2.2	9

基于表 8.1 中的控制器参数，图 8.10 和图 8.11 展示了 PID$^{(n-1)}$-b 控制器的高阶纯积分系统控制效果。仿真过程中，设定值由 0 阶跃至 1，待输出跟踪上设定值后添加一阶跃扰动信号。

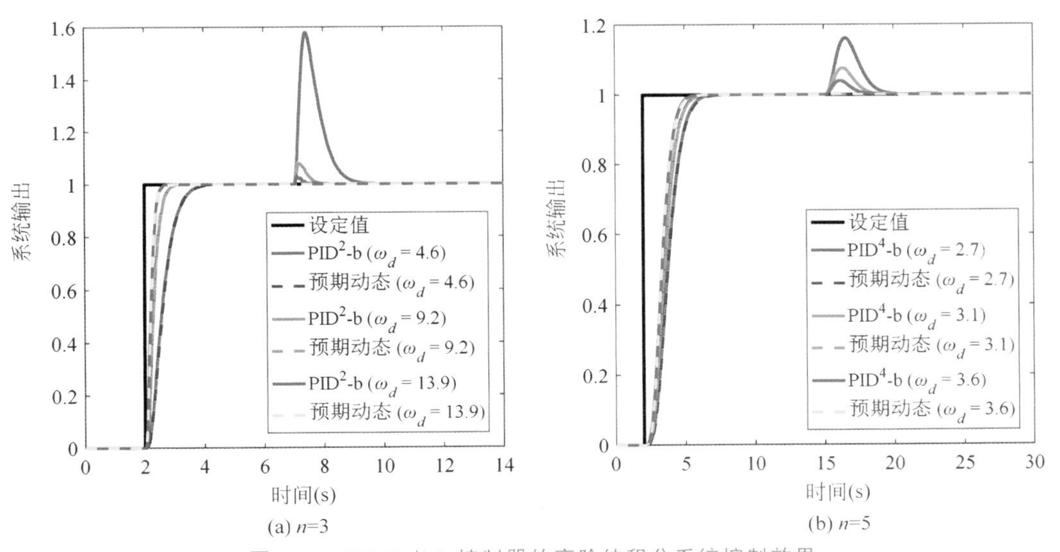

图 8.10　PID$^{(n-1)}$-b 控制器的高阶纯积分系统控制效果

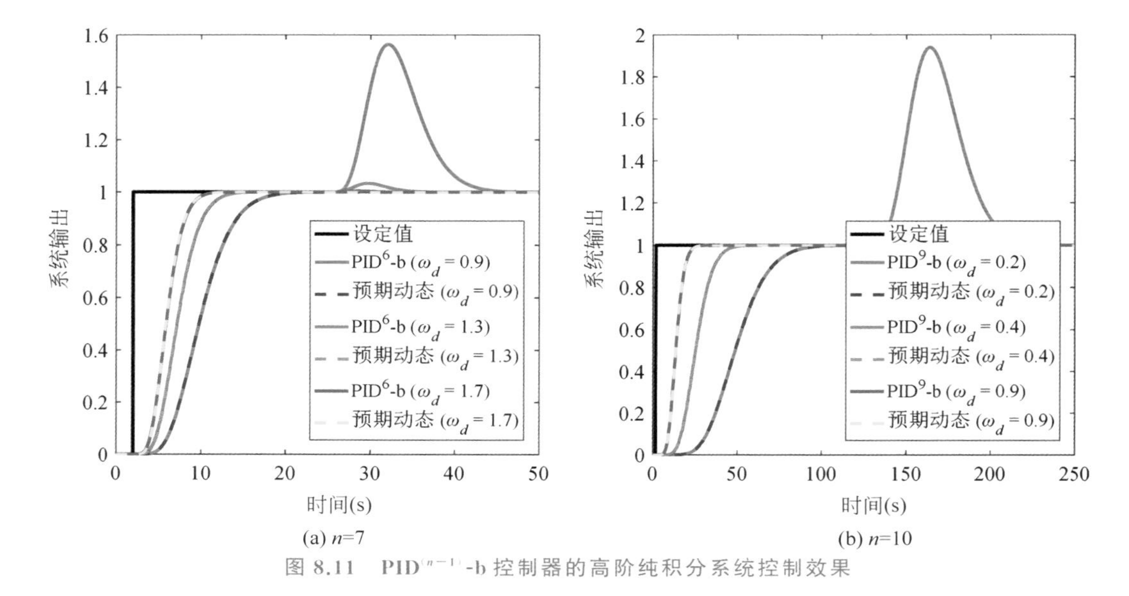

图 8.11 $\mathrm{PID}^{(n-1)}$-b 控制器的高阶纯积分系统控制效果

由图 8.10 和图 8.11 可知，当 $\mathrm{PID}^{(n-1)}$-b 控制器的参数调整合适时，系统输出能够精确跟踪预期动态响应。此外，随着 ω_d 的增大，控制器具有更快的跟踪响应以及更强的抗扰能力。

为定量评价 $\mathrm{PID}^{(n-1)}$-b 控制器的高阶纯积分系统控制效果，表 8.2 中计算了超调量、调节时间、跟踪 IAE 与抗扰 IAE 等动态性能指标。此外，为衡量 $\mathrm{PID}^{(n-1)}$-b 控制器闭环系统输出与预期动态响应之间的偏差，计算了各 $\mathrm{PID}^{(n-1)}$-b 控制器的 Δ_{IAE}。

表 8.2 $\mathrm{PID}^{(n-1)}$-b 控制器的高阶纯积分系统控制动态性能指标

被控对象	控制器	ω_d	σ(%)	T_s(s)	$\mathrm{IAE}_{\mathrm{sp}}$	$\mathrm{IAE}_{\mathrm{ud}}$	Δ_{IAE}(%)
$\frac{1}{s^3}$	PID^2-b	4.6	0.043	1.65	0.65	0.45	0.10
		9.2	0.096	0.83	0.33	0.03	0.25
		13.9	0.13	0.55	0.22	0.01	0.33
$\frac{1}{s^5}$	PID^4-b	2.7	0.013	3.90	1.85	0.35	0.02
		3.1	0.019	3.39	1.61	0.14	0.03
		3.6	0.026	2.92	1.39	0.06	0.05
$\frac{1}{s^7}$	PID^6-b	0.9	0.003	14.93	7.78	3.02	0.01
		1.3	0.012	10.33	5.39	0.16	0.02
		1.7	0.020	7.90	4.12	0.02	0.03
$\frac{1}{s^{10}}$	PID^9-b	0.2	0	87.44	49.99	35.88	0
		0.4	0	43.67	25.00	0.02	0
		0.9	0	19.36	11.11	0.01	0

由表 8.2 可知，当被控对象为高阶纯积分系统时，$\mathrm{PID}^{(n-1)}$-b 控制器具有较小的超调量，较快的调节时间以及较小的 IAE 指标。另外，随着 ω_d 的增大，除超调量、Δ_{IAE}指标以外的动

态性能指标均减小，说明增大 ω_d 会提升系统的响应速度与抗扰能力，但是同时会使得系统往不稳定的方向发展。

为测试 PID$^{(n-1)}$-b 控制器的鲁棒性，进行了 1000 次蒙特卡洛随机实验，实验过程中式(8-23)的系数在标称值的 80%～120%内摄动，结果如图 8.12 所示。

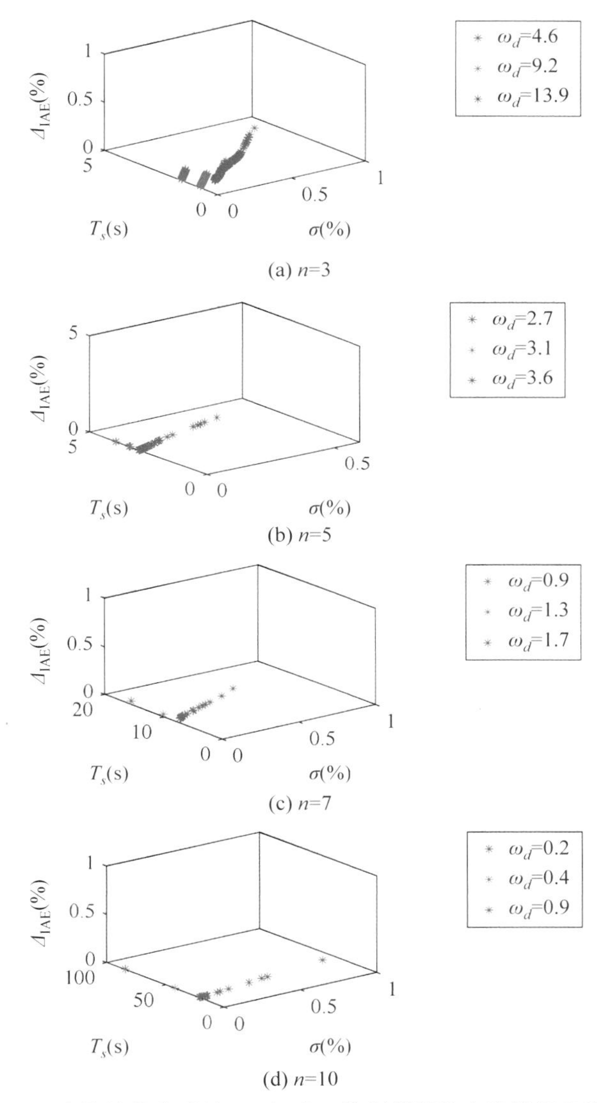

图 8.12　高阶纯积分系统 PID$^{(n-1)}$-b 控制器蒙特卡洛随机实验结果

在每次随机实验的过程中，计算了系统的超调量、调节时间与 Δ_{IAE} 指标。由图 8.12 可知，随着 ω_d 的增大，PID$^{(n-1)}$-b 控制器的点集越靠近原点且越发散，说明系统在获得良好动态性能的同时会牺牲控制器的鲁棒性。因此，在实际系统中设计 PID$^{(n-1)}$-b 控制器时，应根据设计要求综合考虑系统的动态性能与鲁棒性。

8.6.2　高阶 RHP 极点系统

考虑一类高阶 RHP 极点系统的传递函数表达式为

$$G_p(s)=\frac{1}{(s+0.6)(s-0.3)^i}\quad (i\geqslant 2, i\in \mathbf{Z}) \tag{8-24}$$

由式(8-24)可知,当式(8-1)中 n_1,n_4 与 n_5 等于 0 时,被控对象为高阶 RHP 极点系统。由劳斯判据可知,当 $\mathrm{PID}^{(n-1)}$-b 中 $n\geqslant 3$ 时才能保证闭环系统的稳定性。因此,需要针对高阶 RHP 极点系统设计 GDDE-PID。

令 i 分别等于 2,4,6,9,相应地,为避免更高阶控制器设计,应分别设计 PID^2-b、PID^4-b、PID^6-b 与 PID^9-b 控制器。表 8.3 给出了 $\mathrm{PID}^{(n-1)}$-b 的控制器参数。

表 8.3 被控对象为高阶 RHP 极点系统时 $\mathrm{PID}^{(n-1)}$-b 控制器参数

被控对象	控制器	预期动态	ω_d	l	k
$\frac{1}{(s+0.6)(s-0.3)^2}$	PID^2-b	$\frac{\omega_d^3}{(s+\omega_d)^3}$	4.7	3.8	47
			9.4	4.9	94
			14.1	5.9	141
$\frac{1}{(s+0.6)(s-0.3)^4}$	PID^4-b	$\frac{\omega_d^5}{(s+\omega_d)^5}$	2.8	2.9	28
			3.3	3.0	33
			3.8	3.0	38
$\frac{1}{(s+0.6)(s-0.3)^6}$	PID^6-b	$\frac{\omega_d^7}{(s+\omega_d)^7}$	0.5	2.5	5
			0.9	2.6	9
			1.4	2.7	14
$\frac{1}{(s+0.6)(s-0.3)^9}$	PID^9-b	$\frac{\omega_d^{10}}{(s+\omega_d)^{10}}$	0.33	0.6	3.3
			0.38	0.9	3.8
			0.42	1.4	4.2

基于表 8.3 中的控制器参数,图 8.13 和图 8.14 展示了 $\mathrm{PID}^{(n-1)}$-b 控制器的高阶 RHP 极点系统控制效果。仿真过程中,设定值由 0 阶跃至 1,待输出跟踪上设定值后添加一阶跃扰动信号。

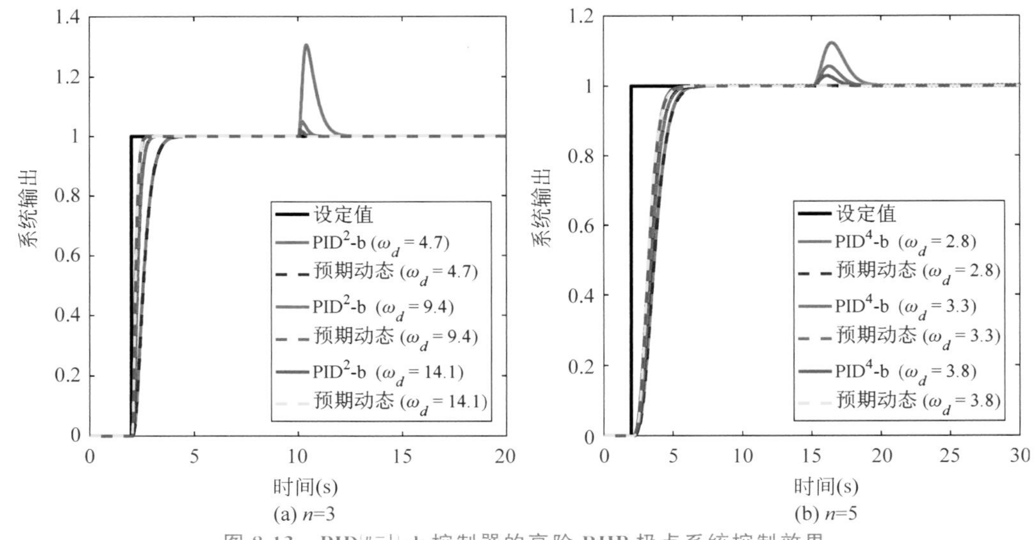

图 8.13 $\mathrm{PID}^{(n-1)}$-b 控制器的高阶 RHP 极点系统控制效果

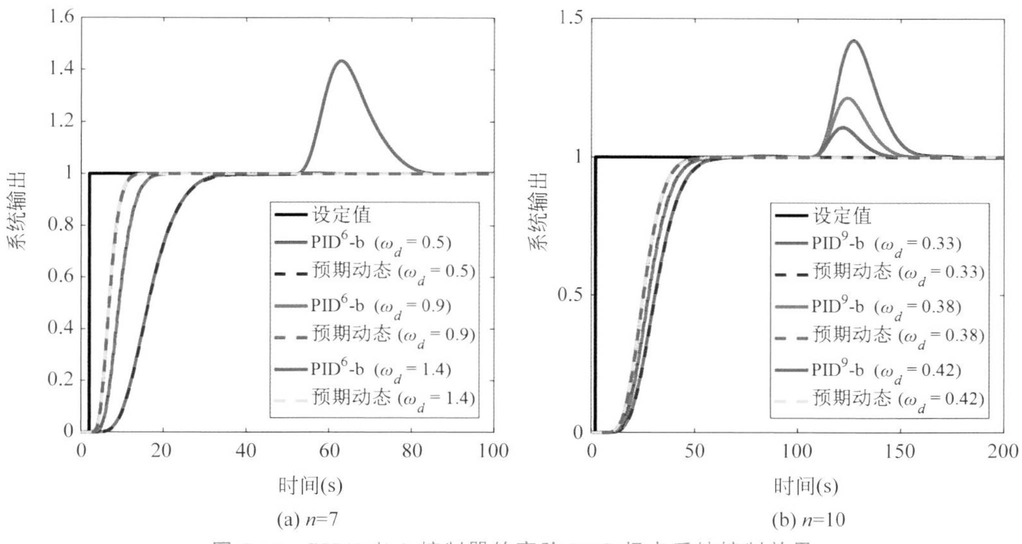

图 8.14　PID$^{(n-1)}$-b 控制器的高阶 RHP 极点系统控制效果

与 8.6.1 节中的结论相同，当 PID$^{(n-1)}$-b 控制器的参数调整合适时，系统输出能够精确跟踪预期动态响应。此外，随着 ω_d 增大，控制器具有更快的跟踪响应以及更强的抗扰能力。

为定量评价 PID$^{(n-1)}$-b 控制器的高阶 RHP 极点系统控制效果，表 8.4 中计算了超调量、调节时间、跟踪 IAE 与抗扰 IAE 等动态性能指标。为衡量 PID$^{(n-1)}$-b 控制器闭环系统输出与预期动态响应之间的偏差，表 8.4 中计算了各 PID$^{(n-1)}$-b 控制器的 Δ_{IAE}。

由表 8.4 可知，当被控对象为高阶 RHP 极点系统时，PID$^{(n-1)}$-b 控制器具有较小的超调量，较快的调节时间以及较小的 IAE 指标。另外，当 $i=2$ 与 $i=4$ 时，随着 ω_d 的增大，除超调量、Δ_{IAE} 指标以外的动态性能指标均减小；当 $i=6$ 与 $i=9$ 时，随着 ω_d 增大，所有动态性能指标均减小，说明 RHP 极点阶次对控制效果存在影响。

表 8.4　PID$^{(n-1)}$-b 控制器的高阶 RHP 极点系统控制动态性能指标

被控对象	控制器	ω_d	σ(%)	T_s(s)	IAE$_{\mathrm{sp}}$	IAE$_{\mathrm{ud}}$	Δ_{IAE}(%)
$\frac{1}{(s+0.6)(s-0.3)^2}$	PID²-b	4.7	0.012	1.62	0.64	0.23	0.04
		9.4	0.026	0.81	0.32	0.02	0.06
		14.1	0.114	0.54	0.21	0.01	0.14
$\frac{1}{(s+0.6)(s-0.3)^4}$	PID⁴-b	2.8	0	3.71	1.79	0.24	0.01
		3.3	0	3.14	1.52	0.09	0.02
		3.8	0.068	2.74	1.33	0.05	0.09
$\frac{1}{(s+0.6)(s-0.3)^6}$	PID⁶-b	0.5	0	26.44	14.02	3.19	0.20
		0.9	0	14.91	7.78	0.03	0.01
		1.4	0.012	9.59	5.00	0.01	0.01

续表

被控对象	控制器	ω_d	σ(%)	T_s(s)	IAE_{sp}	IAE_{ud}	Δ_{IAE}(%)
$\frac{1}{(s+0.6)(s-0.3)^9}$	PID^9-b	0.33	0.553	53.04	30.43	11.99	0.50
		0.38	0.216	45.90	26.36	3.79	0.19
		0.42	0.130	41.48	23.84	1.96	0.12

为测试 $PID^{(n-1)}$-b 控制器的鲁棒性，进行了 1000 次蒙特卡洛随机实验，实验过程中，式(8-24)的增益与极点在标称值的 80%～120%内摄动，结果如图 8.15 所示。

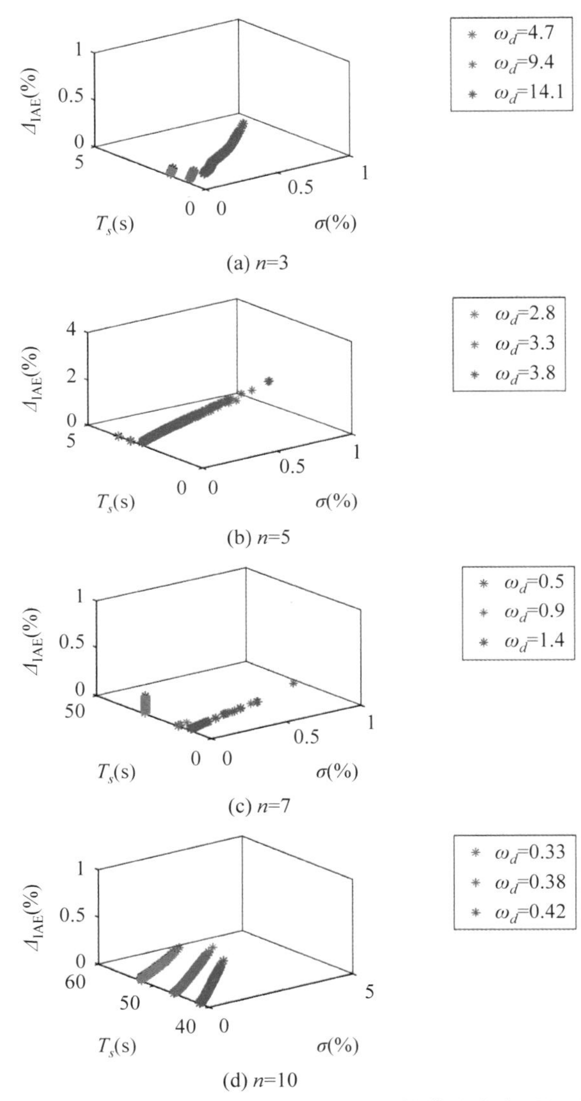

图 8.15 高阶 RHP 极点系统 $PID^{(n-1)}$-b 控制器蒙特卡洛随机实验结果

每次随机实验的过程中都计算了系统的超调量、调节时间与 Δ_{IAE} 指标。由图 8.15 可知，当 $i=2$ 与 $i=4$ 时，随着 ω_d 的增大，$PID^{(n-1)}$-b 控制器的点集越靠近原点且越发散；而当

$i=7$ 与 $i=10$ 时,这种单调的效果不再出现,说明 RHP 极点阶次对于控制器的鲁棒性同样存在影响。

8.6.3　四质量-弹簧动力系统

质量-弹簧(Mass-spring, MS)基准问题提出于 1992 年,是控制领域的经典问题之一[14],国内外的学者已利用先进控制方法开展大量的相关研究[15-19]。双质量-弹簧(Two MS, TMS)系统是典型的具有共轭纯虚极点的高阶无自衡系统,传统的低阶控制器难以保证闭环系统的稳定性。为进一步研究 MS 基准问题,本节将 GDDE-PID 应用于四质量-弹簧(Four MS, FMS)系统的控制中。

FMS 系统的结构概略图如图 8.16 所示。图 8.16 中,k_x,c,u,m_i($i=1,2,3,4$)与 x_i($i=1,2,3,4$)分别表示弹簧弹性系数、阻尼系数、控制力、质量块质量与质量块位移。

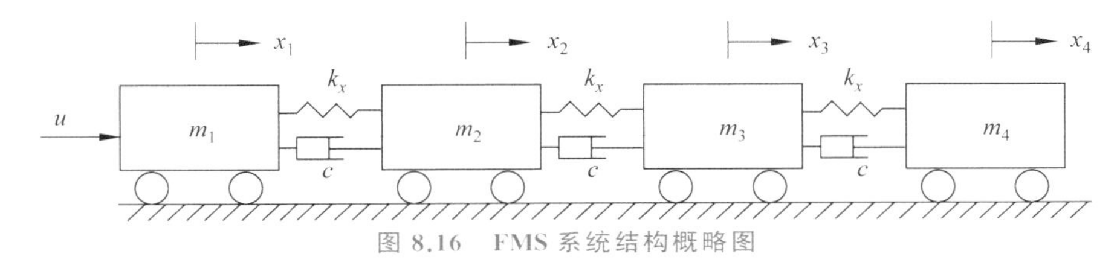

图 8.16　FMS 系统结构概略图

基于胡克定律与牛顿第二定律,可求得 FMS 系统的状态空间表达式为

$$\begin{cases}\dot{\boldsymbol{x}}=\begin{bmatrix}\boldsymbol{0} & \boldsymbol{I}\\ \boldsymbol{M} & \boldsymbol{N}\end{bmatrix}_{8\times 8}\boldsymbol{x}+\boldsymbol{B}u\\ y=\boldsymbol{C}\boldsymbol{x}\end{cases}\tag{8-25}$$

其中,状态向量 $\boldsymbol{x}=[x_1,x_2,\cdots,x_8]^{\mathrm{T}}$,并且 x_{4+i}($i=1,2,3,4$)为第 i 个质量块的速度。矩阵 $\boldsymbol{I}$ 为 4×4 单位矩阵,矩阵 $\boldsymbol{M}$、$\boldsymbol{N}$、$\boldsymbol{B}$、$\boldsymbol{C}$ 的表达式分别如式(8-26)~式(8-29)所示。

$$\boldsymbol{M}=\begin{bmatrix}\dfrac{-k_x}{m_1} & \dfrac{k_x}{m_1} & 0 & 0\\ \dfrac{k_x}{m_2} & \dfrac{-2k_x}{m_2} & \dfrac{k_x}{m_2} & 0\\ 0 & \dfrac{k_x}{m_3} & \dfrac{-2k_x}{m_3} & \dfrac{k_x}{m_3}\\ 0 & 0 & \dfrac{k_x}{m_4} & \dfrac{-k_x}{m_4}\end{bmatrix}\tag{8-26}$$

$$\boldsymbol{N}=\begin{bmatrix}\dfrac{-c}{m_1} & \dfrac{c}{m_1} & 0 & 0\\ \dfrac{c}{m_2} & \dfrac{-2c}{m_2} & \dfrac{c}{m_2} & 0\\ 0 & \dfrac{c}{m_3} & \dfrac{-2c}{m_3} & \dfrac{c}{m_3}\\ 0 & 0 & \dfrac{c}{m_4} & \dfrac{-c}{m_4}\end{bmatrix}\tag{8-27}$$

$$\boldsymbol{B}=\begin{bmatrix}0 & 0 & 0 & 0 & \dfrac{1}{m_1} & 0 & 0 & 0\end{bmatrix}^{\mathrm{T}} \tag{8-28}$$

$$\boldsymbol{C}=[\gamma_1 \quad \gamma_2 \quad \gamma_3 \quad \gamma_4 \quad \gamma_5 \quad \gamma_6 \quad \gamma_7 \quad \gamma_8] \tag{8-29}$$

式(8-29)中，$\gamma_i(i=1,2,\cdots,8)$表示状态变量与系统输出之间的权重关系，这与被控量的特性相关。

注：当 $c=0$ 且 $y=x_4$ 时，FMS 系统的控制问题最具有挑战，因为被控对象无法近似为更低阶的对象[20]。

由上文可知，若选取最右侧质量块的位移作为被控量且无阻尼，FMS 系统的动态性能将完全由控制器决定。因此，本节中令 $\boldsymbol{C}=[0\ 0\ 0\ 1\ 0\ 0\ 0\ 0]$且 $c=0$，为降低计算的复杂度，假设 $k_x=1\text{N/m}$ 且 $m_i(i=1,2,3,4)=1(\text{kg})$。

根据 FMS 系统的状态空间表达式，可得被控对象的传递函数模型为

$$\frac{Y(s)}{U(s)}=\frac{1}{s^8+6s^6+10s^4+4s^2} \tag{8-30}$$

由式(8-30)可知，当式(8-1)中 n_2、n_3 与 n_5 等于 0 时，$G_p(s)$具有如上形式。由劳斯判据可知，为保证闭环系统稳定性，应设计 $\text{PID}^{(n-1)}$-b$(n\geqslant 8)$控制器。为避免更高阶控制器设计，本节利用 PID^7-b 控制器控制 FMS 系统中最右侧质量块的位移。表 8.5 给出了 PID^7-b 的控制器参数。

表 8.5　被控对象为 FMS 系统时 PID^7-b 的控制器参数

控制器	预期动态	ω_d	l	k
PID^7-b	$\dfrac{\omega_d^8}{(s+\omega_d)^8}$	5	2.3	50
		7	2.6	70
		10	2.9	100

基于表 8.5 中的控制器参数，图 8.17 展示了 PID^7-b 的 FMS 系统控制效果。仿真过程中，为验证控制器的跟踪性能，设定值以± 0.1m/s 限速，在 2s 时向上变化，在 20s 时向下变化。为验证控制器的抗扰性能，设定值恒为 0m，分别在 10s 与 25s 时添加幅值很大的控制力阶跃扰动，以测试 FMS 系统在干扰存在时的稳定性。

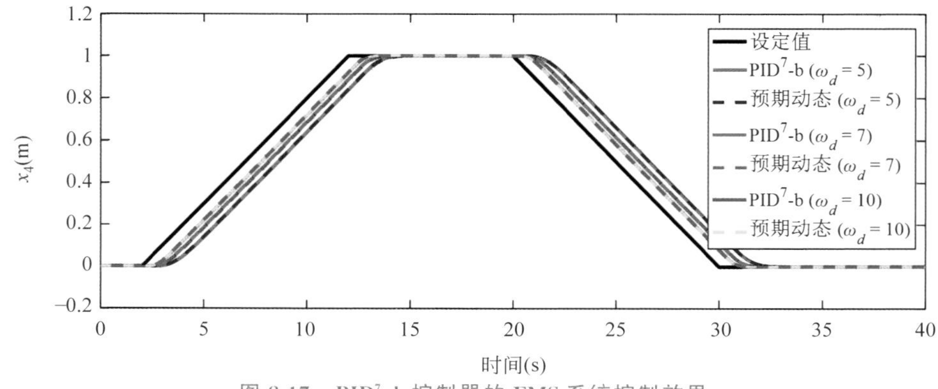

图 8.17　PID^7-b 控制器的 FMS 系统控制效果

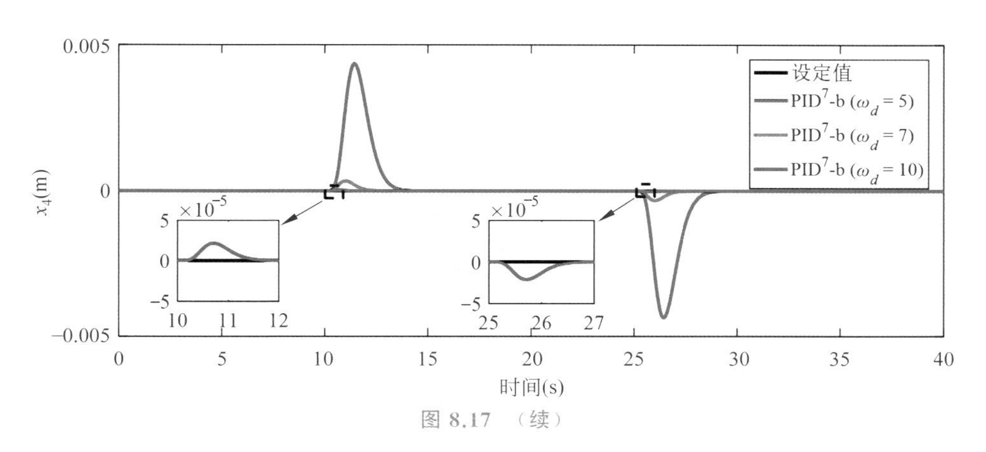

图 8.17　(续)

由图 8.17 可知，系统输出能够精确跟踪预期动态响应，且在大幅度外力扰动的作用下产生的位移偏差较小。此外，随着 ω_d 增大，PID^7-b 控制器具有更快的跟踪响应速度以及更强的抗扰能力。为定量评价 PID^7-b 控制器的效果，表 8.6 计算了动态性能指标。

表 8.6　PID^7-b 控制器的 FMS 系统控制动态性能指标

控制器	ω_d	σ(%)	T_s(s)	IAE_{sp}	IAE_{ud}	Δ_{IAE}(%)
PID^7-b	5	0.002	11.66	3.20	0.0120	0.002
	7	0.001	11.06	2.29	0.0060	0.001
	10	0.001	10.65	1.60	0.0002	0.001

由表 8.6 可知，PID^7-b 控制器在控制 FMS 系统时具有较小的超调量、较短的调节时间以及较小的 IAE 指标，体现了其在跟踪与抗扰方面的优势。另外，随着 ω_d 增大，PID^7-b 的控制性能越来越好。

为测试 PID^7-b 控制器的鲁棒性，进行了 1000 次蒙特卡洛随机实验，实验过程中式(8-30)的增益与分母各项系数在标称值的 80%～120%内摄动，结果如图 8.18 所示。

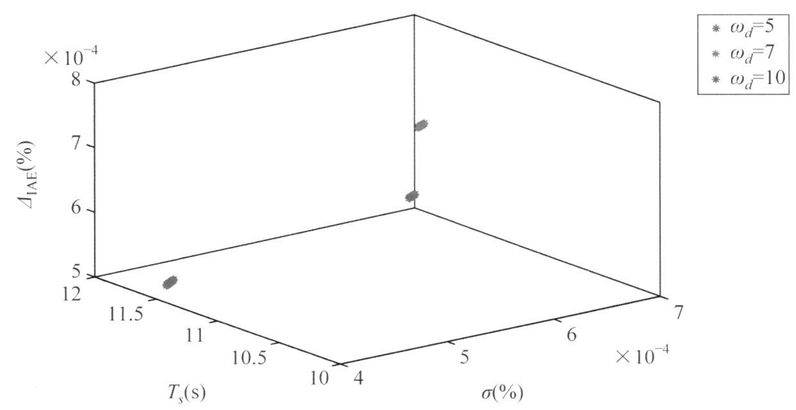

图 8.18　FMS 系统的 PID^7-b 控制器蒙特卡洛实验结果

由图 8.18 可知，随着 ω_d 增大，PID^7-b 控制器在控制 FMS 系统时鲁棒性越来越强。另外，在不同的 ω_d 下，PID^7-b 控制器的点集均在小范围内摄动，体现了其鲁棒性强的优点。

实际系统中存在测量噪声，高阶微分会使得控制信号出现明显波动，图 8.19 展示了测量噪声存在时 FMS 系统的 PID^7-b 控制效果。

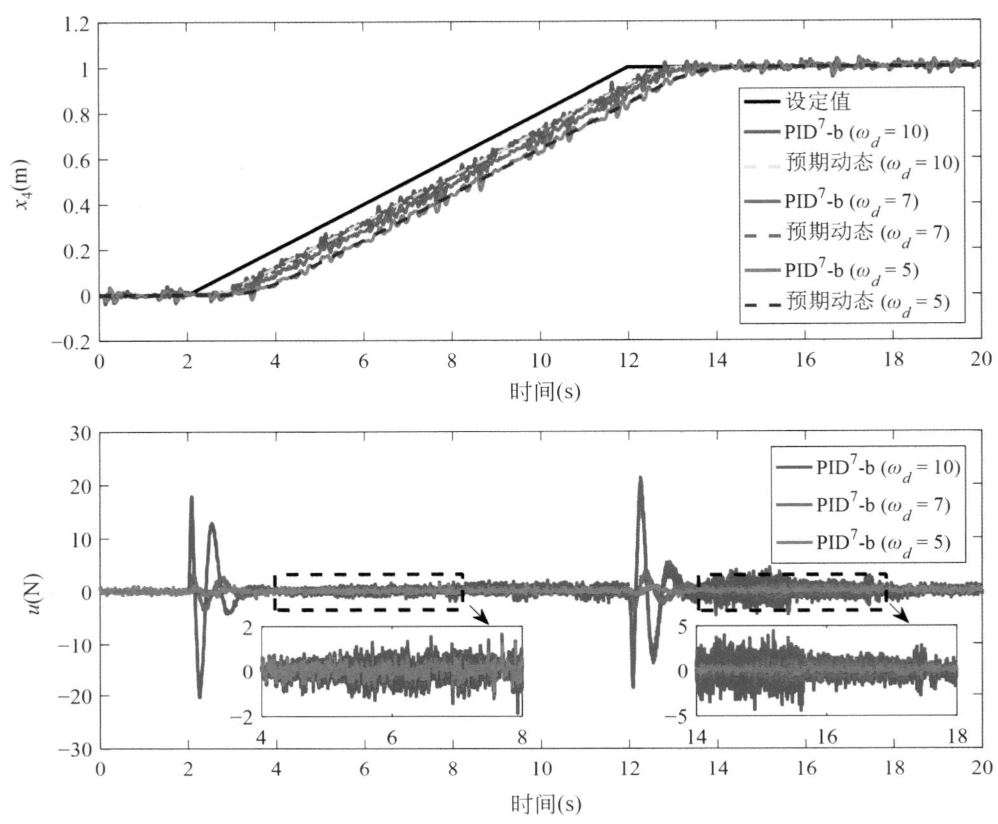

图 8.19　有测量噪声时 PID^7-b 控制器的 FMS 系统控制效果

由图 8.19 可知，当系统内存在测量噪声时，PID^7-b 的系统输出仍能够精确跟踪预期动态响应。然而随着 ω_d 增大，控制器的微分作用增强，控制信号对于噪声越敏感。为定量评价 PID^7-b 控制器应对测量噪声的能力，表 8.7 中计算了控制信号的 RMS 值。

表 8.7　PID^7-b 控制器的控制信号 RMS 值

控　制　器	ω_d	RMS
PID^7-b	5	0.34
	7	0.69
	10	3.11

由表 8.7 可知，随着 ω_d 增大，控制信号的 RMS 值越来越高，说明噪声干扰被放大。因此，当系统内存在测量噪声时，应在噪声干扰与动态响应之间进行折中考虑。

另外，根据式(8-30)可知，FMS 系统具有三对共轭纯虚极点，因此系统存在谐振。图 8.20 给出了 FMS 系统的开环频域响应伯德图。

由图 8.20 可知，FMS 具有三个谐振峰，谐振分别在 0.76rad/s、1.42rad/s 以及 1.85rad/s

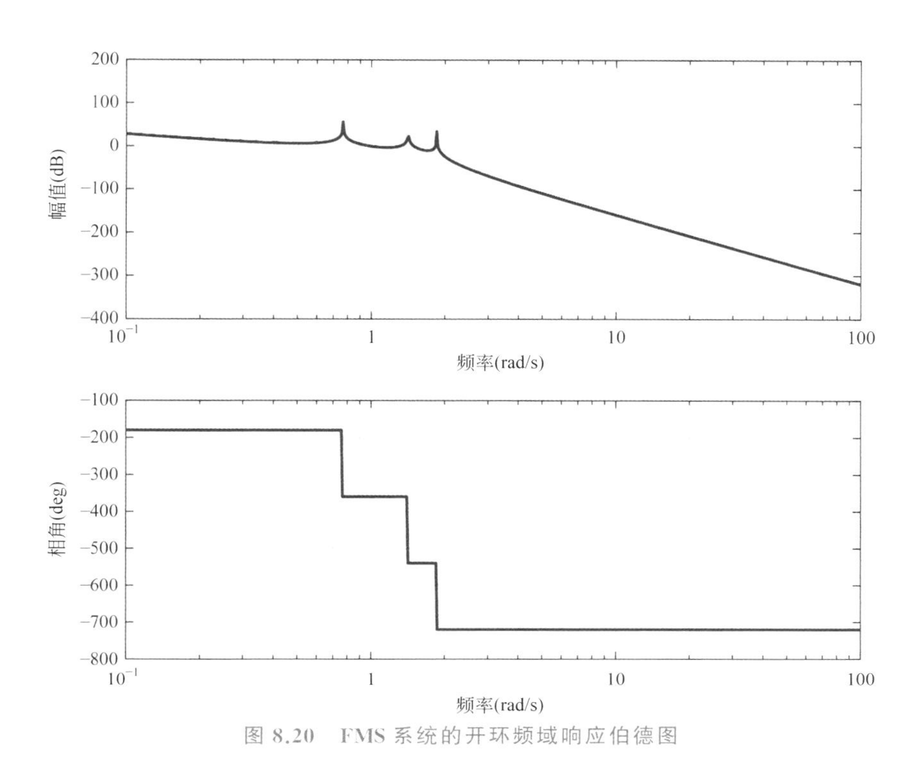

图 8.20　FMS 系统的开环频域响应伯德图

处发生。对于谐振对象而言，当闭环系统的带宽达到极限，也就是谐振特性出现的频率时，控制器的设计成为了一个难题[20]。大部分现有的控制方法难以使得闭环带宽远大于谐振频率，因此谐振特性几乎不能被消除[21]。而由图 8.21 可知，PID^7-b 控制器能够消除 FMS 系统的谐振特性，图 8.21 通过当 $\omega_d=10$ 时的系统闭环频域响应伯德图对此进行说明。

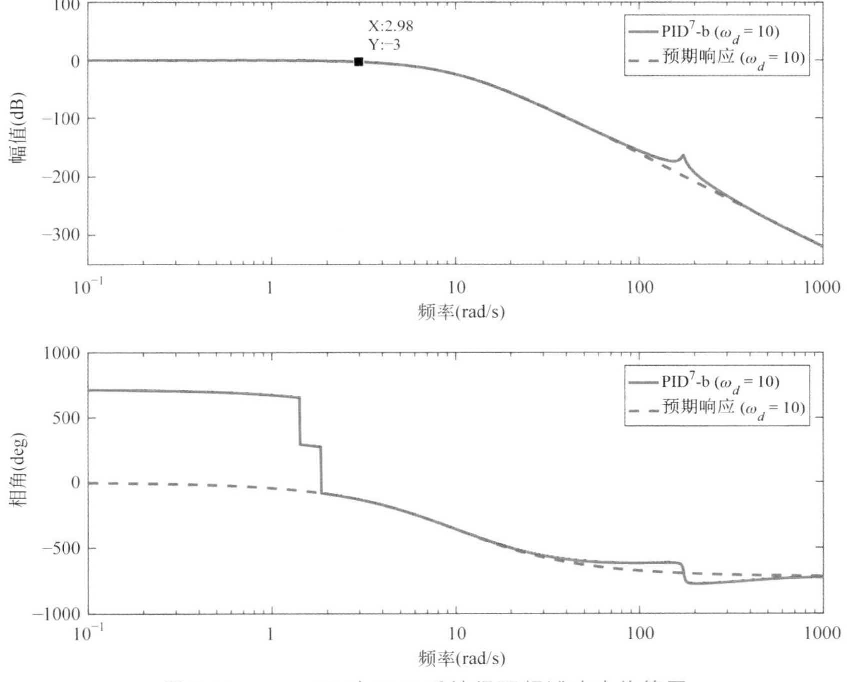

图 8.21　$\omega_d=10$ 时 FMS 系统闭环频域响应伯德图

由图8.21可知，当$\omega_d=10$时，系统的闭环带宽为2.98rad/s，约为第一谐振频率的4倍。因此，PID^7-b控制器能够消除系统的谐振特性。

8.7 实验台验证

风力涡轮机的偏航控制可实现对中自动调整、解扭、过载保护等功能，对延长风电机组寿命、增加发电量具有重要意义[22]。本节在实验室的双旋翼实验平台上模拟风力涡轮机的偏航角控制，并在实验台上验证所提出的GDDE-PID的有效性。

8.7.1 实验装置与过程描述

根据史耕金等[23]所述，可得偏航角与电压之间的传递函数模型为如式(8-31)所示的二阶含积分环节与惯性环节的形式，风力涡轮机的偏航角模型也具有类似传递函数形式[24,25]。

$$\frac{\Psi(s)}{U(s)}=\frac{-2K_{yp}}{s(J_y s+D_y)} \tag{8-31}$$

式(8-31)中，$\Psi(s)$与$U(s)$分别表示偏航角与电压的拉普拉斯变换。另外，K_{yp}、J_y与D_y分别表示横向扭矩推力增益、偏航轴的转动惯量与偏航轴的粘性阻尼系数。

为验证PID$^{(n-1)}$-b($n\geqslant3$)控制器的有效性，需要将式(8-31)所示的传递函数模型改造如下：

$$\frac{\Psi(s)}{A_U(s)}=\frac{-2K_{yp}}{s^3(J_y s+D_y)} \tag{8-32}$$

其中，$A_U(s)$表示电压加速度的拉普拉斯变换。由式(8-32)可知，根据劳斯判据，应设计PID$^{(n-1)}$-b ($n\geqslant3$)控制器。为避免更高阶的控制器设计，本节中将PID^2-b控制器应用于旋翼偏航角控制。

双旋翼偏航角控制实验装置概略图如图8.22所示，实验台包括旋翼装置、数据采集(Data Acquisition, DAQ)卡、功率放大器、传感器与计算机。图8.22中的增益“-1”用于转换电压信号的符号，因此式(8-32)中的负号不再必要。

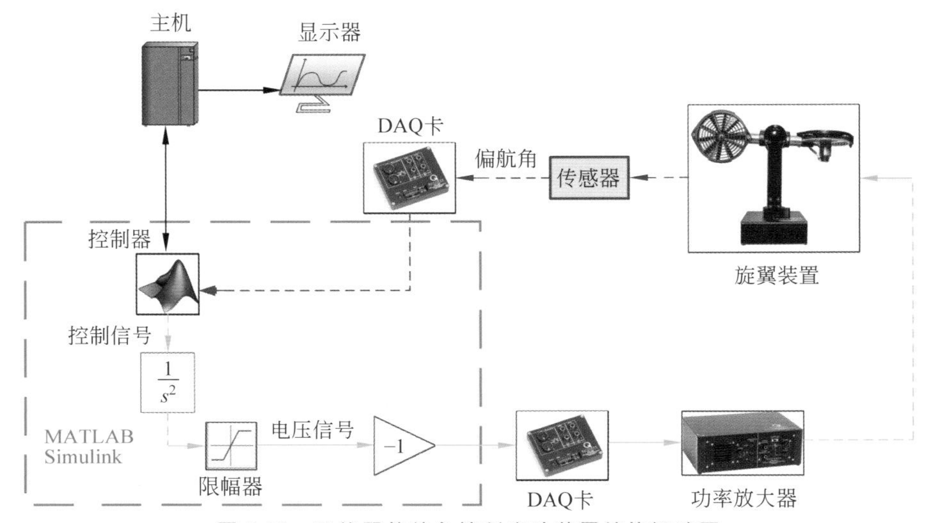

图8.22 双旋翼偏航角控制实验装置结构概略图

需要说明的是，式(8-32)中偏航角的单位是 rad，然而其设定值与显示信号的单位是 deg。因此，在设定值信号发出时，应将 deg 转换为 rad；当测量信号传回时，应将 rad 转换为 deg。图 8.23 给出了双旋翼偏航角控制系统的方框图，图中 D2R 表示 deg 转换为 rad，R2D 表示 rad 转换为 deg。此外，Ψ_r，Ψ 与 a_u 分别表示偏航角设定值、偏航角与电压的加速度。

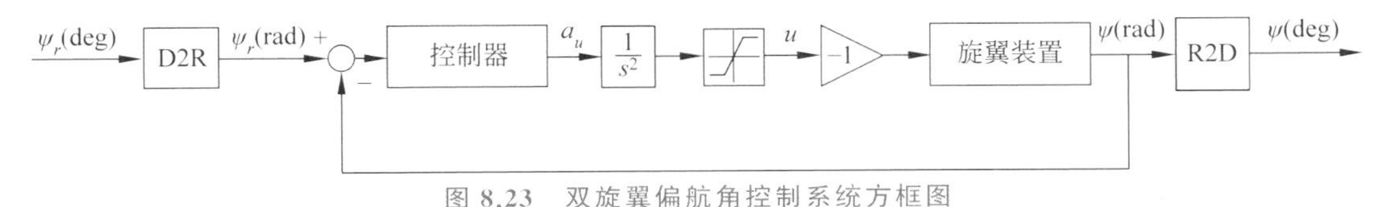

图 8.23　双旋翼偏航角控制系统方框图

8.7.2　实验结果

基于 5.5 节的参数整定方法，对 PID²-b 控制器参数进行整定，具体如表 8.8 所示。

表 8.8　双旋翼偏航角控制系统的 PID²-b 控制器参数

控制器	预期动态	ω_d	l	k
PID²-b	$\frac{\omega_d^3}{(s+\omega_d)^3}$	0.8	0.006	8
		0.9	0.007	9
		1.0	0.008	10
		1.2	0.009	12

根据表 8.8 中的控制器参数，PID²-b 控制器的控制效果如图 8.24 所示。

实验过程中，设定值在 5s 时由 0deg 阶跃至 60deg，并在 40s 处添加幅值为 20V 的电压扰动。另外，电压信号的限幅为[−24V，+24V]。

由图 8.24 可知，PID²-b 控制器的系统输出能够精确跟踪预期动态响应。另外，随着 ω_d 的增大，系统的跟踪响应越快，抗扰动能力增强，但是测量噪声对控制信号的干扰也逐渐放大。为定量评价 PID²-b 控制器控制旋翼偏航角的动态性能，表 8.9 计算了各项动态性能指标。

表 8.9　PID²-b 控制器的双旋翼偏航角控制动态性能指标

控制器	ω_d	σ(%)	T_s(s)	Δ_{IAE}(%)	IAE_{ud}
PID²-b	0.8	0.05	9.20	0.33	3.10
	0.9	0.05	8.05	0.42	2.99
	1.0	0.05	7.16	0.52	2.59
	1.2	0.05	6.45	0.60	2.89

由表 8.9 可知，随着 ω_d 的增大，系统的调节时间会缩短，但跟踪预期动态响应的精度会下降。然而，当电压产生明显振荡的时候，抗扰 IAE 会变差。因此，在设计控制器时，应综合考虑响应速度及测量噪声的干扰。

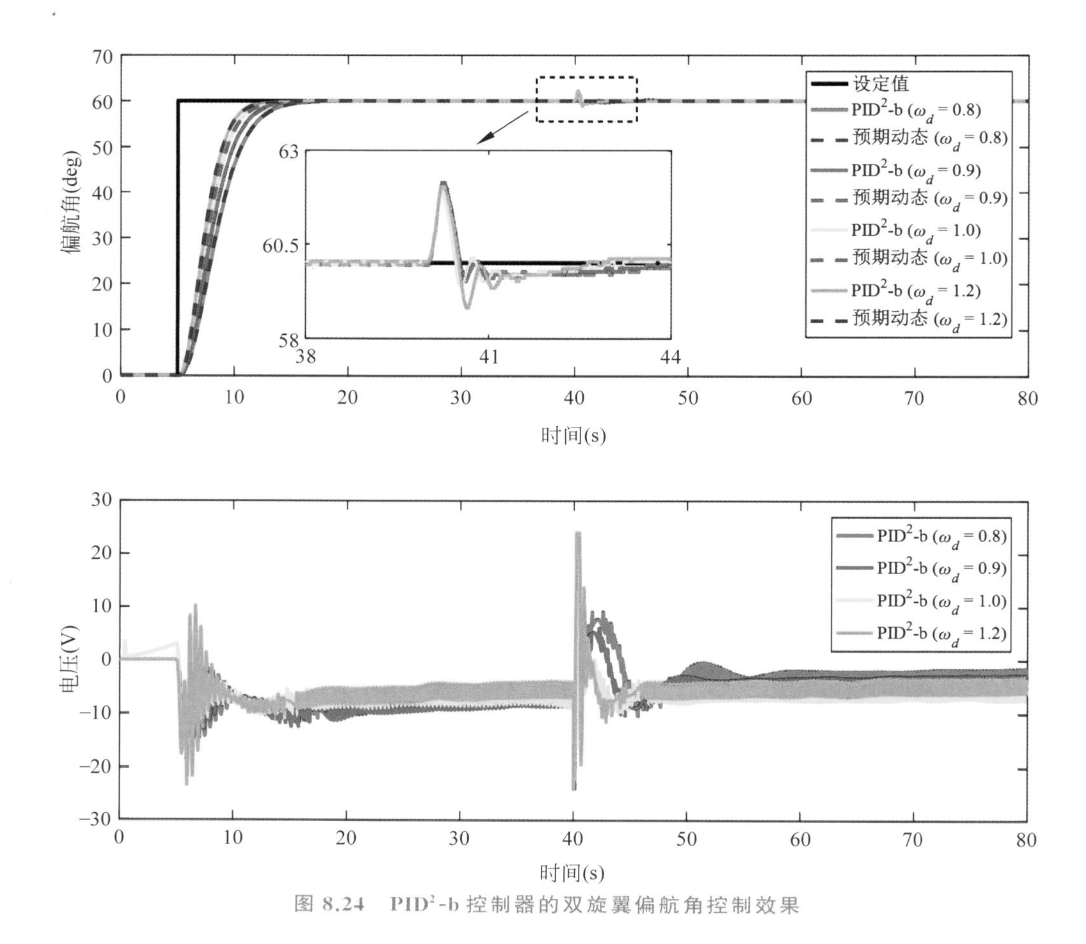

图 8.24 PID²-b 控制器的双旋翼偏航角控制效果

8.8 本章小结

本章针对含有多个积分环节、RHP 极点与共轭纯虚极点的高阶无自衡对象难以镇定的问题，提出了一种广义的预期动态控制方法。数值仿真与双旋翼偏航角控制实验的结果表明，所提出的 GDDE-PID 不仅能够保证高阶无自衡系统的闭环稳定性，并且结构简单，易于实现，整定方法简便易懂，同时能够获得良好的跟踪性能与抗扰性能，为热力系统中可能存在的高阶无自衡过程提供了有效的控制方法。

参考文献

[1] Stein G. Respect the unstable[J]. IEEE Control System Magazine，2003，23(4)：12-25.

[2] Kashima K，Yamamoto Y. On standard H_∞ control problems for systems with infinitely many unstable poles[J]. Systems & Control Letter，2008，57：309-314.

[3] Trimple S，Millane A，Doessegger S，et al. A self-tuning LQR approach demonstrated on an inverted pendulum[C]//19th IFAC World Congress. 2014：11281-11287.

[4] Bequette B W. Process control：modeling，design and simulation[M]. Upper Saddle River，NJ：

Prentice Hall PTR, 2003.
[5] Pérez MA Hernández, Cuéllar Bdel Muro, Rodríguez DF Novella, et al. Modified PI controller for the stabilization of high-order unstable delayed systems with complex conjugate poles and a minimum phase[J]. IFAC-PapersOnLine, 2018, 51(4): 426-431.
[6] Wan J, Zhao F. Design of a two-degree-of-freedom controller for nuclear reactor power control of pressurized water reactor[J]. Annals of Nuclear Energy, 2020, 144: 107583.
[7] Ablay G. A generalized PID controller for high-order dynamical systems[J]. Journal of Electrical Engineering, 2021, 72(2): 119-124.
[8] Bode H W. Network Analysis and Feedback Amplifier Design[M]. New York: Van Nostrand, 1945.
[9] Goodwin G C, Graebe S F, Salgabo M E. Control System Design[M]. Beijing: Tsinghua University Press, 2001.
[10] He Z, Wang Y, Meng F, et al. Magnetic levitation system—an application of the Bode's theorem[J]. Electric Machines and Control, 2007, 11(3): 253-256.
[11] Seer Q H, Nandong J. Multi-scale scheme: Stabilization of a class of fourth-order integrating-unstable systems[J]. Journal of the Franklin Institute, 2018, 355: 141-163.
[12] Lanzkron R, Higgins T. D-decomposition analysis of automatic control systems[J]. IRE Transactions on Automatic Control AC-4, 1959, (3): 150-171.
[13] Shafiei Z, Shenton A. Tuning of PID-type controllers for stable and unstable systems[J]. Automatica, 1994, 30(10): 1609-1615.
[14] Wie B, Bernstein D S. Robust control design for a benchmark problem[J]. Journal of Guidance, Control and Dynamics, 1992, 15(5): 1057-1059.
[15] Wie B, Liu Q. Robust H_∞ control design for benchmark problem #2[C]//American Control Conference. 1992: 2067-2068.
[16] Collins E, Bernstein D S. Robust control design for a benchmark problem using a structured covariance approach[C]//American Control Conference. 1990: 970-971.
[17] Douglas J, Athans M. Robust LQR control for the benchmark problem[C]//American Control Conference. 1991: 1919-1920.
[18] ShinY J, Meckl P H. Application of combined feedforward and feedback controller with shaped input to benchmark problem[J]. Journal of Dynamic Systems, Measurement, and Control, 2010, 132(2): 021001.
[19] Zhang H, Zhao S, Gao Z. An active disturbance rejection control solution for the two-mass-spring benchmark problem[C]//American Control Conference. 2016: 1566-1571.
[20] Zhao S, Gao Z. An active disturbance rejection based approach to vibration suppression in two-inertia systems[J]. Asian Journal of Control, 2013, 15(2): 350-362.
[21] Zheng Q, Richter H, Gao Z. Active disturbance rejection control for piezoelectric beam[J]. Asian Journal of Control, 2014, 16(6): 1612-1622.
[22] Yang J, Fang L, Song D, et al. Review of control strategy of large horizontal-axis wind turbines yaw system[J]. Wind Energy, 24(2): 97-115.
[23] Shi G, Gao Z, Chen Y, et al. A controller design method for high-order unstable linear time-invariant systems[J]. ISA Transactions, 2022, 130: 500-515.
[24] 邹宇,李艳蓉,陈建炳,等. 风力发电机偏航控制系统设计仿真技术研究[J]. 计算机测量与控制, 2016,24(5): 99-102.
[25] 李毅,温正忠,赵少刚,等. 风力发电机偏航系统模糊控制的研究[J]. 现代机械,2006(1): 29-31.

第 9 章　总结与展望

9.1 内容总结

PID控制器结构简单、鲁棒性好,实际大型热力系统过程控制中广泛采用PID控制器。过去的几十年中,出现了大量PID控制器的整定方法,但是以往的整定方法中很少有使参数整定直接与控制系统预期响应建立定量联系的。本书对单变量和多变量二自由度PID控制器参数整定方法进行了分析和研究,提出一种基于预期动态特性设计的PID参数整定规则,并从控制器参数整定与结构设计两方面着手,针对目前热力系统存在的控制难点与控制问题开展理论与应用研究。本书主要内容如下。

(1) 第1章对于热力系统控制现状与PID控制器参数整定问题进行了综述,给出了蒙德福瑞的基本思想,介绍了DDE-PID的基本原理,并对DDE-PID的研究现状进行了综述。

(2) 第2章针对单变量系统,包括含纯积分环节的对象、非最小相位对象、高阶对象、大时滞对象和不稳定对象等典型控制对象,以及具有无穷维的线性传热系统和大惯性大时滞的循环流化床锅炉床温控制系统等对象,基于DDE-PID设计控制器进行大量仿真研究,仿真结果表明了预期动态整定方法的有效性和适用性。

(3) 第3章针对多变量系统设计了改进的DDE-PID整定方法,并应用于多变量系统的分散控制,对二元蒸馏塔等6个化工过程多变量对象(2×2, 3×3, 4×4)以及1个10×10多变量对象、ALSTOM气化炉非线性模型、四容水箱非线性模型的仿真研究结果以及双容水箱实验台的实验研究结果显示了DDE法的有效性及对高维模型的扩展性。

(4) 第4章应用预期动态整定方法进行了用整数阶PID控制器对分数阶系统的控制设计,仿真结果显示所设计的分数阶控制系统性能优良,发掘了整数阶PID控制器的能力。

(5) 第5章考虑执行器约束与反馈机制的局限性,为使得控制器响应尽可能快速且平稳,提出了基于过程响应的预期动态选择方法,使得闭环控制系统输出在精确跟踪预期动态响应的前提下获得最快的响应速度。该方法的优越性通过数值仿真与实验台实验得以验证,并成功应用于燃煤机组高加水位回路的控制器整定中。

(6) 第6章为消除目前应用于热力系统的控制器所存在的跟踪性能与抗扰性能调试矛盾,使得两种性能同时达到更优,提出了基于前馈补偿的预期动态控制方法,并给出了参数整定流程。数值仿真、实验台实验与燃煤机组现场试验结果表明,该方法能够在不基于被控对象精确数学模型的前提下,完全分离跟踪响应与抗扰响应的调试,进一步提升控制器的控制品质。

(7) 第7章为使MPC的设计不基于被控对象的精确数学模型,保证其模型失配时的控制性能且能够克服不可测扰动,提出了基于预期动态的模型预测复合控制方法。该方法不需要通过被控过程的精确建模或底层控制回路的闭环辨识进行MPC设计,仅通过调试底层控制器参数使得MPC获得设计模型,进而在热力系统变工况运行时获得良好的控制效果,使MPC在热力系统上的广泛应用成为可能。

(8) 第8章针对高阶无自衡系统难以镇定的特性,提出了广义预期动态控制方法。该方法不仅能够保证高阶无自衡系统的闭环稳定性,而且能够使得系统输出快速且平稳,有效减弱了无自衡系统的危险特性,其良好的控制效果也通过数值仿真与实验台实验进行了验证。

9.2 需进一步开展的工作

本书对二自由度PID控制器参数整定方法和应用进行了初步的探讨工作，并以预期动态的控制设计为主线，针对热力系统目前存在的控制设计难点与挑战，开展基于DDE-PID的热力系统控制研究，从预期动态控制器的参数整定与结构设计两方面完成相关的理论与应用研究。但对PID控制器的参数整定问题的研究还远没有结束，以下几方面的问题值得进一步完善和深入研究。

(1) 本书的整定方法中性能鲁棒性只是作为控制系统性能的一种检验指标，而将其性能鲁棒性的定量评价反馈到DDE-PID控制器参数整定过程中去，有望对控制系统性能有进一步的提高。

(2) 关于系统输出精确跟踪预期动态响应的判定条件，第5章所提出的预期特性选择方法中仅从工程实际应用简便的角度给出。如何给出理论性的判定条件，是需要进一步研究的问题。

(3) 第6章提出的基于前馈补偿的预期动态控制方法，其完全分离跟踪性能与抗扰性能的前提是：当前馈补偿环节为1时，系统输出精确跟踪预期动态响应。因此，该方法受限于预期动态选择的极限。如何进一步摆脱预期动态极限的限制，实现跟踪抗扰的分离调试，是未来亟待解决的问题。

(4) 第7章中所设计的基于预期动态的模型预测复合控制方法，其优化层控制器不仅可选取MPC，也可选取其他基于模型设计的先进控制策略，如LQR调节器、H_∞控制器、滑模控制器等。

(5) 第8章中针对高阶无自衡对象设计的广义预期动态控制方法目前仍缺少现场试验验证，后续针对热力系统中的高阶无自衡过程进行试验验证将是一项重要的工作。

(6) 实际燃煤机组的某一热力过程会受到其他热力过程的耦合影响，本书在进行应用与结构改进研究时将耦合作用当作外部扰动。如何综合考虑控制回路的耦合影响，基于多变量的控制结构选择DDE-PID的预期动态特性，设计或整定FCDDE-PID、MPC-DDE以及GDDE-PID是未来值得研究的问题。

(7) 本书中在整定PID控制器时未考虑执行机构死区，然而由第7章的二次风量控制现场应用研究可知，实际热力系统中的执行机构可能存在较大的死区，使得基于连续时域所提出的控制方法效果不尽人意。如何针对执行机构存在的死区问题，对预期动态控制方法进行改进，是现在和将来需要研究和解决的问题。

附录 A　预期动态法与概率鲁棒法的 PID 整定对比

本附录将DDE法整定的PID控制器与概率鲁棒(Probabilistic Robustness, PR)法[1]整定的PID控制器进行控制效果的对比,旨在说明基于DDE法整定的PID控制器效果相比基于PR优化算法搜寻整定的PID控制器差距不大,能够在避免大量计算的情况下获得和优化算法整定接近的控制效果。

A.1 鲁棒设计PID概述

对于具有参数不确定性的热工对象,基于标称参数设计的PID控制器,没有整体考虑被控对象参数域,在参数发生变化时常常不能满足系统要求。最近发展起来的鲁棒PID控制器[2,3]将传统的鲁棒控制理论应用到PID的设计中,在一定程度上提高了PID控制器的鲁棒性。但是基于最坏情况的传统鲁棒控制理论在系统的阶次增加时,计算量会急剧增大,使问题求解变得极其困难,许多问题已经被证明是NP难的[4-6]。并且这种方法较为保守,因为在实际工程中,极端工况、病态工况出现概率极低,可以采用容错、报警等方法来监督和控制,传统鲁棒控制考虑了最坏情况,却牺牲了占大多数的一般情形的性能。

A.2 PR方法研究进展

在过去30多年里,基于最坏情况的确定性鲁棒控制理论和控制器设计方法在控制科学和控制工程的各个分支蓬勃发展,一方面在多变量系统、时变系统、非线性系统、广义系统、时滞系统、无穷维系统领域得到了迅速发展,另一方面被应用到几乎所有的控制工程领域,如飞行器控制、电力系统控制、化工过程控制、机械系统控制、机器人控制等。

然而在解决复杂系统控制问题的过程中,人们逐渐发现了两个非常重要的问题。

(1) 上述理论和方法在工程应用中的保守性。因为实际工程系统的不确定性并不满足范数概念和区间系统的假设,而不确定性系统的描述使用范数概念和区间系统,所设计的鲁棒控制系统必定是保守的,这是上述理论和方法不可克服的困难。

(2) 上述鲁棒控制器在数值计算上的复杂性。简而言之,如果考虑系统所有不确定性中最坏的情况,所产生问题的精确解不可能在多项式时间内完成[7]。

PR方法的提出正是为了克服上述基于最坏情况的确定方法的NP难度障碍及其保守性。普林斯顿大学的R. F. Stengel首先在飞行器控制中[8,9]提出并应用了分析和设计鲁棒控制系统的随机方法。1989年,PR控制器设计方法被首次提出[10],1996年出现了基于准确样本数量的鲁棒控制随机方法[11,12]。在随后的1998年和2001年,统计学习理论被应用于鲁棒控制中[13,14]。Ray等[15]采用Mento-Carlo随机方法分析了LQG系统的鲁棒性,此后基于随机实验原理的鲁棒控制系统设计和性能鲁棒性评价方法逐渐受到重视,在理论和应用两方面都有了一系列的成果。

PR理论方面,在随机样本产生[16]问题上,Devroye[17]讨论了针对不同分布单变量样本生成的问题,Niederreiter[18]则深入分析了蒙特卡洛和准蒙特卡洛方法。Calafiore等[19]的研究表明,标准拒绝方法由于效率低下,不适用于随机样本的产生。1996年出现了基于准确样本数量的鲁棒控制随机方法[20,21]。2004年基于Markov链随机运动的Monte-Carlo方法应用到 PR 分析的均匀采样中[22]，2005 年，Tong Zhou 等提出了一种从收缩下三角块 Toeplitz 矩阵(LTBT)产生独立均匀分布的奇异值有界的随机矩阵的方法[23]，可以递推地、精确地生成需要的随机矩阵样本。2006 年，Chen 等[24]研究并推广了 PR 算法中的样本复用技术，使其更具一般性，计算代价大幅降低。Giuseppe 等[25]针对具有置信度 a 的 PR 要求，给出了控制器所需要的样本数量的直接而又有效的界限，所需样本数量随着置信度的提高增加缓慢，优于传统的随机方法。

在概率分布的选取问题上，除了常用的平均分布、正态分布、截尾分布等，Houssain Kettani 和 Ross Barmish[26]讨论了在先验知识不足的情况下，如何选取一种鲁棒性最佳的概率分布密度。Mourelatos[27]基于多目标优化算法，提出一种同时考虑可靠性和鲁棒性的方法，在不确定性存在的情况下，对动态性能和鲁棒性进行了折中。

通过模拟对象的不确定性可以估计系统性能的可接受概率，并基于可接受概率值构造代价函数用于指导控制器的设计[28]。宋春雷等将其思想引入鲁棒性裕度分析和鲁棒设计[29]中，徐峰等[30]采用随机实验原理进行多种控制方法的优选和性能鲁棒性评价。以上工作都证明了基于随机原理进行鲁棒控制器设计和鲁棒性能评价的客观性和有效性。

此外 PR 设计方法在应用方面也有一些进展。2004 年，Shinya Nohtomi 将非线性预测控制和 PR 方法相结合，解决了汽车整车控制(包含四轮操作控制和四轮扭矩控制)，同时采用层次分析法确定 PR 评价函数中的各个性能指标的权值[31]。2005 年，Zhang 将 PR 方法应用到具有任意不确定结构的线性时变系统的故障诊断系统设计中[32]，可不考虑系统不确定性的结构，可以处理任意的不确定性；将故障诊断系统的设计问题转化为 LMI 形式，然后采用基于梯度的 PR 方法来进行求解。J. F. Horn 等针对未来旋翼无人驾驶机的特点，设计了双层的控制结构，期望同时提高系统的动态性能和稳定性[33]。首先辨识系统的不确定线性模型，然后确定线性模型的误差界限 r。底层控制器依据此线性不确定模型设计：将误差界限 r 按照百分比分为区间[0，100%]，针对不同的误差区间，利用 μ 综合方法设计控制器，可得到多个控制器，然后采用 PR 方法设计一个风险评估器，对各个控制器进行检验，确定各个控制器的风险。上层控制器包含两个功能：①采用了底层控制器以后，系统就变成一个简单的一阶传递函数，这时上层控制器可以采用简单的 P 或 PI 形式，得到一个操作量的数值；②根据无人驾驶机的状态和外界条件的变化(如风速等)来决定底层该采用高风险或是低风险的控制器。同时分析了底层控制器在进行转换时，系统的稳定性不受影响。

相对于确定性方法，基于随机原理的控制系统性能鲁棒性评价具有以下优点：①对不确定性表述形式没有限制，既可以是参数不确定性，也可以是结构不确定性，或者两者的综合；②方法基于随机实验和统计分析，原理直观，容易理解和接受；③计算量不会随着系统规模的增加而显著增加[28,29]，特别适合复杂系统的评价；④对评价的性能指标没有限制，可以是所关心的任何指标，包括时域指标、频域指标或者综合指标。因此，随机方法非常适合于进行复杂控制系统的鲁棒性评价。

A.3 单变量系统仿真对比研究

本节选取王传峰[1]论文中的单变量系统仿真算例以及其中设计的 PR-PID，通过仿真复现将 PR-PID 与 DDE-PID 进行控制效果的对比。

A.3.1 单变量系统的PR-PID设计方法

单变量闭环反馈控制系统如图A.1所示，$G_c(s,\boldsymbol{d})$为PID控制器，$G_p(s,\boldsymbol{q})$为被控热工对象。

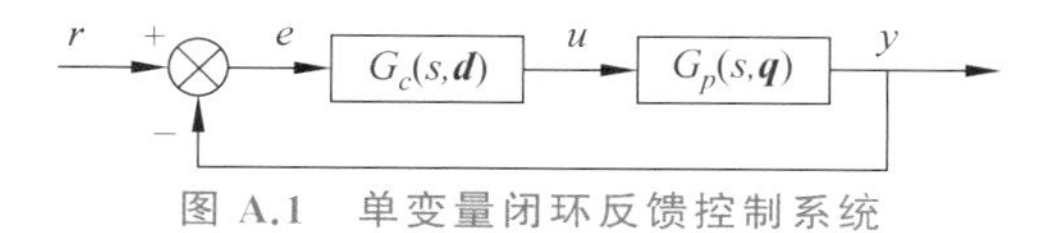

图A.1 单变量闭环反馈控制系统

对每一组确定的PID控制器参数 $\boldsymbol{d}$，在被控对象模型参数摄动时，依据闭环系统的稳定性和动态性能等每一设计要求，定义相应的二元指标函数：

$$I_i=\begin{cases}0, & \text{不满足第 } i \text{ 个设计要求}\\ 1, & \text{满足第 } i \text{ 个设计要求}\end{cases} \tag{A-1}$$

这样，系统满足第 i 个设计要求的概率可以通过对第 i 个二元指标函数在系统不确定性参数分布空间上积分得到：

$$P_i(\boldsymbol{d})=\int_Q I_i[G_p(s,\boldsymbol{q}),G_c(s,\boldsymbol{d})]pr(\boldsymbol{q})\mathrm{d}\boldsymbol{q} \tag{A-2}$$

闭环系统的设计要求可能有多条，如稳定性、调节时间、超调量、ITAE指标等。综合考虑所有设计要求，可定义随机评价函数 $J(d)$ 为各个设计指标满足概率的函数：

$$J(\boldsymbol{d})=f[P_1(\boldsymbol{d}),P_2(\boldsymbol{d}),\cdots] \tag{A-3}$$

其中，f 表示为对各个指标的重要性进行折中自由定义的 $P_1(\boldsymbol{d}),P_2(\boldsymbol{d}),\cdots$ 的函数。设计控制器的目标就是寻找最优的控制器参数 d^* 使得评价函数 $J(\boldsymbol{d})$ 最大。

一般情况下，式(A-2)不能用解析的方法求得，本节采用蒙特卡洛仿真进行估计。假设有 N 个样本，满足概率 P_i 和随机评价函数 $J(\boldsymbol{d})$ 可由下式进行估计：

$$\hat{P}_i(\boldsymbol{d})=\frac{1}{N}\sum_{k=1}^{N}I_i[G_p(s,\boldsymbol{q}),G_c(s,\boldsymbol{d})] \tag{A-4}$$

$$\hat{J}(\boldsymbol{d})=f[\hat{P}_1(\boldsymbol{d}),\hat{P}_2(\boldsymbol{d}),\cdots] \tag{A-5}$$

当 $N\rightarrow\infty$ 时，式(A-4)和式(A-5)估计的 $\hat{P}$ 和 $\hat{J}$ 都以概率1收敛到实际的 P 和 J。

可以看出，概率鲁棒方法将被控对象模型参数域作为整体进行考虑，兼顾了域内的每一点，包括标称点和一些极端的、病态的工况点，更全面地考虑和利用了对象参数的不确定性。随机评价函数综合了各设计要求满足的概率，比传统PID整定方法更能够适应多目标设计要求。

对由蒙特卡洛实验所确定的 $\hat{J}(\boldsymbol{d})$，传统的基于梯度的优化方法难以求其最大值，而遗传算法不受问题性质(如不连续、不可微等)的限制，能够处理传统优化算法难以解决的复杂问题，故用遗传算法对PID控制器参数进行优化。概率鲁棒PID控制器设计的具体步骤如下。

(1) 将被控对象模型和控制器按图A.1组成闭环控制系统。给定系统的性能要求，如调节时间、超调量等。

(2) 用OLDP方法计算被控对象标称点下的PID控制器参数稳定域 D。

(3) 在空间 D 中随机生成若干组PID控制器的参数，并由式(A-5)计算对应的随机鲁

棒评价函数值 $\hat{J}$。

(4) 以步骤(3)生成的若干组参数为初始种群，以随机鲁棒评价函数值 $\hat{J}$ 为目标函数，利用遗传算法寻得 $\hat{J}$ 最大的一组控制器参数，记为 d'，作为控制器的参数。

(5) 在模型参数空间 Q 中，用蒙特卡洛仿真对步骤(4)得到的参数 d' 进行检验。如果检验结果不满足要求，返回步骤(3)，否则，G_p 的概率鲁棒 PID 控制器参数即为 d'。

为使所设计 PID 控制器能保证对象在标称参数下系统稳定，先用 DP 法计算对象标称点下 PID 控制器的参数稳定域，遗传算法在此区域内寻优。

根据 Massart 不等式，如果给定风险系数 ε 和置信度 $1-\sigma$，所需样本数量可由下式得到[36]：

$$N > \frac{2\left(1-\varepsilon+\dfrac{\alpha\varepsilon}{3}\right)\left(1-\dfrac{\alpha}{3}\right)\ln\dfrac{2}{\sigma}}{\alpha^2\varepsilon} \tag{A-6}$$

其中，$\alpha\in(0,1)$，这样得到的样本数量可保证 $P\{|P_x-K/N|<\alpha\varepsilon\}>1-\sigma$。$P_x$ 为系统满足设计要求的概率，K/N 为其估计值。

在利用蒙特卡洛实验估计 $P(q)$ 时，只有当样本数量 N 足够大，估计值才能以较高的置信度与真实值充分接近。为提高计算效率，本节在用遗传算法进行参数优化时，N 取较小的值，得到最优解后，再由式(A-6)根据风险系数 ε 和置信度 $1-\sigma$ 确定足够大的样本数 N，检验遗传算法所得最优解能否以置信度 $1-\sigma$ 满足系统要求。

A.3.2　仿真结果

本节针对 4 类典型的热工过程传递函数设计 PR-PID 与 DDE-PID，并进行仿真实验。实验中用下式计算随机鲁棒评价函数：

$$J=0.8P_{ts}+0.2P_{\sigma} \tag{A-7}$$

其中，P_{ts}、P_{σ} 分别为被控对象参数摄动时系统满足调节时间 T_S 和超调量 $\sigma\%$ 要求的概率。

在 PR-PID 设计过程中，实验基于 MATLAB 遗传算法工具箱设计随机优化程序，优化代数为 20，初始种群为 500 个，对每个个体进行 500 次蒙特卡洛仿真来得到其随机鲁棒评价函数值。

1. 一阶对象

$$G_p(s)=\frac{K}{Ts+1}e^{-\tau s} \tag{A-8}$$

PR-PID 设计过程中，取 T 为 10～30，τ 为 180～220。T、τ 在此范围内随机抽取。取标称参数 $T=20\text{s}$，$\tau=200\text{s}$，$K=1$。闭环系统性能要求为调节时间 $T_s<1000\text{s}$，超调量 $\sigma\%<5\%$。遗传算法寻优结果为 $k_p=0.29648$，$k_i=0.0032116$，$k_d=6.6696$。取风险系数 $\varepsilon=0.01$，置信度 $1-\sigma=1-0.01=0.99$，$\alpha=0.2$，由式(A-6)得 $N>24494$。取样本数为 $N=24495$，蒙特卡洛实验检验结果为 $K/N=0.9968$，故 $P\{|P_x-0.9968|<0.002\}>0.99$。

2. 二阶对象

$$G_p(s)=\frac{K}{(T_1s+1)(T_2s+1)}e^{-\tau s} \tag{A-9}$$

PR-PID 设计过程中，取 T_1、T_2 为 16～24，τ 为 80～100。T_1、T_2、τ 在此范围内随机抽

取。取标称参数 $T_1=T_2=20\text{s}$，$\tau=90\text{s}$，$K=1$。闭环系统性能要求为调节时间 $T_s<700\text{s}$，超调量 $\sigma\%<5\%$。遗传算法寻优结果为 $k_p=0.4691$，$k_i=0.006$，$k_d=18.1321$。取风险系数 $\varepsilon=0.01$，置信度 $1-\sigma=1-0.01=0.99$，$\alpha=0.2$，由式(A-6)得 $N>24494$。取样本数为 $N=24495$，蒙特卡洛实验检验结果为 $K/N=0.9968$，故 $P\{|P_x-0.9968|<0.002\}>0.99$。

3. 高阶对象

$$G_p(s)=\frac{K}{(Ts+1)^n} \tag{A-10}$$

PR-PID 设计过程中，取 T 为 16～24，K 为 0.8～1.2，T、K 在此范围内随机抽取。标称参数为 $T=20\text{s}$，$K=1$，$n=3$。闭环系统性能要求为调节时间 $T_s<250\text{s}$，超调量 $\sigma\%<5\%$。遗传算法寻优结果为 $k_p=11.4403$，$k_i=0.0487$，$k_d=19.5184$。取风险系数 $\varepsilon=0.01$，置信度 $1-\sigma=1-0.01=0.99$，$\alpha=0.2$，由式(A-6)得 $N>24494$。取样本数为 $N=24495$，蒙特卡洛实验检验结果为 $K/N=0.9968$，故 $P\{|P_x-0.9968|<0.002\}>0.99$。

4. 非最小相位对象

$$G_p(s)=\frac{K(-s+a)}{(T_1s+1)(T_2s+1)} \tag{A-11}$$

PR-PID 设计过程中，取 T_1 为 4.5～5.5，T_2 为 0.36～0.44，a 为 1～1.5，K 为 4.8～3.2，T_1、T_2、a、K 在此范围内随机抽取。标称参数取 $T_1=5\text{s}$，$T_2=0.4\text{s}$，$a=1.25$，$K=4$。闭环系统性能要求为调节时间 $T_s<10\text{s}$，超调量 $\sigma\%<5\%$。遗传算法寻优结果为 $k_p=0.74718$，$k_i=0.114$，$k_d=0.24144$。取风险系数 $\varepsilon=0.1$，置信度 $1-\sigma=1-0.01=0.99$，$\alpha=0.2$，得 $N>2241$。令样本数为 $N=2242$，蒙特卡洛实验检验结果为 $K/N=0.9301$，故 $P\{|P_x-0.9968|<0.002\}>0.99$。

本节基于第 2 章的方法整定 DDE-PID 控制器参数，表 A.1 给出了 4 个被控对象的 PR-PID 以及 DDE-PID 的控制器参数。

表 A.1 4 个被控对象不同 PID 控制器参数

被控对象	PR-PID $\{k_p,k_i,k_d\}$	DDE-PID $\{h_0,h_1,k,l\}$
一阶对象	{0.30,0.0032,6.67}	{0.01,0.2,0.046,0.16}
二阶对象	{0.47,0.0060,18.13}	{0.0016,0.08,0.2,0.05}
高阶对象	{11.44,0.049,190.52}	{0.01,0.2,0.05,0.003}
非最小相位对象	{0.75,0.11,0.24}	{36.2404,12.04,0.2,50.82}

基于表 A.1 中的控制器参数进行仿真研究，仿真结果如图 A.2 所示。

由图 A.2 可知，通过 DDE 法整定后的 PID 控制器与基于 PR 方法优化后的 PID 控制器在标称模型下的控制效果接近，并且 DDE-PID 相比 PR-PID 的输出振荡更弱，平稳程度更好。但是，用 DDE 法进行整定不需要 PR 算法的复杂计算量，就能够快速、便捷获取和基于优化算法 PID 接近的控制效果。为进一步对比 PR-PID 与 DDE-PID，对于两者在标称模型下的超调量、调节时间以及模型参数发生摄动时能够满足控制要求的概率进行了计算，如表 A.2 所示。

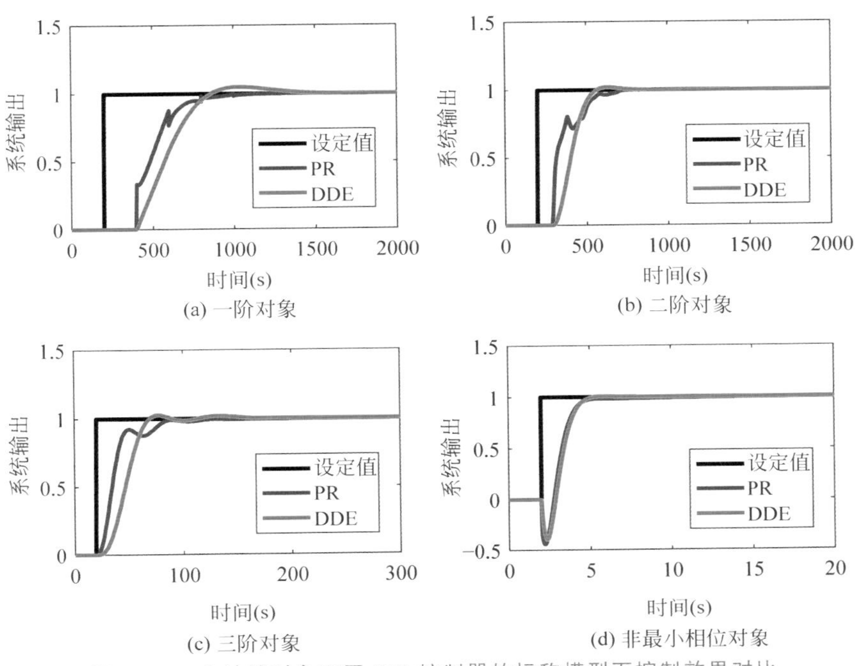

(a) 一阶对象 (b) 二阶对象 (c) 三阶对象 (d) 非最小相位对象

图 A.2 4 个被控对象不同 PID 控制器的标称模型下控制效果对比

表 A.2 4 个被控对象不同 PID 控制器的动态性能指标与概率估计值

被控对象	控制器	σ(%)	T_s(s)	概率估计值
一阶对象	PR-PID	0	600.01	0.997
	DDE-PID	4.82	599.98	0.960
二阶对象	PR-PID	0.1	357.96	0.999
	DDE-PID	1.96	319.76	0.971
高阶对象	PR-PID	0	57.47	0.991
	DDE-PID	1.43	53.51	0.923
非最小相位对象	PR-PID	0	2.54	1
	DDE-PID	0.53	2.53	0.999

由表 A.2 可知，相比 PR-PID，DDE-PID 的超调量较大，但仍在可接受的范围内，且 DDE-PID 具有相对较短的调节时间。在概率估计值方面，由于 PR 方法就是以最大概率为目标进行优化的，因此 PR-PID 的概率估计值更大一些，但 DDE-PID 的概率估计值也非常高，均在 0.9 之上。说明基于 DDE 法整定 PID 控制器参数，可使得 PID 的控制效果与基于优化算法优化的 PID 控制效果接近。

本节继续将传统的 PID 整定方法，包括幅值相位裕量(Gain and phase margins，GPM)法[37]、Chien-Hrones-Reswich(CHR)法[38]、Cohen-Coon 整定公式[39]、IMC[40]、Z-N 法[41]、IST^{2}E 最优法[42]等，于对象标称点下所得控制器在被控对象参数域内按式(A-7)利用蒙特卡洛实验进行鲁棒性检验，计算各自的概率估计值，并将它们与 DDE-PID 和 PR-PID 比较，如表A.3所示。

表A.3 与传统整定方法所得PID的概率估计值对比

方法		一阶对象	二阶对象	高阶对象	非最小相位对象
PR法		0.997	0.999	0.991	1
DDE法		0.960	0.971	0.923	0.999
CHR法		0	0.287	0.406	0.098
Cohen-Coon法		0.200	0.200	0.705	0.001
IMC法		0.698	0.939	0.867	0.303
Z-N法		0.200	0.200	0.851	0
IST^2E最优法		0	0.563	0.364	0.184
GPM法	随机鲁棒评价函数值	0.080	0.584	0.381	0.082
	{幅值裕量,相位裕量}	{3,π/3}	{5,π/3}	{6,π/3}	{5,π/3}

由表A.3可知,DDE-PID的概率估计值仅次于PR-PID,优于其他传统整定方法的PID,说明了通过DDE法整定PID控制器相比于其他传统方法整定的PID控制器具有更好的鲁棒性。这并不难理解,因为DDE-PID的基本原理中包含了扰动估计补偿的思想,因此DDE-PID具有较强的鲁棒性。

A.4 多变量系统仿真对比研究

本节继续选取王传峰[1]论文中的多变量系统仿真算例以及其中设计的PR-PID,通过仿真复现将PR-PID与DDE-PID进行控制效果的对比。

A.4.1 多变量系统的PR-PID设计方法

对每一组确定的分散PID控制器参数$\boldsymbol{d}$:$\{k_{p1},k_{i1},k_{d1},k_{p2},k_{i2},k_{d2},\cdots,k_{pn},k_{in},k_{dn}\}$,在被控对象模型参数摄动时,依据闭环系统的设计要求,定义相应的二元指标函数如式(A-1)所示。

这样,系统满足设计要求的概率(以下简称满足概率)可以通过对二元指标函数在系统不确定性参数分布空间上积分得到如式(A-2)所示。

设计控制器的目标就是寻找最优的控制器参数$\boldsymbol{d}^*$使得评价函数$P(\boldsymbol{d})$最大。

一般情况下,式(A-1)不能用解析的方法求得,本节采用蒙特卡洛仿真进行估计。假设有N个样本,满足概率P可由式(A-4)进行估计。当$N\to\infty$,式(A-4)中估计的$\hat{P}$以概率1收敛到实际的P。

可以看出,概率鲁棒方法将被控对象模型参数域作为整体进行考虑,兼顾了域内的每一点,包括标称点和一些极端的、病态的工况点,更全面地考虑和利用了对象参数的不确定性。

对由蒙特卡洛实验所确定的 $\hat{P}(d)$，传统基于梯度的优化方法难以求其最大值，而遗传算法不受问题性质（如不连续、不可微等）的限制，能够处理传统优化算法难以解决的复杂问题，故用遗传算法对分散PID控制器参数进行优化。

基于概率鲁棒分散PID控制器设计的具体步骤如下。

(1) 给定系统的性能要求，如IAE指标等。

(2) 用OLDP方法计算被控对象对角元素 $\{g_{ii}\}$ 在标称点下PID控制器参数的稳定域 $D=\{d_{ii}\}$。

(3) 在空间D中随机生成若干组分散PID控制器的参数，每组参数具有如下形式：$\{k_{p1},k_{i1},k_{d1},k_{p2},k_{i2},k_{d2},\cdots,k_{pn},k_{in},k_{dn}\}$。

其中，$\{k_{pn},k_{in},k_{dn}\}$ 在空间 $d_{ii}(i=1,\cdots,n)$ 中随机生成。由式(A-4)计算每组参数对应的满足概率值 $\hat{P}$。

(4) 以步骤(3)生成的若干组参数为初始种群，以满足概率值 $\hat{P}$ 为目标函数，利用遗传算法寻得 $\hat{P}$ 最大的一组控制器参数，记为 d'，作为控制器的参数。

(5) 在模型参数空间Q中，用蒙特卡洛仿真对步骤(4)得到的参数 d' 进行检验。如果检验结果不满足要求，返回步骤(3)，否则，被控系统的概率鲁棒分散PID控制器参数即为 d'。

根据Massart不等式：如果给定风险系数 ε 和置信度 $1-\sigma$，所需样本数量可由式(A-6)确定。

在利用蒙特卡洛实验估计 $P(q)$ 时，只有当样本数量 N 足够大，估计值才能以较高的置信度与真实值充分接近。为提高计算效率，本节在用遗传算法进行参数优化时，N 取较小的值，得到最优解后，再由式(A-6)根据风险系数 ε 和置信度 $1-\sigma$ 确定足够大的样本数 N，检验遗传算法所得最优解能否能以置信度 $1-\sigma$ 满足系统要求。

A.4.2　仿真结果

本小节选取王传峰[1]论文与第3章中几个共同的多变量算例进行仿真研究，包括3.4.1节中的WB模型、VL模型、WW模型、OR2模型以及OR3模型。传递函数模型如式(3-20)～式(3-24)所示，在PR-PID设计过程中，定义 IAE_{ij} 为第 i 个通道设定值做单位阶跃扰动时，第 j 个通道输出的IAE指标值。令 $J_{\Sigma}=\sum_{i=1,j=1}^{n,n}\mathrm{IAE}_{ij}$，控制要求为：$J_{\Sigma}$ 不超过规定值。控制器设计的目标为：传递函数矩阵每一元素的分子分母各阶次的系数以及延时时间在标称值上下10%范围内摄动时，系统能以最大的概率满足控制要求。

PR-PID设计基于MATLAB遗传算法工具箱设计随机优化程序，优化代数为20，初始种群为500个，每个个体进行500次蒙特卡洛仿真来得到其满足概率值。取风险系数 $\varepsilon=0.01$，置信度 $1-\sigma=1-0.01=0.99$，$\alpha=0.2$，由式(A-6)得 $N>24494$。取样本数为 $N=24495$，利用Monte-Carlo仿真计算满足概率值以更精确地描绘控制器的性能。

表A.4与表A.5给出了几个多变量系统的PR-PID控制器参数及控制要求，DDE-PID的参数选取第3章中的DDE-PID控制器参数。

表 A.4　4 个 2×2 多变量系统 PR-PID 的控制器参数及控制设计要求

模型	控制要求	k_{p1}	k_{i1}	k_{d1}	k_{p2}	k_{i2}	k_{d2}
WB	$J_{\Sigma}<18$	0.399	0.093	1.030	−0.153	−0.032	−0.2632
VL	$J_{\Sigma}<4.8$	−2.719	−0.600	−1.308	1.930	1.866	0.199
WW	$J_{\Sigma}<75$	33.395	2.993	265.983	−34.352	−2.377	−130.000
OR2	$J_{\Sigma}<2.4$	0.571	0.191	0.103	0.257	0.159	0.063

表 A.5　OR3 多变量系统 PR-PID 的控制器参数及控制设计要求

模型	控制要求	k_{p1}	k_{i1}	k_{d1}	k_{p2}	k_{i2}	k_{d2}	k_{p3}	k_{i3}	k_{d3}
OR3	$J_{\Sigma}<85$	0.162	0.269	0.488	−0.722	−0.219	−1.039	9.080	5.514	4.386

基于表 A.4 与表 A.5 中的 PR-PID 控制器参数与第 3 章中的 DDE-PID 控制器参数，对几个典型多变量系统进行仿真研究，对比控制效果，如图 A.3～图 A.7 所示。

由图 A.3～图 A.7 可知，对于多变量系统而言，DDE-PID 和 PR-PID 的响应速度几乎一致，对于个别算例而言，DDE-PID 的超调甚至更小，响应更加平稳。这也进一步说明了基于 DDE 法整定 PID 控制器与基于优化算法整定 PID 控制器能具有接近的控制效果，而 DDE 法更为简便，能够避免烦琐的搜寻过程。

为进一步比较 PR-PID 与 DDE-PID 的鲁棒性，表 A.6 给出了按照 PR-PID 控制设计要求下计算的概率估计值。其中，PR-PID 的概率估计值由王传峰[1]论文给出。

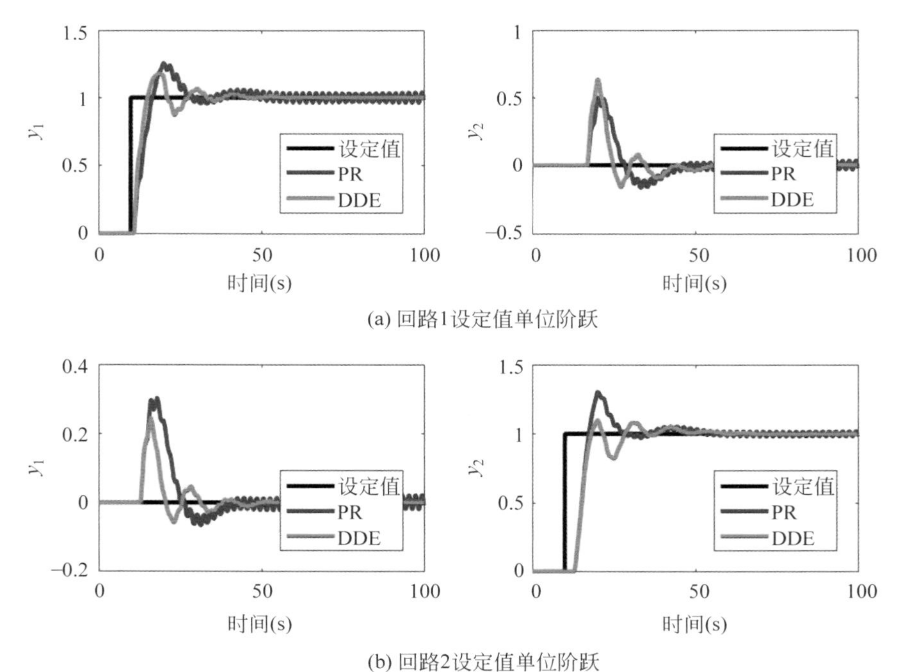

图 A.3　不同 PID 控制器的标称 WB 模型下控制效果对比

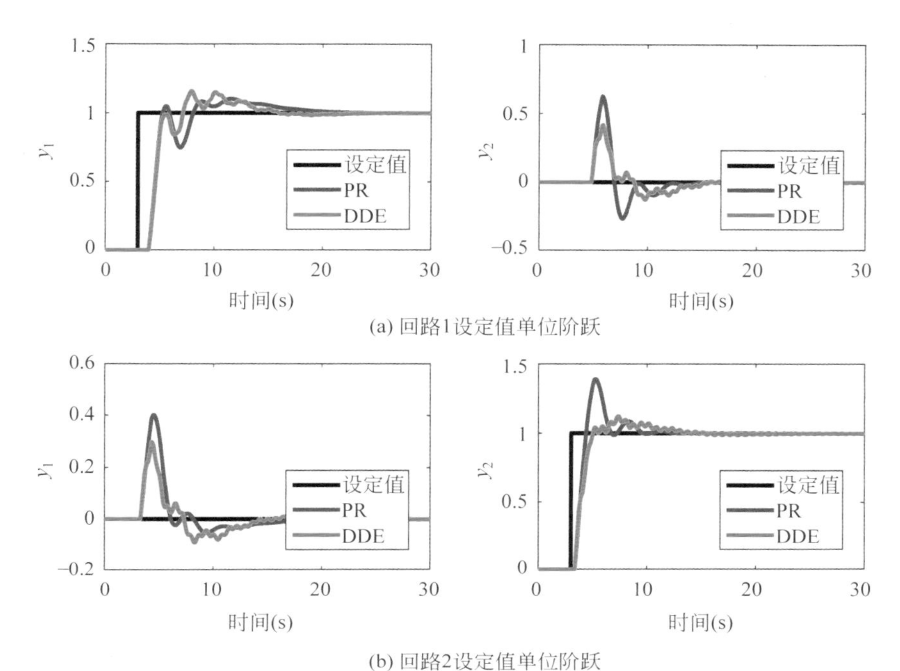

(a) 回路1设定值单位阶跃

(b) 回路2设定值单位阶跃

图 A.4　不同 PID 控制器的标称 VL 模型下控制效果对比

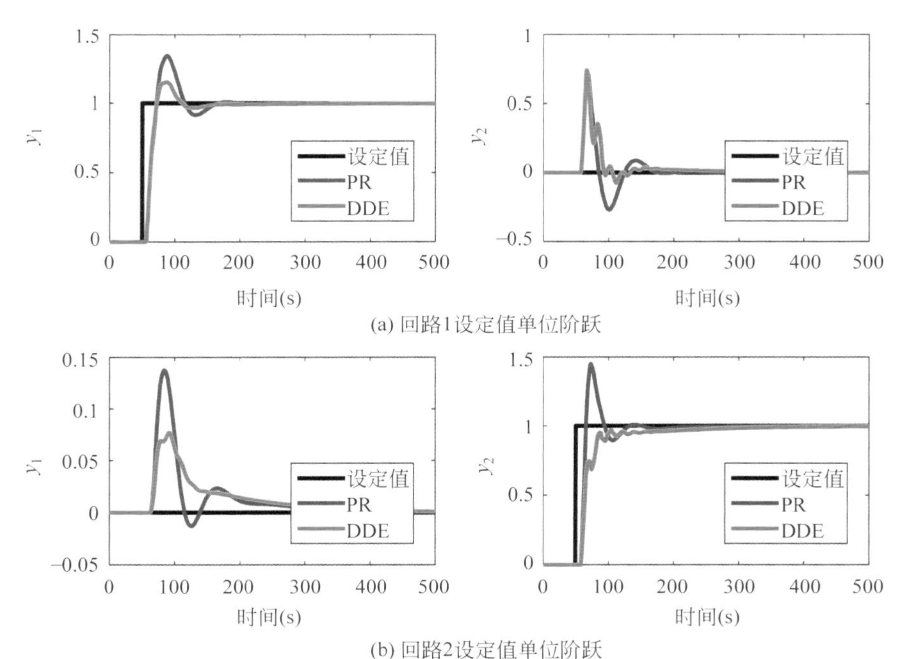

(a) 回路1设定值单位阶跃

(b) 回路2设定值单位阶跃

图 A.5　不同 PID 控制器的标称 WW 模型下控制效果对比

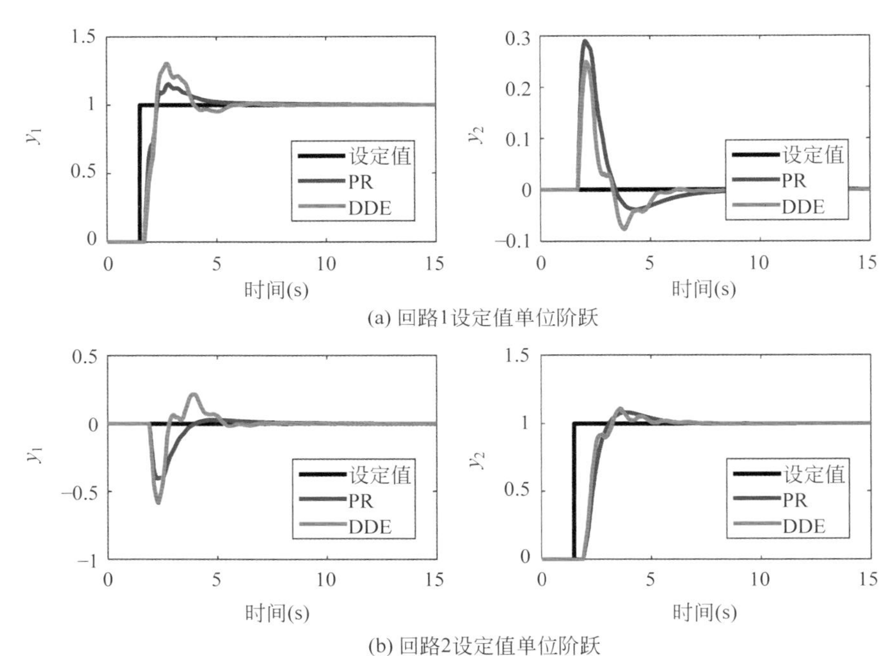

图 A.6 不同 PID 控制器的标称 OR2 模型下控制效果对比

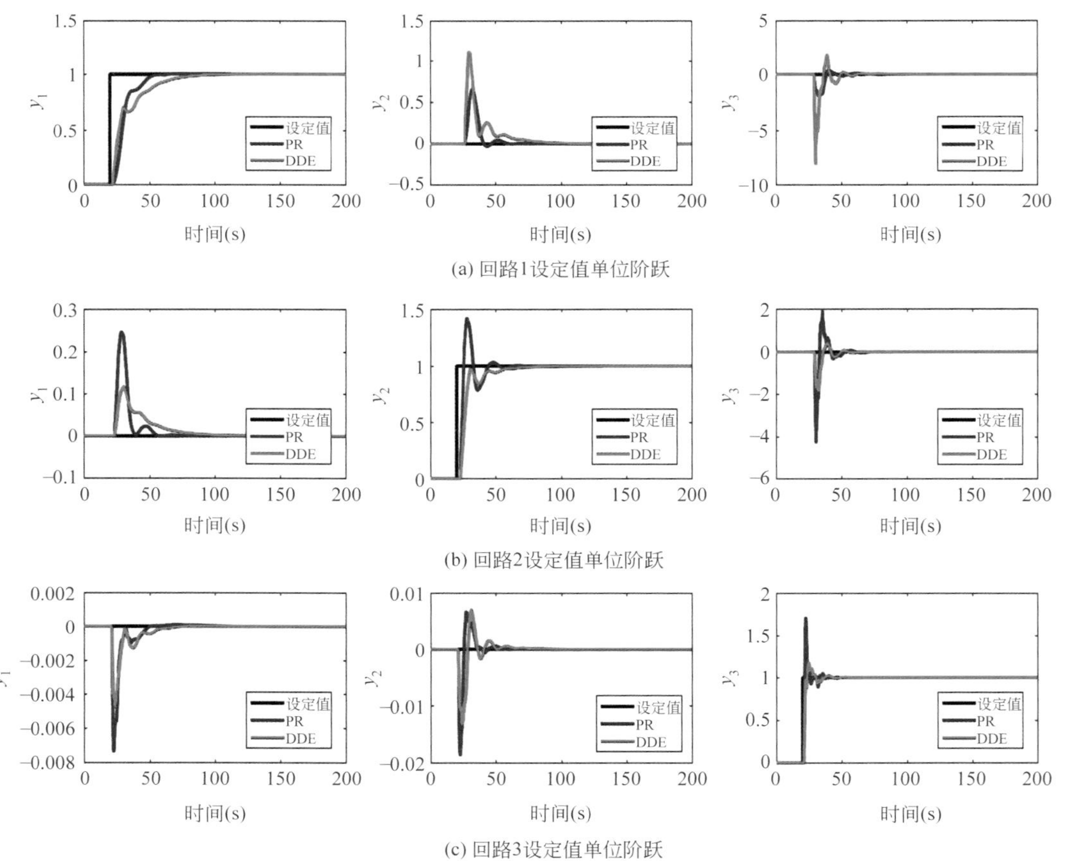

图 A.7 不同 PID 控制器的标称 OR3 模型下控制效果对比

表 A.6　4 个多变量系统不同 PID 控制器的概率估计值

被控对象	控制器	概率估计值
WB	PR-PID	0.977
	DDE-PID	0.834
VL	PR-PID	1
	DDE-PID	0.736
WW	PR-PID	0.934
	DDE-PID	0.825
OR2	PR-PID	1
	DDE-PID	0.747
OR3	PR-PID	0.930
	DDE-PID	0.792

由表 A.6 可知，PR-PID 控制器的概率估计值更高，也就是说 PR-PID 能够在摄动区间内以更高的概率满足控制设计要求。这是因为 PR 设计本身就以最大概率满足控制要求为设计目的，但 DDE-PID 在摄动区间内满足控制设计要求的概率大于 0.7，也是比较高的。这说明通过 DDE 法整定 PID 控制器参数，可使得 PID 控制器具有一定的鲁棒性。DDE-PID 的鲁棒性来自它的等效控制结构中具有能够对系统不确定性进行估计补偿的结构，其本质上可认为是一种鲁棒 PID 控制器。

A.5 小结

本附录将两种 PID 控制器参数整定方法进行了比较，一种为本书提出的 DDE 法，一种为以鲁棒性能为优化目标的 PR 法。首先对于鲁棒设计 PID 进行了概述，对于 PR 方法的研究现状进行了综述。其次，针对单变量系统进行了 PR-PID 与 DDE-PID 的仿真对比研究。最后，针对多变量系统进行了 PR-PID 与 DDE-PID 的仿真对比研究。仿真结果表明，DDE-PID 在不基于任何优化算法的前提下，能够在标称模型下与 PR-PID 的控制性能接近，并且整定的过程更加简便易于掌握。即使其满足控制要求的概率低于 PR-PID，但相比于其他的传统 PID 控制器参数整定方法概率更高，体现了其具有一定的鲁棒性。若为了提升 DDE-PID 满足控制要求的概率，可基于 PR 方法对 DDE-PID 的参数进行设计，史耕金等[43]正是基于 PR 方法对 DDE-PID 的参数进行优化。但是，PR 方法需要大量的计算去搜寻控制器参数，并不适用于大型热力系统的现场调试。因此，若期望能够便于大型热力系统的现场应用，还是应当基于 DDE 法的 PID 控制器参数计算公式来整定 PID 控制器。

参考文献

[1] 王传峰. 基于概率鲁棒性的热力过程 PID 控制研究[D]. 北京：清华大学，2008.

[2] 田亮，刘鑫屏，于希宁，等.一种协调控制系统参数的鲁棒整定方法[J].热能动力工程，2006，21(1)：84-87.

[3] 恒庆海，鲁婧，恒庆珠，等. H_∞ 控制理论在过热蒸汽温度控制中的应用[J].天津大学学报，1999，32(1)：6-8.

[4] Nemiroskii A.Several NP-hard problems arising in robust stability analysis[J].Math Control Signals Systems，1993，6：99-105.

[5] Poljak S，Rohn J. Robust nonsingularity is NP-hard[J].Math Control Signals Systems，1993，6：1-9.

[6] Braatz R P，Young P M，Doyle J C，et al.Computational complexity of μ calculation[J]. IEEE Transaction on Automatic Control，1994，39(5)：1000-1002.

[7] Oackard A，Doyle J. The complex structured singular value[J]. Automatica，1993，29：71-109.

[8] Barmish B R. New tools for robustness of linear systems[M]. New York：Macmillan，1994.

[9] Bhattacharyya S P，Chapellat H，Keel L H. Robust control：The parametric approach[M]. Upper Saddle River：Prentice-Hall，1995.

[10] Boyd S，EI Ghaoui L，Feron E，et al. Linear matrix inequalities in system and control theory[M]. Philadelphia：SIAM，1994.

[11] Dahleh M A，Diaz-Bolillo I J. Control of linear systems：A linear programming approach[M]. Englewood Cliffs：Prentice-Hall，1995.

[12] Horowitz I. Survey of quantitative feedback theory(QFT)[J]. International Journal of Control，1991，53：255-291.

[13] Houpis C H，Rasmussen S J. Quantitative feedback theory[M]. New York：Marcel Dekker，1999.

[14] Blondel V D，Tsitsiklis J N. A survey of computational complexity results in system and control[J]. Automatica，2000，36：1249-1274.

[15] Ray L R，Stengel R F. A Monte Carlo approach to the analysis of control system robustness[J]. Automatica，1993，29(1)：229-236.

[16] Calafiore G，Dabbence F，Tempo R. A survey of randomized algorithms for control synthesis and performance verification[J]. Journal of Complexity，2007，23：301-316.

[17] Devroye L P. Non-uniform random variate generation[M]. New York：Springer，1986.

[18] Niederreiter H. Random number generation and quasi-Monte Carlo methods[M]. Philadelphia：SIAM，1992.

[19] Calafiore G C，Dabbene F，Tempo R. Randomized algorithms for probabilistic robustness with real and complex structured uncertainty[J]. IEEE Transactions on Automatic Control，2000，45(12)：2218-2235.

[20] Khargoneker P，Tikku A. Randomized algorithms for robust control analysis and synthesis have polynomial complexity[C]//Proceedings IEEE Conference on Decision and Control，1996：3470-3475.

[21] Tempo R，Bai E W，Dabbene F. Probabilistic robustness analysis：explicit bounds for minimum number of samples[C]//Proceedings IEEE Conference on Decision and Control，1996：3424-3428.

[22] Calafiore G. Random walks for probabilistic robustness[C]//43rd IEEE Conference on Decision and Control，2004：5316-5321.

[23] Zhou T, Feng C. Uniform sample generations from contractive block Toeplitz matrices[J]. IEEE Transactions on Automatic Control, 2006, 51(9): 1559-1565.

[24] Chen X, Aravena J L, Zhou K. Sample reuse techniques for probabilistic robust control[J]. Control of Uncertain Systems, 2006, 329: 417-429.

[25] Calafiore G C, Campi M C. The scenario approach to robust control design[J]. IEEE Transactions on Automatic Control, 2006, 51(5): 742-753.

[26] Kettani H, Barmish B R. A new Monte Carlo circuit simulation paradigm with specific results for resistive networks[J]. IEEE Transactions on Circuits and Systems, 2006, 53(6): 1289-1299.

[27] Zissimos P M; A methodology for trading-off performance and robustness; under uncertainty[J]. Journal of Mechanical Design, 2006, 128: 856-863.

[28] Stengel R F, Ray LR, Marrison C I. Probabilistic evaluation of control system robustness[J]. International Journal of System and Sciences, 1995, 26 (7): 1363-1382.

[29] 宋春雷,王龙,黄琳. 概率方法在鲁棒控制器综合中的应用[J]. 北京理工大学学报,2002,22(3):287-288,375.

[30] 徐峰. 鲁棒PID控制器研究及其在热工对象控制中的应用[D]. 北京:清华大学,2002.

[31] Tempo R,Bai E W, Dabbene F. Probabilistic robustness analysis: explicit bounds for minimum number of samples[C]//Proceedings IEEE Conference on Decision and Control, 1996: 3424-3428.

[32] Vidyasagar M. Statistical learning theory and randomized algorithms for control[J]. IEEE Control Systems Magazine, 1998, 18: 69-85.

[33] Vidyasagar M. Randomized algorithms for robust controller synthesis using statistical learning theory [J]. Automatica, 2001, 37: 1515-1528.

[34] 别朝红,王锡凡. 蒙特卡洛法在评估电力系统可靠性中的应用[J]. 电力系统自动化,1997,21(6):68-75.

[35] Tempo R, Bai E W, Dabbene F. Probabilistic robustness analysis: explicit bounds for the minimum number of samples[C]//Proceedings of 35th Conference on Decision and Control, 1996: 3424-3428.

[36] Chen X, Zhou K, Aravena J L.Fast universal algorithms for robustness analysis[C]//Proceedings of the 42nd IEEE Conference on Decision and Control, 2003: 1926-1931.

[37] Ho W K, Hang C C, Cao L S. Tuning of PID controllers based on gain and phase margin specifications[J]. Automatica, 1995, 31(3): 497-502.

[38] 王伟,张晶涛,柴天佑.PID参数先进整定方法综述[J].自动化学报,2000,26(3):347-355.

[39] Cohen G H, Coon G A.Theoretical consideration of retarded control[J].Trans ASME, 1953, (75): 827-834.

[40] Chien I L, Fruehauf P S. Consider IMC tuning to improve controller performance[J]. Chemical Engineering Progress, 1990, 86(10): 33-41.

[41] Ziegler J G, Nichols N B. Optimum setting for automatic controllers[J].Trans ASME, 1942, (64): 759-768.

[42] Zhuang M, Atherton D P. Automatic tuning of optimum PID controllers[J].Proceedings of IEE, PTD, 1993, 140(3): 216-224.

[43] Shi G, Li D, Ding Y, et al. Desired dynamic equational proportional-integral-derivative controller design based on probabilistic robustness[J]. International Journal of Robust and Nonlinear Control, 2022, 32(18): 9556-9592.